“十二五”职业教育国家规划教材
经全国职业教育教材审定委员会审定

高等职业院校规划教材

电子技术（第2版）

熊幸明 主编
曹才开 高岳民 刘辉 副主编

清华大学出版社
北京

内 容 简 介

本书包括9个项目，分别为常用半导体元件性能与测试、线性放大电路制作与测试、集成运算放大器应用电路制作与测试、波形产生和变换电路制作与测试、电源电路制作与测试、基本逻辑电路制作与测试、组合逻辑电路制作与测试、触发器和时序逻辑电路制作与测试、数/模和模/数转换电路制作与测试。每个项目均有相关知识的拓展和训练。内容连贯，由浅入深，由易到难，将理论教学与实践训练有机地融于一体。

本书可作为高职高专和成人教育电子信息类专业相应课程的教材，也可供从事电子技术的工程技术人员或电子技术爱好者参考。

图书在版编目(CIP)数据

电子技术/熊幸明主编. --2版. --北京：清华大学出版社，2015
高等职业院校规划教材
ISBN 978-7-302-37160-1

Ⅰ. ①电…　Ⅱ. ①熊…　Ⅲ. ①电子技术－高等职业教育－教材　Ⅳ. ①TN

中国版本图书馆CIP数据核字(2014)第148309号

责任编辑：刘翰鹏
封面设计：傅瑞学
责任校对：刘　静
责任印制：宋　林

出版发行：清华大学出版社
网　　址：http://www.tup.com.cn，http://www.wqbook.com
地　　址：北京清华大学学研大厦A座　　**邮　　编**：100084
社 总 机：010-62770175　　**邮　　购**：010-62786544
投稿与读者服务：010-62776969，c-service@tup.tsinghua.edu.cn
质 量 反 馈：010-62772015，zhiliang@tup.tsinghua.edu.cn
课 件 下 载：http://www.tup.com.cn，010-62795764
印 装 者：北京密云胶印厂
经　　销：全国新华书店
开　　本：185mm×260mm　　**印　　张**：18.25　　**字　　数**：416千字
版　　次：2007年8月第1版　2015年1月第2版　　**印　　次**：2015年1月第1次印刷
印　　数：1～1800
定　　价：36.00元

产品编号：058441-01

PREFACE 前言

"电子技术"是电子信息类专业一门实践性很强的大类专业基础课。本书在原"十一五"国家级规划教材的基础上，根据高职高专学生的培养目标，结合高职高专教学改革的发展和课程改革的要求，由湖南省高校电子技术教学研究会专科分会组织部分高等院校教师和企业工程师编写而成。

本书内容包括常用半导体元件性能与测试、线性放大电路制作与测试、集成运算放大器应用电路制作与测试、波形产生和变换电路制作与测试、电源电路制作与测试、基本逻辑电路制作与测试、组合逻辑电路制作与测试、触发器和时序逻辑电路制作与测试、数/模和模/数转换电路制作与测试。具有如下特点。

(1) 教材内容反映电子技术的最新发展和成果。根据"跟踪新技术、强化能力、重在应用"的指导思想，进一步调整优化教材内容体系和结构，压缩传统内容，淘汰落后技术，精选教学案例，加强电子技术应用及新技术的介绍。力求反映本专业的新知识、新技术、新工艺和新方法，体现当代电子技术的发展和水平。

(2) 教材体系结构大幅调整，适应高职教学改革要求。根据高技能应用型人才的职业能力需求，按照行业领域工作过程，以项目、任务、案例等为载体组织教学单元，采用项目引导、任务驱动、案例式教学模式；课程设计充分体现职业性、实践性和开放性，课程内容按照学生就业的基本需求组织，由浅入深，由易到难，以实践问题解决为纽带，实现理论、实践，知识、技能以及职业素养的有机整合。

(3) 教材阐述简明扼要，通俗易懂，实例丰富。每个项目均对职业岗位所需知识和能力目标进行恰当设计，通过典型项目导入、任务驱动、任务实施、拓展训练等，变学习过程为工作过程，把职业能力的培养融汇于教材之中。配备多媒体课件，以立体化呈现形式，实现教学效果最大化。

(4) 将理论教学与实践教学融于一体。全书设有 15 个任务每个项目均有相关知识的拓展和训练，紧密结合工程实际，强化工程和系统综合应用能力培养。

(5) 书末提供了部分习题答案，方便教与学。

本书由熊幸明任主编，曹才开、高岳民、刘辉任副主编。参加本书编写工作的有熊幸明(项目1及附录等部分)、石成钢、谢明华(项目2)、曹才开(项目3)、张文希(项目4)、张赐阳(项目5)、李浩(项目6)、龙慧(项目7)、高岳民(项目8)、刘辉(项目9)。

在本书编写过程中,得到了湖南省高校电子技术教学研究会和长沙学院的大力支持,谨致以衷心感谢!

由于编者水平有限,书中难免有疏漏和不妥之处,敬请各位读者提出宝贵意见。

编　者

2014年9月

CONTENTS 目录

项目 1

常用半导体元件性能与测试

学习目标

(1) 了解半导体的导电特性,理解PN结的单向导电性;
(2) 掌握二极管的伏安特性及主要参数;
(3) 理解三极管的电流放大原理;
(4) 掌握三极管的输入/输出特性及主要参数;
(5) 掌握场效应管的转移特性和输出特性。

任务 1.1 二极管的性能与测试

1.1.1 PN结及其单向导电性

1. N型半导体和P型半导体

自然界的半导体材料主要是硅(Si)和锗(Ge),它们都是四价元素,如果通过一定的工艺提纯,所有原子便基本上排列整齐,形成晶体结构。所以,由半导体构成的管件也称晶体管。在晶体结构中,外层价电子与原子核间有很强的束缚力,因此,纯半导体(又称本征半导体)的导电能力不强,电阻率介于导体和绝缘体之间。

硅(或锗)原子最外层轨道有四个价电子,相邻原子间组成共价键结构。当温度为绝对零度时,共价键中的电子被束缚得很紧,不存在自由电子。当温度升高或受到外界因素(如光照)激发时,少量的价电子挣脱原子核的束缚成为自由电子,同时在共价键上留下空位,叫做空穴。电子带负电,空穴带正电,但作为一个整体,半导体仍是中性的。

电子和空穴都称为载流子。受激后自由电子和空穴总是成对产生的,称为电子空穴对。自由电子在运动中如果和空穴相遇,可以放出多余的能量而填补这个空穴,二者同时消失,这种现象称为复合。在一定温度下,激发与复合达到动态平衡,载流子维持一定的数量。常温下,本征半导体中的载流子数量很少,其导电性能很差。随着环境温度升高,载流子数量按指数规律增加。

在电场作用下,自由电子可以定向移动,形成电流。空穴虽不能移动,但因为带正电,故能吸引相邻原子中的价电子来填补。相邻原子一旦失去电子,便产生新的空穴。一部分空穴被填补,另一部分空穴相继产生,如此继续,就好像带正电的粒子(空穴)在运动。因此,半导体中出现两部分电流:一是自由电子逆电场方向运动形成的电子电流;二是空穴顺电场方向运动形成的空穴电流。

在本征半导体中加入某些其他元素即杂质,导电能力可显著提高。这种掺入杂质的半导体,称为杂质半导体。按照掺杂的不同,杂质半导体分为N型半导体和P型半导体。

(1) N型半导体

在本征半导体中掺入微量的五价元素,例如磷(P),就得到N型半导体。由于掺入杂质数量很少,整个晶体的结构不变,只是在某些位置上,原来的硅(或锗)原子被磷原子取代。磷原子有五个价电子,其中的四个价电子与相邻的四个硅原子组成共价键,多余的一个电子便成为自由电子。磷原子由于丢失一个价电子成为带正电荷的磷离子。磷离子不能移动,故不参与导电。因正离子数目与自由电子数目相等,半导体仍然是中性的。本征半导体中还有原来因激发产生的数量不多的自由电子和空穴。掺杂后,自由电子总数大大超过空穴数目。因此,在N型半导体中,自由电子是多数载流子,简称多子。空穴是少数载流子,简称少子。这种半导体主要靠自由电子导电,故又称为电子型半导体。

(2) P型半导体

在本征半导体中掺入微量三价元素,例如硼(B),就得到P型半导体。硼原子只有三个价电子,与相邻的三个硅原子组成三对完整的共价键,还有一个共价键因缺少一个价电子而形成一个空位。在常温下,邻近原子的价电子很容易过来填补这个空位,这就使邻近原子中形成一个新的空穴。硼原子因获得一个电子成为带负电的硼离子,它不能移动也不参与导电。因此,在P型半导体中,空穴是多数载流子,电子是少数载流子,它主要靠带正电的空穴进行导电,故又称为空穴型半导体。

2. PN结及其单向导电性

如果采取工艺措施,在一块本征半导体中掺入不同的杂质,一边做成N型,另一边做成P型,则在P型半导体和N型半导体的交界面上就形成一个特殊的薄层,称为PN结。许多半导体器件都含有PN结。

实际工作中的PN结,总加有一定的电压。当外加电压的极性不同时,PN结的情况也明显不同。

(1) 外加正向电压时,正向电流较大。PN结加正向电压的情况,如图1-1所示,即直流电源正极接P区,负极接N区。此时,PN结处于导通状态,导电方向从P区到N区,PN结呈现的电阻称为正向电阻,其值很小,一般为几欧到几百欧。

(2) 外加反向电压时,反向电流很小。PN结外加反向电压的情况如图1-2所示。即直流电源正极接N区,负极接P区,PN结基本上处于截止状态。此时的电阻称为反向电阻,其值很大,一般为几千欧至十几千欧。

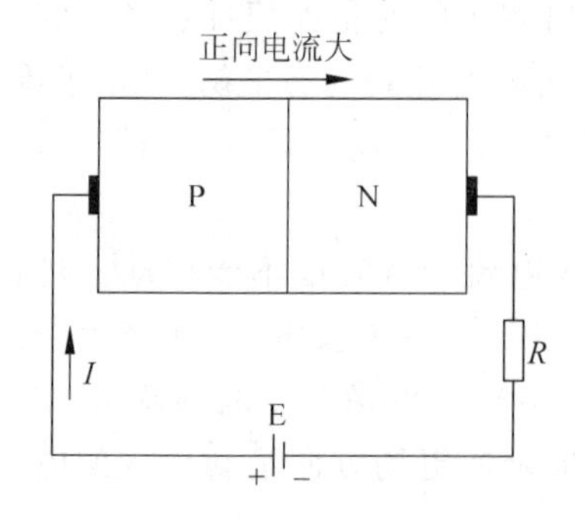

图1-1 PN结外加正向电压

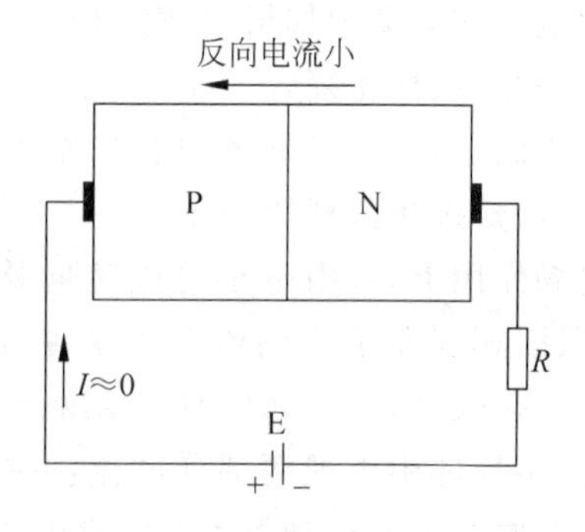

图1-2 PN结外加反向电压

综上所述,PN结外加正向电压时,正向扩散电流较大,PN结呈导通状态,结电阻小;PN结外加反向电压时,反向漂移电流很小,PN结呈截止状态,结电阻很大。因此,PN结具有单向导电性。

1.1.2 二极管的结构与特性

1. 二极管的结构

将一个PN结的两端加上电极引线并用外壳封装起来,就构成一只半导体二极管。常用二极管的外形、结构和符号如图1-3所示,图1-3(c)中的符号箭头表示正向电流的方向。

不论何种型号、规格的二极管,都有两个电极:由P区引出的电极,称为正极(也叫阳极);由N区引出的电极,称为负极(也叫阴极)。

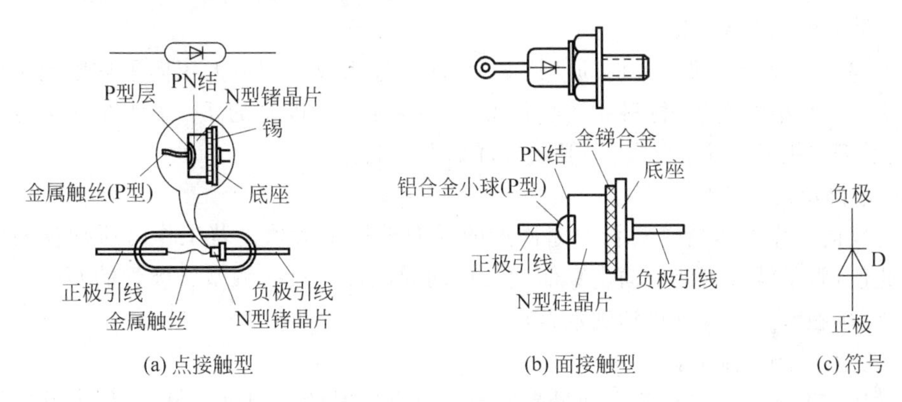

图1-3 二极管的外形、结构和符号

2. 二极管的伏安特性

二极管两端所加电压与流过管子的电流之间的关系曲线,称为伏安特性,如图1-4所示。

由图1-4可见,当外加正向电压很低时,二极管正向电流几乎为零。只有在外加电压大于某一数值时,正向电流才明显增加,这个电压称为死区电压。硅管约0.5V,锗管约0.2V。当外加电压超过死区电压后,二极管处于正向导通状态,其正向压降很小,硅管为0.6~0.7V,锗管为0.2~0.3V。因此,使用二极管时,如果外加电压较大,应串接限流电阻,防止过电流烧坏PN结。

当外加反向电压时,二极管反向电流很小。小功率硅管的反向电流约在1μA以下,锗管也只有几十μA,二极管相当于一个开关断开的状

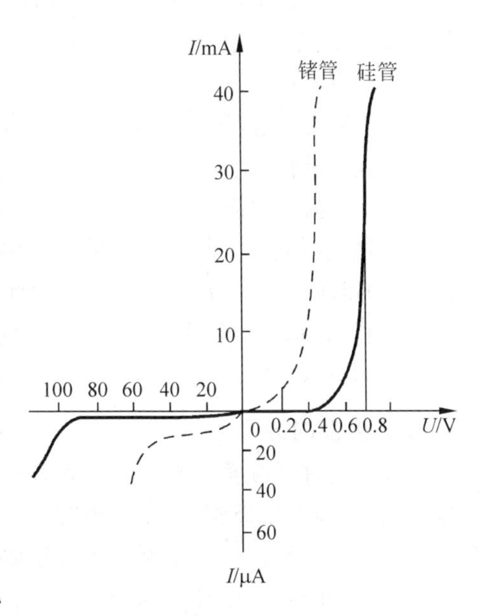

图1-4 二极管伏安特性

态。二极管的反向电流在一定温度下为常数,不随外加电压变化,故又称该反向电流为反向饱和电流。在同样温度下,硅管的反向电流比锗管小得多。当外加反向电压超过某一定值时,反向电流急剧增大,这种现象称为反向击穿。对应的反向电压称为二极管反向击穿电压。

从图1-4还可看出,二极管的伏安特性不是直线,而是曲线。因此,二极管是非线性电阻元件。其正向电阻是工作点的函数,大小随工作点的改变而变化,反向电阻则近似为无穷大。

1.1.3 二极管参数与分类

1. 二极管的参数

二极管的参数用来表征二极管的性能和适用范围,主要有以下方面。

(1) 最大整流电流 I_{OM}

最大整流电流指二极管长时间使用时,允许流过二极管的最大正向平均电流。它的大小取决于PN结的面积、材料和散热情况。点接触型二极管的 I_{OM} 一般在几十毫安以下,面接触型二极管的 I_{OM} 较大,一般在几百毫安以上。

(2) 最高反向工作电压 U_{RM}

最高反向工作电压指二极管上允许加的反向电压最大值。若工作时所加反向电压值超过此值,管子就有可能反向击穿而失去单向导电性。点接触型二极管的 U_{RM} 一般为数十伏,面接触型二极管则可达到数百伏。

(3) 最大反向电流 I_{RM}

最大反向电流指在二极管上加最高反向工作电压时的反向电流值(又称为反向饱和电流)。反向电流越小,二极管的单向导电性越好。反向电流受温度影响较大,常温下,硅管的反向电流一般在几微安以下,锗管的反向电流一般在几十至几百微安之间。

(4) 最高工作频率 f_M

由于PN结的电容效应,当二极管工作在超过某一频率限度时其单向导电性将变差。一般点接触二极管的 f_M 值较高(可达100MHz以上),而面接触二极管的较低,只为几kHz。

(5) 反向恢复时间 t_{rr}

反向恢复时间指二极管所加的电压由正向突然变为反向时,电流由很大衰减到接近 I_S 时所需的时间,一般为ns级。此项指标一般在大功率高频电路中要加以考虑。

二极管的参数很多,实际应用时,可查阅半导体器件手册。附录B中列出了部分常用二极管的参数。

2. 二极管的分类

二极管的种类很多。按制造材料分,主要有硅二极管和锗二极管;按用途分,主要有整流二极管、检波二极管、稳压二极管、开关二极管等;按结构分,主要有点接触型二极管和面接触型二极管。点接触型二极管结面积小,因而结电容小,允许通过的电流小,适用于高频,常用在检波、脉冲技术中,国产有2AP系列和2AK系列;面接触型二极管结面积大,结电容大,适用于整流,不适于高频,国产有2CP系列和2CZ系列。国产半导体器件的型号及命名方法见附录A。

1.1.4　二极管识别与质量检测

1. 二极管的外形特征

(1) 二极管一般体积都很小,有两根引脚,两引脚有正、负之分,使用时不能接反。

(2) 二极管两根引脚轴向伸出,有的用长、短脚的短脚表示负极。

(3) 有的二极管外壳上标有二极管的电路符号或标记负极符号"—",据此可确定引脚的正负极。

2. 二极管的简易测试

(1) 使用指针式万用表测试

① 判断二极管的正负极

将万用表的挡位选在$R\times1\text{k}\Omega$或$R\times100\Omega$挡,并调零。按图1-5所示,用红、黑表笔分别接被测二极管的两个引脚,测试数据记入表1-1中。当所测阻值为正向电阻时,黑表笔所接引脚是二极管的正极,红表笔所接引脚是二极管的负极。

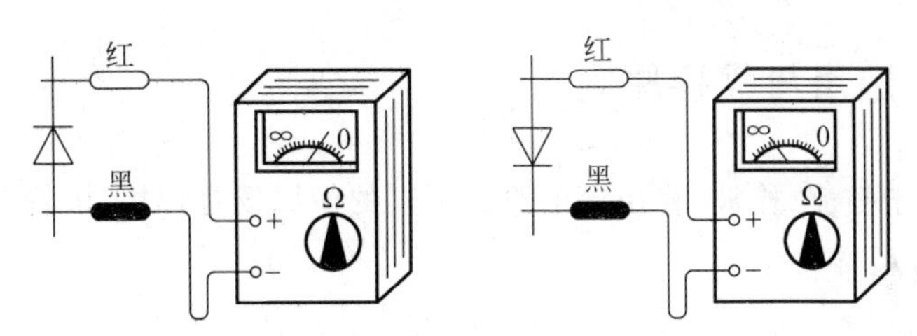

图1-5　用指针式万用表测试二极管

表1-1　二极管正反向电阻测量

二极管类型	2AP型		2CP型	
万用表电阻挡	$R\times1\text{k}\Omega$	$R\times100\Omega$	$R\times1\text{k}\Omega$	$R\times100\Omega$
正向电阻				
反向电阻				

② 判断是硅管还是锗管

硅管的正向电阻比锗管大得多。一般硅管的正向电阻为几千欧,锗管的正向电阻只有100Ω~1kΩ,据此可判断所测二极管是硅管还是锗管。还有一种方法是在二极管上加正向电压,通过测试二极管的正向压降来判断管子类型。硅管正向压降为0.6~0.7V,锗管为0.1~0.3V。

③ 检查二极管的好坏

一般二极管的反向电阻比正向电阻大几百倍,可通过测量正、反向电阻来判断二极管的好坏。若测得正、反向电阻都很小或都很大,说明该二极管已损坏。

(2) 使用数字万用表测试

用数字万用表测试普通二极管也很方便,这里以使用DT840型数字式万用表为例说明。测量时,将黑表笔插入COM插孔,红表笔插入V/Ω插孔,然后将功能开关置于二极管挡,将两表笔连接到被测二极管两端,显示器将显示二极管正向压降的mV值。当二极管反向时则过载。

根据万用表的显示,可检查二极管的质量及鉴别所测量的管子是硅管还是锗管(注意:数字万用表的红表笔是表内电池的正极,黑表笔是电池的负极)。

① 判别二极管的正负极

将万用表的红、黑表笔分别与被测二极管的两个引脚相接。测量结果若在1V以下,红表笔所接为二极管正极,黑表笔为负极;若显示"1"(超量程),则黑表笔所接为正极,红表笔为负极。

② 判别是硅管还是锗管

红、黑表笔分别与被测二极管的两个引脚相接时,测量显示若为550～700mV(即0.55～0.70V),则为硅管;若为150～300mV(即0.15～0.30V),则为锗管。

③ 检查二极管的好坏

红、黑表笔分别与被测二极管的两个引脚相接时,如果两个方向均显示超量程,则二极管开路;若两个方向均显示"0"V,则二极管击穿、短路。

1.1.5 二极管选用与代换原则

二极管常用于整流、检波、稳压等电路。不同的使用场合,对二极管有不同的要求。

1. 整流二极管

(1) 选用原则

整流二极管一般为平面型硅二极管,主要用于各种低频半波整流电路,如需达到全波整流则需连成整流桥使用。选用时,主要应考虑其最大整流电流、最大反向电流、最高工作频率及反向恢复时间等参数。

普通串联稳压电源电路中使用的整流二极管,对最高工作频率和反向恢复时间要求不高,只要根据电路的要求,选择最大整流电流和最大反向电流符合要求的整流二极管即可。

开关稳压电源的整流电路及脉冲整流电路中使用的整流二极管,应选用工作频率较高、反向恢复时间较短的整流二极管或选择快恢复二极管。

(2) 代换原则

整流二极管损坏后,若无同型号二极管更换时,可以选择参数相同的其他型号整流二极管代换。

通常,高耐压值(反向电压)的整流二极管可以代换低耐压值的整流二极管,而低耐压值的整流二极管不能代换高耐压值的整流二极管。整流电流值高的二极管可以代换整流电流值低的二极管,而整流电流值低的二极管则不能代换整流电流值高的二极管。

2. 检波二极管

(1) 选用原则

检波是从被调制波中取出信号成分,是对高频波整流,要求二极管的结电容要小,一般选用点接触型锗二极管，例如2AP系列等。能用于高频检波的二极管大多能用于限幅、钳位、开关和调制电路。

选用时，应根据电路的具体要求，选择工作频率高、反向电流小、正向电流足够大的检波二极管。

(2) 代换原则

检波二极管损坏后，若无同型号二极管更换时，也可以选用半导体材料相同、主要参数相近的二极管来代换。在要求不高的条件下，也可用损坏了一个PN结的锗材料高频晶体管来代用。

3. 稳压二极管

(1) 选用原则

稳压二极管一般用在稳压电源中作为基准电压源或用在过电压保护电路中作为保护二极管。

选用时，应满足应用电路中主要参数的要求。稳压二极管的稳定电压值应与应用电路的基准电压值相同，稳压二极管的最大稳定电流应高于应用电路的最大负载电流50%左右。

(2) 代换原则

稳压二极管损坏后，如果找不到同型号的稳压二极管，也可采用电参数相同的稳压二极管来更换。

可以用具有相同稳定电压值的高耗散功率稳压二极管代换耗散功率低的稳压二极管，但不能用耗散功率低的稳压二极管代换耗散功率高的稳压二极管。例如，0.5W、6.2V的稳压二极管可以用1W、6.2V的稳压二极管代换。

1.1.6 二极管应用电路分析

二极管的应用范围很广，常用于整流、检波、钳位、限幅、开关等电路中。此外，在稳压、变容、温度补偿等方面也有应用。关于整流，我们将在项目5中进行讨论，下面介绍其他几种应用电路。

1. 钳位

二极管正向导通时，由于正向压降很小，故阳极与阴极的电位基本相等，利用这个特点可对电路中某点进行钳位。以图1-6所示电路为例，若A点电位 $U_A=0V$，则二极管正向导通，将F点电位钳制在0V左右，即 $U_F\approx 0V$。

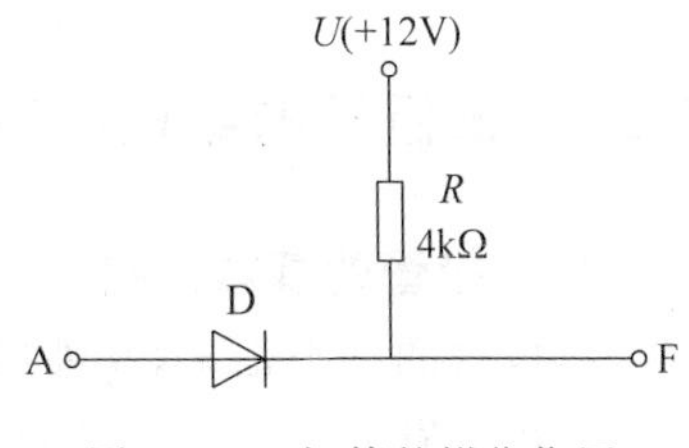

图1-6 二极管的钳位作用

2. 限幅

利用二极管导通后，两端电压基本不变的特点(硅管约为0.7V)，可组成限幅电路，如图1-7(a)所示。

设输入电压 u_i 为正弦波，其幅值大于0.7V，D_1、D_2 为硅二极管。当 u_i 处于正半周，且 $u_i<0.7V$ 时，D_1、D_2 均截止，输出电压 $u_o=u_i$；当 $u_i\geqslant 0.7V$ 时，D_1 导通，

$u_o=0.7V$。当u_i处于负半周,且$u_i>-0.7V$时,D_1、D_2均截止,输出电压$u_o=u_i$;当$u_i\leqslant-0.7V$时,D_2导通,输出电压$u_o=-0.7V$,其波形如图1-7(b)所示。

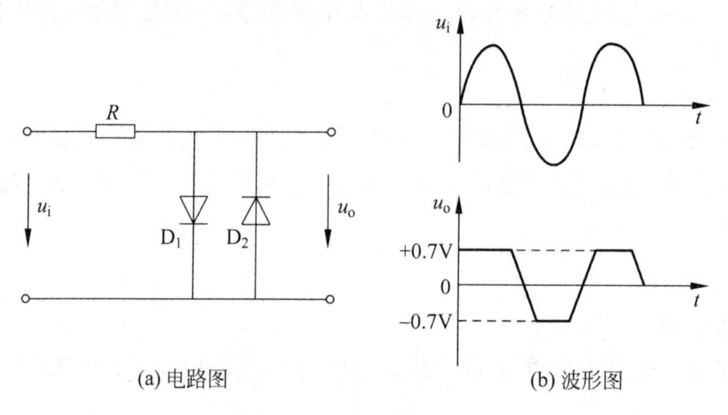

(a) 电路图　　(b) 波形图

图1-7　二极管限幅电路

可见,由于二极管D_1、D_2的作用,输出电压正负半周的幅度均受到限制。这种电路常用于某些放大器输入端,对放大器起保护作用。

3. 稳压

利用二极管正向导通时,在一定电流范围内,管子两端电压变化不大的特点,可组成正向稳压电路,如图1-8所示。

二极管D_1、D_2正向串联后并联于负载两端,因硅管的正向压降为0.7V左右,在负载R_L上可得到约1.4V的稳定电压。图中R为限流电阻。该电路结构简单,适用于负载电压不高,取用电流不大的场合。

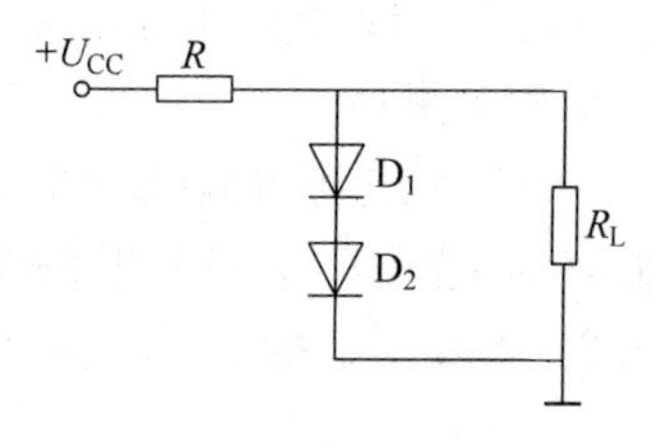

图1-8　二极管正向稳压电路

任务1.2　三极管的性能与测试

晶体三极管,简称三极管或晶体管,是组成放大、振荡、开关等电路的核心元件。本节首先从三极管结构开始,主要讨论三极管的电流放大作用、电流分配关系和输入、输出特性曲线;然后介绍三极管的主要参数、三极管的识别与质量检测、三极管的选用与代换等知识。

1.2.1　三极管的结构与特性

1. 三极管的基本结构

三极管的种类很多,其外形如图1-9所示。

三极管有三个区——发射区、基区、集电区;有两个PN结——发射结、集电结。发射结是基区和发射区之间的结，集电结是基区和集电区之间的结；分别引出三个电极——发射极E、基极B、集电极C。根据组合方式的不同，三极管分为NPN和PNP两类，其结构分别如图1-10(a)、图1-10(b)所示。

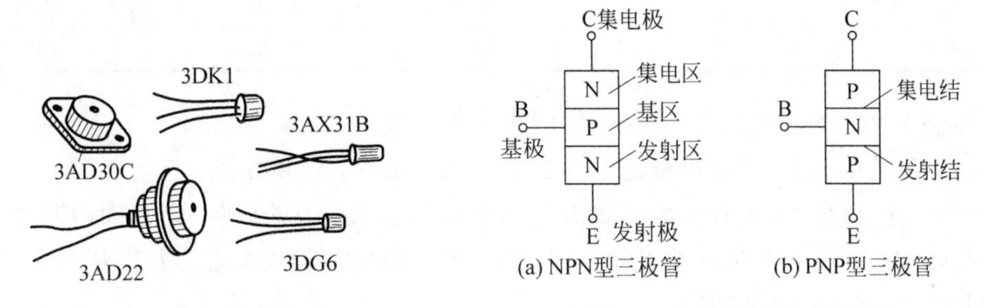

图1-9　三极管的外形　　图1-10　三极管结构示意图

图1-11所示为两种不同类型三极管的图形符号，其区别仅在于发射极箭头的方向。图中箭头所指方向表示发射结正向偏置时的电流方向。

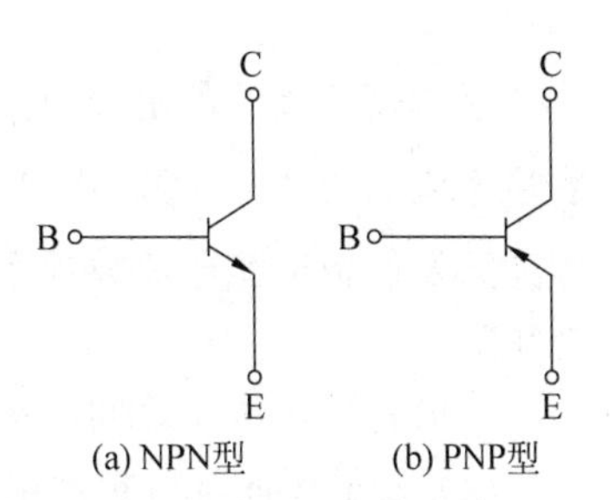

图1-11　三极管的图形符号

实际的三极管，为实现其放大作用，在制造时采取了两个措施：

(1) 将基区做得很薄，且掺杂浓度很低。

(2) 发射区掺杂浓度比集电区大，发射结面积比集电结小。以保证发射区能提供足够数量的载流子和集电区能有效地收集载流子。

国产三极管的硅管多为NPN型，锗管多为PNP型，其型号及命名方法见附录A。下面以NPN型三极管为例进行分析。

2. 三极管的电流放大作用

为了了解三极管的电流放大作用，我们来做一个简单实验，实验电路如图1-12所示。

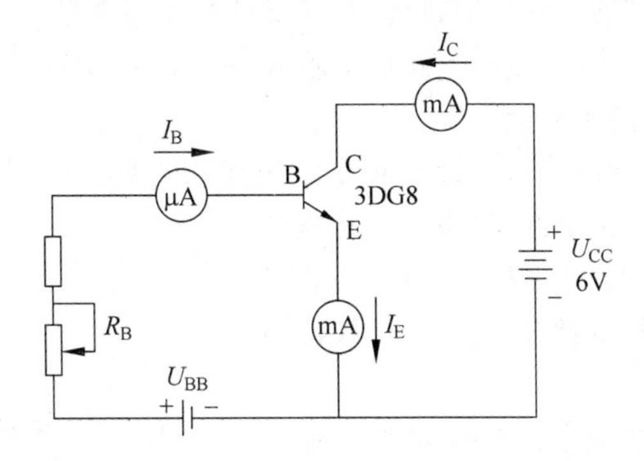

图1-12　三极管电流放大实验电路

必须注意，要使三极管实现正常放大，发射结必须正向偏置；集电结必须反向偏置。改变可变电阻R_B的阻值，基极电流I_B、集电极电流I_C和发射极电流I_E都将发生变化，不同的I_B值有对应的I_C和I_E值，如表1-2所示。

表 1-2　三极管 3DG8 各极电流测量值

I_B/mA	0.05	0.10	0.15	0.20
I_C/mA	2.94	5.90	8.95	12.30
I_E/mA	2.99	6.00	9.10	12.50
I_C/I_B	58.8	59.0	59.7	61.5

将表 1-2 中数据进行分析比较,可得出如下结论:

(1) $I_E = I_C + I_B$,三个电流之间的关系符合基尔霍夫电流定律。

(2) I_C稍小于 I_E,而远大于 I_B。I_C与 I_B的比值远大于1,且在一定范围内基本不变。特别是在基极电流产生微小变化 ΔI_B时,集电极电流发生较大变化 ΔI_C。从表 1-2 中第一列和第二列的数据,可得出

$$\frac{\Delta I_C}{\Delta I_B} = \frac{5.9 - 2.94}{0.1 - 0.05} = 59.2$$

这就是三极管的电流放大作用。我们把集电极电流 I_C与基极电流 I_B之比称为共发射极直流电流放大系数,用 $\bar{\beta}$表示。集电极电流变化量 ΔI_C与基极电流变化量 ΔI_B之比称为共发射极交流电流放大系数,用 β 表示。$\bar{\beta}$ 与 β 在数值上相差很小,在计算时可以认为相等。

三极管各极电流之间的关系可通过三极管内部载流子的运动进行解释。

(1) 发射区向基区扩散电子的过程。

由于发射结加正向偏压,使发射结的内电场减弱。发射区的多数载流子(电子)源源不断地越过发射结进入基区,形成发射极电流 I_E。与此同时,基区的少数载流子(空穴)也向发射区扩散。由于基区掺杂浓度很低,其空穴浓度比发射区的电子浓度小得多,可略去不计。一般认为发射极电流主要是电子电流。

(2) 基区中电子的扩散和复合过程。

电子到达基区后,发射结一侧的电子浓度势必高于集电结一侧,形成电子浓度差,促使电子继续向集电结扩散。在扩散过程中,一部分电子与基区空穴相遇而复合。空穴不断地与电子复合,同时基极正电源不断地向基区补充空穴,形成基极电流 I_B。

(3) 集电区收集电子的过程。

在基区中未被复合的电子,扩散到集电结边缘,在集电结反向电压所产生的电场作用下,越过集电结,进入集电区,形成集电极电流 I_C。显然,集电结两边的少数载流子也会发生漂移运动,形成反向饱和电流 I_{CBO}。它的数值虽小,但对温度非常敏感。

上述三极管内部载流子的运动过程和电流分配关系描绘在图 1-13 中。

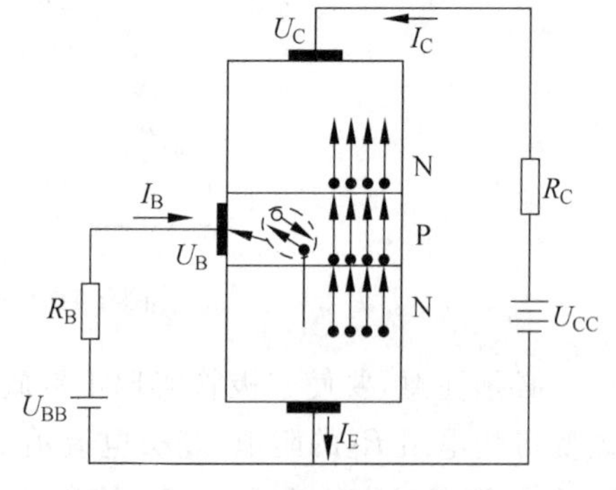

图 1-13　三极管内部载流子的运动

3. 三极管的特性曲线

三极管的特性是指各电极电压与电流之间的相互关系的曲线,是分析三极管性能的重要依

据。各种型号三极管的典型特性曲线可在晶体管手册中查到，也可用晶体管特性图示仪进行测试，还可用实验方法作出。这里只介绍三极管共发射极接法的两种特性，即输入特性和输出特性，图1-14是测量这两种特性的实验电路。

(1) 输入特性

共射极输入特性是指三极管集-射极电压U_{CE}为常数时，基-射极间电压U_{BE}与它所产生的基极电流I_B之间的关系曲线。其表达式为

$$I_B = f(U_{BE}) \mid U_{CE} = 常数 \tag{1.1}$$

曲线形状如图1-15所示。

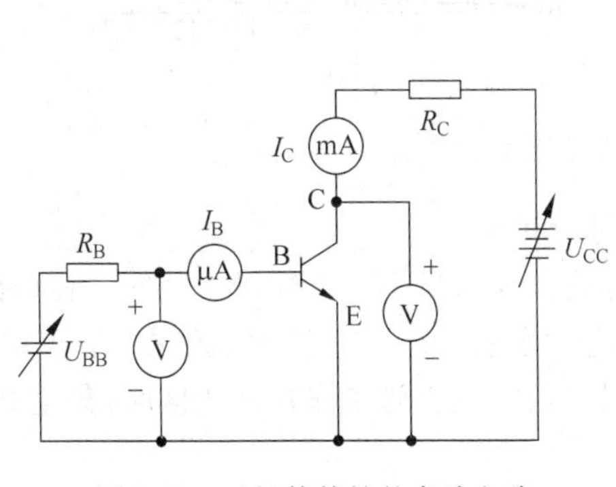

图1-14 三极管特性的实验电路

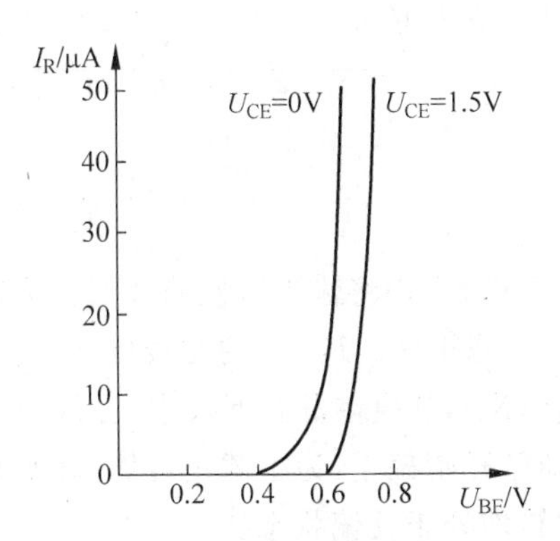

图1-15 共射极输入特性

① $U_{CE}=0$V，相当于三极管集-射两极短接。集电结和发射结两个PN结正向并联，曲线变化规律和二极管正向伏安特性相似。

② $U_{CE} \geqslant 1$V。$U_{CE}=1$V时，集电结已反偏，其电场已大得足以把从发射区扩散到基区的绝大部分电子吸收到集电区。因此，在相同的U_{BE}之下，流向基极的电流I_B减小，即特性曲线右移。

在U_{CE}超过1V以后，由于集电结所加反向电压已把基区中除与空穴复合以外的电子都吸收到集电区，以致U_{CE}再增加，I_B也不再明显减小。因此，$U_{CE} \geqslant 1$V以后的I_B-U_{BE}曲线基本上是重合的。

从输入特性曲线可以看出，U_{BE}和I_B之间不是线性关系。当U_{BE}小于某一定值时，$I_B=0$。只有在U_{BE}大于这一定值后，三极管才开始导通。这一定值的U_{BE}称为死区电压，硅管的死区电压约为0.5V，锗管约为0.2V。

(2) 输出特性

共射极输出特性是指三极管基极电流I_B为常数时，集-射极间电压U_{CE}与集电极电流I_C之间的关系曲线。其表达式为

$$I_C = f(U_{CE}) \mid I_B = 常数 \tag{1.2}$$

如图1-16(a)所示，当I_B为某一定值时，U_{CE}约在1V范围内，特性曲线上升很陡，表示在这个区间内，I_C的值受U_{CE}的影响很大。这是因为U_{CE}太小时，集电结反向偏压很小，对到达基区的电子吸引力不够，不足以把发射区扩散到集电结附近的电子全部拉向集电区。U_{CE}略有增加时，I_C直线上升。当$U_{CE} \geqslant 1$V以后，进一步加大U_{CE}，I_C已无明显

增加,说明注入基区的电子已基本上全被拉入集电区了。特性曲线几乎与U_{CE}坐标轴平行,表示I_C受U_{CE}的影响很小。

改变I_B的大小,可得到一组I_C随U_{CE}变化的曲线,如图1-16(b)所示。

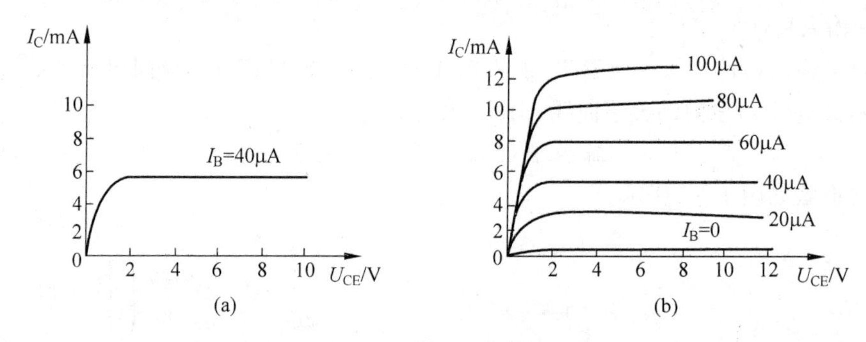

图1-16 共射极输出特性

下面,我们将输出特性曲线划分为四个区进行讨论。

① 截止区。$I_B=0$的曲线以下的区域称为截止区。当$I_B=0$时,$I_E=I_C=I_{CEO}$(称为穿透电流),其值在常温下很小,可认为三极管处于截止状态。NPN型硅管在$U_{BE}<0.5V$时,即已开始截止,为了截止可靠,常使$U_{BE}\leqslant 0$。因此,三极管工作在截止区时,集电结和发射结均处于反偏状态。

② 放大区。位于$I_B=0$以上,各特性曲线大致平行的区域称为放大区。由图1-16(b)可见,三极管工作在放大区有三个特点:第一,I_C正比于I_B,I_B越大,I_C越大;第二,I_C基本上不随U_{CE}变化,具有近似恒流源的特性;第三,在不同I_B值下,各条曲线近似平行,其间隔大小正好反映了管子电流放大系数的大小。

为保证管子工作在放大区,发射结应正向偏置,集电结应反向偏置。

③ 饱和区。当$U_{CE}<U_{BE}$时,集电结处于正偏状态。不论I_B怎么增大,I_C只取决于U_{CE},三极管失去放大作用,进入饱和导通状态。此时的U_{CE}称为饱和管压降U_{CES},硅管的饱和管压降为0.2～0.3V,锗管为0.1～0.2V。对应的特性曲线左边区域称为饱和区。三极管饱和时,发射结和集电结均处于正偏状态。

④ 非工作区。三极管在放大区工作时,仍要受到某些极限参数(例如I_{CM}、P_{CM}、$U_{(BR)CEO}$,后面另行介绍)的限制。我们把超过管子极限参数的区域称为非工作区。在此区域内,三极管性能将变差,甚至损坏。

1.2.2 三极管的参数与分类

1. 三极管的参数

三极管的参数表征管子的特性和适用范围,是正确选用的依据。

(1) 共发射极电流放大系数β、$\bar{\beta}$

共发射极电流放大系数是反映三极管电流放大能力的基本参数,分为交流电流放大系数β和直流电流放大系数$\bar{\beta}$。

① 交流电流放大系数 β

当 U_{CE} 为常数时，三极管集电极电流变化量 ΔI_C 与基极电流变化量 ΔI_B 之比，称为共发射极交流电流放大系数，记作 β。即

$$\beta = \frac{\Delta I_C}{\Delta I_B} \tag{1.3}$$

② 直流电流放大系数 $\overline{\beta}$

当忽略穿透电流 I_{CEO} 时，三极管集电极直流电流 I_C 与基极直流电流 I_B 之比，称为共发射极直流电流放大系数，记作 $\overline{\beta}$。即

$$\overline{\beta} = \frac{I_C}{I_B} \tag{1.4}$$

β 和 $\overline{\beta}$ 的意义不同，但数值较为接近。计算时，近似认为 $\beta \approx \overline{\beta}$。从放大能力和工作稳定性考虑，通常选择 β 值在 20～100 之间。

(2) 集电极反向饱和电流 I_{CBO}

I_{CBO} 是发射极开路（$I_E = 0$）时的集电极电流。I_{CBO} 是由少数载流子漂移运动（主要是集电区的少数载流子向基区运动）造成的，可用图 1-17(a)所示电路进行测试。

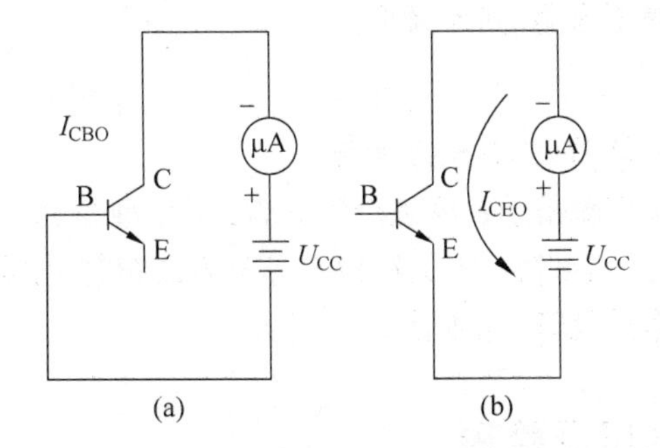

图 1-17　两种反向电流的测量电路

I_{CBO} 受温度影响很大。在室温下，小功率锗管的 I_{CBO} 约为几 μA 到几十 μA，小功率硅管在 1μA 以下。通常温度每升高 10℃，I_{CBO} 大约增加一倍。实际应用中，此值越小越好。由于硅管的 I_{CBO} 比锗管小得多，故硅管的温度稳定性比锗管要好。

(3) 穿透电流 I_{CEO}

I_{CEO} 是基极开路（$I_B = 0$）时的集电极电流。因为它是从集电极穿透管子而到达发射极的，所以称为穿透电流。测试电路如图 1-17(b)所示。

穿透电流 I_{CEO} 与反向饱和电流 I_{CBO} 在数量上存在下面关系：

$$I_{CEO} = (1 + \overline{\beta}) I_{CBO} \tag{1.5}$$

在共发射极电路中，当有基极电流 I_B 存在并考虑穿透电流 I_{CEO} 时，可得集电极电流的完整表达式

$$I_C = \overline{\beta} I_B + I_{CEO} \tag{1.6}$$

由于三极管的放大作用，I_{CEO} 相对 I_{CBO} 对温度更加敏感。I_{CEO} 是衡量三极管质量好坏的重要参数，其数值越小越好。

(4) 集电极最大允许电流 I_{CM}

I_{CM}是指 β 值随集电极电流 I_C 的增大而下降到正常值的 2/3 时所对应的集电极电流。可见,I_C 大于 I_{CM}时并不一定会损坏三极管,但 β 值要显著下降。

(5) 集电极最大允许耗散功率 P_{CM}

由于三极管工作时存在功率损耗,使集电结结温升高,从而引起三极管参数变化,还可能造成管子损坏。因此定义:三极管因受热而引起的参数变化不超过规定的允许值时,集电极所消耗的最大功率为集电极最大允许耗散功率,用 P_{CM}表示。并且

$$P_{CM} = U_{CE} I_C \tag{1.7}$$

P_{CM}主要受结温限制,还与管子散热情况有关。大功率管的 P_{CM}值一般是在加装一定面积的散热片后规定的。

(6) 集-射极击穿电压 $U_{(BR)CEO}$

$U_{(BR)CEO}$是指基极开路时,加在集-射极间的最大允许电压。当 U_{CE}大于 $U_{(BR)CEO}$时,I_C剧增,管子性能下降,甚至被击穿。为了保证管子安全,使用时一般取电源电压

$$U_{CE} \leqslant \left(\frac{1}{2} \sim \frac{2}{3}\right) U_{(BR)CEO} \tag{1.8}$$

国产常用三极管的主要参数,见附录 B。

2. 三极管的分类

三极管也称双极型晶体管,具有很多种类。

按制造材料可分为硅管和锗管;按结构可分为 NPN 型管和 PNP 型管;按功率可分为小功率管、中功率管和大功率管;按工作频率可分为高频管、中频管和低频管;按功能可分为开关管、功率管、达林顿管、光敏管等。

1.2.3 三极管识别与质量检测

1. 三极管的外形特征

(1) 小功率三极管有金属外壳和塑料外壳两种,如图 1-18 所示。

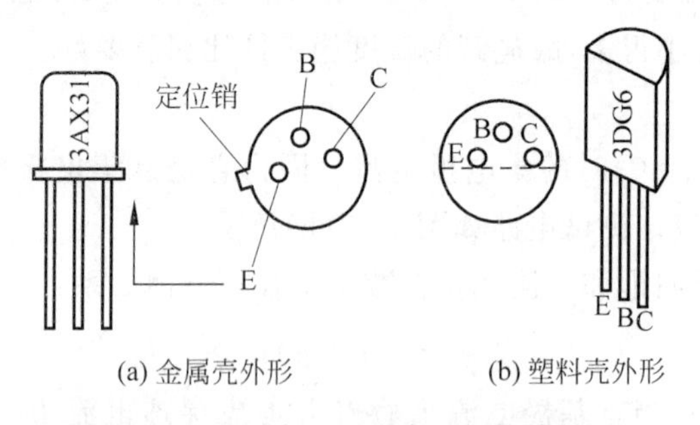

(a) 金属壳外形　　(b) 塑料壳外形

图 1-18　金属壳和塑料壳三极管外形图

(2) 金属外壳封装的管壳上通常有一个定位销,将管脚朝上从定位销起按顺时针方向三个电极依次为 E、B、C。若管壳上无定位销,只要将三电极所在的半圆置于上方,按顺时针方向,三个电极依次为 E、B、C。

(3) 塑料外壳封装的一般是 NPN 管，面对侧平面将三电极置于下方，从左到右依次为 E、B、C。

(4) 大功率三极管外形一般分为 F 型和 G 型二种，如图 1-19 所示。

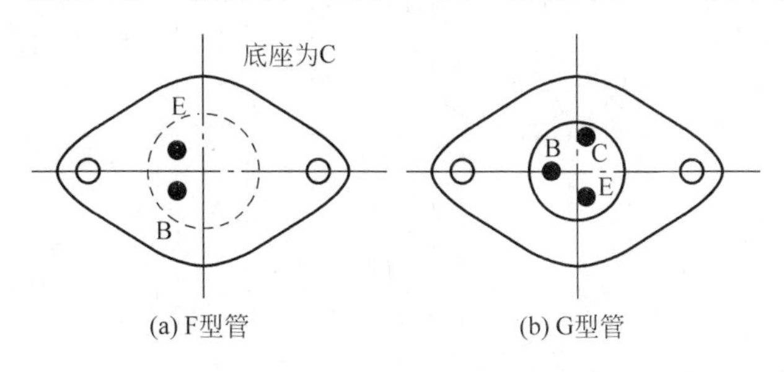

图 1-19 F 型和 G 型管封装图

(5) F 型管的 E、B 极在管底，底座为 C 极；G 型管的三个电极一般在管壳的顶部。

2. 三极管的简单测试

(1) 判别基极和三极管的类型

用指针式万用表的欧姆挡进行测试。将挡位选在 $R\times1\text{k}\Omega$ 或 $R\times100\Omega$ 挡，先假定三极管的任一电极为“基极”，将黑表笔接到假定的基极上，再将红表笔依次接到其余的两个电极上，若两次测得阻值均较小(几百欧至几千欧)，或两次测得阻值均较大(几十千欧以上)，则假定的基极可能是正确的。这时，应将两个表笔反过来再测一次，即把万用表的红表笔接到假定基极上，再将黑表笔依次接其余两个电极，测试结果正好与前面相反，则可肯定所假定的基极是正确的。否则应假定另一电极为“基极”，重复上面的测试过程，直到找到符合上述要求的基极为止。如果无一电极符合上述要求，说明三极管已损坏或被测器件不是三极管。

上面测量中，如果黑表笔接在基极上，红表笔分别接在其他电极上，两次测得的阻值均较小，则该三极管是 NPN 型，反之则是 PNP 型。

(2) 判别集电极和发射极

可根据三极管的电流放大作用进行判别。在基极确定后，对余下的两个电极，假设一个为发射极 E，另一个为集电极 C，按图 1-20 连接电路。当 S 断开时，R_B 未接入，$I_B=0$，$I_C=I_{CEO}$ 很小，测得 C、E 间电阻很大；合上 S，有 I_B，$I_C=\beta I_B+I_{CEO}$，I_C 增大，测得 C、E 间电阻比未接 R_B 时要小。如果 C、E 调头，三极管成反向运用，β 很小，无论 R_B 接与不接，C、E 间电阻均较大，由此可判断出发射极和集电极。例如，若测量的是 NPN 型管，若符合 β 大的情况，则黑表笔接的是集电极，红表笔接的是发射极。

对于 PNP 型三极管，判断方法一样，情况正好与 NPN 型时相反。

(3) 共发射极直流电流放大系数 $\bar{\beta}$ 的测试

用万用表不能具体测试 $\bar{\beta}$ 的数值，只能粗略判断 $\bar{\beta}$ 的大小，对同类型三极管进行比较。测试方法与判别 C、E 极的方法相似，将万用表放到 $R\times1\text{k}\Omega$ 挡，按图 1-20 连接。由于三极管的电流放大作用，接入 R_B 时测得的阻值比未接 R_B 时要小。因此，S 合上时，万用表指针偏转越大，表明三极管的电流放大系数 $\bar{\beta}$ 越大。

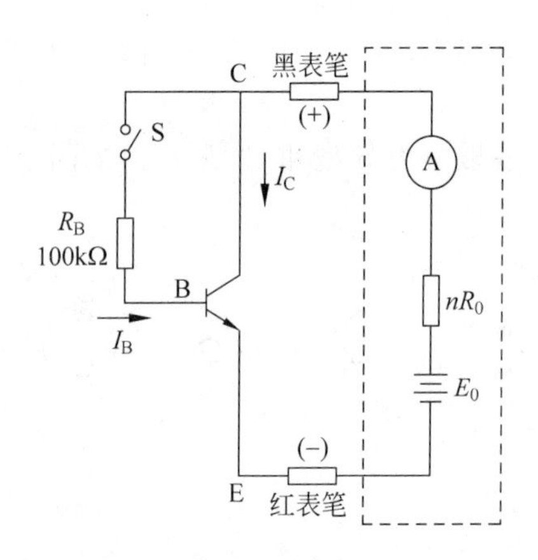

图 1-20 用万用表判别三极管 C、E 极和$\overline{\beta}$大小

(4) 穿透电流 I_{CEO}的检查

用万用表只能粗略估计 I_{CEO}的大小,测量时,仍采用图 1-20 的连接方式,此时基极应开路(S 断开),根据指针偏转的角度,可比较同类型三极管 I_{CEO}的大小。

1.2.4 三极管选用与代换原则

1. 三极管的选用

三极管的参数很多,选用时应考虑几项主要指标是否能满足一般需要。例如,集电极最大允许电流 I_{CM}、集电极与发射极最大反向耐压 BV_{CEO}、集电极最大允许耗散功率 P_{CM}、三极管特征频率 f_T等。

以一般小功率三极管的选用为例。它主要用作小信号的放大、控制或振荡。选用时,首先要搞清楚电路的工作频率大概是多少。如中波收音机振荡器的最高频率是 2MHz 左右,调频收音机的最高振荡频率为 120MHz 左右,电视机中 VHF 频段的最高振荡频率为 250MHz 左右,UHF 频段的最高振荡频率接近 1000MHz。工程设计中一般要求三极管的 f_T大于 3 倍的实际工作频率。所以可按照此要求来选择三极管的特征频率 f_T。由于硅材料高频管的 f_T一般不低于 50MHz,所以在音频电路中使用这类管子可不考虑 f_T这个参数。

小功率三极管 BV_{CEO}的选择可以根据电路的电源电压来决定。一般情况下,只要三极管的 BV_{CEO}大于电路中电源的最高电压即可。当三极管的负载是感性负载(如变压器、线圈)等时,BV_{CEO}数值的选择要慎重,感性负载上的感应电压可能达到电源电压的 2～8 倍(如节能灯中的升压三极管)。一般小功率三极管的 BV_{CEO}都不低于 15V,所以在无电感元件的低电压电路中也不用考虑这个参数。

小功率三极管的 I_{CM}一般在 30～50mA 之间,对于小信号电路可以不予考虑,但对于驱动继电器及推动大功率音箱的管子则要认真计算一下。当然首先要了解继电器的吸合电流是多少毫安,以此来确定三极管的 I_{CM}。

当我们估算了电路中三极管的工作电流(即集电极电流),又知道了三极管集电极到发射极之间的电压后,就可根据 $P=U\times I$ 计算出三极管的集电极最大允许耗散功率

P_{CM}了。

2. 三极管的代换

维修电子电路时,经常碰到三极管损坏而手头又没有同型号管子更换的问题,通常的办法是选用参数相近的管子进行代换。为了不影响电路的正常工作,代换应掌握下面几条原则。

(1) 代换的管子必须是导电类型相同的。如PNP的管子用PNP管的代换,NPN管子用NPN管代换。

(2) 集电极最大允许电流I_{CM}不能低于原管。

(3) 集电极最大允许耗散功率P_{CM}不能低于原管。

(4) 集电极与发射极最大反向耐压BV_{CEO}应足够高。

(5) 管子的电流放大倍数符合电路要求即可,并非越高越好。

(6) 注意管子的特征频率f_T,一般f_T高的管子增益高,噪声低。

(7) 注意管脚的排列位置,不能弄错。

总之,三极管的代换,只要根据管子的使用条件,本着"大能代小"的原则(即BV_{CEO}高的三极管可以代替BV_{CEO}低的三极管;I_{CM}大的三极管可以代替I_{CM}小的三极管等),就可自如地选用三极管了。

任务1.3 场效应管的性能与测试

场效应晶体管(Field Effect Transistor,FET)简称场效应管,其外形与普通三极管相似,但控制特性截然不同,它是利用电场效应来控制电流的元件。本节以应用较为广泛的绝缘栅场效应管为例进行分析。

1.3.1 场效应管的结构与特性

绝缘栅场效应管按其导电类型,分为N沟道和P沟道两类,每类又有增强型和耗尽型两种。

1. N沟道增强型绝缘栅场效应管

(1) 基本结构

N沟道增强型绝缘栅场效应管的结构如图1-21所示。它是在一块掺杂浓度较低、电阻率较高的P型硅衬底上扩散两个杂质浓度很高的N^+型区,并引出两个电极,作为源极S和漏极D。然后在硅片表面生长一层很薄的二氧化硅绝缘层,在源极和漏极间的绝缘层表面制作一层金属铝引出栅极G。在P型衬底上也引出一个电极,通常在管子内部将其与源极相连接。由于栅极与其他电极是绝缘的,故称为绝缘栅场效应管,简称IGFET(Insulating Gate FET)。又因为金属栅极与半导体间的绝缘层常用二氧化硅,故又称为金属氧化物半导体场效应管,简称MOS(Metal Oxide Semiconductor)管。

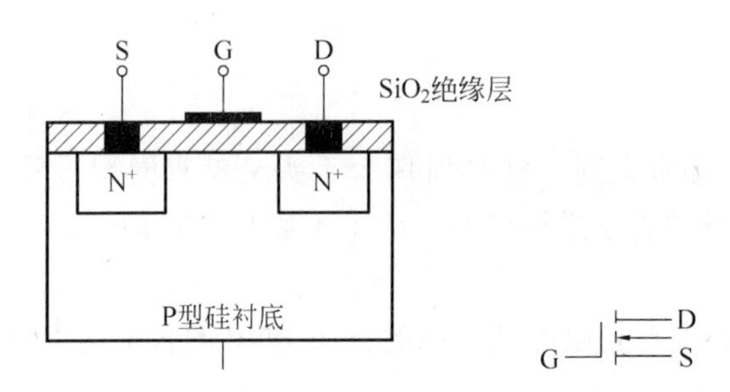

图 1-21 N沟道增强型MOS管的结构及表示符号

由于MOS管的栅极与其他电极及硅片间绝缘，栅极电流几乎为零，栅-源电阻(输入电阻)非常大，可高达$10^9 \sim 10^{14}\Omega$。

在增强型MOS管符号中，源极S和漏极D间的连线断开，表示$U_{GS}=0$时导电沟道没有形成。

(2) 工作原理

从图1-21可见，源区N^+、衬底P、漏区N^+形成两个背对背的PN结，当栅-源电压$U_{GS}=0$时，不论漏-源间加什么极性的电压，总有一个PN结反向偏置，管子处于不导通状态，漏极电流$I_D=0$。

当$U_{GS}>0$时，在U_{GS}作用下，产生了垂直于衬底表面的电场，使P型衬底中的多子-空穴受排斥向体内运动，在表面留下负离子，形成耗尽层。当U_{GS}增大到一定值时，电场力将衬底中的少子-电子吸引到表面，形成一个称为反型层的N型薄层，如图1-22所示。这就是沟通漏、源两区的N型导电沟道，称为N沟道，这类MOS管称为N沟道MOS管，简称NMOS管。

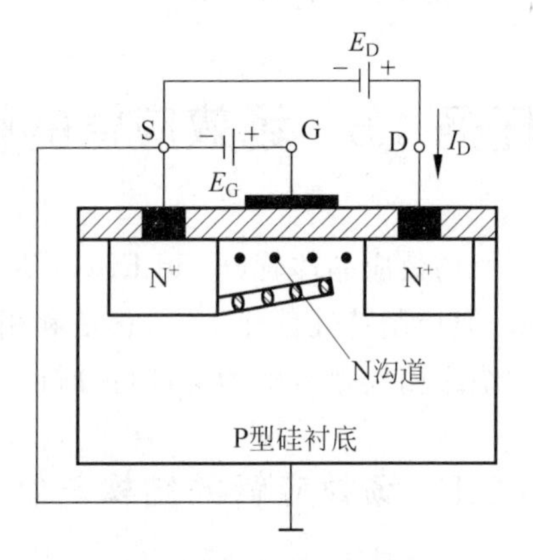

图 1-22 N沟道增强型MOS管的工作原理

U_{GS}值越大，电场作用越强，导电沟道越宽，沟道电阻越小，I_D就越大。管子刚刚出现沟道时的U_{GS}值称为开启电压，用$U_{GS(th)}$表示。可见，场效应管是由U_{GS}来控制I_D的，微小的U_{GS}变化可引起较大的I_D的变化，所以场效应管是电压控制元件。

(3) 特性曲线

N沟道增强型MOS管的特性曲线如图1-23所示。图1-23(a)是转移特性曲线，图1-23(b)是输出特性曲线。

转移特性是指U_{DS}不变时，I_D和U_{GS}之间的关系：

$$I_D = f(U_{GS}) \mid U_{DS} = \text{常数} \tag{1.9}$$

转移特性直接反映了U_{GS}对I_D的控制作用。

输出特性又称漏极特性，是指U_{GS}一定时，I_D和U_{DS}之间的关系：

$$I_D = f(U_{DS}) \mid U_{GS} = \text{常数} \tag{1.10}$$

由图1-23(b)可见，这是以U_{GS}为参变量的一族曲线，分为可变电阻区、线性放大区和夹断区三部分。当U_{DS}较小时，在一定U_{GS}下，I_D基本上随U_{DS}的增大而线性增大，I_D增长的斜率取决于U_{GS}的大小。管子漏-源两极间可看成一个受U_{GS}控制的可变电阻，故这个区域称为可变电阻区（也称线性区）；当U_{DS}较大时，I_D几乎不随U_{DS}而变化，但在一定U_{DS}下，U_{GS}增大，I_D上升，这个区域称为线性放大区（也称恒流区），管子放大工作时就在这个区域；当$U_{GS}<U_{GS(th)}$时，导电沟道被夹断，$I_D\approx0$，这个区域称为夹断区（也称截止区）。

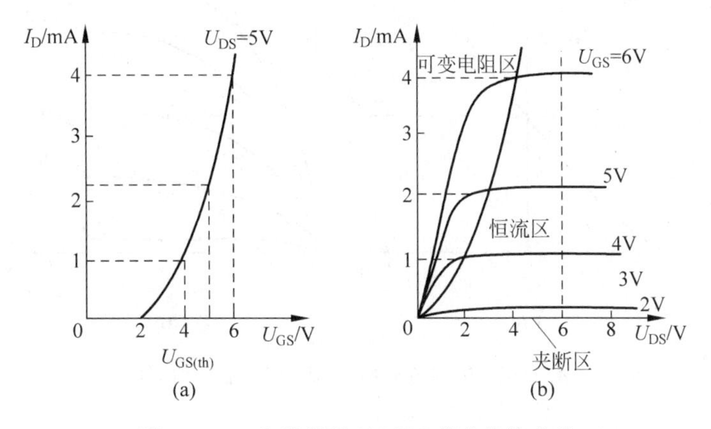

图 1-23　N沟道增强型MOS管的特性曲线

2. N沟道耗尽型绝缘栅场效应管

在N沟道绝缘栅场效应管栅极下面的二氧化硅绝缘层中掺入大量正离子，就会在两个N^+型区间的P型衬底的表面感应出较多的电子，形成一个N型薄层（即导电沟道），将源极和漏极沟通。由于它在管子制造时就已形成，故这种绝缘栅场效应管属于耗尽型，其结构和符号如图1-24所示。

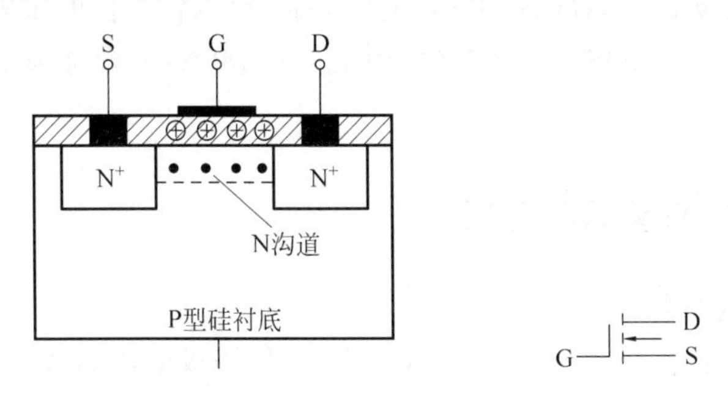

图 1-24　N沟道耗尽型MOS管的结构及表示符号

N沟道耗尽型MOS管的结构与增强型差不多，但控制特性明显不同。$U_{GS}=0$时，只要U_{DS}为正，就有相当大的漏极电流I_{DSS}（称为漏极饱和电流）。如果$U_{GS}>0$，会在N沟道内感应出更多电子，沟道变宽，I_D比I_{DSS}更大。反之，如果$U_{GS}<0$，则沟道变窄，I_D减小。当U_{GS}负值到一定程度时，沟道内的电子因复合而耗尽，沟道被夹断，$I_D=0$，对应的U_{GS}称为夹断电压，用$U_{GS(off)}$表示。可见，耗尽型MOS管的栅-源电压U_{GS}可正可负，这使得它的应用具有较大的灵活性。

在耗尽型MOS管的符号中，源极S与漏极D之间的连线是连通的，表示$U_{GS}=0$时导电沟道已形成。

图1-25为N沟道耗尽型MOS管的特性曲线，其中图1-25(a)是转移特性曲线，图1-25(b)是输出特性曲线。

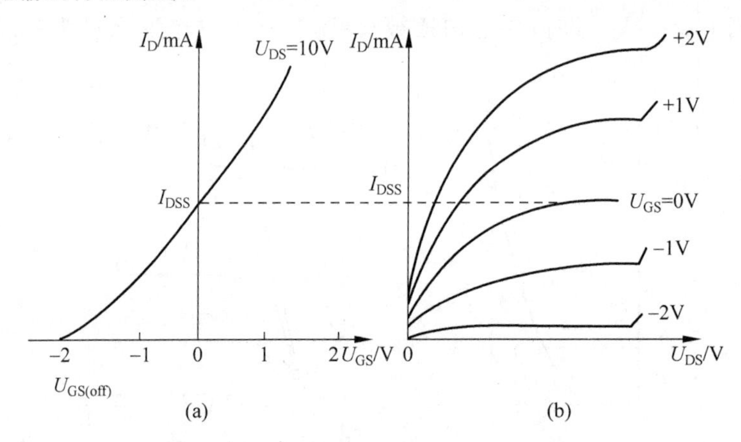

图1-25 N沟道耗尽型MOS管的特性曲线

3. P沟道绝缘栅场效应管

P沟道绝缘栅场效应管简称PMOS管。它是用N型硅片作衬底，在衬底上扩散两个P^+区，两个P^+区间的表面覆盖一层二氧化硅，分别引出金属电极作为源极、漏极和栅极。PMOS管工作时连通两个P^+区的是P型导电沟道，导电载流子是空穴而不是电子，电流I_D的方向也与NMOS相反。它也有增强型和耗尽型之分，其工作原理与NMOS相同，使用时要注意所加电压的极性。

NMOS相对PMOS具有体积更小、工作可靠性更高、工作电压较低等优点，故实际应用大多为NMOS。PMOS可与NMOS组成互补MOS，通常称为CMOS，具有更多的优越性。

1.3.2 场效应管的参数与分类

1. 场效应管的参数

(1) 跨导g_m。在低频条件下，当U_{DS}为常数时，漏极电流的微小变化ΔI_D与相应的栅-源输入电压变化量ΔU_{GS}之比，即

$$g_m = \left.\frac{\Delta I_D}{\Delta U_{GS}}\right|_{U_{DS}=\text{常数}} \tag{1.11}$$

跨导g_m是衡量场效应管栅-源电压对漏极电流控制能力的一个重要参数，一般在零点几至几毫安/伏的范围内。手册中所给跨导值多是在低频小信号情况下测得，且管子作共源极连接，故称为共源小信号低频跨导。

(2) 开启电压$U_{GS(th)}$和夹断电压$U_{GS(off)}$。$U_{GS(th)}$是增强型MOS管的参数，$U_{GS(off)}$是耗尽型MOS管的参数。

(3) 饱和漏极电流I_{DSS}。I_{DSS}是耗尽型MOS管在$U_{GS}=0$的条件下，管子发生预夹断

时的漏极电流。

(4) 栅-源直流输入电阻R_{GS}。R_{GS}是栅-源电压与栅极电流的比值。由于MOS管的栅极与源极间是绝缘的,R_{GS}一般大于$10^9\Omega$以上。

此外,还有最大漏极电流I_{DM}、最大耗散功率P_{DM}、漏-源击穿电压$U_{(BR)DS}$、栅-源击穿电压$U_{(BR)GS}$等极限参数。

国产常用场效应管的主要参数见附录B。

2. 场效应管的分类

按照分类方法的不同,场效应管可分为多个不同种类。

按结构来分,有结型(JFET)和绝缘栅型(MOSFET)两大类。结型场效应管利用电压(电场)控制导电沟道耗尽区的宽窄来控制电流,它又分为N沟道和P沟道两种;绝缘栅场效应管主要指金属氧化物半导体场效应管(MOS管),它利用感应电荷的多少来控制导电沟道的宽窄,从而控制电流。

按导电方式来分,场效应管可分为耗尽型和增强型。结型场效应管均为耗尽型,绝缘栅型场效应管既有耗尽型也有增强型,每一种又分为N沟道和P沟道。

1.3.3 场效应管识别与质量检测

1. 场效应管的识别

与普通晶体三极管一样,场效应管也有三个引脚,分别是栅极、源极和漏极。可将场效应管看作是一只普通晶体三极管,栅极G对应基极B,漏极D对应集电极C,源极S对应发射极E(N沟道对应NPN型晶体管,P沟道对应PNP型晶体管)。

场效应管引脚排列位置依其品种、型号及功能等不同而异。对于大功率场效应管,从左至右,其引脚排列基本为G、D、S极(散热片接D极);采用绝缘底板模块封装的特种场效应管通常有四个引脚,上面的两个通常为两个S极(相连),下面的两个分别为G、D极;采用贴片封装的场效应管,其散热片是D极,下面的三个引脚(无论中间脚是否被剪短)分别是G、D、S极。

2. 场效应管的测量

场效应管的测量可用数字万用表,也可用指针式万用表。下面以指针式万用表测量为例进行说明。

(1) 结型场效应管的测量

① 判定场效应管的电极

先确定管子的栅极。将万用表置于$R\times100\Omega$挡,黑表笔接管子的一个电极,红表笔依次碰触另外两个电极。若两次测出的电阻值均很大,说明是P沟道管。且黑表笔接的就是栅极。若两次测出的阻值均很小,说明是N沟道管,且黑表笔接的就是栅极。若不出现上述情况,可调换另一电极,按上述方法进行测量,直到判断出栅极为止。

一般结型场效应管的源极和漏极在制造工艺上是对称的,因此可互换使用,所以可以不再定栅极和漏极,源极和漏极间的电阻值正常时约为几千欧姆。

② 估测场效应管的放大能力

将表置于 $R\times100\Omega$ 挡,黑笔接漏极 D,红笔接源极 S,这时指针指出的是漏极和源极间的电阻值。用手捏住栅极 G,表针应有较大幅度的摆动,摆幅越大,则管子的放大能力越强。若表针摆动很小,则管子放大能力很弱。若表针不动,说明管子已失去放大能力。

(2) MOS 场效应管的测量

MOS 场效应管比较“娇气”。这是由于它的输入电阻很高,而栅-源极间电容又非常小,极易受外界电磁场或静电的感应而带电,而少量电荷就可存极间电容上形成相当高的电压($U=Q/C$),将管子损坏。因此,出厂时将各引脚绞合在一起,或装在金属箔内,使 G 极与 S 极短接,防止积累静电倚。管子不用时,全部引脚也应短接。在测量时应格外小心,并采取相应的防静电措施。

测量前,先把人体对地短路后,才能触摸 MOSFET 的引脚。最好在手腕处接一条导线与大地连通,使人体与大地保持等电位,再把引脚分开,然后拆掉导线。

目前常用的 MOS 场效应管多为双删型结构,两个删极都能控制沟道电流的大小,靠近源极 S 的栅极 G_1 是信号栅,靠近漏极 D 的栅极 G_2 是控制栅。

① 判定场效应管的电极

将表置于 $R\times100\Omega$ 挡,用红、黑表笔依次轮换测量各引脚间的电阻值,只有 D 和 S 两极间的电阻值为几十至几千欧姆,其余各引脚间的阻值为无穷大。当找到 D 和 S 极以后,再交换表笔测量这两个电极间的阻值,其被测阻值较大的一次测量中,黑表笔接的为 D 极,红表笔接的为 S 极。靠近 S 极的栅极为信号栅 G_1,靠近 D 极的栅极为控制栅 G_2。

② 估测场效应管的放大能力

将表置于 $R\times100\Omega$ 挡,黑笔接漏极 D,红笔接源极 S,这时指针指示漏极和源极间的电阻值。用手握住螺丝刀的绝缘柄,用金属杆去碰触栅极,表针应用较大幅度的摆动,摆幅越大,放大能力越强。若表针摆动很小,则放大能力很弱;若表针不动,则已失去放大能力。

1.3.4 场效应管的使用

场效应管具有很多独特的优点,在一些有特殊要求的场合,一般都选用场效应管。例如,由于它具有很高的输入阻抗,在信号源内阻高,希望得到好的放大作用和较低的噪声系数的场合,因此常用场效应管作多级放大器的输入级;它还可以用作可变电阻;可以方便地用作恒流源;可以用作双向导电的电子开关等。

由于场效应管比较“娇气”,容易损坏。使用时要注意下面几点。

(1) 焊接绝缘栅场效应管时,必须将它的管脚短路,并应使用 25W 以下有良好接地的内热式电烙铁。在运输和存放时应用金属箔包裹或者装入金属盒内,这是由于它的输入电阻高,容易受外电场的作用而击穿绝缘栅;

(2) 场效应管的互导大小与工作区有关,$|u_{GS}|$ 越低,互导就越大;

(3) 结型场效应管的源、漏极可互换;

(4) 在要求输入电阻较高的场合下使用时,应采取防潮措施,以免输入电阻下降;

(5) 陶瓷封装的芝麻管有光敏特性，使用时应注意。

任务 1.4　拓展与训练

1.4.1　元器件引脚成形与插接

1. 插装元件的引线成型要求

插装元件通常安装在电路板上，其引线需要成型，成型的目的是满足安装尺寸与印制板的配合等要求(对于满足要求的元件，如双列直插封装的集成电路，则不必成型)。手工插装焊接的元器件引线加工形状如图 1-26 所示。图 1-26 中，L_a为两焊盘的跨接间距，l_a为元件轴向引线元件体的长度，d_a为元件引线的直径或厚度。

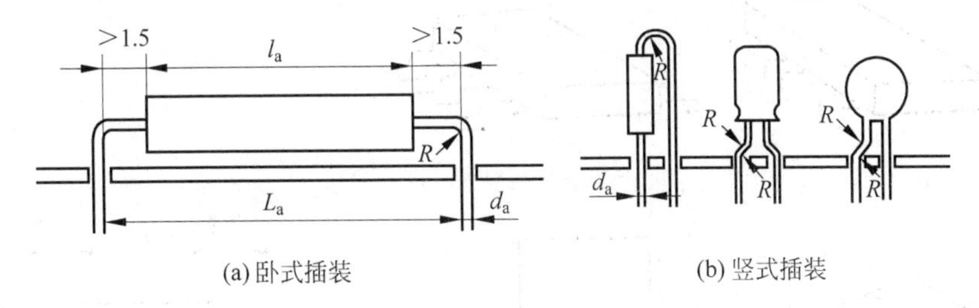

图 1-26　手工插装元器件引线成型形状

成型时必须注意：①引线不应在根部弯曲，至少要离根部 1.5mm 以上；②弯曲处的圆角半径 R 要大于两倍的引线直径；③弯曲后的两根引线要与元件本体垂直，且与元件中心位于同一平面内；④元件的标志符号应方向一致，以便于观察。

自动安装时，元器件引线成型的形状如图 1-27 所示。易受热的元器件引线成型形状如图 1-28 所示。

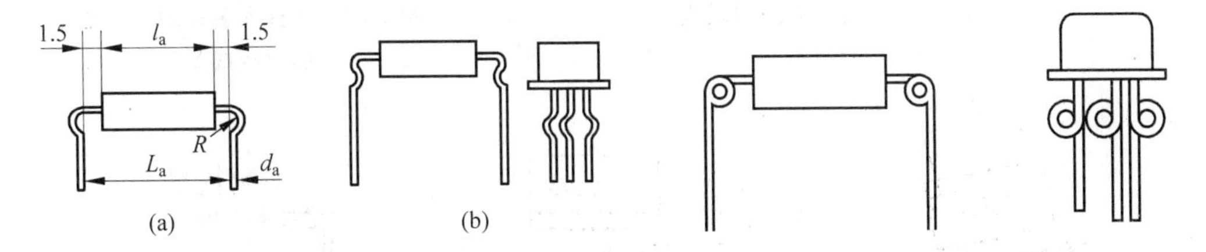

图 1-27　自动插装元器件引线成型形状　　图 1-28　易受热元器件引线成型形状

2. 电子元器件引线成型方法

一般元器件的引线成型多采用模具手工成型，模具如图 1-29 所示。模具的垂直方向开有供插入元件引线的长条形孔，将元件的引线从上方插入长条形孔后，再插入插杆，引线即成型。这样加工的引线具有较好的一致性，安装在电路板上比较美观。集成电路的引线成型如图 1-30 所示。当印制电路板安装孔的距离不合适时，则元件引线采用如图 1-31 所示方法成型。另外当没有模具，而只需成型的元件量少时，也可以用尖嘴钳加工元件引线,如图 1-32 所示。

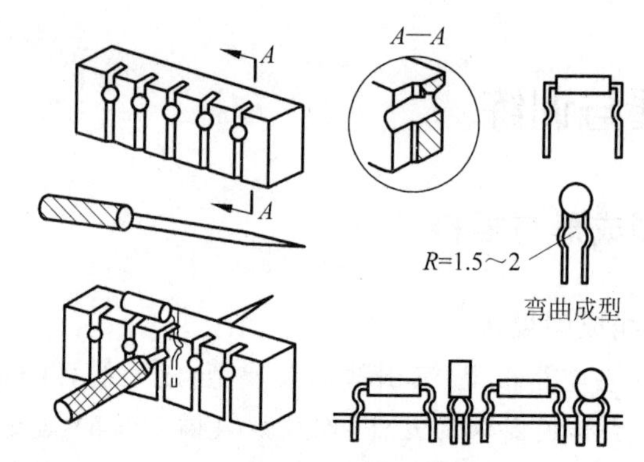

图 1-29 引线成型模具

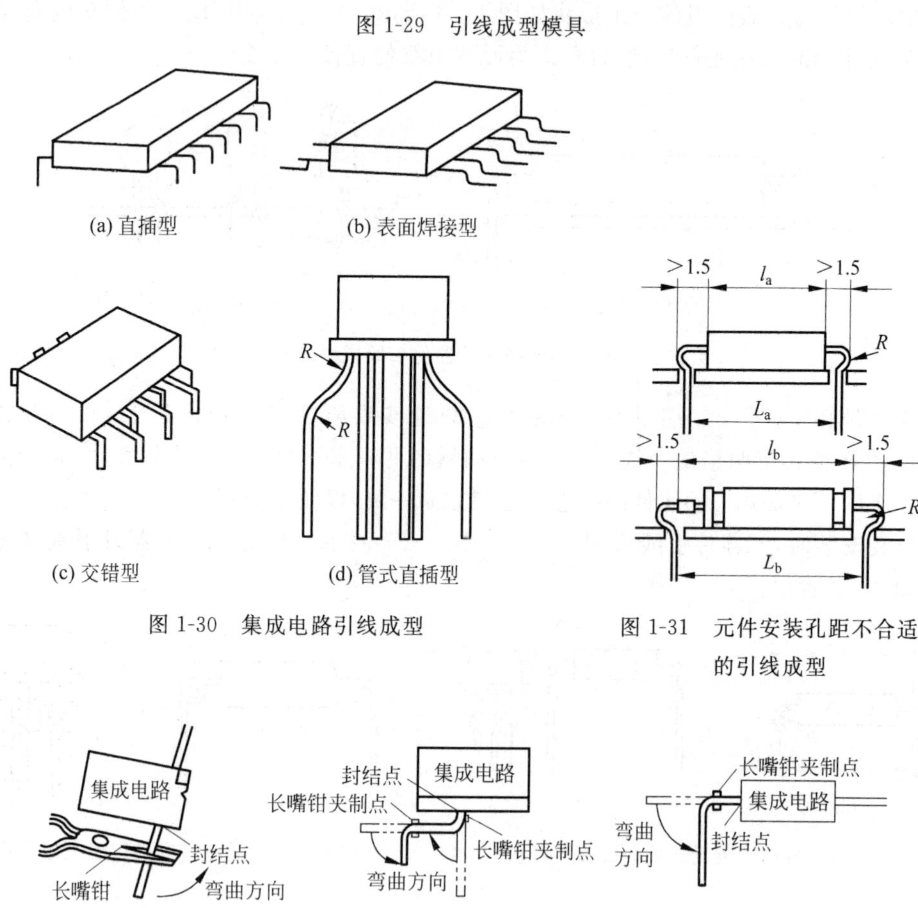

图 1-30 集成电路引线成型

图 1-31 元件安装孔距不合适的引线成型

图 1-32 用尖嘴钳成型元件引线

3. 元器件的插装

电子元器件插装通常是指将插装元件的引线插入印制电路板上相应的安装孔内。分为手工插装和自动插装两种。

（1）手工插装

手工插装多用于科研或小批量生产，有两种方法：一种是一块印制电路板所需全部元器件由一人负责插装；另一种是采用传送带的方式多人流水作业完成插装。

（2）自动插装

自动插装采用自动插装机完成插装。根据印制板上元件的位置，由事先编制出的相应程序控制自动插装机插装。插装机的插件夹具有自动打弯机构，能将插入的元件牢固地固定在印制板上，提高了印制电路板的焊接强度。自动插装机消除了由手工插装所带来的误插、漏插等差错，保证了产品的质量，提高了生产效率。

（3）印制电路板上元件的插装原则

① 元件的插装应使其标记和色码朝上，以易于辨认。

② 有极性的元件由其极性标记方向决定插装方向。

③ 插装顺序应该先轻后重、先里后外、先低后高。

④ 应注意元器件间的间距。印制板上元件的距离不能小于1mm；引线间的间隔要大于2mm；当有可能接触到时，引线要套绝缘套管。

⑤ 对于较大、较重的特殊元件，如大电解电容、变压器、阻流圈、磁棒等，插装时必须用金属固定件或固定架加强固定。

1.4.2 表面元器件的安装

表面安装元器件也称贴片元器件，可以直接贴装在印制电路板的表面，将电极焊接在与元器件同一面的焊盘上。常用的有片式电阻、电容、电感、晶体管、集成电路等。

表面贴装元器件具有尺寸小、重量轻、能进行高密度组装，使电子设备小型化、轻量化和薄型化；无引线或短引线，减少了寄生电感和电容，不但高频特性好，有利于提高使用频率和电路速度，而且贴装后几乎不需调整；形状简单、结构牢固、紧贴在SMB电路板上，不怕振动、冲击；印制板无需钻孔，组装的元件无引线打弯剪短工序；尺寸和形状标准化等优点。

表面元器件主要采用自动贴片机进行自动安装，即在元件的引脚上粘上特制的含锡粉的粘贴胶，使用贴装机将器件粘贴在电路板上，然后加热使锡粉熔化焊接。由于其效率高，可靠性好，综合成本低，便于大批量生产，在电子设备生产中得到广泛应用。

习题

1.1 试说明图1-33所示电路中输出电压U_o的大小和极性（忽略二极管正向压降）。

1.2 计算图1-34所示电路的输出电压U_o（忽略二极管正向压降）。

（1）$U_1=U_2=0$ 时；

（2）$U_1=0$，$U_2=6V$ 时；

（3）$U_1=U_2=6V$ 时。

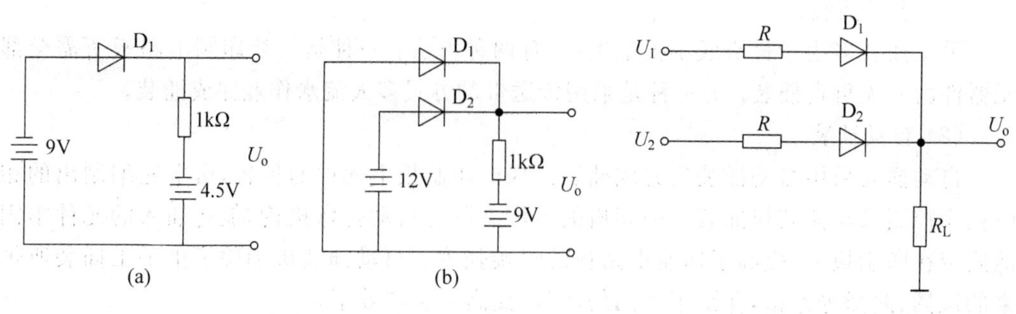

图 1-33　题 1.1 的图　　图 1-34　题 1.2 的图

1.3　在图 1-35(a)、图 1-35(b)所示电路中,输入电压 $u_i=12\sin\omega t$V 为正弦波,二极管正向压降忽略不计,试画出输出电压 u_o的波形。

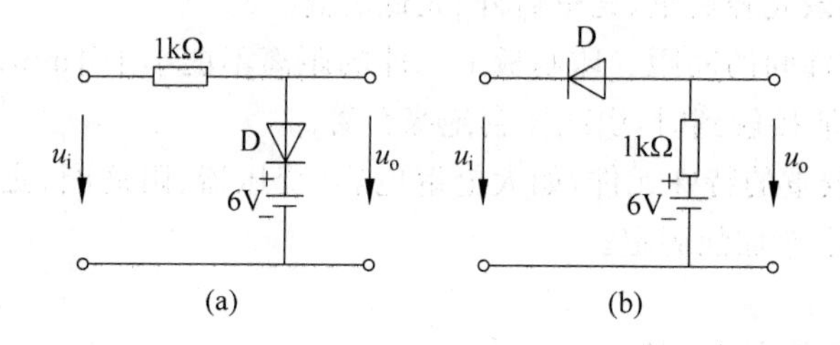

图 1-35　题 1.3 的图

1.4　有两个稳压管 D_{Z1}、D_{Z2},其稳压值分别为 6V 和 9V,正向压降都是 0.7V。把它们串联相接可得到几种稳压值?各为多少?

1.5　三极管是由两个 PN 结构成的。如果将两个二极管背靠背连接起来,如图 1-36 所示,能否起放大作用?为什么?

1.6　有 A、B 两个三极管,A 三极管的 $\beta=200$,$I_{CEO}=200\mu A$,B 三极管的 $\beta=50$,$I_{CEO}=10\mu A$,其他参数大致相同。你认为应选用哪个三极管?

1.7　两个三极管的共射极输出特性曲线分别如图 1-37(a)、图 1-37(b)所示,试分析哪个三极管的 β 值大?哪个三极管的 I_{CEO}大?

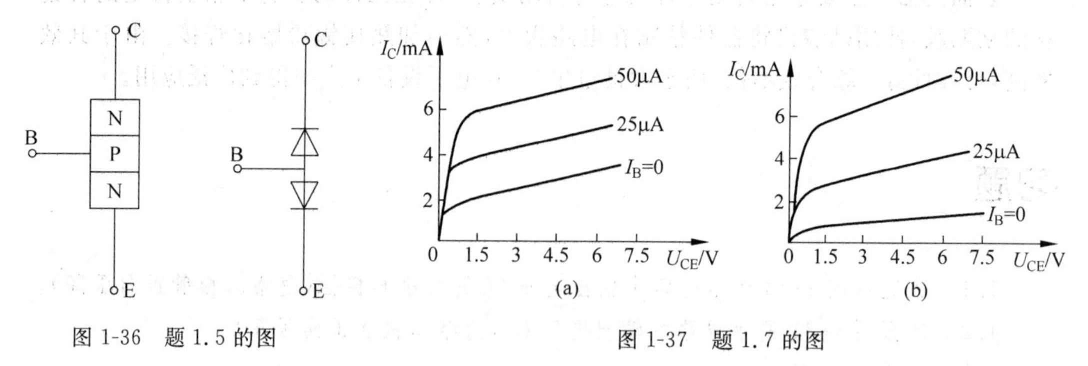

图 1-36　题 1.5 的图　　图 1-37　题 1.7 的图

1.8　在考虑三极管集电极反向饱和电流 I_{CBO}的情况下,测得某三极管的 $I_C=5.202$mA,$I_B=50\mu A$,$I_{CBO}=2\mu A$。求 I_E、$\bar{\beta}$。

1.9　某三极管接于电路中，测得：当 $I_B=5\mu A$ 时，$I_C=0.33mA$；当 $I_B=15\mu A$ 时，$I_C=1.03mA$。求该三极管的 β 是多少？

1.10　某三极管的极限参数为 $P_{CM}=100mW$，$I_{CM}=20mA$，$U_{(BR)CEO}=15V$，试问在下列情况下，哪种为正常工作状态？

(1) $U_{CE}=3V$，$I_C=10mA$；

(2) $U_{CE}=2V$，$I_C=40mA$；

(3) $U_{CE}=8V$，$I_C=18mA$。

1.11　场效应管在可变电阻区工作时，漏-源极间可看作一个受 U_{GS} 控制的可变电阻（$R_{DS}=U_{DS}/I_D$）。今有一个N沟道耗尽型MOS管，在 $U_{DS}=1V$ 的条件下，当 U_{GS} 分别为0V、−1V、−2V时，I_D 分别为4mA、2mA、0.8mA，试计算不同 U_{GS} 时的 R_{DS} 值。

1.12　图1-38为某场效应管的输出特性曲线，试由此图判断：

(1) 此场效应管管属于哪种类型？

(2) 其夹断电压 $U_{GS(off)}$ 大约是多少？

(3) 饱和漏极电流 I_{DSS} 是多少？

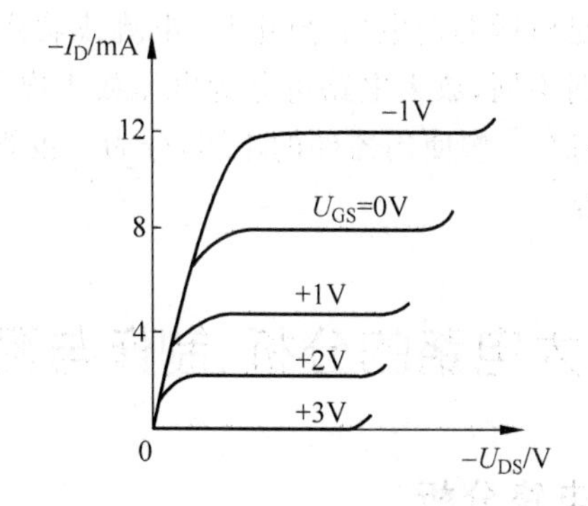

图1-38　题1.12的图

1.13　已知N沟道耗尽型场效应晶体管的 $I_{DSS}=2mA$，$U_{GS(off)}=-4V$。画出它的转移特性曲线和漏极特性曲线。

项目 2

线性放大电路制作与测试

学习目标

(1) 掌握共发射极、共集电极放大电路的组成及性能特点；

(2) 掌握共发射极、共集电极、多级放大电路主要性能指标的计算方法；

(3) 理解场效应管基本放大电路的组成及主要性能指标计算方法；

(4) 了解功率放大电路的特点及分类；

(5) 掌握 OCL、OTL 功放电路的组成及工作原理。

放大电路的基本功能是将微弱的电信号(电压、电流或功率)不失真地放大到所需要的值。按被放大信号的强弱不同,放大电路可分为电压放大电路(小信号放大电路)和功率放大电路(大信号放大电路)；按使用器件的不同,分为三极管放大电路、场效应管放大电路以及集成运算放大电路。

任务 2.1 基本放大电路的分析、制作与测试

2.1.1 共发射极放大电路分析

以三极管为中心,再加上适当的电阻、电容就可以组成一个基本放大电路。根据信号输入回路、输出回路的公共端,放大电路分为三种结构：共发射极放大电路、共集电极放大电路、共基极放大电路,本章对前两种进行介绍。

1. 共发射极放大电路的组成及工作原理

1) 共发射极放大电路的组成

按电路结构的不同,三极管放大电路分为共发射极、共集电极和共基极三种形式。不论哪种结构的放大电路,都要包括三极管、直流偏置电路、输入信号以及负载等部分。图 2-1 是一个最基本的共发射极放大电路。

图 2-1(a)是采用两组电源 E_B、E_C供电的共发射极放大电路,各部分作用如下。

(1) 输入信号。输入信号源可以用电动势 e_S和内阻 R_S串联来表示，u_i为放大器的输入电压,通过电容 C_1加到三极管的基极。

(2) 输入耦合电容 C_1。输入耦合电容起隔直通交的作用。一是隔断信号源与三极管间的直流通路,使它们间无直流联系,互不影响；二是耦合传送交流信号。

(3) 基极偏置电路。电源 E_B的作用是给三极管发射结提供正向偏置,产生大小适当

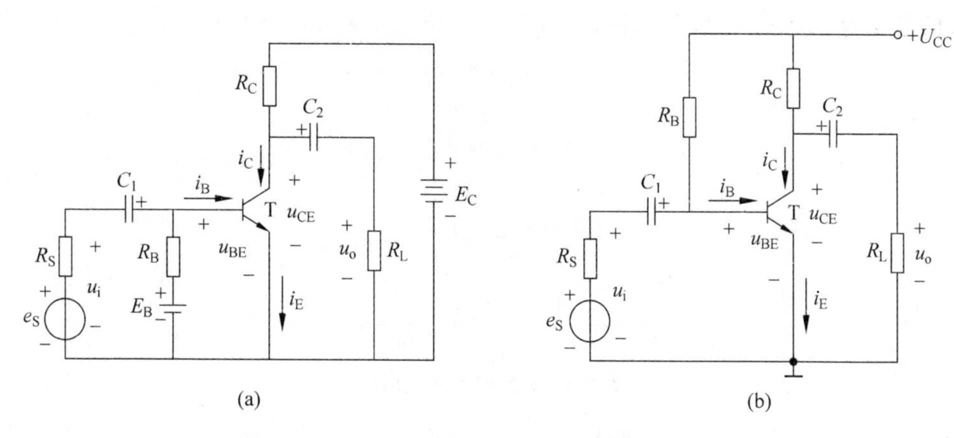

图 2-1　共发射极放大电路的组成

的基极电流 I_B。正常情况下，硅管 U_{BE}约为 0.7V，锗管 U_{BE}约为 0.3V。R_B为基极偏置电阻，简称基极电阻。

(4) 三极管 T。三极管是放大器的核心，起电流放大作用，把基极较小的电流变化加以放大，在集电极形成较大的电流变化。产生电流放大作用的外部条件是：发射结正向偏置，集电结反向偏置。电源 E_B、E_C就是为满足这个条件而设置的。

(5) 集电极电源 E_C。集电极电源有两个作用，一是为放大电路提供能源；二是保证集电结处于反向偏置，使三极管起放大作用。E_C一般为几伏到几十伏。

(6) 集电极电阻 R_C。集电极电阻的作用有二：一是电源 E_C经 R_C给集电结提供反偏电压；二是把三极管集电极电流 i_C的变化转化成输出电压 u_{CE}的变化，并传给负载 R_L。

(7) 输出耦合电容 C_2。C_2 的作用与 C_1相同，用于隔断三极管与负载 R_L之间的直流联系，耦合传送交流信号到负载。C_1、C_2的容量较大，通常为几微法到几十微法，大多用电解电容，连接时要注意其极性。

(8) 负载 R_L。R_L可以是一个实际的负载，如电阻、扬声器、显像管等，也可以是下一级放大器的输入等效阻抗。R_L上的电压称为输出电压，用 u_o表示。

由于输入信号加在三极管基极与发射极之间，输出信号从三极管集电极与发射极之间取出，发射极是输入、输出回路的公共端，故称为共发射极放大电路。

实际应用中，通常采用一组电源 E_C(U_{CC})供电，而 E_B可以省略，如图 2-1(b)所示。图 2-1(b)中，基极偏置也由 U_{CC}提供。一般 R_B较大，达到几十千欧到几百千欧。而 R_C较小，约几千欧。这样，使得基极偏置电流很小，集电极电流较大，集电极的电压也较基极高，使三极管具备电流放大的外部条件。

2) 共发射极放大电路的工作原理

在分析电路工作原理之前，先对有关的符号加以说明：大写字母加大写下标表示直流分量，小写字母加小写下标表示交流分量，小写字母加大写下标表示瞬时值，大写字母加小写下标表示有效值。如 I_B表示基极直流电流，i_b表示基极电流的交流成分，i_B表示基极电流的瞬时值，u_{BE}表示发射结电压的瞬时值，其他依此类推。

在图 2-2 所示的共发射极放大电路中，设 $U_{CC}=12V$，$R_C=1.2k\Omega$，三极管的 $\beta=50$，

输入信号 u_i 为正弦波,振幅为 50mV,如图 2-3(a)所示,下面我们来分析它的放大原理。

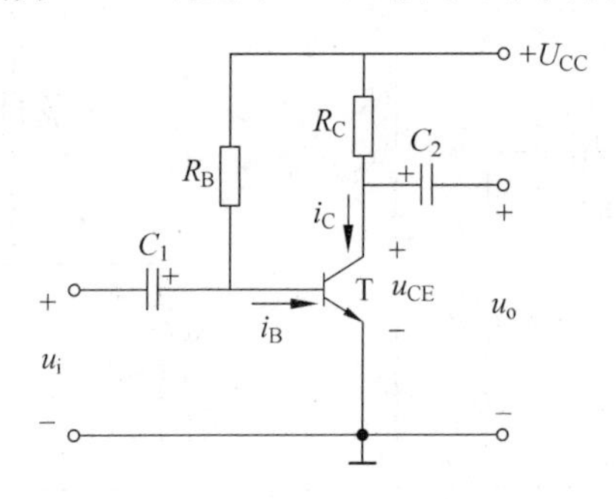

图 2-2 共发射极放大电路

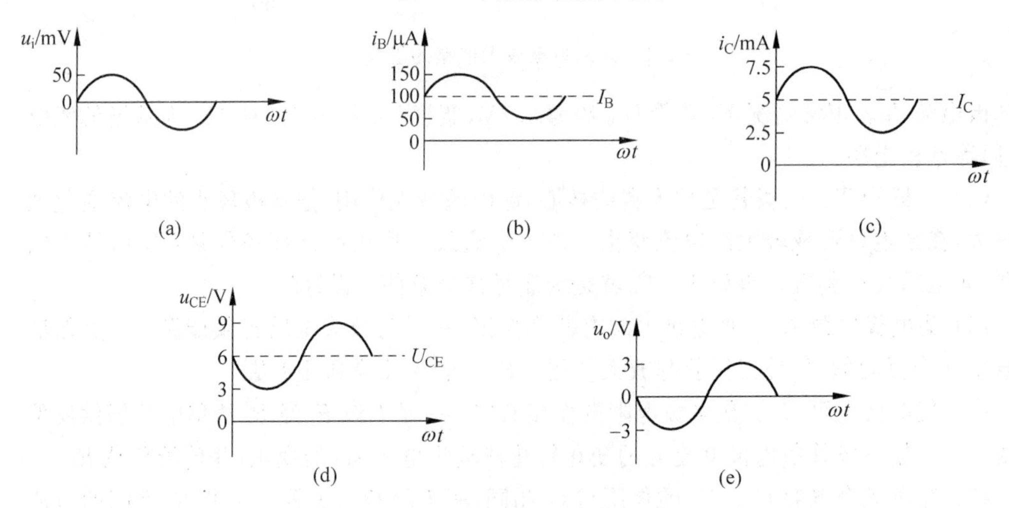

图 2-3 放大电路各电压、电流波形

先看三极管中的直流成分。设三极管工作在放大状态,基极直流电流 $I_B=100\mu A$(只需适当选取 R_B 的阻值即可满足要求),则集电极电流

$$I_C=\beta\cdot I_B=50\cdot 100\mu A=5(mA)$$

三极管 C、E 极间的电压

$$U_{CE}=U_{CC}-I_C\cdot R_C=12-5\times 1.2=6(V)$$

三极管中直流成分 I_B、I_C、U_{CE} 如图 2-3(b)、图 2-3(c)、图 2-3(d)中虚线所示。

再看有交流信号的情况。当输入端加上信号 u_i 时,由于有 C_1 的隔直流作用,原来的 I_B 不变,只是增加了交流成分。设 u_i 引起基极电流的变化幅度为 50μA(i_b 的大小由 u_i 和三极管输入电阻 r_{be} 确定,并满足关系 $i_b=u_i/r_{be}$),则

$$i_B=I_B+i_b=100+50\sin\omega t(\mu A)$$

i_B 波形如图 2-3(b)所示。

i_B 经三极管放大后,集电极电流为

$$i_C=\beta\cdot i_B=5+2.5\sin\omega t(mA)$$

i_C 波形如图 2-3(c)所示。

$$u_{CE}=U_{CC}-i_cR_C=12-(5+2.5\sin\omega t)\times 1.2$$
$$=6-3\sin\omega t(\mathrm{V})$$

u_{CE}波形如图 2-3(d)所示。

在输出回路中，由于 C_2 的隔直流作用，只有交流成分经 C_2 输出，形成输出电压

$$u_o=-3\sin\omega t(\mathrm{V})$$

u_o为振幅 3 伏的正弦信号，如图 2-3(e)所示。

至此，我们看到，输入端输入的正弦信号幅度只有 50mV，但输出端输出的正弦信号幅度达到 3V，这就是放大电路放大的结果。从波形中发现，输出信号 u_o与输入信号 u_i的相位正好相反，这就是放大电路的倒相作用，故称这种放大电路为倒相放大器。

综合上面分析，得到图 2-3 所示放大电路工作原理：输入信号电压 u_i经 C_1 与 U_{BE}叠加后加到三极管输入端，使基极电流 i_B发生变化，i_B控制集电极电流 i_C的变化，i_C在 R_C上的压降使三极管输出电压发生变化，最后经电容 C_2输出交流电压 u_o。输出电压 u_o的幅度要比输入电压 u_i大得多。这并不是说放大电路把能量放大了，输出的较大能量来自直流电源。所以，放大的实质是通过三极管的控制作用，将直流电能转变成交流电能。这里，输入信号是控制源，三极管是控制元件，直流电源是能量的来源。

2. 静态工作点及对波形失真的影响

1）静态工作点的确定

三极管是放大电路的核心，但要使三极管起放大作用，还必须具备一定的外部条件，即三极管的发射结正偏、集电结反偏。

（1）静态工作点的概念

放大电路不加输入信号，即 $u_i=0$ 时，称为静态，或称为直流工作状态。在输入回路中，用基极电流 I_{BQ}和发射结电压 U_{BEQ}来表示；在输出回路中，用集电极电流 I_{CQ}和 C、E 极间电压 U_{CEQ}来表示。其中，I_{BQ}和 U_{BEQ}的关系满足三极管输入特性曲线的要求，落在三极管输入特性曲线的某一点上，这个点称为静态工作点，习惯上用 Q 表示，故又称为 Q 点，如图 2-4 所示。

（2）直流负载线

在输出回路中，I_{CQ}和 U_{CEQ}的关系满足方程

$$u_{CE}=U_{CC}-i_CR_C \tag{2.1}$$

这个方程是一条斜率为$-1/R_C$的直线，即 $\tan\alpha=-1/R_C$，称为直流负载线。在三极管输出特性曲线上作直流负载线的方法如下。

首先，在式(2.1)中令 $i_C=0$，得到 $u_{CE}=U_{CC}$，这就确定了图 2-5 中的 M 点。

其次，在式(2.1)中令 $u_{CE}=0$，得到 $i_C=U_{CC}/R_C$，这就确定了图 2-5 中的 N 点。

连接 M、N 两点，得到直流负载线 MN。

由于 I_{CQ}和 U_{CEQ}的关系满足式(2.1)，所以静态工作点必定在直流负载线上。直流负载线与 I_{BQ}的交点就是静态工作点，如图 2-5 中的 Q 点。Q 点对应的电压、电流为 U_{CEQ}、I_{CQ}、I_{BQ}。

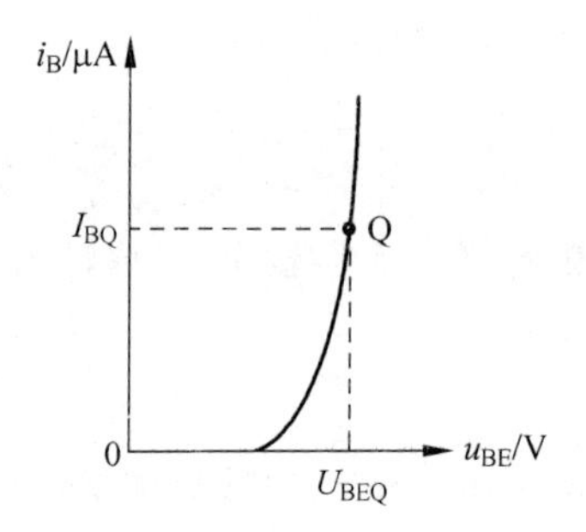

图 2-4 输入特性曲线上的静态工作点

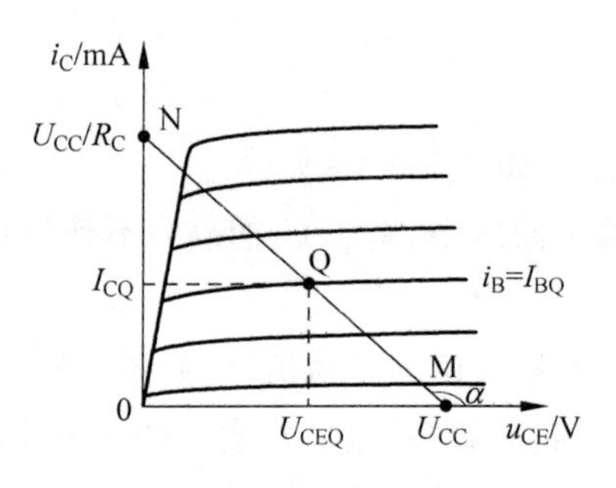

图 2-5 直流负载线和静态工作点

(3) 求静态工作点

在静态情况下,电路中只有直流成分而无交流成分。因此,我们可以根据电路的直流通路来计算静态工作点。在图 2-2 所示的共发射极放大电路中,把电容 C_1、C_2 开路,得到它的直流通路,如图 2-6 所示。

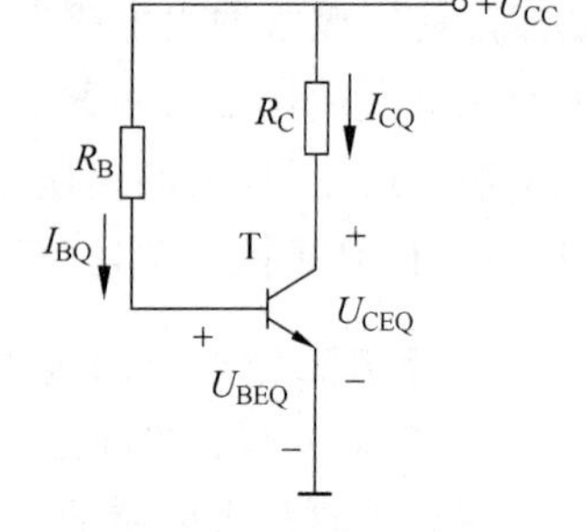

图 2-6 共发射结放大器的直流通路

在图 2-6 中,依据 KVL 定律,可列出基极回路的方程

$$I_{BQ}R_B + U_{BEQ} = U_{CC}$$

可得:

$$I_{BQ} = \frac{U_{CC} - U_{BEQ}}{R_B} \tag{2.2}$$

式(2.2)中,对于硅管,U_{BEQ}一般取 0.7V;对于锗管,U_{BEQ}一般取 0.3V。

根据三极管的电流放大作用,可得

$$I_{CQ} = \beta \cdot I_{BQ} \tag{2.3}$$

在集电极回路中,根据 KVL 定律,也可列出方程

$$I_{CQ} \cdot R_C + U_{CEQ} = U_{CC}$$

可得

$$U_{CEQ} = U_{CC} - I_{CQ} \cdot R_C \tag{2.4}$$

例 2-1 在图 2-2 所示的共发射极放大电路中,已知 $U_{CC}=12\text{V}$,$R_C=2\text{k}\Omega$,$R_B=300\text{k}\Omega$,$\beta=80$,求电路的静态工作点。

解:

$$I_{BQ} = \frac{U_{CC} - U_{CEQ}}{R_B} = \frac{12-0.7}{300} \approx 0.04(\text{mA}) = 40(\mu\text{A})$$

$$I_{CQ} = \beta \times I_{BQ} = 80 \times 0.04 = 3.2(\text{mA})$$

$$U_{CEQ} = U_{CC} - I_{CQ} \cdot R_C = 12 - 3.2 \times 2 = 5.6(\text{V})$$

求得放大电路的静态工作点为:$I_{BQ}=40\mu\text{A}$,$I_{CQ}=3.2\text{mA}$,$U_{CEQ}=5.6(\text{V})$。

需要特别说明的是:上述求静态工作点的方法是假设三极管工作在放大区。如果按此方法求出的 U_{CEQ}太小,接近零或为负值(原因可能是 R_B太小),说明三极管集电结失去正常的反向偏置电压,三极管接近饱和区或已进入饱和区,这时 β 将逐渐减小或根本无放大作用,$I_{CQ}=I_{BQ}\cdot\beta$ 不再成立。这时,我们可以用 $I_{CQ}\approx\frac{U_{CC}}{R_C}$、$U_{CEQ}\approx 0$ 来求静态工作点。

2）静态工作点对波形失真的影响

放大电路工作时，若输出电压波形与输入电压波形不一样，称为非线性失真。由于三极管是非线性元件，当工作点进入输出特性曲线的截止区和饱和区时，就会使放大电路输出信号产生严重失真。因此，放大电路的静态工作点不合适或输入信号的幅度太大，都会使其工作范围超出三极管输出特性曲线的线性区域（放大区），从而产生失真。

图 2-7 中，在输入信号 u_i 的作用下，i_B 在 Q_1 和 Q_2 两点之间来回波动。同样，i_B 的波动会引起 i_C 的变化，从而使 u_{CE} 发生变化，如图 2-8 所示。因此，放大器工作时，其工作点将沿着直流负载线以 Q 点为中心，在 Q_1 和 Q_2 之间来回运动。

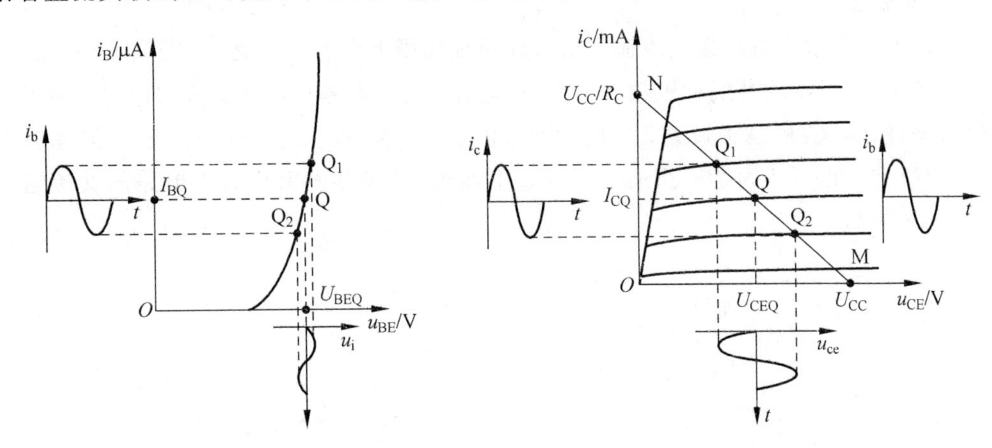

图 2-7　输入信号引起工作点的波动　　　图 2-8　工作点沿直流负载线上下运动

放大器工作点沿直流负载线上下波动过程中，如工作点进入三极管的截止区和饱和区，将使输出波形产生严重失真。图 2-9 中，静态工作点 Q 的位置选得太低，在输入信号 u_i 负半周时，三极管进入截止区工作，使 i_b、i_c、u_{ce} 产生严重失真，i_b、i_c 的负半周和 u_{ce} 的正半周被削平。这种失真是由三极管截止而引起，故称为截止失真。

图 2-10 中，由于静态工作点 Q 的位置选得太高，在输入信号 u_i 正半周时，三极管进入饱和区工作，使 i_c、u_{ce} 产生严重失真，i_c 的正半周和 u_{ce} 的负半周被削平。这种失真是三极管饱和引起，故称为饱和失真。

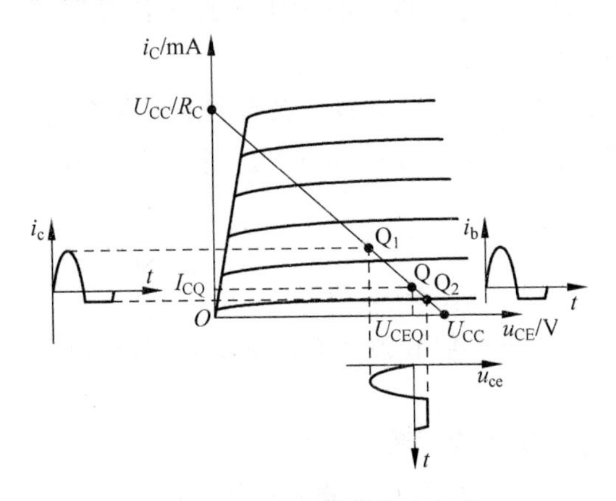

图 2-9　放大电路的截止失真

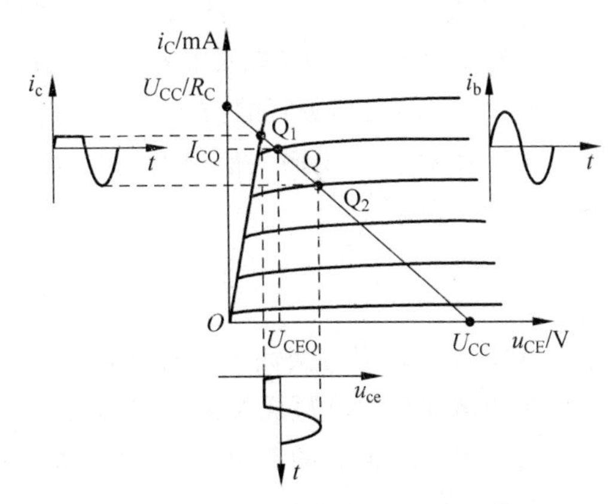

图 2-10　放大电路的饱和失真

截止失真是由于静态工作点太低引起的，它发生在输入信号的负半周，输出信号的正半周将被削平。饱和失真是由于静态工作点太高引起的，发生在输入信号的正半周，输出信号的负半周将被削平。所以静态工作点的选择很重要，一般应选在负载线的中点附近。这样，放大器工作时沿负载线上下波动，就有较大的动态范围，不易产生截止失真和饱和失真。此外，输入信号 u_i 的幅度也不能太大，以避免放大电路的工作范围超出特性曲线的线性范围。

3. 共射极放大电路的微变等效电路

1）交流通路

交流通路指放大电路在交流输入信号 u_i 单独作用下交流电流流经的通路。

在图 2-11 所示的共发射极放大电路中，电容 C_1、C_2 起隔直流通交流的作用。对于交流分量来说，C_1、C_2 相当于短路；同时，直流电源的内阻很小且并联了大容量的滤波电容，对交流来讲也可认为是短路的。根据以上两点，得到共发射极放大电路的交流通路如图 2-12 所示。

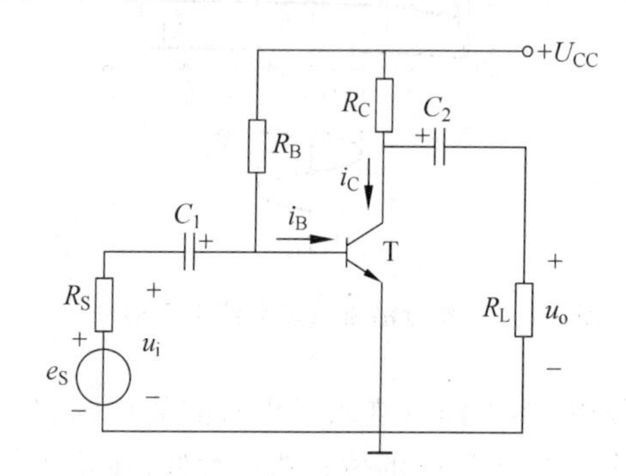

图 2-11 共发射极放大电路

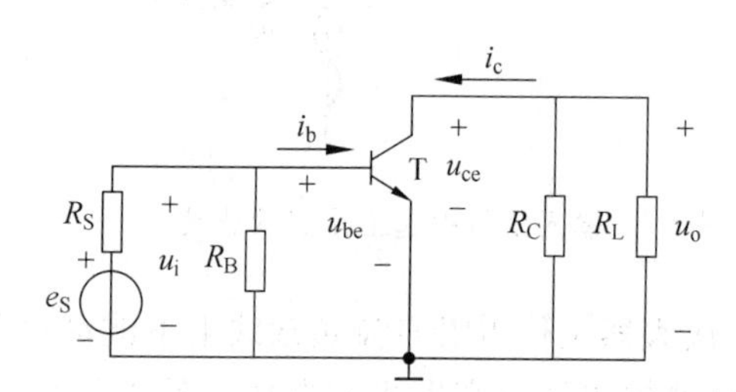

图 2-12 共发射极放大电路的交流通路

2）微变等效电路

(1) 三极管的微变等效电路

由于三极管是非线性元件，在分析、计算其放大电路时很不方便。因此，可采用交流等效电路法，把三极管作线性化处理。线性化的条件是三极管必须工作在小信号情况下，使得三极管的特性曲线能在小范围内用直线段近似代替。

图 2-13(a)是三极管的输入特性曲线，是非线性的。适当选择三极管的偏置电流 I_B，使其工作在 Q 点。当输入信号很小时，Q 点附近的工作段可看作直线。则定义 r_{be} 为三极管的输入电阻。

$$r_{be}=\left.\frac{\Delta U_{BE}}{\Delta I_B}\right|_{U_{CE}=\text{常数}}=\left.\frac{u_{be}}{i_b}\right|_{U_{CE}=\text{常数}} \tag{2.5}$$

式中，u_{be}、i_b 均为交流量。在交流放大器中，当输入信号为交流正弦量时，所有由信号引起的增加量均可写成交流量的形式。

r_{be} 是对交流而言的一个动态电阻，在小信号情况下为常数。

直接从特性曲线求 r_{be} 比较麻烦。对于低频小功率管，常用经验公式估算：

$$r_{be}=300+(\beta+1)\frac{26(\mathrm{mV})}{I_E(\mathrm{mV})}(\Omega) \tag{2.6}$$

式中，I_E为发射极电流静态值，r_{be}一般为几百欧到几千欧。

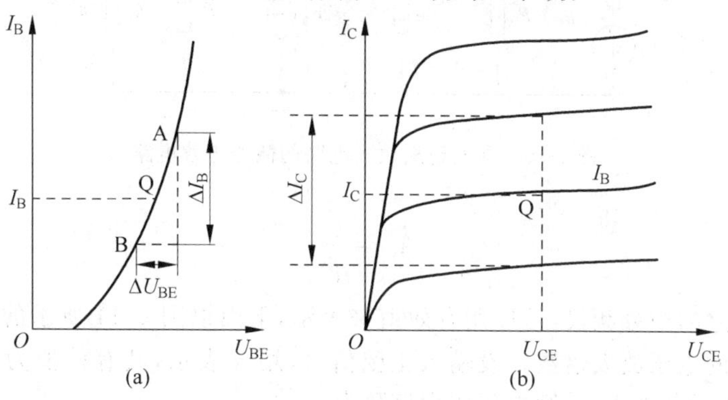

图 2-13　从三极管特性曲线求 r_{be} 和 β

从图 2-13(b)输出特性曲线可看出，其线性工作区是一组近似与横轴平行的直线。三极管的电流放大系数

$$\beta=\left.\frac{\Delta I_C}{\Delta I_B}\right|_{U_{CE}=常数}=\left.\frac{i_c}{i_b}\right|_{U_{CE}=常数} \tag{2.7}$$

在小信号条件下，β为常数，由它确定i_c受i_b控制的关系。因此，三极管的输出电路可用等效电流源$i_c=\beta i_b$代替，以表示其电流控制作用，βi_b表明了三极管的放大作用，也说明它是一个受输入电流控制的受控电流源。

至此，可作出三极管的微变等效电路，如图 2-14 所示。

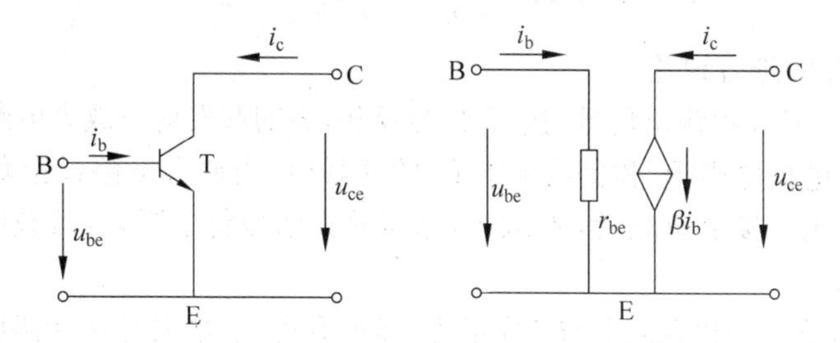

图 2-14　三极管的微变等效电路

(2) 放大电路的微变等效电路

在图 2-12 中，如果将三极管用其微变等效电路来代替，就得到共发射极放大电路的微变等效电路，如图 2-15 所示。

需要说明的是，在图 2-12 和图 2-15 中，标注的各电压、电流均为交流分量。在图 2-15 中，$u_o=u_{ce}$，$u_i=u_{be}$。

4. 共发射极放大电路的电压放大倍数、输入电阻与输出电阻

1) 电压放大倍数

放大电路的电压放大倍数定义为输出电压与输入电压的比值，用$\dot{A}_u$表示，即

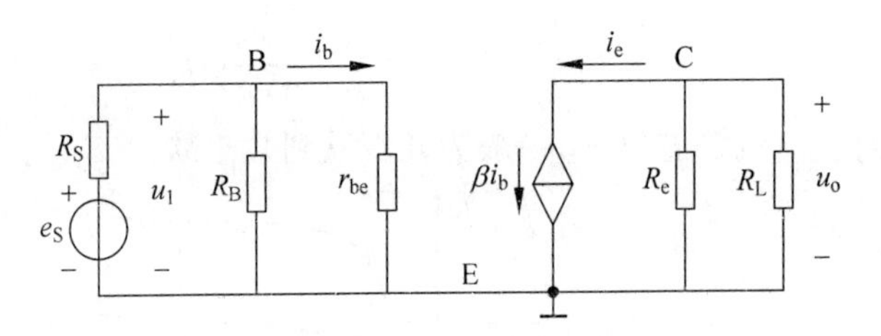

图 2-15 共发射极放大电路的微变等效电路

$$\dot{A}_u = \frac{\dot{U}_o}{\dot{U}_i}$$

在放大电路的中频频段,可以用有效值来表示,下面以图 2-11 所示的共发射极放大电路来分析它的电压放大倍数。设输入正弦信号,用 u_i 表示,其有效值为 U_i;输出信号用 u_o 表示,其有效值为 U_o。则电压放大倍数为

$$A_u = \frac{U_o}{U_i} = \frac{u_o}{u_i} \tag{2.8}$$

根据图 2-15 的微变等效电路,可知

$$u_i = r_{be} \cdot i_b$$

$$u_o = -(R_C \mathbin{/\!/} R_L) \cdot i_c = -\beta \cdot R'_L \cdot i_b$$

式中

$$R'_L = R_C \mathbin{/\!/} R_L$$

故共发射极放大电路的电压放大倍数

$$A_u = \frac{u_o}{u_i} = -\beta \frac{R'_L}{r_{be}} \tag{2.9}$$

下面对式(2.9)进行讨论:

(1) 式中"−"号表示输出信号与输入信号反相,表明共发射极放大电路为倒相放大器。

(2) R'_L 为集电极电阻 R_C 和负载电阻 R_L 的并联值,当放大电路没接负载时,$R'_L = R_C$,此时放大倍数最大。接上负载后,R'_L 减小,电压放大倍数将下降,且负载越重,R_L 越小,电压放大倍数越低。

(3) 在式中,放大倍数表面上与 β 成正比,其实不然。β 增大时,r_{be} 的阻值也将增加。随着 β 的增大,$\frac{\beta}{r_{be}}$ 的值也增大,但效果并不明显。当 β 足够大时,电压放大倍数几乎与 β 无关。因此,在放大电路中,选用 β 较高的三极管,往往达不到提高电压放大倍数的效果。

2) 输入电阻与输出电阻

对于放大电路,其输入端必须接上输入信号,称为信号源,而输出端总是与负载相联,如图 2-16 所示。

(1) 输入电阻

放大电路的输入电阻是从输入端看进去的等效电阻,定义为输入电压 u_i 与输入电流 i_i 的比值,用 r_i 表示,即

$$r_i = \frac{u_i}{i_i}$$

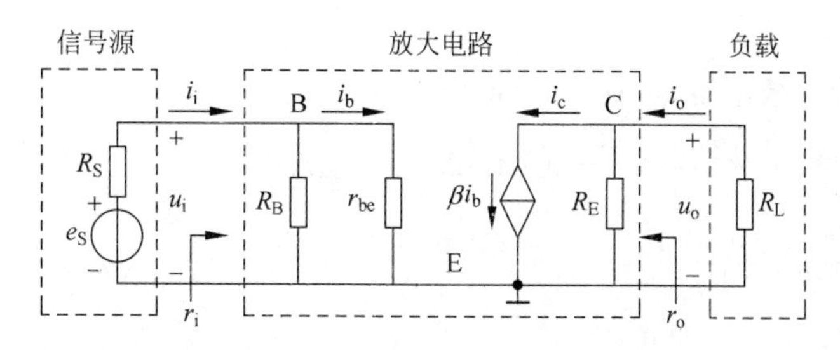

图 2-16 放大电路的输入电阻和输出电阻

在共发射极放大电路中，R_B远远大于r_{be}(R_B一般为几百千欧，r_{be}为1千欧左右)，所以图2-16的输入电阻为

$$r_i = R_B \ // \ r_{be} \approx r_{be} \tag{2.10}$$

对于放大电路，通常希望其输入电阻尽量大一些。如果放大电路的输入电阻太小，将会产生以下三个方面的不利影响：

① 放大电路将从信号源取用较大电流，从而增加信号源的负担。

② 信号源电压e_S经信号源内阻R_S和r_i分压后，加到放大电路的输入电压u_i减小，从而使放大电路的电压放大倍数降低。

③ 在多级放大电路中，后级放大电路的输入电阻，就是前级放大电路的负载电阻，从而降低前级放大电路的电压放大倍数。

(2) 输出电阻

放大电路的输出电阻是从输出端看进去的等效电阻，用r_o表示。在放大电路中，输入电阻、输出电阻均为动态电阻，故用小写字母表示。

在图2-16中，受控电流源的内阻为无穷大，所以输出电阻为

$$r_o = R_C \tag{2.11}$$

对于共发射极放大电路，R_C一般为几千欧，因此其输出电阻较大。在放大电路中，为使输出电压平稳，有较强的带负载能力，希望输出电阻尽量小一些。

必须注意，输入电阻是从输入端看放大电路的等效电阻，因此输入电阻包括R_B。而输出电阻是从输出端看放大电路的等效电阻，因此输出电阻包括负载电阻。

例2-2 在图2-17(a)所示的共发射极放大电路中，已知：$U_{CC}=12\text{V}$，$R_C=3\text{k}\Omega$，$R_B=283\text{k}\Omega$，$\beta=50$。①求输入电阻和输出电阻；②求不接负载R_L时的电压放大倍数；③求接上负载$R_L=1\text{k}\Omega$时的电压放大倍数。

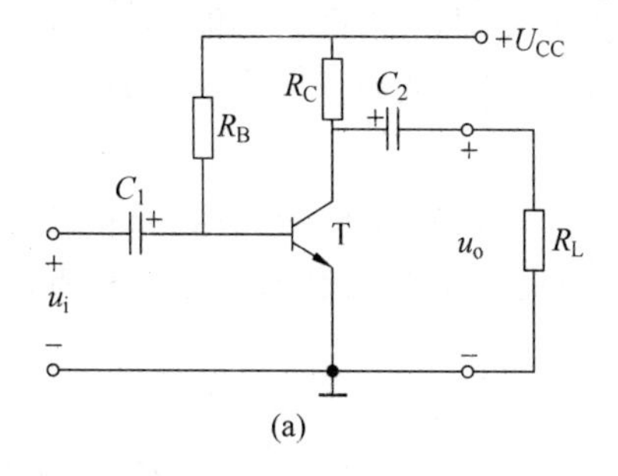

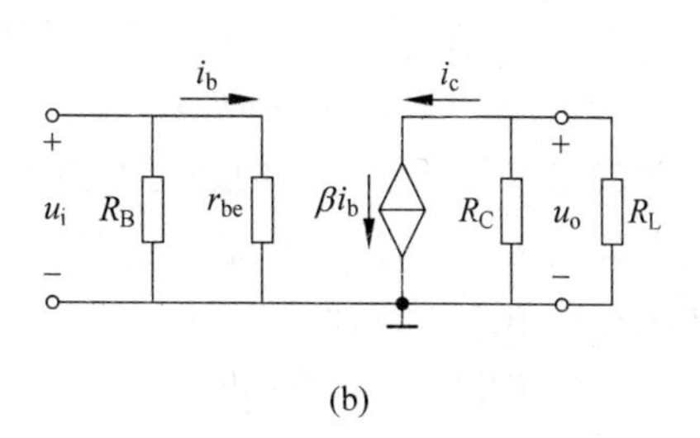

图 2-17 例2-2的图

解:

① 画出微变等效电路,如图2-17(b)所示。

$$I_{BQ}=\frac{U_{CC}-U_{BEQ}}{R_B}=\frac{12-0.7}{283}=0.04\text{mA}=40(\mu\text{A})$$

$$r_{be}\approx 300+(1+\beta)\frac{26(\text{mV})}{I_{EQ}}=300+\frac{26(\text{mV})}{I_{BQ}}=300+\frac{26(\text{mV})}{0.04(\text{mA})}=950\Omega=0.95(\text{k}\Omega)$$

$$r_i=R_B\,//\,r_{be}\approx r_{be}=0.95(\text{k}\Omega)$$

$$r_o=R_C=3(\text{k}\Omega)$$

② 不接负载 R_L 时

$$R_L'=R_C\,//\,R_L=R_C=3(\text{k}\Omega)$$

$$A_u=-\beta\frac{R_L'}{r_{be}}=-50\times\frac{3}{0.95}=-158$$

③ 接上负载 R_L 时

$$R_L'=R_C\,//\,R_L=\frac{R_C\times R_L}{R_C+R_L}=\frac{3\times 1}{3+1}=0.75(\text{k}\Omega)$$

$$A_u=-\beta\frac{R_L'}{r_{be}}=-50\times\frac{0.75}{0.95}=-40$$

求得放大电路的输入电阻为0.95kΩ,输出电阻为3kΩ,不接负载时的电压放大倍数为158倍,接上1kΩ负载时的电压放大倍数为40倍,负号表示输出电压与输入电压反相。

2.1.2 分压式偏置放大电路分析

前面分析的共发射极放大电路中,当电源电压 U_{CC} 和集电极电阻 R_C 的大小确定后,静态工作点的位置就取决于基极偏置电流 I_B 的大小,R_B 一经选定,I_B 也就固定不变。因此,这种放大电路也称为固定偏置放大电路。

固定偏置放大电路结构简单,调整也很容易,但电路外部环境发生变化时,很容易引起静态工作点的变化,影响放大电路的正常工作,下面对这个问题进行详细讨论。

1. 静态工作点的稳定问题

合适的静态工作点是放大电路正常工作的前提条件,Q点位置过高或过低,都可能使输出信号产生失真。在固定偏置放大电路中,如果外部环境发生变化,会使设置好的静态工作点Q移动,使原本合适的静态工作点变得不合适,从而使输出信号失真。

1) 静态工作点不稳定的原因

引起静态工作点不稳定的外部原因较多,如温度变化、电源电压波动、元器件老化而使电路参数发生变化等,其中最主要的原因是温度变化。温度变化对静态工作点的影响主要体现在以下三个方面。

(1) 温度变化对 I_{CEO} 的影响

一般情况下,对于锗管,温度每升高12℃;对于硅管,温度每升高8℃,它们的 I_{CEO} 将增大一倍。在第1章中，我们知道三极管的集电极电流 $I_C=\beta I_B+I_{CEO}$，因此温度升高将引起集电极电流 I_C 的增加，如图2-18所示。

图2-18中的实线为温度升高前的特性曲线，虚线为温度升高后的特性曲线。如 $I_{BEQ}=40\mu A$ 保持不变，当温度从20℃升高到60℃时，静态工作点Q上升到 Q_1，集电极电流也从 I_{CQ} 增加到 I_{CQ1}。

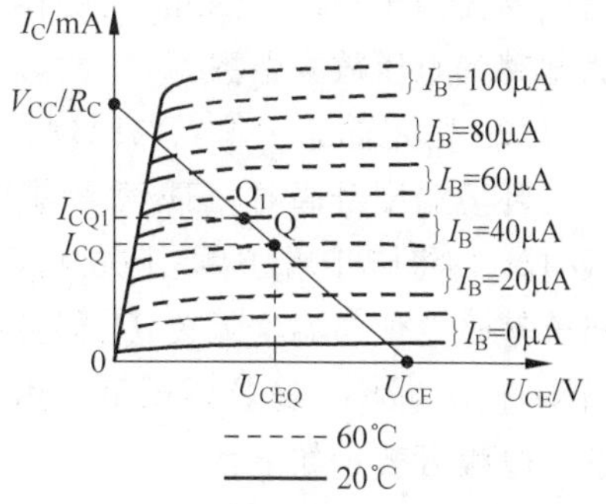

图2-18　温度变化对静态工作点的影响

(2) 温度变化对发射结电压 U_{BE} 的影响

在电源电压不变的情况下，温度升高后，会使 U_{BE} 减小。一般三极管 U_{BE} 的温度系数为 $-2\sim2.5mV/℃$。U_{BE} 的减小，将使 I_B 和 I_C 增大，引起静态工作点上移。

(3) 温度变化对 β 的影响

温度升高将使三极管的 β 值增大，温度每升高1℃，β 值增加0.5%～1%。β 增大将引起三极管集电极电流 I_C 增大，从而使静态工作点上移。

可见，温度升高时，三极管的 I_{CEO}、U_{BE}、β 等参数都将改变，最终使固定偏置放大电路的 I_C 增大，静态工作点上移。解决这一问题的办法就是采用分压式偏置放大电路。

2）分压式偏置放大电路

分压式偏置放大电路如图2-19所示。将放大电路中的电容开路，画出其直流通路如图2-20所示。

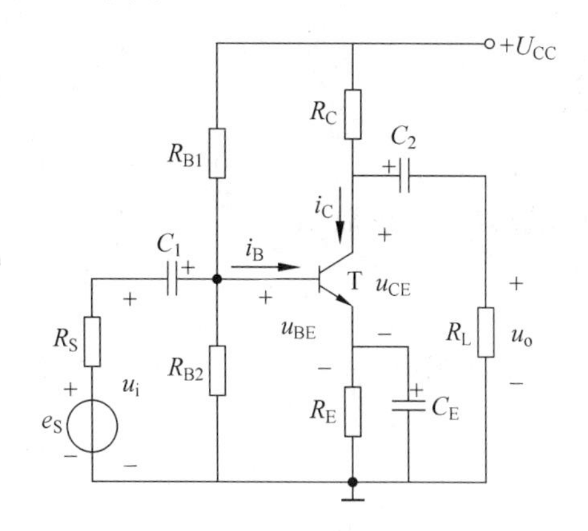

图2-19　分压式偏置放大电路

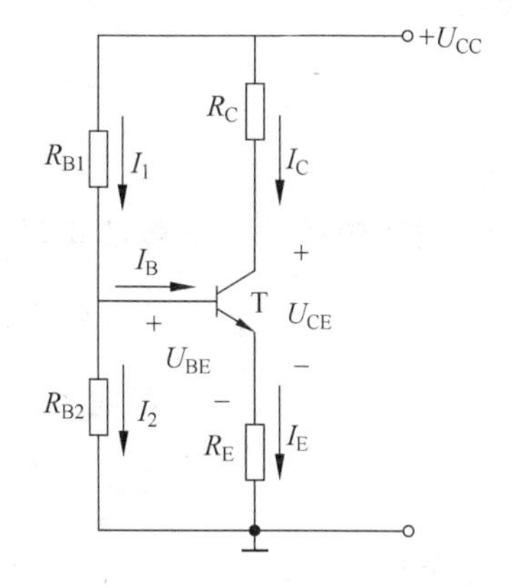

图2-20　分压式偏置放大电路的直流通路

(1) 电路结构特点

在分压式偏置放大电路中，三极管的基极电流 I_B 较小，一般满足 $I_B\ll I_2$，如果忽略 I_B，则三极管的基极直流电位取决于 R_{B1}、R_{B2} 的分压，即 $V_B=\dfrac{R_{B2}}{R_{B1}+R_{B2}}U_{CC}$。因此，基极电位与三极管的参数无关，当环境温度升高而导致三极管的参数变化时，三极管的基极电位能基本保持不变。

在图2-19所示的分压式偏置放大电路中，R_{B1} 称为上偏置电阻，R_{B2} 称为下偏置电阻，由 R_{B1}、R_{B2} 来确定放大电路的静态工作点。R_E 称为发射极电阻，静态工作点的稳定主要

由 R_E来实现。C_E称为发射极旁路电容,其容量较大,一般为几十微法到几百微法,对交流信号相当于短路。因此,C_E的作用是为交流信号提供通路,使 R_E的接入不至于降低放大电路的电压放大倍数。

(2) 稳定静态工作点的原理

环境温度升高时,三极管的集电极电流 I_C增大,静态工作点上移。当 I_C增大时,发射极电流 I_E将同步增加,R_E上的压降(即三极管的发射极电位 U_E)增加。从上面分析知,三极管基极电位与温度无关,U_B保持不变,因此三极管的发射结电压 U_{BE}下降,从而导致 I_B减小,使 I_C减小。这样就抵消了由于温度升高而引起的 I_C增大,使静态工作点保持稳定,这一过程可表示如下:

$$温度\uparrow \rightarrow I_C\uparrow \rightarrow I_E\uparrow \rightarrow U_E\uparrow \rightarrow U_{BE}\downarrow \rightarrow I_B\downarrow \rightarrow I_C\downarrow$$

同样,当环境温度下降时,静态工作点的稳定过程如下:

$$温度\downarrow \rightarrow I_C\downarrow \rightarrow I_E\downarrow \rightarrow U_E\downarrow \rightarrow U_{BE}\uparrow \rightarrow I_B\uparrow \rightarrow I_C\uparrow$$

从上面分析可知,R_E阻值越大,稳定性越好,但 R_E的阻值也不能太大。这是因为 R_E的阻值过大,将使得 I_{EQ}和 I_{BQ}很小,静态工作点靠近截止区而很容易引起截止失真。R_E的取值一般在几百欧到几千欧。

2. 分压式偏置放大电路分析

1) 静态分析

在图 2-20 的直流通路中,由于 $I_B \ll I_2$,因此可以忽略 I_B。用估算法来求静态工作点,方法如下:

$$U_B = \frac{R_{B2}}{R_{B1}+R_{B2}}U_{CC} \tag{2.12}$$

$$U_E = U_B - U_{BE} \tag{2.13}$$

上式中,对于硅管,U_{BE}一般取 0.7V,对于锗管,U_{BE}一般取 0.3V。

$$I_{CQ} \approx I_{EQ} = \frac{U_E}{R_E} \tag{2.14}$$

$$U_{CEQ} \approx U_{CC} - I_C(R_C + R_E) \tag{2.15}$$

$$I_{BQ} = \frac{I_{CQ}}{\beta} \tag{2.16}$$

2) 动态分析

根据图 2-19 的分压式偏置放大电路,画出交流通路和微变等效电路,如图 2-21 所示。

电压放大倍数为

$$A_u = \frac{u_o}{u_i} = \frac{-\beta \cdot i_b(R_C /\!/ R_L)}{i_b \cdot r_{be}} = -\beta\frac{R_L'}{r_{be}} \tag{2.17}$$

式中,$R_L' = R_C /\!/ R_L$。可见,分压式偏置放大电路的电压放大倍数与固定偏置放大电路相同。

输入电阻为

$$r_i = R_{B1} /\!/ R_{B2} /\!/ r_{be} \approx r_{be} \tag{2.18}$$

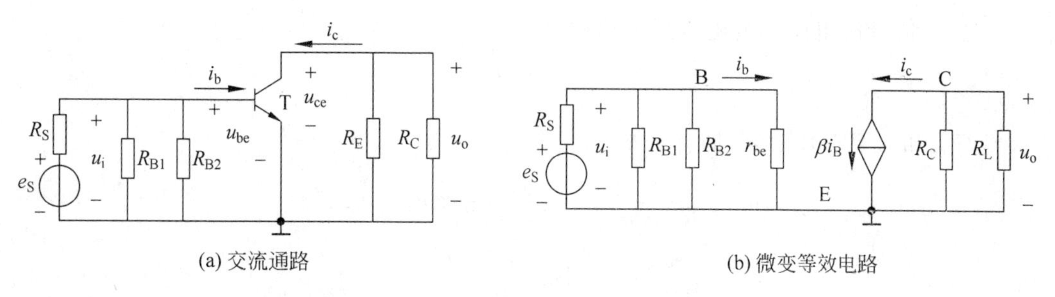

图 2-21　分压式偏置放大电路的动态分析

输出电阻为

$$r_o = R_C \tag{2.19}$$

例 2-3　在图 2-19 所示的分压式偏置放大电路中,已知 $U_{CC}=12V$,$R_C=2k\Omega$,$R_{B1}=40k\Omega$,$R_{B2}=20k\Omega$,$R_E=1.5k\Omega$,$U_{BE}=0.7V$,负载 $R_L=1k\Omega$,信号源内阻 $R_S=1k\Omega$,$\beta=50$。①求静态工作点;②求输入电阻和输出电阻;③求对输入电压 u_i的电压放大倍数;④求对信号源电压 e_S的电压放大倍数。

解:

① 根据图 2-20 所示的直流通路,用估算法求静态工作点:

$$U_B = \frac{R_{B2}}{R_{B1}+R_{B2}}U_{CC} = \frac{20}{40+20}\times 12 = 4(V)$$

$$I_{CQ} \approx I_{EQ} = \frac{U_B - U_{BE}}{R_E} = \frac{4-0.7}{1.5} = 2.2(mA)$$

$$U_{CEQ} \approx U_{CC} - I_C(R_C + R_E) = 12 - 2.2(2+1.5) = 4.3(V)$$

$$I_{BQ} = \frac{I_{CQ}}{\beta} = \frac{2.2}{50} = 0.044(mA) = 44(\mu A)$$

求得静态工作点为:$I_{BQ}=44\mu A$;$I_{CQ}=2.2mA$;$U_{CEQ}=4.3V$。

② 求输入电阻和输出电阻:

$$r_{be} \approx 300 + (1+\beta)\frac{26mV}{I_{EQ}} = 300 + \frac{26mV}{I_{BQ}}$$

$$= 300 + \frac{26mV}{0.044mA} \approx 900(\Omega) = 0.9k\Omega$$

$$r_i = R_{B1} // R_{B2} // r_{be} \approx r_{be} = 0.9k\Omega$$

$$r_o = R_C = 2k\Omega$$

求得放大电路的输入电阻 $r_i=0.9k\Omega$;输出电阻 $r_o=2k\Omega$。

③ 对输入电压 u_i的电压放大倍数:

$$R'_L = R_C // R_L = \frac{2\times 1}{2+1} = 0.67(k\Omega)$$

根据式(2.17),可求出电压放大倍数

$$A_u = -\beta\frac{R'_L}{r_{be}} = -50\times\frac{0.67}{0.9} \approx -37$$

所以,放大电路对于输入电压 u_i的电压放大倍数为−37 倍。

④ 对信号源电压 e_S 的电压放大倍数：

$$A_s = \frac{u_o}{e_S} \tag{2.20}$$

而 u_i 和 e_S 是分压关系，即

$$u_i = \frac{r_i}{R_S + r_i} e_S = \frac{0.9}{1+0.9} \times e_S = 0.47 e_S$$

$$e_S = \frac{u_i}{0.47} = 2.1 u_i$$

将 $e_S = 2.1u_i$ 代入(2.20)式中，可得

$$A_S = \frac{u_o}{e_S} = \frac{u_o}{2.1u_i} = 0.48 \times A_u = 0.48 \times (-37) = -17.6$$

所以，放大电路对于信号源电压 e_S 的电压放大倍数为 −17.6 倍。

通过上面例题，可看出放大电路对于信号源电压 e_S 的电压放大倍数要小于对净输入电压 u_i 的电压放大倍数，这是因为净输入电压 u_i 是信号源电压 e_S 经信号源内阻 R_S 和输入电阻 r_i 分压所得，r_i 越小，从信号源 e_S 中分得的 u_i 就越小，对信号源电压 e_S 的电压放大倍数也越小。因此，在放大电路中一般希望输入电阻尽可能大一些。

2.1.3 共集电极放大电路分析

以集电极作为信号输入、输出回路公共端的放大电路，称为共集电极放大电路。

1. 共集电极放大电路的静态分析

1）电路结构

共集电极放大电路如图 2-22 所示。由于直流电源对于交流信号来说相当于短路，输入信号加在三极管基极和集电极(地)之间，放大后的信号从发射极和集电极(地)之间取出，集电极成了输入回路和输出回路的公共端。因为信号从发射极输出，故又称为射级输出器。

2）静态分析

将耦合电容 C_1、C_2 开路，画出其直流通路如图 2-23 所示，根据直流通路可以确定静态值。

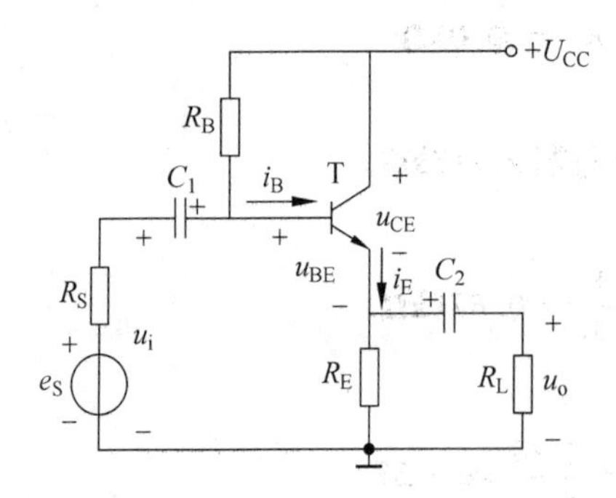

图 2-22 共集电极放大电路

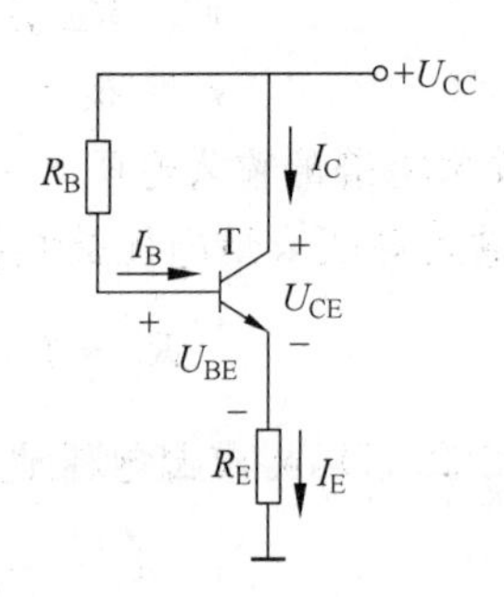

图 2-23 共集电极放大电路的直流通路

列出基极回路的 KVL 方程

$$U_{CC}=I_{BQ}R_B+U_{BE}+I_{EQ}R_E$$
$$=I_{BQ}R_B+U_{BE}+(1+\beta)I_{BQ}R_E$$

所以

$$I_{BQ}=\frac{U_{CC}-U_{BE}}{R_B+(1+\beta)R_E} \tag{2.21}$$

$$I_{EQ}\approx I_{CQ}=\beta\cdot I_{BQ} \tag{2.22}$$

$$U_{CEQ}=U_{CC}-R_EI_{EQ} \tag{2.23}$$

2. 共集电极放大电路的动态分析

将耦合电容 C_1、C_2 短路、直流电源 U_{CC} 对地短路，画出共集电极放大电路的交流通路如图 2-24(a)所示，微变等效电路如图 2-24(b)所示。

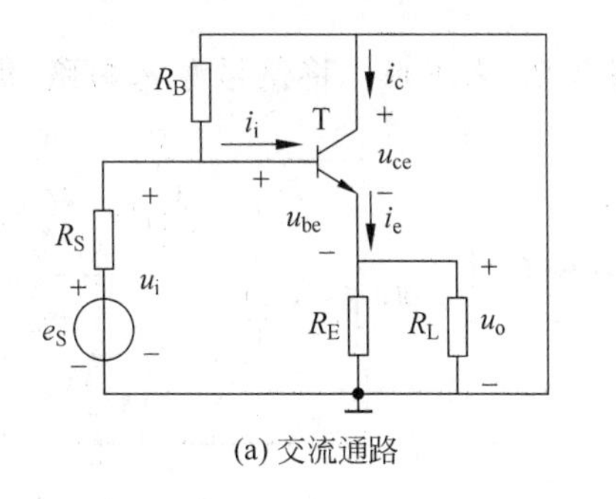

(a) 交流通路

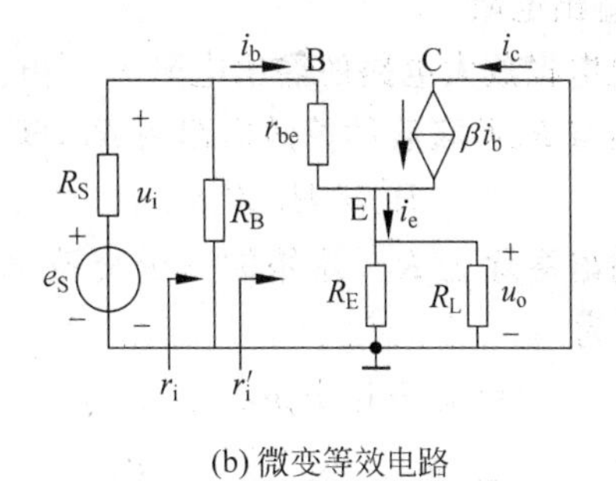

(b) 微变等效电路

图 2-24　共集电极放大电路的动态分析

1）电压放大倍数

由共集电极放大电路的微变等效电路可得

$$u_o=i_e(R_E\ /\!/\ R_L)=(1+\beta)i_b\cdot R_L'$$

式中

$$R_L'=R_E\ /\!/\ R_L$$

$$u_i=i_br_{be}+i_eR_L'=i_br_{be}+(1+\beta)i_b\cdot R_L'$$

所以

$$A_u=\frac{u_o}{u_i}=\frac{(1+\beta)i_bR_L'}{i_b\cdot r_{be}+(1+\beta)i_bR_L'}=\frac{(1+\beta)R_L'}{r_{be}+(1+\beta)R_L'} \tag{2.24}$$

下面对共集电极放大电路的电压放大倍数进行讨论。

(1) 电压放大倍数小于 1，但接近 1。

在式(2.24)中，r_{be}为 1kΩ 左右，R_L'一般在数千欧左右，因此，$r_{be}\ll(1+\beta)R_L'$。所以 u_o近似等于 u_i，但恒小于 u_i，电压放大倍数小于 1，但接近 1，共集电极放大电路没有电压放大作用。但由于 $i_e=(1+\beta)i_b$，共集电极放大电路具有电流放大和功率放大作用。

(2) 输出电压与输入电压同相，具有电压跟随作用。

由 $u_o\approx u_i$可知，u_o与 u_i相位相同，且大小基本相等。因此在共集电极放大电路中，输出信号 u_o跟随输入信号 u_i的变化而变化，这就是射极输出器的跟随作用，故射极输出器又称为射极跟随器。

2) 输入电阻

由图2-24(b)可得

$$r_i = R_B \parallel r_i'$$

$$r_i' = \frac{u_i}{i_b} = \frac{i_b r_{be} + (1+\beta) i_b R_L'}{i_b} = r_{be} + (1+\beta) R_L'$$

故
$$r_i = R_B \parallel [r_{be} + (1+\beta) R_L'] \tag{2.25}$$

对式(2.25),我们可以这样来理解,发射极电阻 R_L' 折算到基极回路时,阻值应扩大 $(1+\beta)$ 倍,变为 $(1+\beta)R_L'$,与 r_{be} 串联后再与 R_B 并联,可求出输入电阻。

通常 R_B 的阻值很大,一般为几百千欧,$(1+\beta)R_L'$ 为几十千欧到数百千欧。因此,共集电极放大电路的输入电阻很高,可达几十千欧到几百千欧,远高于共发射极放大电路的输入电阻。

3) 输出电阻

共集电极放大电路的输出电阻 r_o 可由图2-25来求得。将信号源 e_S 短路,保留其内阻 R_S,R_S 与 R_B 并联后的等效电阻为 R_S',即

$$R_S' = R_S \parallel R_B$$

在输出端除去 R_L,并外加一个交流电压 u,产生的电流 i 为

$$i = i_e + i_b + \beta i_b$$
$$= \frac{u}{R_E} + (1+\beta)\frac{u}{r_{be} + R_S'}$$

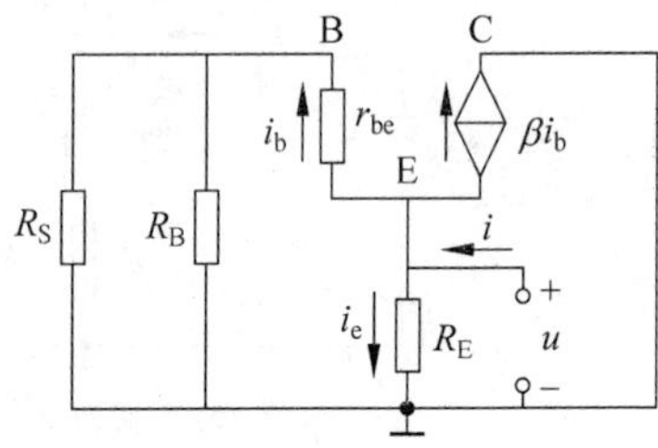

图 2-25 求输出电阻的等效电路

故

$$r_o = \frac{u}{i} = \frac{1}{\dfrac{1}{R_E} + \dfrac{1+\beta}{r_{be} + R_S'}} = R_E \parallel \frac{r_{be} + R_S'}{1+\beta} \tag{2.26}$$

对式(2.26),我们可以这样来理解,基极回路的电阻(R_S' 串联 r_{be})折算到发射极时,阻值应减小 $(1+\beta)$ 倍,变为 $\frac{r_{be}+R_S'}{1+\beta}$,与 R_E 并联后,可求出输出电阻。

在共集电极放大电路中,通常满足 $R_E \gg \frac{r_{be}+R_S'}{1+\beta}$,所以

$$r_o \approx \frac{r_{be} + R_S'}{1+\beta} \tag{2.27}$$

在式(2.27)中,r_{be} 和 R_S' 通常在千欧左右,因此,共集电极放大电路的输出电阻很低,一般只有十几欧姆到几十欧姆。

综上所述,共集电极放大电路的主要特点是:电压放大倍数小于1但近似等于1,输出电压与输入电压同相位,输入电阻高,输出电阻低。

由于共集电极放大电路具有输入电阻高,输出电阻低等特点,在下面几个方面获得广泛应用。

(1) 在多级放大电路中作输入级,可以从信号源中取用较小的电流,有利于信号源电压传送到下一级电路,这点对于高内阻信号源更有意义。

(2) 用于两级共发射极放大电路之间，起缓冲隔离作用。

(3) 作为输出级，带负载能力较强，具有一定的功率放大作用。

例 2-4　在图 2-22 所示的共集电极放大电路中，已知：$U_{CC}=12V$，$R_E=2k\Omega$，$R_B=300k\Omega$，$R_L=1k\Omega$，$U_{BE}=0.7V$，$R_S=1k\Omega$，$\beta=80$。①求静态工作点；②求电压放大倍数；③求输入电阻和输出电阻。

解：

① 根据式(2.21)、式(2.22)、式(2.23)计算静态工作点：

$$I_{BQ}=\frac{U_{CC}-U_{BE}}{R_B+(1+\beta)R_E}=\frac{12-0.7}{300+(1+50)\times 2}=0.028(mA)=28(\mu A)$$

$$I_{EQ}\approx I_{CQ}=\beta\cdot I_{BQ}=80\times 0.028=2.25(mA)$$

$$U_{CEQ}=U_{CC}-R_E I_{EQ}=12-2\times 2.25=7.5(V)$$

② 先求 r_{be} 的阻值：

$$r_{be}\approx 300+(1+\beta)\frac{26(mV)}{I_{EQ}}=300+\frac{26(mV)}{I_{BQ}}=300+\frac{26(mV)}{0.028(mA)}=1230(\Omega)=1.23(k\Omega)$$

$$R'_L=R_E\,/\!/\,R_L=\frac{2\times 1}{2+1}=667(\Omega)=0.667(k\Omega)$$

根据式(2.24)求电压放大倍数：

$$A_u=\frac{(1+\beta)R'_L}{r_{be}+(1+\beta)R'_L}=\frac{(1+80)\times 0.667}{1.23+(1+80)\times 0.667}=0.98$$

③ 根据式(2.25)和式(2.26)求输入电阻和输出电阻：

$$r_i=R_B\,/\!/\,[r_{be}+(1+\beta)R'_L]=300\,/\!/\,[1.23+(1+80)\times 0.667]$$
$$=300\,/\!/\,55.3=46.7(k\Omega)$$

$$R'_S=R_S\,/\!/\,R_B=1\,/\!/\,300\approx 1(k\Omega)$$

$$r_o=R_E\,/\!/\,\frac{r_{be}+R'_S}{1+\beta}=2\,/\!/\,\frac{1.23+1}{1+80}=2\,/\!/\,0.0275\approx 0.0275(k\Omega)=27.5(\Omega)$$

2.1.4　多级放大电路分析

前面分析的几种放大电路，其电压放大倍数一般只能达到几十至几百。然而，在实际应用中，放大电路的输入信号往往非常微弱，只有毫伏或微伏数量级，要将其放大到能推动负载工作的程度，仅仅依靠单级放大电路，还达不到要求。这就必须采用多个单级放大电路进行连续放大，才能获得足够的输出功率推动负载工作，这就是多级放大电路。

1. 多级放大电路的级间耦合方式

放大电路前后两级间的信号传递叫耦合。多级放大电路常用的级间耦合方式有阻容耦合、变压器耦合和直接耦合三种，下面介绍应用最广的阻容耦合和直接耦合。

1) 阻容耦合

图 2-26 为两级阻容耦合放大电路，分为四个部分：信号源、第一级放大电路、第二级放大电路和负载。信号源通过电容 C_1 与第一级放大电路的输入端相连，第一级放大电路

的输出信号通过电容C_2与第二级放大电路的输入端相连,第二级输出通过C_3与负载相连,这种通过电容与下级输入电阻相连的耦合方式称为阻容耦合。

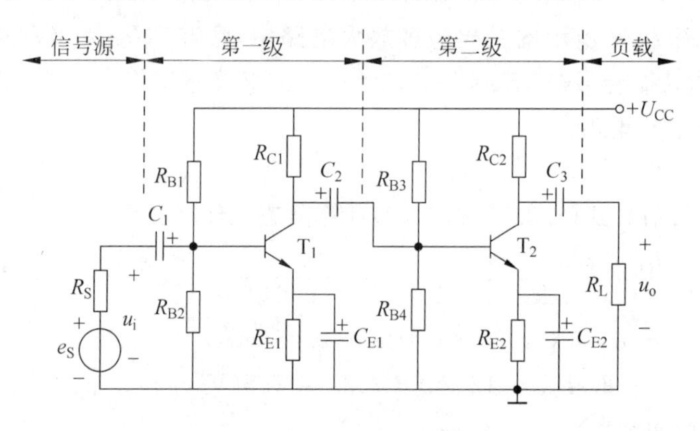

图 2-26 阻容耦合放大电路

阻容耦合放大电路具有如下特点。

(1) 因电容具有隔直流作用,各级电路的静态工作点相互独立,互不影响,给放大电路的分析、设计和调试带来很大方便。此外,还具有体积小,重量轻等优点。

(2) 因电容对交流信号具有一定容抗,其大小与信号频率成反比。因此,阻容耦合放大电路不能放大直流信号及变化很缓慢的交流信号。此外,在集成电路中,制造大容量电容很困难,故这种耦合方式的多级放大电路不便于集成。

2) 直接耦合

前面讨论的阻容耦合不能放大直流信号和变化很缓慢的信号。但在实际工作中常需要对缓慢变化的信号(例如反映温度变化的电信号)进行放大,这就需要把前一级的输出端直接连到下一级的输入端,如图 2-27 所示。这种耦合方式称为直接耦合。

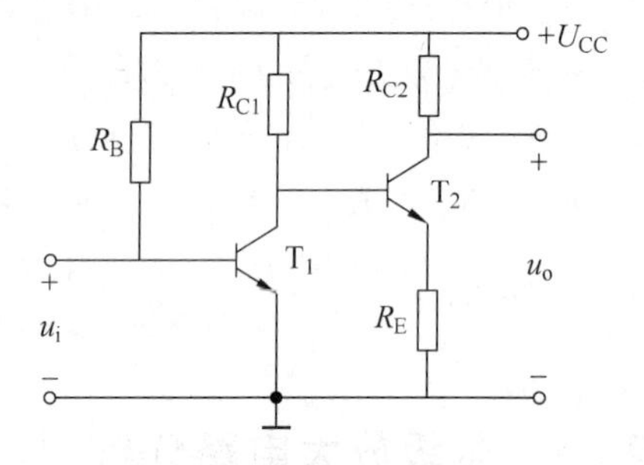

图 2-27 直接耦合放大电路

直接耦合的特点有以下两点。

(1) 直接耦合既可放大交流信号,也可放大直流信号和变化非常缓慢的信号。电路结构简单,便于集成,所以集成电路中一般采用这种耦合方式。

(2) 由于级与级间直接相连,各级的静态工作点相互牵制,电路的设计和调试比较困难。另外,还存在零点漂移的问题。

所谓零点漂移,就是在直接耦合的多级放大电路中,输入端不接信号,而输出端的电压出现缓慢的、无规则的变化。零点漂移主要是由温度变化引起的。要解决零点漂移问题,可采用差动放大电路,或者采取温度补偿措施。

2. 多级放大电路的电压放大倍数

在多级放大电路中,每级放大电路逐级串联对输入信号进行放大,总的电压放大倍数是各级放大倍数的乘积。即

$$A_u = A_{u1} \cdot A_{u2} \cdot \cdots \cdot A_{un}$$

在计算单级放大电路的放大倍数时，要特别注意：后级的输入电阻是前级的负载电阻，前级的输出电压是后级的输入信号，前级的输出电阻作为后级的信号源内阻。

至于多级放大电路的输入电阻和输出电阻，就是把多级放大电路等效为一个放大器，从输入端看进去得到的电阻为输入电阻，它等于第一级放大电路的输入电阻。从输出端看放大器得到的电阻为输出电阻，它等于最后一级放大电路的输出电阻。

例 2-5　在图 2-26 所示的两级阻容耦合放大电路中，已知：$U_{CC}=12V$，$R_{C1}=R_{E1}=R_{C2}=2k\Omega$，$R_{E2}=1k\Omega$，$R_{B1}=40k\Omega$，$R_{B2}=R_{B4}=20k\Omega$，$R_{B3}=60k\Omega$，$\beta_1=100$，$\beta_2=80$，$r_{be1}=r_{be2}=1k\Omega$，$U_{BE1}=U_{BE2}=0.7V$，$R_S=2k\Omega$，$R_L=1k\Omega$。①求每级放大电路的静态工作点；②求每级放大电路的电压放大倍数、输入电阻和输出电阻；③求总的电压放大倍数、输入电阻和输出电阻；④求对信号源 e_S 的电压放大倍数。

解：① 每级放大电路的静态工作点。

第一级 T_1：

$$V_{B1}=\frac{R_{B2}}{R_{B1}+R_{B2}}U_{CC}=\frac{20}{40+20}\times 12=4(V)$$

$$I_{C1Q}\approx I_{E1Q}=\frac{V_{B1}-U_{BE1}}{R_{E1}}=\frac{4-0.7}{2}=1.65(mA)$$

$$U_{CE1Q}\approx U_{CC}-I_{C1}(R_{C1}+R_{E1})=12-1.65(2+2)=5.4(V)$$

$$I_{B1Q}=\frac{I_{C1Q}}{\beta_1}=\frac{1.65}{100}\approx 0.017(mA)=17\mu A$$

所以，求得第一级放大电路 T_1 的静态工作点为：$I_{BQ}=17\mu A$，$I_{CQ}=1.65mA$，$U_{CEQ}=5.4V$。

第二级 T_2：

$$V_{B2}=\frac{R_{B4}}{R_{B3}+R_{B4}}U_{CC}=\frac{20}{60+20}\times 12=3(V)$$

$$I_{C2Q}\approx I_{E2Q}=\frac{V_{B2}-U_{BE2}}{R_{E2}}=\frac{3-0.7}{1}=2.3(mA)$$

$$U_{CE2Q}\approx U_{CC}-I_{C2}(R_{C2}+R_{E2})=12-2.3(2+1)=5.1(V)$$

$$I_{B2Q}=\frac{I_{C2Q}}{\beta_2}=\frac{2.3}{80}\approx 0.029(mA)=29\mu A$$

所以，求得第二级放大电路 T_2 的静态工作点为：$I_{BQ}=29\mu A$，$I_{CQ}=2.3mA$，$U_{CEQ}=5.1V$。

② 每级放大电路的电压放大倍数、输入电阻和输出电阻。

先画出图 2-26 的微变等效电路，如图 2-28 所示。

第二级 T_2 的电压放大倍数：

$$A_{u2}=-\beta_2\frac{R_{C2}/\!/R_L}{r_{be2}}=-80\times\frac{2/\!/1}{1}\approx -53.3$$

第二级 T_2 的输入电阻：

$$r_{i2}=R_{B3}/\!/R_{B4}/\!/r_{be2}\approx r_{be2}=1k\Omega$$

第二级 T_2 的输出电阻：

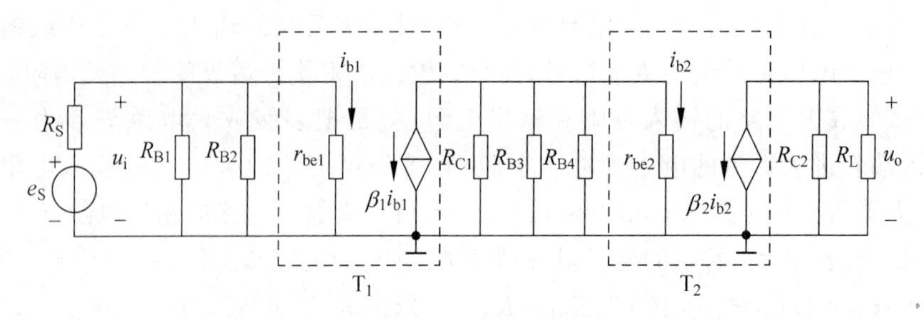

图 2-28 阻容耦合放大器的微变等效电路

$$r_{o2}=R_{C2}=2\text{k}\Omega$$

第一级 T_1的电压放大倍数：

$$A_{u1}=-\beta_1\frac{R_{C1}/\!/r_{i2}}{r_{be1}}=-100\times\frac{2/\!/1}{1}\approx-66.7$$

第一级 T_1的输入电阻：

$$r_{i1}=R_{B1}/\!/R_{B2}/\!/r_{be1}\approx r_{be1}=1(\text{k}\Omega)$$

第一级 T_1的输出电阻：

$$r_{o1}=R_{C1}=2(\text{k}\Omega)$$

③ 总的电压放大倍数、输入电阻和输出电阻。

总的电压放大倍数：

$$A_u=A_{u1}\cdot A_{u2}=(-53.3)\times(-66.7)=3555$$

输入电阻：

$$r_i=r_{i1}=1(\text{k}\Omega)$$

输出电阻：

$$r_o=r_{o2}=2(\text{k}\Omega)$$

④ 对信号源 e_S的电压放大倍数。

先求 u_i与 e_S的关系：

$$u_i=\frac{r_{i1}}{R_S+r_{i1}}e_S=\frac{1}{2+1}\times e_S=\frac{e_S}{3}$$

对 e_S的电压放大倍数：

$$A_S=\frac{u_o}{e_S}=\frac{u_o}{3u_i}=\frac{A_u}{3}=\frac{3555}{3}=1185$$

2.1.5 共发射极单管放大电路的制作与测试

1. 测试器材

(1) 测试仪器仪表：万用表、示波器、交流毫伏表、直流可调稳压电源、函数信号发生器、直流数字电压表、直流数字毫安表、晶体管特性图示仪、模拟电子实验箱。

(2) 元器件：三极管 S9013×1，电阻 1kΩ/0.25W×1、2kΩ/0.25W×3、10kΩ/0.25W×1、30kΩ/0.25W×1，电容 10μF/25V×2、47μF/25V×1。

2. 测试电路

测试电路如图 2-29 所示。函数信号发生器的输出电阻很小，可认为是一个电压源，R_S相当于信号源的等效内阻。u_i为输入信号，C_1是输入信号的耦合电容。R_{B1}、R_{B2}为基极的上、下偏置电阻，其阻值决定了三极管的静态工作点。R_E为发射极电阻，起稳定静态工作点的作用，C_E为发射极旁路电容，使得 R_E对交流信号不起作用。R_C 为集电极电阻，C_2为输出信号的耦合电容，R_L为负载电阻。在电路安装时，要注意电解电容的极性、直流电源的正负极和信号源的极性。

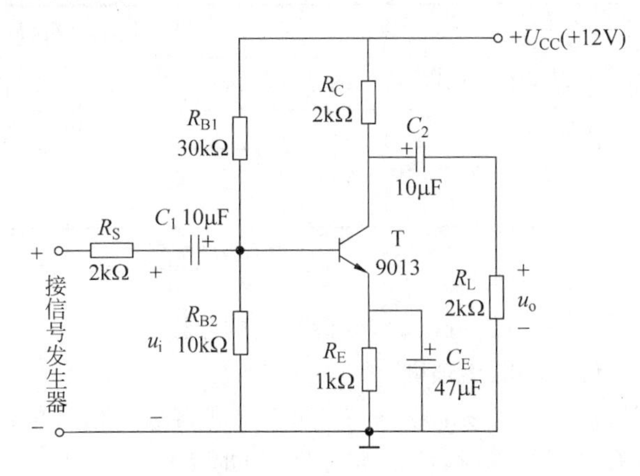

图 2-29　共发射极放大电路

3. 测试程序

(1) 电路组装

① 组装之前先检查各元器件的参数是否正确，区分三极管的三个电极，并测量其 β 值。

② 按图 2-29 在实验箱或面包板上搭接电路，也可在印制电路板上焊接电路。组装完毕后，应认真检查连线是否正确、牢固。

(2) 测试静态工作点

① 电路组装完毕经检查无误后，将直流稳压电源调到 12V，再接通直流电源，输入信号暂时不接。

② 用万用表测量电路的静态电压 U_{CC}、U_{BQ}、U_{EQ}、U_{BEQ}、U_{CEQ}，并记录在表 2-1 中。

表 2-1　静态工作点的测量

内　　容	U_{CC}/V	U_{BQ}/V	U_{EQ}/V	U_{BEQ}/V	U_{CEQ}/V	I_{CQ}/mA
测量值						
理论计算值	—					

③ 用万用表测量 R_C上的压降，求出集电极静态电流 I_{CQ}，记录在表 2-1 中。

④ 用理论分析的方法计算电路静态工作点，填入表 2-1 中。将理论计算值与测量值进行比较，分析误差的原因。

(3) 测量电压放大倍数

① 将信号发生器的输出信号调到频率为 1kHz、幅度为 50mV 左右的正弦波，接到放

大电路输入端,然后用示波器观察输出信号的波形。在整个测试过程中,要保证输出信号不产生失真。如输出信号失真,可适当减小输入信号的幅度。

② 断开 R_L,用交流毫伏表测量信号电压 U_s、U_i、U_o,并记录在表 2-2 中。然后利用公式 $A_u=\frac{U_o}{U_i}$和 $A_{us}=\frac{U_o}{U_s}$,计算出不接负载时对输入电压 U_i的电压放大倍数和对信号源 U_s的电压放大倍数,也记录在表 2-2 中。

表 2-2　电压放大倍数的测量

内容	不接负载($R_L=\infty$)					接上负载($R_L=2\text{k}\Omega$)				
	U_s/mV	U_i/mV	U_o/V	A_u	A_{us}	U_s/mV	U_i/mV	U_o/V	A_u	A_{us}
测量值										
理论计算值	—	—	—			—	—	—		

③ 接上负载电阻 R_L,重复步骤②。

④ 将理论计算值与测量值进行比较,分析误差的原因。

(4) 测量最大不失真输出电压幅度

调节信号发生器输出,使 U_s逐渐增大,用示波器观察输出信号的波形。直到输出波形刚要出现失真而没有出现失真时,停止增大 U_s,这时示波器所显示的正弦波电压幅度,就是放大电路的最大不失真输出电压幅度,将该值记录下来。然后继续增大 U_s,观察输出信号波形的失真情况。

任务 2.2　集成功率放大器的分析、制作与测试

2.2.1　功率放大器分析

功率放大器一般是多级放大电路的输出级,其任务是输出足够的功率,推动负载工作,如扬声器、电动机、仪表指针等。

1. 功率放大器的特点和分类

在电压放大器中,由于被放大的主要是信号的电压,因而主要指标是电压放大倍数、输入、输出电阻等。而功率放大器不但要向负载提供大的信号电压,还要向负载提供较大的信号电流。因此,功率放大器主要考虑的是如何输出大的不失真功率,即如何高效率地把直流电能转化为按输入信号变化的交流电能。

1) 功率放大器的特点

功率放大器作为多级放大电路的输出级,具有以下特点。

(1) 输出功率足够大。为获得足够大的输出功率,要求功率放大管有很大的电压和电流变化范围,它们往往工作在接近极限应用状态。

(2) 效率高。任何放大器的实质都是通过三极管的控制作用,把电源提供的直流功

率转换为向负载输出的信号功率。对于小信号的电压放大器,由于输出功率较小,电源提供的直流功率也小,效率问题并不突出。但在功率放大器中,由于输出功率较大,效率问题就显得突出了,应设法提高能量转换的效率。

(3) 非线性失真小。功率放大器工作在大信号状态,电压、电流的波动幅度很大,很容易超出三极管的线性工作区域,进入特性曲线的截止区或饱和区,从而产生非线性失真。因此,功率放大器比小信号电压放大器的非线性失真严重,这就需要采取措施来减小失真,使之满足负载的要求。

因此,对功率放大器的基本要求是:输出功率要足够大;效率要高;非线性失真要小。分析时,应重点分析输出功率、效率和失真。由于功率放大器工作在大信号状态,前面的微变等效电路分析法已不实用,一般采用图解分析法。

2) 功率放大器的分类

根据三极管静态工作点设置的不同,功率放大器可分为甲类功率放大器、乙类功率放大器、甲乙类功率放大器三种,如图 2-30 所示。

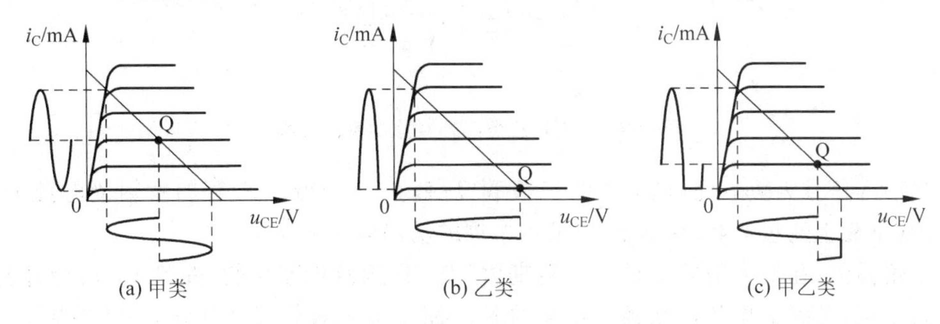

图 2-30 功率放大器工作状态的分类

(1) 甲类功率放大器的静态工作点设置在放大区的中间(负载线的中点)。其优点是在输入信号的整个周期内三极管都处于导通状态,输出信号失真小(前面讨论的电压放大器都工作在这种状态)。缺点是三极管有较大的静态电流 I_{CQ},管耗 P_C 大,电路的能量转换效率低,最高效率不超过 50%。

(2) 乙类功率放大器的静态工作点设置在截止区,三极管的静态电流 $I_{CQ}=0$,管耗较小,电路的能量转换效率高。缺点是只能对半个周期的输入信号进行放大,非线性失真大。一般采用两个三极管分别对输入信号的正、负半周进行放大,称为乙类推挽功率放大器。

(3) 甲乙类功率放大器的静态工作点设置在放大区,但接近截止区,即功放管处于微导通状态。可有效克服乙类功率放大器的失真问题,且能量转换效率也较高,因此得到广泛的应用。

2. OCL 功率放大器电路分析

乙类功率放大器能量转换效率高,但它只能放大半个周期的信号。为解决这个问题,常用两个对称的乙类放大电路分别放大正、负半周的信号,然后合成为完整的波形输出,即利用两个乙类放大电路的互补特性完成整个周期信号的放大,故称为乙类互补对称功率放大器。又由于电路输出端不接电容而是直接接负载,它也被称为无输出电容功率放大器,即 OCL(Output Capacitor Less)功率放大器。

1) OCL乙类互补对称功率放大器

图2-31是采用双电源供电的OCL乙类互补对称功率放大器，两组电源大小相等，极性相反。T_1是NPN型三极管，T_2是PNP型三极管，两管的参数对称，具有互补特性。

(1) 静态分析

当输入信号$u_i=0$时，两个三极管基极无偏置电压，均工作在截止区。I_{BQ}、I_{CQ}、I_{EQ}均为零，负载上无电流流过，输出电压$u_o=0$。因此，输出端无须用耦合电容来隔断直流成分。

(2) 动态分析

当输入信号为正半周时，$u_i>0$，三极管T_1导通，T_2截止，T_1管的发射极电流i_{e1}经$+U_{CC}$自上而下流过负载，在R_L上形成正半周的输出电压$u_o>0$。

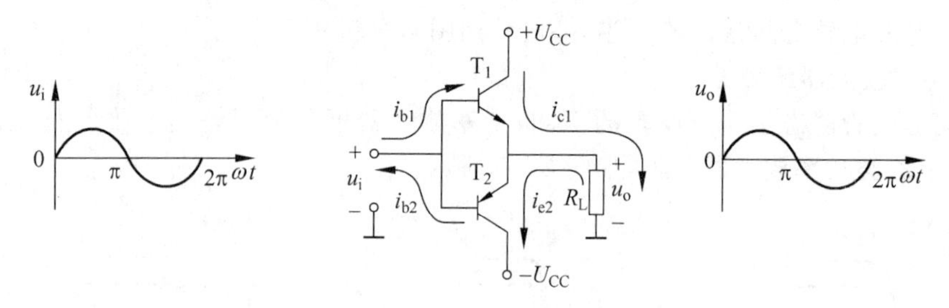

图2-31 OCL乙类互补对称功率放大器

当输入信号为负半周时，$u_i<0$，三极管T_1截止，T_2导通，T_2管的发射极电流i_{e2}经$-U_{CC}$自下而上流过负载，在R_L上形成负半周的输出电压$u_o<0$。

不难看出，在输入信号u_i的一个周期内，T_1、T_2两管轮流导通，而且i_{e1}、i_{e2}流过负载的方向相反，形成完整的正弦波。由于这种电路中的三极管交替工作，一个"推"，一个"挽"，互相补充，故这类电路又称为乙类推挽功率放大器。

2) 功率和效率的估算

(1) 输出功率P_o

设输入信号为正弦波，如忽略电路失真，则输出端获得的电压和电流均为正弦波，根据功率的定义可得

$$P_o=I_oU_o=\frac{1}{2}I_{oM}U_{oM}=\frac{1}{2}\cdot\frac{U_{oM}^2}{R_L} \tag{2.28}$$

可见，输出电压U_{oM}越大，输出功率P_o也越大。当三极管接近饱和区时，输出电压U_{oM}最大，其值为

$$U_{omax}=U_{CC}-U_{CES}$$

U_{CES}为三极管的饱和压降，一般在0.1～0.3V，如忽略U_{CES}，则

$$U_{omax}\approx U_{CC}$$

由式(2.28)可得电路的最大不失真输出功率为

$$P_{omax}=\frac{1}{2}\cdot\frac{(U_{CC}-U_{CES})^2}{R_L}=\frac{1}{2}\cdot\frac{{U_{CC}}^2}{R_L} \tag{2.29}$$

由式(2.29)可知，电源电压越高，负载电阻越小，互补对称功率放大器的最大不失真输出功率越大。此时，三极管的集电极电流也将达到最大值，这就要求三极管的极限参数I_{CM}、P_{CM}、$U_{(BR)CEO}$等应满足电路正常工作，并留有一定余量，否则三极管将损坏。当

然,负载实际获得的功率由输入信号的强度决定,输入信号小,负载所获得的功率(放大器的输出功率)也小。输入信号大,负载所获得的功率也大,但最大不会超过 P_{omax}。如果输入信号过大,将会使输出信号产生严重失真,而放大器的输出功率并不会增加多少。

(2) 电源提供的功率 P_E

正、负两组电源各提供半个周期的电流,故每组电源提供的平均电流为

$$I_E = \frac{1}{2\pi}\int_0^{\pi} I_{oM}\sin(\omega t)\mathrm{d}(\omega t) = \frac{I_{oM}}{\pi} = \frac{U_{oM}}{\pi R_L}$$

两组电源提供的功率为

$$P_E = 2I_E U_{CC} = \frac{2}{\pi R_L}U_{oM}U_{CC} \tag{2.30}$$

输出功率最大时,电源提供的功率也最大

$$P_{Emax} = \frac{2}{\pi R_L}U_{CC}U_{CC} = \frac{2}{\pi}\frac{U_{CC}^2}{R_L} \tag{2.31}$$

(3) 效率

输出功率与电源提供的功率之比称为电路的效率。在理想情况下,电路的最大效率为

$$\eta_{max} = \frac{P_{omax}}{P_{Emax}} \times 100\% = \frac{\pi}{4} \times 100\% \approx 78.5\%$$

需要说明的是,在实际中,互补推挽功率放大器直流电源能量转换的效率要低于理想情况,输出功率越小,效率越低。

3) OCL 甲乙类互补对称功率放大器

在图 2-31 所示的 OCL 乙类互补对称功率放大器中,三极管没有加直流偏置电压,静态工作点设置在零点,即 U_{BEQ}、I_{BQ}、I_{CQ} 均为零,三极管工作在截止区。

由于三极管存在死区电压,当输入信号电压小于死区电压时(对于硅管,$|u_i|<0.5V$),三极管 T_1、T_2 不能导通,输出电压为零。这样在输入信号正、负半周的交界处没有信号输出,使输出波形失真,这种失真称为交越失真,如图 2-32 所示。

交越失真是三极管没有静态偏置造成的。为避免产生交越失真,可给三极管加适当的基极偏置电压,使之工作在甲乙类而接近乙类的状态,如图 2-33 所示。图 2-33 中,由 R_1、R_2、D_1、D_2、R_3 给 T_1、T_2 提供静态偏置,R_2、D_1、D_2 上的压降约为 1.2V,使 T_1、T_2 的发射结电压约为 0.6V,处于微导通状态,调节 R_2 的阻值,可改变三极管静态偏置电流的大小。一般情况下,T_1、T_2 的静态偏置电流不能过大,静态工作点应尽量靠近截止区。

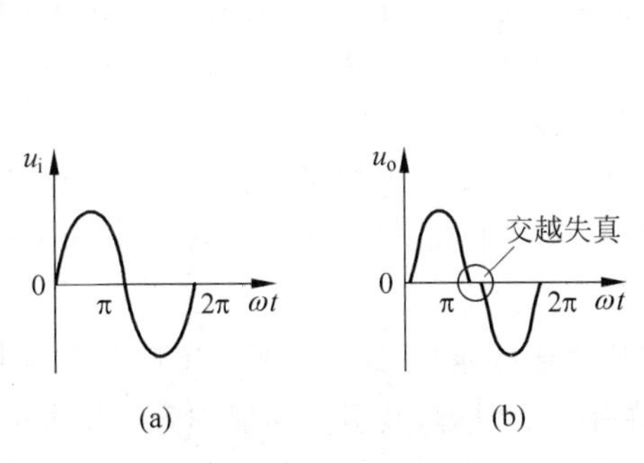

图 2-32 交越失真波形

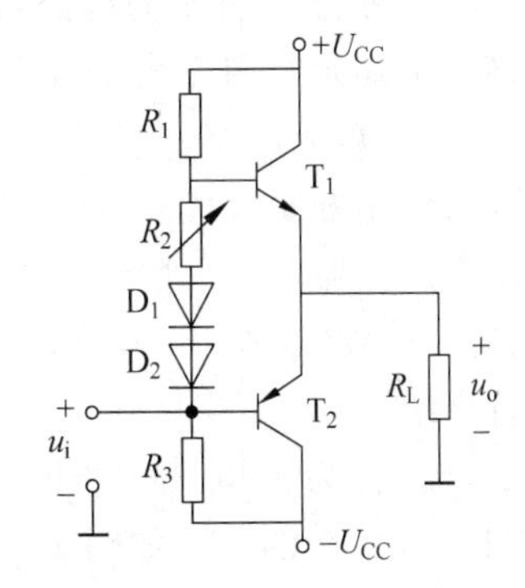

图 2-33 OCL 甲乙类互补对称功率放大器

3. OTL功率放大器电路分析

双电源OCL乙类互补对称功率放大器由于静态时输出端电位为零,负载可以直接连接,不需要耦合电容,因而具有低频特性好、输出功率大、便于集成等优点。但它需要双电源供电,使用起来不便。如果采用单电源供电,只需在两管发射极与负载之间接入一个大容量电容,如图2-34所示。这种电路通常又称为无输出变压器(Output Transformer Less,OTL)功率放大器。

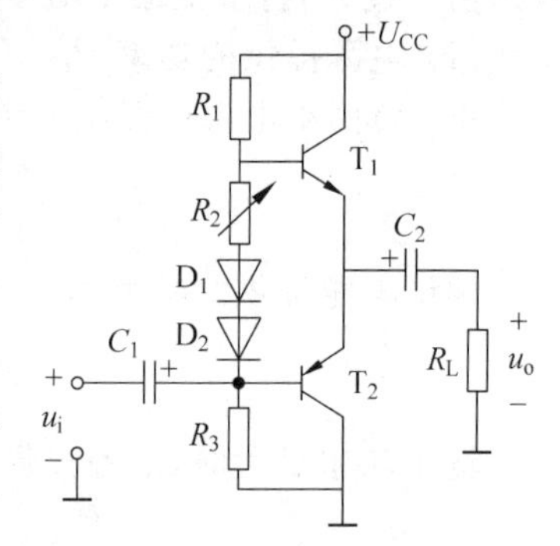

图2-34 OTL甲乙类互补对称功率放大器

图2-34中,R_1、R_2、R_3为静态偏置电阻,适当选择R_1、R_3的阻值,可使两管静态时发射极电压为$U_{CC}/2$,电容C_2两端的电压也固定在$U_{CC}/2$。这样,两管的集电极、发射极之间就如同加上了$U_{CC}/2$和$-U_{CC}/2$的电源电压。

当输入信号为正半周时,T_1导通,T_2截止,T_1以射极输出器的形式将正半周信号传送给负载,同时对C_2充电。当输入信号为负半周时,T_1截止,T_2导通,电容C_2通过T_2放电,相当于给T_2提供一个直流电源,使T_2也以射极输出器的形式将负半周信号传送给负载。这样,负载上就得到一个完整的信号波形。

电容C_2的容量应足够大,才能起到向T_2供电的作用。由于该电路中每个三极管的工作电源已变为$U_{CC}/2$,已不是OCL电路中的U_{CC}了,因此利用式(2.29)计算最大不失真输出功率时,式中的U_{CC}应变为$U_{CC}/2$。

与OCL功率放大器相比,OTL电路少用了一组电源,使用起来更加方便。但由于输出端增加了大容量的耦合电容,它的等效电感较大,对不同频率的信号会产生不同的附加相移,使输出信号产生相位失真,另外C_1、C_2也会使放大器的低频响应变差。

2.2.2 集成功率放大器分析

1. 集成功率放大器相关知识

一个具有某种特定功能的电路,通常包含许多电阻、电容、二极管、三极管等元件。如果把电路的主要元件和连线制作在一块半导体芯片上,再把这个芯片封装起来,形成一个整体,就成了集成电路。集成电路与分立元件电路相比,具有体积小、重量轻、耗电省、可靠性高、使用方便等优点,因而在电子设备中得到广泛应用。

集成功率放大器内部一般包括电压放大、功率放大及其他辅助电路等。它的品种很多,常用的有TDA2030A、TDA1521、LM386等芯片。下面以TDA2030A音频功率放大器为例进行介绍。

TDA2030A作为音频信号功率放大器,广泛用于收录机、组合音响、有源音箱等电子设备中。TDA2030A的外形如图2-35所示,共有5个引脚,其引脚功能如表2-3所示。

TDA2030A内部集成了过载、过热保护电路,能适应长时间连续工作。由于其外壳金属片与负电源引脚相连,因而在单电源使用时,外壳金属片可直接固定在散热片上并与地线(金属机箱)相接,无需绝缘,使用很方便。

TDA2030A 的主要性能参数如下。

电源电压：±3～±18V

输出峰值电流：3.5A

输入电阻：>0.5MΩ

静态电流：<60mA(U_{CC}=±18V)

电压增益：30dB

输出功率：14W(U_{CC}=±15V,R_L=4Ω)

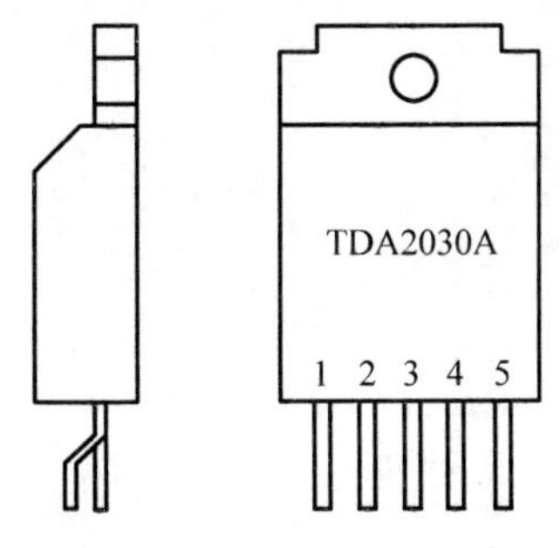

图 2-35　TDA2030A 外形图

表 2-3　TDA2030A 的引脚功能

引脚编号	引 脚 功 能
1	信号同相输入端
2	信号反相输入端
3	负电源端
4	信号输出端
5	正电源端

2. 集成功率放大器的应用

1) 双电源供电应用电路

图 2-36 是双电源供电的 TDA2030A 典型应用电路。图中,TDA2030A 接成 OCL 功率放大器,输入信号由同相端输入,R_1、R_2、C_2 构成交流电压串联负反馈。因此,闭环电压放大倍数为

$$A_{uf} = 1 + \frac{R_1}{R_2} = 33$$

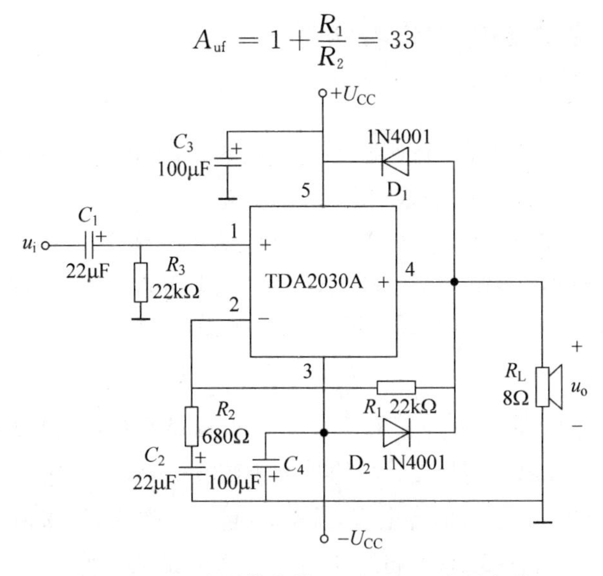

图 2-36　双电源供电的 TDA2030A 应用电路

为了保持两输入端直流电阻的平衡,使输入级偏置电流相等,应选择 $R_3=R_1$。D_1、D_2起保护作用,用来泄放 R_L产生的感应电压,将输出端的最大电压钳位在($U_{CC}+0.7V$)和($-U_{CC}-0.7V$)上。C_3、C_4为电源的去耦滤波电容,用于减少电源内阻对交流信号的影响。C_1、C_2为耦合电容。

2) 单电源供电应用电路

在只有一组电源的电路中,可采用单电源连接方式,如图 2-37 所示。由于采用单电源供电,故同相输入端用阻值相同的 R_1、R_2组成分压电路,使 K 点电位等于 $U_{CC}/2$,经 R_3加到同相输入端。静态时,TDA2030A 的同相输入端、反相输入端和输出端的电位均为 $U_{CC}/2$。电路中其他元件的作用与双电源供电电路相同。

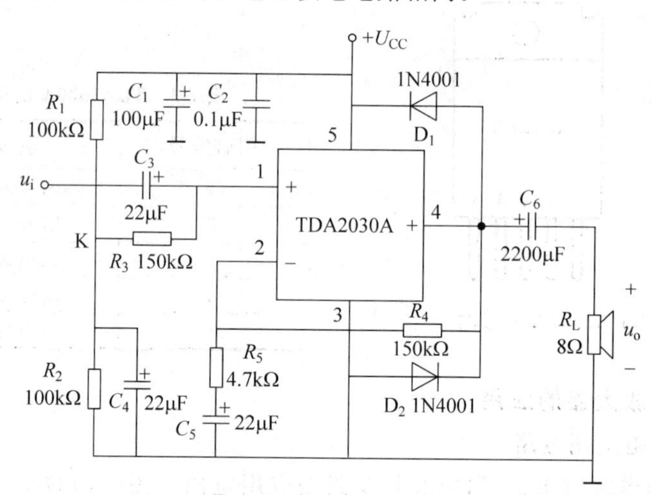

图 2-37 单电源供电的 TDA2030A 应用电路

2.2.3 集成功率放大器的制作与测试

1. 测试器材

(1) 测试仪器仪表:万用表、示波器、交流毫伏表、直流可调稳压电源、函数信号发生器、直流数字电压表、直流数字毫安表、模拟电子实验箱。

(2) 元器件:集成电路 TDA2030A×1,二极管 1N4001×2,扬声器(或功率电阻)8Ω/4W×1、电阻 4.7kΩ/0.25W×1、100kΩ/0.25W×2、150kΩ/0.25W×2,电位器 10kΩ×1,电容 0.1μF×1、22μF/25V×3、100μF/25V×1、2200μF/25V×1。

2. 测试电路

测试电路如图 2-38 所示,为一采用 TDA2030A 构成的 OTL 音频功率放大器。u_i为输入信号,可接音频信号源或信号发生器输出的正弦波信号,峰值电压不超过 0.5V。R_P是音量电位器,C_3是输入信号的耦合电容。D_1、D_2起保护作用,用来泄放 R_L产生的感应电压,将输出端的电压钳位在最高不超过($U_{CC}+0.7V$)、最低不低于$-0.7V$。C_1、C_2为电源的去耦滤波电容,用于减少电源内阻对交流信号的影响。C_4为交流旁路电容。

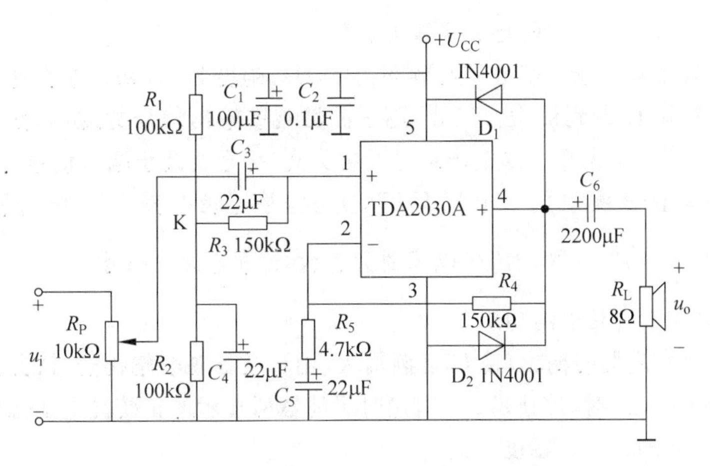

图 2-38　TDA2030A 构成的 OTL 音频功率放大器

TDA2030A 接成 OTL 功率放大电路，输入信号由同相端输入，R_4、R_5、C_5 构成电压串联负反馈电路。因此，闭环电压放大倍数为

$$A_{uf}=1+\frac{R_4}{R_5}=33$$

由于采用单电源供电，故同相输入端用阻值相同的 R_1、R_2 组成分压电路，使 K 点电位等于 $U_{CC}/2$，经 R_3 加到同相输入端。静态时，TDA2030A 的同相输入端、反相输入端和输出端的电位均为 $U_{CC}/2$。

3. 测试程序

(1) 电路组装

① 组装之前先检查各元器件的参数是否正确，注意集成电路的引脚排列(见图 2-35)。

② 按图 2-38 所示，在实验箱或面包板上搭接电路，也可在印制电路板上焊接电路。连接电路时，要注意电解电容的极性、直流电源的正负极和信号源的极性，以及 TDA2030A 的引脚顺序。组装完毕后，应认真检查连线是否正确、牢固。

(2) 测试集成电路的静态值

① 电路组装完毕经检查无误后，先将直流稳压电源调到 15V，再接通直流电源，输入信号暂时不接。

② 用万用表测量电路的电源电压 U_{CC}，集成电路 1、2、4 脚的静态电压 $U_①$、$U_②$、$U_④$，并记录在表 2-4 中。

③ 用万用表测量电源的静态电流 I_{CC}，并计算出电路的静态功耗 P_E，记录在表 2-4 中。

④ 查找相关资料或集成电路数据手册，将 TDA2030A 的静态参数填入表 2-4 中，再与测量值进行比较，分析误差原因。

表 2-4　测量集成功率放大器的静态值

内容	U_{CC}/V	$U_①$/V	$U_②$/V	$U_④$/V	I_{CC}/mA	P_E/W
测量值						
理论值	—					

(3) 测量 TDA2030A 的闭环电压放大倍数

① 将信号发生器的输出信号调到频率为 1kHz、幅度为 100mV 左右的正弦波，接到放大电路的输入端，R_P调到最大。然后，用示波器观察输出信号的波形，在测量过程中，要保证输出信号不产生失真。如输出信号产生失真，可适当减小输入信号的幅度。

② 用交流毫伏表测量信号电压 U_i、U_o的值，并记录在表 2-5 中。然后利用公式 $A_{uf}=\frac{U_o}{U_i}$，计算出 TDA2030A 的闭环电压放大倍数，记录在表 2-5 中。

(4) 测量最大不失真输出功率

① 调节信号发生器的输出，使 U_i逐渐增大，用示波器观察输出信号的波形。直到输出波形不出现明显失真时，停止增大 U_i，这时示波器所显示的正弦波电压幅度，就是放大电路的最大不失真输出电压幅度。

② 用交流毫伏表测量出此时输出电压的有效值 U_{oM}，然后利用公式 $P_{oM}=\frac{U_{oM}^2}{R_L}$计算出 TDA2030A 的最大不失真输出功率，并将数据填入表 2-5 中。

表 2-5 TDA2030A 动态参数的测量

内容	闭环电压放大倍数			最大不失真输出功率		电源的消耗功率及效率			
	U_i/mV	U_o/V	A_{uf}	U_{oM}/V	P_{oM}/W	U_{CC}/V	I_{CC}/A	P_E/W	η
测量值									
理论值	—	—				—	—	—	

③ 然后继续增大 U_i，观察输出信号波形的失真情况。

(5) 测量电源消耗功率和能量转换的效率

① 调节信号发生器，使输出信号保持为最大不失真输出电压。

② 用万用表测量出此时的电源电压 U_{CC}和电源电流 I_{CC}，记录在表 2-5 中。

③ 利用公式 $P_E=U_{CC}I_{CC}$计算出此时电源所消耗的功率。

④ 利用公式 $\eta=\frac{P_{oM}}{P_E}$，计算出此时电源的能量转换的效率。

(6) 将 TDA2030A 的相关动态参数填入表 2-5 中，再与测量值进行比较，分析误差原因。

2.2.4 场效应管放大电路分析

场效应管是电压控制器件，由栅源之间的电压控制漏极电流，达到放大输入信号的目的。场效应管的输入阻抗很高，适用于作多级放大电路的输入级，尤其对于高内阻信号源，采用场效应管才能有效地放大。

场效应管和普通三极管(双极型晶体管)相比较，其栅极、源极、漏极相当于三极管的基极、发射极、集电极。由场效应管构成的放大电路主要有共源极放大电路和共漏极放大电路两种，这与三极管的共发射极放大电路和共集电极放大电路相类似。本节主要介绍场效应管的共源极放大电路。

与三极管放大电路一样，场效应管放大电路也必须设置合适的静态工作点，常用的偏置电路有自给偏压偏置电路和分压式偏置电路两种。

1. 自给偏压偏置电路

图 2-39 是 N 沟道耗尽型绝缘栅场效应管的自给偏压偏置电路。图 2-39 中，源极电流 I_S(等于漏极电流 I_D)流经源极电阻 R_S，在 R_S上产生的压降为 $R_S I_S$。由于绝缘栅场效应管的栅极电流为零，因此 R_G上的压降为零，所以

$$U_{GS} = -R_S I_S = -R_S I_D$$

这就是场效应管的自给偏压，显然，自给偏压小于零。

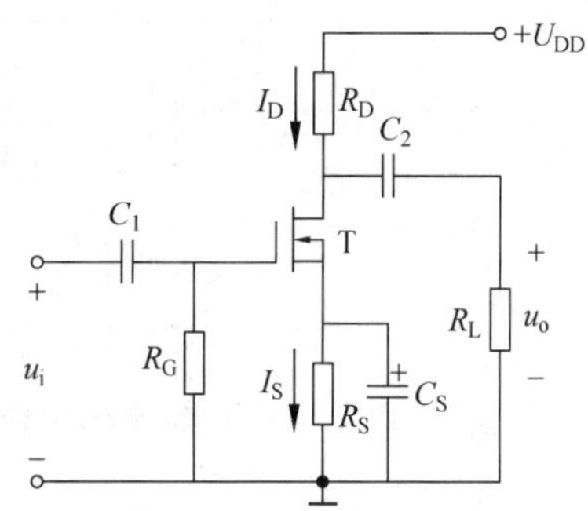

图 2-39　耗尽型绝缘栅场效应管自给偏压偏置电路

由于耗尽型绝缘栅场效应管的开启电压小于零，因此可以采用自给偏压偏置电路。而对于增强型绝缘栅场效应管构成的放大电路，由于开启电压为正，不能采用自给偏压偏置电路，必须采用分压式偏置电路。

电路中各元件作用如下：

R_S为源极电阻，电路的静态工作点受它控制，其阻值约为几千欧姆；

C_S为源极电阻上的交流旁路电容，其作用相当于共发射极放大电路中的 C_E，其容量约为几十微法；

R_G为栅极电阻，用来构成栅极、源极间的直流通路，R_G的阻值不能太小，否则会影响放大电路的输入电阻，其阻值为 200kΩ～10MΩ；

R_D为漏极电阻，它影响电路的电压放大倍数，其阻值约为几十千欧；

C_1、C_2分别是输入回路和输出回路的耦合电容，具有隔直流通交流的作用，其容量为 0.01～0.047μF。

2. 分压式偏置电路

为了稳定场效应管放大电路的静态工作点，并且能比较灵活的设置和调整，一般采用分压式偏置电路，如图 2-40 所示。

在分压式偏置电路中，场效应管的栅极电位由电阻 R_{G1}、R_{G2}分压决定，由于场效应管的栅极电流为零，R_G上的压降为零，因此 R_G的阻值可以取得较大，以提高放大电路的输入电阻。场效应管的栅极电位为

$$U_G = \frac{R_{G2}}{R_{G1} + R_{G2}} U_{DD} \tag{2.32}$$

栅-源电压为

$$U_{GS} = U_G - R_S I_D \tag{2.33}$$

对于 N 沟道耗尽型场效应管，U_{GS}为负值，所以 $R_S I_D > U_G$。对于 N 沟道增强型管，

U_{GS}为正负值,所以 $R_S I_D < U_G$。

对场效应管放大电路进行动态分析时,主要是分析其电压放大倍数、输入电阻和输出电阻。设输入信号为正弦波,下面根据图 2-41 所示的分压式偏置电路的交流通路来进行分析。

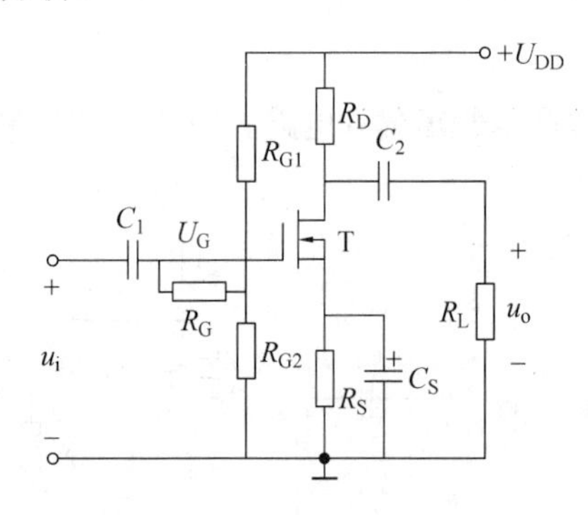

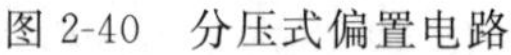

图 2-40 分压式偏置电路

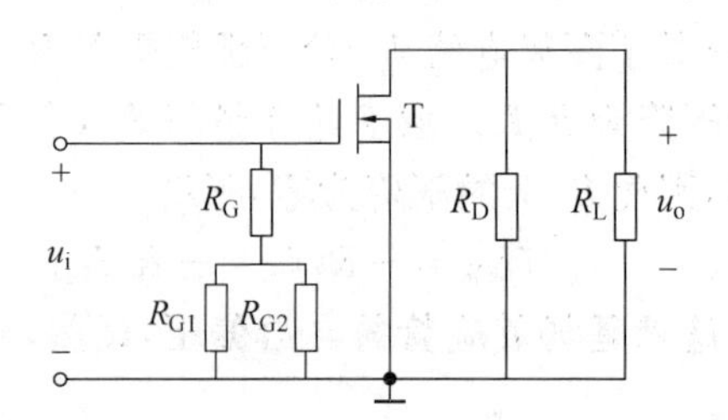

图 2-41 分压式偏置电路的交流通路

由于绝缘栅场效应管的栅-源电阻 r_{gs} 为无穷大,而 R_G 远远大于 R_{G1} 和 R_{G2} 的阻值,所以放大电路的输入电阻为

$$\begin{aligned} r_i &= [R_G + (R_{G1} // R_{G2})] // r_{gs} \\ &\approx [R_G + (R_{G1} // R_{G2})] \\ &\approx R_G \end{aligned} \tag{2.34}$$

由于场效应管的输出特性具有恒流特性,故放大电路输出电阻为

$$r_o \approx R_D \tag{2.35}$$

放大电路输出电压为

$$u_o = - i_d (R_D // R_L)$$

根据场效应管的跨导 $g_m = \frac{i_d}{u_{gs}}$,可得电压放大倍数为

$$A_u = \frac{u_o}{u_i} = \frac{-i_d (R_D // R_L)}{u_{gs}} = -g_m (R_D // R_L) \tag{2.36}$$

式中的负号表示输出电压和输入电压反相。

例 2-6 在图 2-40 所示的场效应管放大电路中,所用场效应管为 N 沟道耗尽型,其参数 $g_m = 1\text{mA/V}$,$I_{DSS} = 1\text{mA}$,$U_{GS(off)} = -4\text{V}$。已知:$U_{CC} = 18\text{V}$,$R_D = 10\text{k}\Omega$,$R_S = 6\text{k}\Omega$,$R_{G1} = 100\text{k}\Omega$,$R_{G2} = 20\text{k}\Omega$,$R_G = 2\text{M}\Omega$,$R_L = 10\text{k}\Omega$。①求静态值;②求电压放大倍数、输入电阻和输出电阻。

解:① 栅极电压为

$$U_G = \frac{R_{G2}}{R_{G1} + R_{G2}} U_{DD} = \frac{20}{100 + 20} \times 18 = 3(\text{V})$$

可列出方程

$$U_{GS} = U_G - R_S I_D = 3 - 6 I_D$$

在 $U_{GS(off)} \leqslant U_{GS} \leqslant 0$ 的范围内,耗尽型场效应管的转移特性可近似用下式表示:

$$I_D = I_{DSS}\left(1-\frac{U_{GS}}{U_{GS(off)}}\right)^2 = \left(1-\frac{U_{GS}}{-4}\right)^2$$

联立上面两式

$$\begin{cases} U_{GS} = 3 - 6I_D \\ I_D = \left(1-\frac{U_{GS}}{-4}\right)^2 \end{cases}$$

解方程组，可得

$$I_D = 0.64\text{mA},\quad U_{GS} = -0.81\text{V}$$

由此可求得

$$U_{DS} = U_{DD} - (R_D + R_S)I_D = 18 - (10+6)\times 0.64 = 7.8(\text{V})$$

故所求的静态值为：$U_{GS}=-0.81\text{V}, I_D=I_S=0.64\text{mA}, U_{DS}=7.8\text{V}$。

② 求电压放大倍数、输入电阻和输出电阻

根据式(2.36)，电压放大倍数为

$$A_u = -g_m(R_D /\!/ R_L) = -1\times\frac{10\times 10}{10+10} = -5$$

根据式(2.34)，输入电阻为

$$r_i = [R_G + (R_{G1} /\!/ R_{G2})] \approx R_G = 2(\text{M}\Omega)$$

根据式(2.35)，输出电阻为

$$r_i \approx R_D = 10(\text{k}\Omega)$$

求得电压放大倍数为－5，输入电阻为 2MΩ，输出电阻为 10kΩ。

任务 2.3　拓展与训练

2.3.1　印制电路板的元件排列与布线

在印制电路板设计中，元件的排列和布线是很重要的工艺环节，直接关系到整机的电路性能。它是电子装配人员学习电子技术和制作电子装置的基本功之一，是实践性很强的技术工作。

通常，元件安放在印制板的一面，另一面则用于布置印制导线(对于双面板，元件面也要放置导线)和进行焊接。我们把放置元件的一面称为元件面，布置导线的另一面称为印制面或焊接面。如果电路较复杂，元件面和焊接面容不下所有的导线，就要做成多面板。在元件面和焊接面的中间设置层面，用于放置导线，这样的层面我们称为内部层或中间层。中间层如果是专门用于放置电源导线的，又叫电源层或地线层。如果是用于放置传递电路信号的导线的，叫做中间信号层。多面板的元件面、焊接面要和中间层连通，靠印制电路板上的金属化孔完成，这种金属化孔叫通孔(Via)。

1. 元件排列的原则

印制板上元件的排列也叫做布局，元件布局对电子设备的性能影响很大，不同电路在元件排列时有不同的要求。一般的原则是：

(1) 按信号流向排列，一般从输入级开始，到输出级终止。

(2) 发热量较大的元件，应加装散热器，或尽可能放置在有利于散热的位置以及靠近机壳处。如电源电路中发热量较大的器件，可以考虑放在机壳上。

(3) 对于体积大、笨重的元件，要另加支架或紧固件，不能直接焊在印制电路板上。

(4) 热敏元件要远离发热元件。

(5) 某些元件或导线间有较大电位差，应加大它们之间的距离。

(6) 尽可能缩短高频元件的连接线，设法减小它们的分布参数和相互间的干扰。易受干扰的元件应加屏蔽。

(7) 可调元件布置时，要考虑到调节方便。

(8) 对称式的电路，如推挽功放、差动放大器、桥式电路等，应注意元件的对称性，尽可能使其分布参数一致。

(9) 每个单元电路，应以其核心器件为中心，围绕它进行布局。

(10) 元件排列应均匀、整齐、紧凑。单元电路之间的引线应尽可能短，引出线数目尽可能少。

(11) 位于边缘的元件，离印制电路板边缘的距离至少应大于2mm。

(12) 元件外壳之间的距离，应根据它们之间的电压来确定，不应小于0.5mm，个别密集的地方应加套管。

(13) 线路板需要固定的，应留有紧固的位置或打上螺丝孔。放置紧固件的位置应考虑到安装、拆卸方便。

(14) 若有引出线，最好使用接线插头。

(15) 有铁心的电感线圈，应尽量相互垂直放置且远离，以减小相互间的耦合。

(16) 如果元件与机壳、面板有联系，如各种显示器件、调节器件，它们均要与机壳相连，它们应当在印制板上有固定的安装位置，这个位置不能被其他元件占用。

2. 布线的原则

根据以上原则排定元件之后，就可开始实施布线。布线的原则有以下几方面。

(1) 布线要短。尤其是晶体管的基极、高频引线、电位差比较大而又相邻近的引线，要尽可能的短，间距要尽量大。

(2) 一般将公共地线布置在边缘部位，以便于将印制电路板安排在机壳上。电源、滤波、控制等低频电路，直流导线亦应靠边缘部位。边缘应留有一定距离，一般不应小于2mm。

(3) 高频元件和高频导线一般布置在中间，以减小它们对地和机壳的分布电容。

(4) 导线拐弯要圆。因直角、尖角对高频和高压影响较大，故拐弯处圆弧半径 R 应大于2mm。

(5) 在条件允许的情况下，线条可适当加粗，间距可适当加大。

(6) 大面积铜箔要开“天窗”。在大面积铜箔下，受热后产生的气体不便排出，易使铜箔膨胀、脱落。

(7) 单面印制电路板上的印制导线不能交叉。遇此情况,可绕着走线或平行走线。高频电路中的高频引线、管子引线、输入、输出线要短而直,避免相互平行。交叉导线回避不了时,可采取在元件面使用外跨导线连接的方法解决(称为跳线)。交叉导线较多时,可采用双面板或多面板。

(8) 一般情况下,双面板两面的导线应相互垂直布线。如果元件面水平布线,则焊接面布线应与元件面布线垂直。如果线路较复杂,走线走不通时,需调整元件的布局,再进行布线,直到布通为止。

印制板上元件的布置与布线是一项实践性很强的工作,以上原则在不同情况下有其不同的侧重点,应根据具体电路的特点和机械结构要求灵活运用。

2.3.2 手工焊接工艺

手工焊接是电子产品装配中的一项基本操作技能,适合于产品试制、电子产品的小批量生产、电子产品的调试与维修以及某些不适合自动焊接的场合。它是利用烙铁加热被焊金属件和锡铅焊料,熔融的焊料润湿已加热的金属表面使其形成合金,待焊料凝固后将被焊金属件连接起来的一种焊接工艺,故又称为锡焊。

1. 锡焊焊点的基本要求

(1) 焊点应接触良好,保证被焊件间能稳定可靠地通过一定的电流。

(2) 应避免虚焊的发生。虚焊是未形成或部分未形成合金的焊料堆附的锡焊。虚焊的焊点在短期内可能会稳定可靠地通过额定电流,用仪器测量也不一定能发现,但时间一长,未形成合金的表面经过氧化就会出现电流变小或时断时续地通过电流现象,也可能造成断路。这时焊点的表面未发生变化,用眼睛不易发现。虚焊的原因有:被焊件表面不清洁;焊接时夹持工具晃动;烙铁头温度过高或过低;焊剂不符合要求;焊点的焊料太少或太多等。

(3) 焊点要有足够的机械强度。为了使被焊件不致脱落,焊点的焊料要适当。如果太少,强度不够,太多不仅不能增加焊点的强度,反而会增加焊料的消耗,易造成短路或虚焊等其他问题。

(4) 焊点表面应美观,应呈现光滑状态,不应出现棱角或拉尖现象。产生拉尖的原因与焊接温度,烙铁撤去的方向、速度及焊剂等因素有关。

图2-42示出了合格与不合格的焊点。

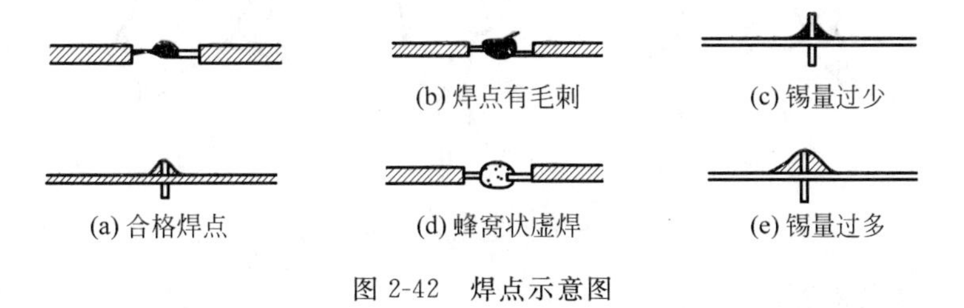

图2-42　焊点示意图

2. 锡焊的条件

(1) 被焊件必须具备可焊性;

(2) 被焊件表面应保持清洁;

(3) 使用合适的焊剂;

(4) 适当的焊接温度,如表2-6所示。提高锡焊温度虽然可提高锡焊的速度,但是锡焊温度过高,焊剂分解速度快,导致焊盘脱落。温度过低则会导致虚焊。

表2-6 决定锡焊温度的主要条件

名　　称	温度/℃	状　　态
焊料	<200	扩散不足易产生虚焊
	200～280	抗拉强度高
	>300	生成多属间化合物
焊剂(松香)	>210	开始分解
印制电路板	>280	焊盘有剥离的危险

(5) 在焊接温度确定之后,应根据润湿状态来决定焊接时间的长短。时间太短,锡焊不足以润湿,时间太长,有损伤元器件和印制板的危险。因此,要合理地控制焊接的时间,通常要求焊接时间在1.5～4s之间。另外,对同一个焊点应断续焊接,而不能连续焊接。

3. 焊接的基本方法

(1) 导线及元件引线上锡

先用小刀或细砂纸清除导线、元件引线表面的氧化层。元件引线根部要留出一小段不刮,以防止引线根部被刮断。对多股导线应逐根刮静,刮净后应将多股线拧成绳状,然后上锡。上锡过程:使烙铁通电加热到用烙铁头接触松香,如发出"嗞嗞"声且冒出白烟,则说明烙铁头温度适当。然后,将刮好的焊件引线放在松香上,用烙铁头轻压引线,边反复摩擦,边转动引线,直至引线各部分均匀地涂上了一层锡。

(2) 烙铁的握法

根据烙铁的大小、形状和被焊件的要求等不同情况,握电烙铁的方法通常有反握法、正握法和握笔法三种,分别如图2-43(a)、图2-43(b)、图2-43(c)所示。握笔法适用于小功率电烙铁和热容量小的被焊件的焊接,是电子元件焊接常用的方法。

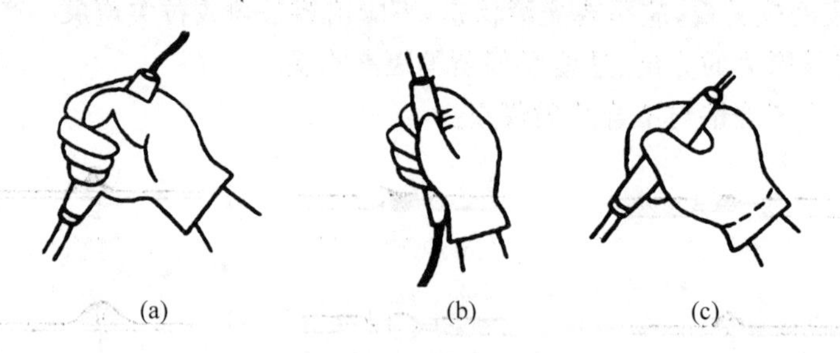

图2-43 电烙铁的握法

(3) 焊接的基本方法

将被焊件固定好以后,通常左手拿锡焊丝,右手拿电烙铁,即可对被焊件进行焊接。

① 五步焊接法

各步操作如图2-44所示。

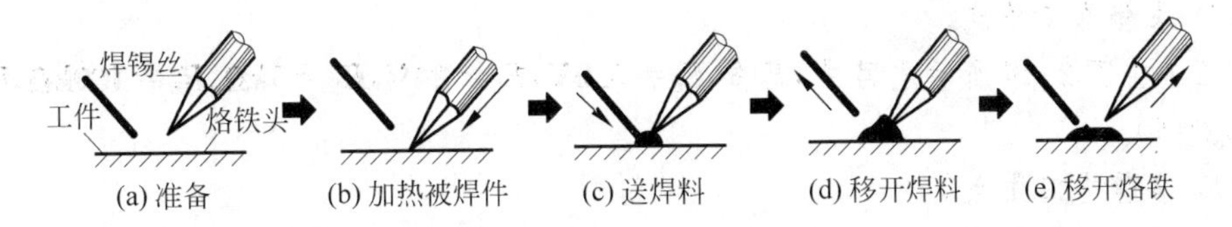

图2-44 五步操作法

a. 准备。将被焊件固定在适当的位置，将焊料、烙铁等准备好放入方便使用的地方，进入可焊状态。

b. 用烙铁头加热被焊件。

c. 送入焊料。被焊件经过加热达到一定温度后，立即将左手握着的焊料送入被焊件和烙铁头的连接点上熔化适量的焊料。

d. 移开焊料。当焊料熔化一定量之后，迅速移开焊料。

e. 移开电烙铁。当焊料流动扩散覆盖整个焊点后，迅速移开电烙铁。移开烙铁的方向与焊接质量有关，一般要求烙铁头以45°角度的方向移开，此时的焊点圆滑，烙铁头只带走少量焊料。

注意，在完成上面五个步骤后，在焊料尚未凝固以前，不能改变被焊件的位置。如果这时改变被焊件的相对位置，可能出现虚焊。

② 集成电路的拖焊法

对于已经涂覆好阻焊膜和助焊剂的印制板，焊接集成电路时，可以先将集成电路按要求插到印制板上，然后将焊锡丝和烙铁头同时送到集成电路的一个引脚上，并且向集成电路的未焊引脚方向同时快速地拖动焊锡丝和烙铁头。这样，可以一次将一排集成电路引脚焊接好，提高焊接速度和效率。由于印制板上有阻焊剂，不会造成桥接现象。此法在工厂中被普遍采用。

(4) 焊点质量检查

焊好一个元件后，要对焊点质量进行检查。对焊点质量的要求一般是：圆滑、光亮、牢固、焊锡量适中，焊点大小一致。不允许有焊锡堆积、气孔、拉尖；不允许有虚焊、联焊和错焊。检查时，先用眼睛进行外观检查，看是否符合以上要求。然后，用镊子夹住并摇动元件引脚，并确认不松动。

手工焊接一般只适合于焊接量不大的场合。电子产品的工业化生产，常常采用自动焊接技术，如浸焊、波峰焊、软焊等，这些焊接都是由自动焊接机完成的。

习题

2.1 共发射极放大电路如图2-45所示，已知$U_{CC}=12V$，$R_C=3k\Omega$，$R_B=226k\Omega$，三极管的$U_{BE}=0.7V$，$\beta=50$，求：

(1) 标出三极管各电极电流的方向和极间电压的极性；

(2) 画出直流通路；

(3) 求静态工作点。

2.2 在图2-46所示电路中，已知 $E_B=5.5V$，$E_C=24V$，$R_C=5k\Omega$，$R_B=100k\Omega$，$U_{BE}=0.7V$，$\beta=60$。

(1) 求静态工作点；

(2) 若电源电压 E_C 改为12V，其他参数不变，试估算这时的静态工作点；

(3) 在调整放大电路的工作点时，仅改变 R_B，要求使放大电路的 $U_{CE}=4.8V$，试估算 R_B 的值；

(4) 仅改变 R_B，要求使放大电路的 $I_C=2.4mA$，试估算 R_B 的值。

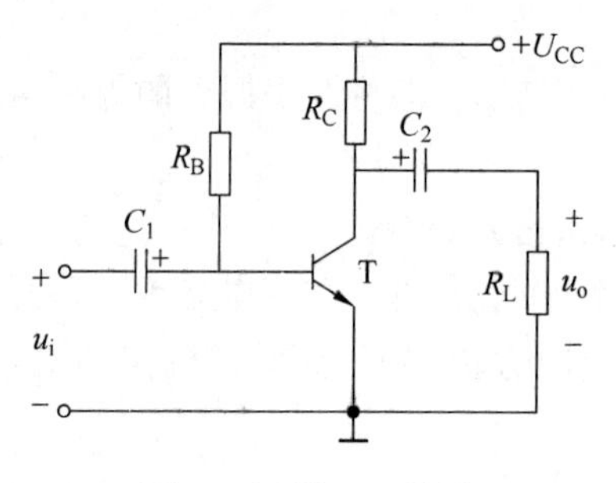

图2-45 题2.1的图

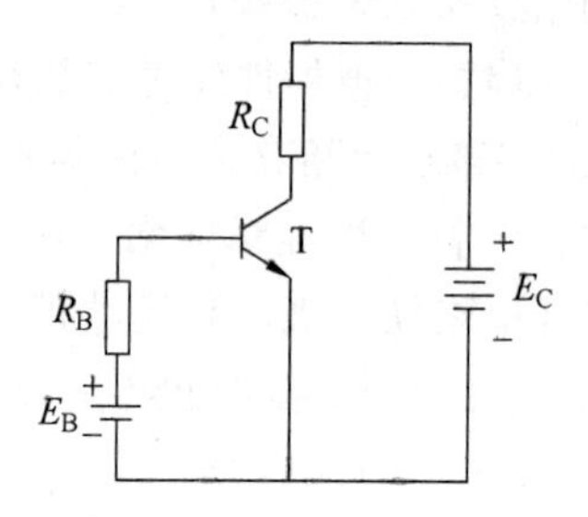

图2-46 题2.2的图

2.3 试求图2-47所示各电路的静态工作点，设三极管 $\beta=60$。

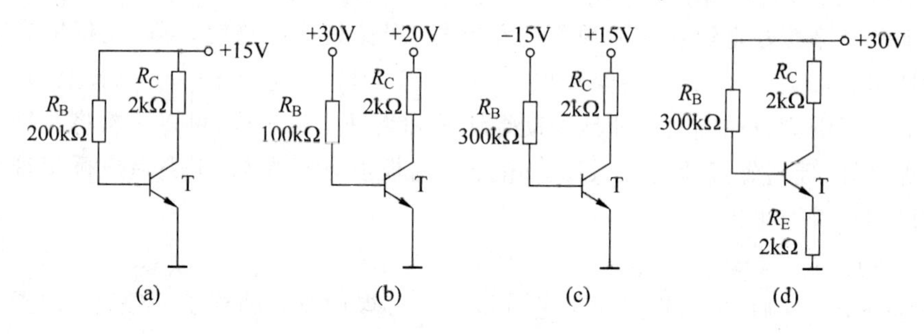

图2-47 题2.3的图

2.4 在图2-48所示电路中，已知 $U_{CC}=18V$，$R_C=3k\Omega$，$\beta=50$，$R_{B1}=25k\Omega$，$R_{B2}=200k\Omega$，U_{BE} 忽略不计。

(1) 求 R_{B1} 调到最大时的静态工作点；

(2) 求 R_{B1} 调到零时的静态工作点；

(3) 若要使静态时的 $I_C=4.2mA$，则可变电阻 R_{B1} 应该调到多少？

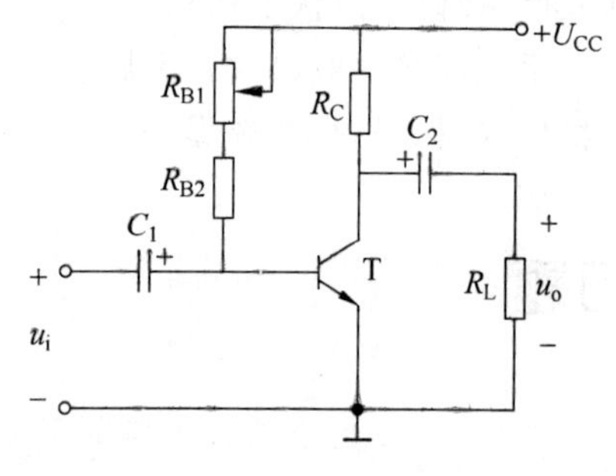

图2-48 题2.4的图

2.5 什么是放大电路的输入电阻和输出电阻？它们的数值是大一些好还是小一些好？为什么？

2.6 在如图2-49所示的共发射极放大电路

中，已知 $U_{CC}=12V$，$R_C=2k\Omega$，$R_B=200k\Omega$，$R_L=1k\Omega$，三极管的 $r_{be}=1k\Omega$，$\beta=80$。

(1) 画出电路的微变等效电路；

(2) 求电压放大倍数；

(3) 求放大电路的输入电阻和输出电阻。

2.7　在如图 2-49 所示的共发射极放大电路中，已知 $U_{CC}=12V$，$R_C=2k\Omega$，$R_B=300k\Omega$，三极管的 U_{BE} 忽略不计，$\beta=80$。

(1) 求电路的静态工作点；

(2) 求不接负载时的电压放大倍数；

(3) 求 $R_L=1k\Omega$ 时的电压放大倍数；

(4) 求放大电路的输入电阻和输出电阻。

2.8　分压式偏置电路为什么能稳定静态工作点？发射极旁路电容 C_E 有什么作用？

2.9　在如图 2-50 所示的共发射极放大电路中，已知 $U_{CC}=12V$，$R_C=1.5k\Omega$，$R_E=1k\Omega$，$R_{B1}=30k\Omega$，$R_{B2}=10k\Omega$，三极管的 $U_{BE}=0.7V$，$\beta=60$。

(1) 画出电路的直流通路；

(2) 求电路的静态工作点。

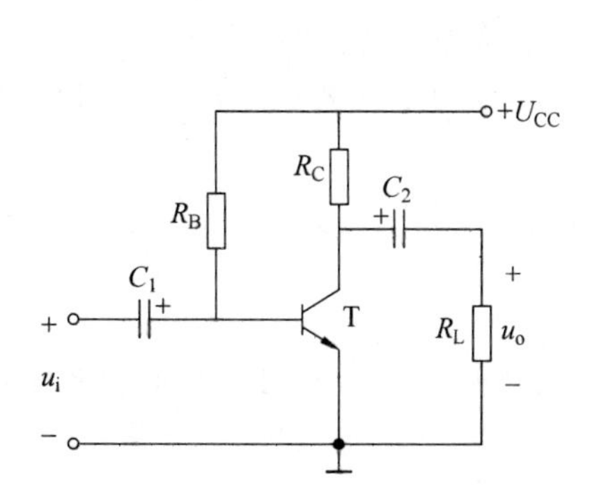

图 2-49　题 2.6 和题 2.7 的图

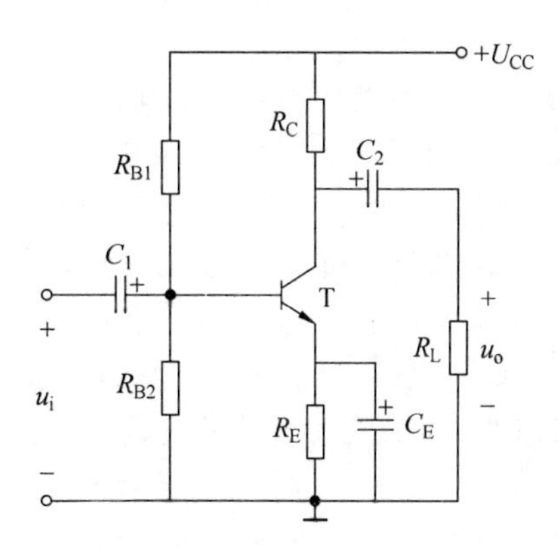

图 2-50　题 2.9 和题 2.10 的图

2.10　在如图 2-50 所示的共发射极放大电路中，已知 $U_{CC}=12V$，$R_C=1.5k\Omega$，$R_E=1k\Omega$，$R_{B1}=30k\Omega$，$R_{B2}=10k\Omega$，三极管的 $r_{be}=1k\Omega$，$U_{BE}=0.7V$，$\beta=60$。

(1) 画出电路的微变等效电路；

(2) 求不接负载时的电压放大倍数；

(3) 求 $R_L=1k\Omega$ 时的电压放大倍数；

(4) 求放大电路的输入电阻和输出电阻。

2.11　在如图 2-51 所示的共发射极放大电路中，已知 $U_{CC}=15V$，$R_C=2k\Omega$，$R_E=1k\Omega$，$R_{B1}=20k\Omega$，$R_{B2}=5k\Omega$，信号源内阻 $R_S=1k\Omega$，负载电阻 $R_L=2k\Omega$，三极管的 $r_{be}=1k\Omega$，$\beta=100$。

(1) 求电路的输入电阻和输出电阻；

(2) 求对输入电压 u_i 的电压放大倍数；

(3) 求对信号源 e_S 的电压放大倍数。

2.12　射级输出器的主要特点是什么？它有什么用途？

2.13　在如图2-52所示的共集电极放大电路中，已知$U_{CC}=12V$，$R_B=300k\Omega$，$R_E=5.1k\Omega$，$R_L=2k\Omega$，$r_{be}=1.5k\Omega$，$\beta=40$，信号源内阻$R_S=1k\Omega$。

(1) 求电路的静态工作点；

(2) 求电压放大倍数；

(3) 求输入电阻和输出电阻。

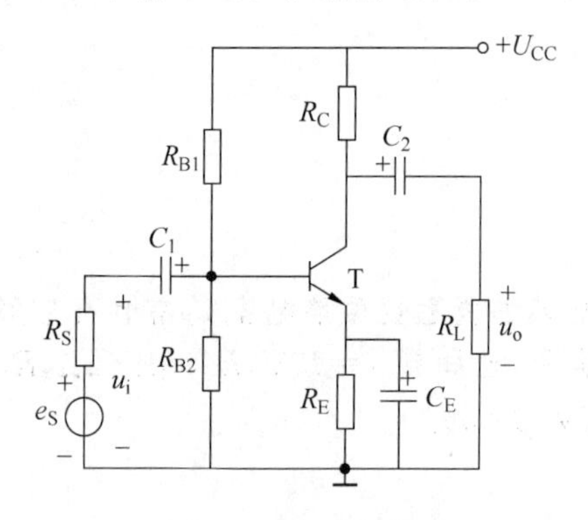

图2-51　题2.11的图

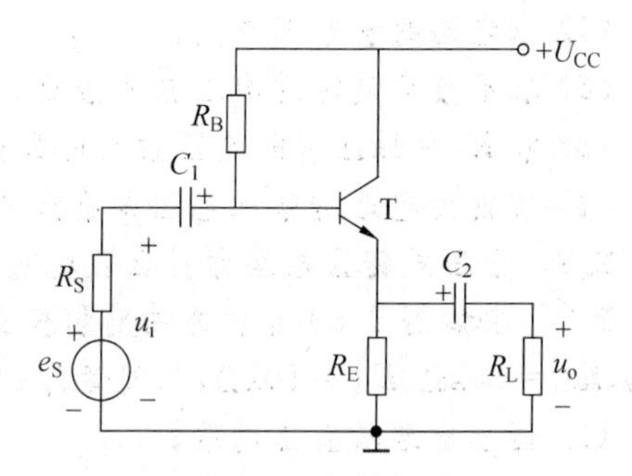

图2-52　题2.13的图

2.14　多级放大电路的级间耦合方式有哪几种？各有何特点？

2.15　如图2-53所示的两级阻容耦合放大电路，设两个三极管的$r_{be}=1.2k\Omega$，电流放大系数$\beta_1=100$，$\beta_2=80$，信号源内阻$R_S=0$。

(1) 求各级的输入、输出电阻和电压放大倍数；

(2) 求总的输入、输出电阻和电压放大倍数。

2.16　什么叫交越失真？怎样克服交越失真？

2.17　OCL互补功率放大电路如图2-54所示，已知$R_L=16\Omega$，T_1、T_2的饱和压降忽略不计，在输入信号足够大时试计算：

(1) R_L上的最大不失真输出功率P_{omax}；

(2) 电源提供的功率P_E；

(3) 电源的转换效率。

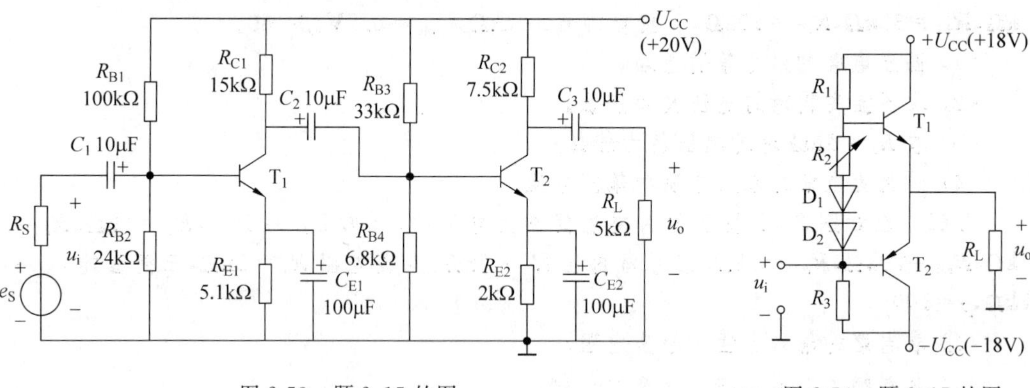

图2-53　题2.15的图

图2-54　题2.17的图

2.18　场效应管放大电路的主要特点是什么？它有何用途？

项目 3

集成运算放大器应用电路制作与测试

学习目标

(1) 了解集成运放的组成、特性、主要参数及使用方法；

(2) 掌握理想运放的特点及其分析方法；

(3) 理解反馈的概念和分类，掌握反馈类型的判断；

(4) 了解负反馈对放大电路性能的影响；

(5) 掌握集成运放线性应用电路的分析计算；

(6) 了解有源滤波器的组成，理解其工作原理；

(7) 掌握集成电路的识别与检测方法。

集成电路是利用半导体工艺技术将三极管、场效应管、电阻等元器件集成在同一块半导体芯片上，形成具有特定功能的电子电路。按照功能不同，集成电路分为模拟集成电路和数字集成电路两大类，集成运算放大器(简称集成运放)属于模拟集成电路。在外部反馈网络的配合下，集成运放的输出与输入之间可灵活地实现各种特定的函数关系。

任务 3.1　基本运算电路的分析、制作与测试

3.1.1　集成运放分析

1. 集成运放的组成及符号

1) 集成运放的组成

集成运放内部实际上是一个高增益的多级直接耦合放大器，其组成原理框图如图 3-1 所示，它由输入级、中间级、输出级和偏置电路等四部分组成。

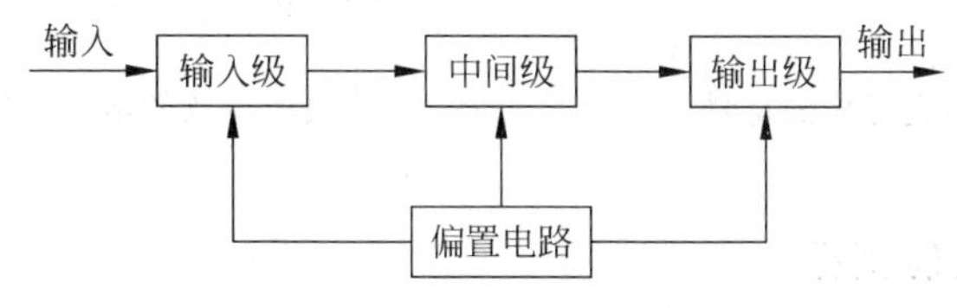

图 3-1　集成运放的原理框图

输入级要求有较高的输入电阻和很好的零点漂移抑制能力，一般由差动放大电路组成。由于具有同相和反相两个输入端，能提供多种信号输入方式，还能有效地抑制共模

干扰信号,放大有用信号。

中间级主要进行电压放大,要求它的电压放大倍数很高。中间级一般采用共发射极放大电路,其放大倍数可达几千倍以上。

输出级要求有一定的输出功率和较强的带负载能力,大多采用互补对称功率放大电路或射极输出器。

2) 集成运放的符号

集成运放的图形符号如图 3-2 所示。由于集成运放的输入级一般由差动放大器组成,因此有两个输入端,其中一个输入端的信号与输出信号之间为反相关系,称为反相输入端,标上"－"号；另一个输入端的信号与输出信号之间为同相关系,称为同相输入端,标上"＋"号。运放有一个输出端,用符号"＋"标注。它们对"地"的电压分别用 u_-,u_+ 和 u_o 表示。方框中的"▷"符号表示信号的传输方向,"∞"号表示开环电压放大倍数的理想化条件。

2. 集成运放的电压传输特性

集成运放的电压传输特性,表示输出电压和输入电压之间的关系,其特性曲线如图 3-3 所示。

图 3-3 中实线表示理想运放的传输特性,虚线表示实际运放的传输特性。从实际运放的传输特性看,可分为线性区和饱和区(也称为非线性区)。在线性区中集成运放的 u_o 和 u_i($u_i=u_+-u_-$)呈线性关系,如图 3-3 中 BC 段；在饱和区中输出电压 u_o 为集成运放的正负饱和值 $\pm U_{o(sat)}$,图 3-3 中 AB 段为负饱和区,CD 段为正饱和区,正负饱和值略低于正负电源电压值。

正是因为集成运放具有这样的电压传输特性,才使得它在线性和非线性方面获得了广泛的应用。

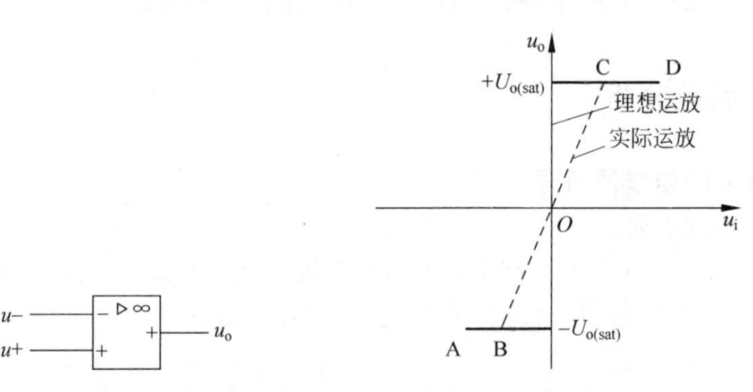

图 3-2 集成运放的符号

图 3-3 集成运放的电压传输特性

3. 集成运放的性能指标

集成运放的特性参数是评价其性能优劣的依据。下面介绍几个最基本最主要的参数。

(1) 最大输出电压 U_{opp}

指能使输出电压和输入电压保持不失真关系的最大输出电压。集成运放 F007 的最大输出电压约为±13V。

(2) 开环电压放大倍数 A_{ud}

在没有外接反馈电路时所测出的差模电压放大倍数，称为开环电压放大倍数。A_{ud}越高，所构成的运算电路越稳定，运算精度也越高。A_{ud}一般为 10^4～10^7，即 80～140dB。

(3) 最大共模输入电压 U_{icm}

运算放大器对共模信号具有抑制作用，但只在规定的共模电压范围内才具备。U_{icm}表示集成运放输入端能够承受的最大共模电压，若超出此值，运放的共模抑制性能将急剧恶化，甚至可能造成器件损坏。

(4) 差模输入电阻 r_{id}

差模输入电阻是从集成运放的两个输入端看进去的等效电阻。r_{id}越大，集成运放对信号源索取的电流越小。通用型运放 F007 的 r_{id}为 2MΩ，输入级采用场效应管的运放，r_{id}可达10^6MΩ。

(5) 开环输出电阻 r_o

开环输出电阻是指运放在开环工作时，从输出端看进去的等效电阻。r_o的大小反映集成运放的负载能力，其值要求越小越好，一般为几十欧姆至几百欧姆。

(6) 共模抑制比 K_{CMMR}

共模抑制比定义为开环差模电压放大倍数与开环共模电压放大倍数之比，通常用分贝表示。K_{CMMR}越大，表示集成运放对共模信号的抑制能力越强。一般集成运放的 K_{CMMR}在 80 分贝以上，优质的可达 160 分贝。

4. 理想运放及其分析方法

在分析集成运放的应用电路时，常把实际运放看作理想运放，使分析计算大大简化，而误差并不严重，这在工程上是允许的。所以运放都是根据它的理想化条件来分析的。

所谓理想集成运放，就是将其主要参数理想化，即

① 开环电压放大倍数 $A_{ud}\to\infty$

② 差模输入电阻 $r_{id}\to\infty$

③ 开环输出电阻 $r_o\to 0$

④ 共模抑制比 $K_{CMMR}\to\infty$

根据理想运放的电压传输特性，运放可以工作在线性区，也可以工作在饱和区，但呈现出不同的特点，这些特点是分析运放各类应用电路的重要依据。

1) 线性区

理想运放工作在线性区时，有两个重要特点。

(1) 开环电压放大倍数 $A_{ud}\to\infty$，而输出电压是一个有限值，所以

$$u_o = A_{ud}(u_+ - u_-) \tag{3.1}$$

由式(3.1)可知，

$$u_+ - u_- = \frac{u_o}{A_{ud}}$$

故有

$$u_+ \approx u_- \tag{3.2}$$

式(3.2)表示集成运放同相输入端与反相输入端间的电压近似相等，如同将该两点

虚假短路一样,故常称为“虚短”。若其中一个输入端接“地”,则有 $u_+ \approx u_- = 0$,这时称为“虚地”。

(2) 由于运放差模输入电阻 $r_{id} \to \infty$,故可认为两个输入端的输入电流近似为零。所以,理想运放的两个输入端几乎不索取电流,但又不是真正断开,故又称为“虚断”,即有:

$$I_+ = I_- = 0$$

2) 饱和区

理想运放工作在饱和区时,“虚断”概念依然成立,“虚短”概念不再成立。

当 $u_+ > u_-$ 时,$u_o = +U_{o(sat)}$;

当 $u_+ < u_-$ 时,$u_o = -U_{o(sat)}$。

可见,集成运放工作区域不同,其近似条件也不同。所以在分析和计算时,首先应判断集成运放工作在什么区域,然后才能用有关公式对集成运放进行分析和计算。

例 3-1 F007 运放的电源电压为±15V,开环电压放大倍数 $A_{ud} = 10^5$,最大输出电压(即 $\pm U_{o(sat)}$)为±13V。现在图 3-2 所示运放中分别加入下列输入信号,求输出电压及其极性。

(1) $u_+ = +20\mu V, u_- = -5\mu V$;

(2) $u_+ = -10\mu V, u_- = +5\mu V$;

(3) $u_+ = 0\mu V, u_- = +200\mu V$;

(4) $u_+ = +200\mu V, u_- = 0\mu V$。

解:由式(3.1)得

$$u_+ - u_- = \frac{u_o}{A_{ud}} = \frac{\pm 13}{1 \times 10^5} = \pm 130(\mu V)$$

可见,只要两个输入端之间的信号电压绝对值超过 130μV,输出电压就达到正或负的饱和值。

(1) $u_o = A_{ud}(u_+ - u_-) = 1 \times 10^5 \times (20+5) \times 10^{-6} = +2.5V$;

(2) $u_o = 1 \times 10^5 \times (-10-5) \times 10^{-6} = -1.5V$;

(3) $u_o = -13V$;

(4) $u_o = +13V$。

5. 放大电路中的反馈

反馈技术在电子电路中应用极为广泛。反馈有正负之分,在放大电路中加入负反馈,可以改善放大器性能。在其他科学技术领域中,反馈的应用也很普及。例如,自动控制系统就是通过负反馈实现自动调节的。所以,研究负反馈具有一定的普遍意义。至于正反馈,在放大器中很少使用,但在振荡电路中,则要引入正反馈以满足自激振荡的条件。

1) 反馈的基本概念与分类

(1) 反馈的定义

所谓反馈,就是将放大电路输出量(电压或电流)的一部分或全部,通过一定的网络反送到输入回路。图 3-4 为有反馈的放大电路的方框图。

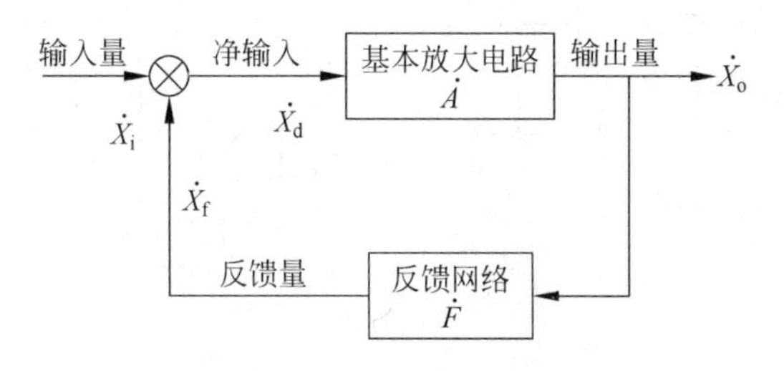

图 3-4 反馈放大电路方框图

它包括基本放大器和反馈网络两部分,其中$\dot{X}_i$、$\dot{X}_d$、$\dot{X}_o$和$\dot{X}_f$分别表示放大器的输入信号、净输入信号、输出信号和反馈信号。它们可以是电压量,也可以使电流量。$\dot{A}$表示基本放大器的放大倍数,又称开环放大倍数。$\dot{F}$表示反馈网络的传输系数,称为反馈系数。符号⊗表示比较环节,$\dot{X}_i$与$\dot{X}_f$经过比较后得到$\dot{X}_d$。

下面推导闭环增益方程。由图 3-4 可知,开环放大倍数为

$$\dot{A} = \frac{\dot{X}_o}{\dot{X}_d}$$

反馈网络的反馈系数为

$$\dot{F} = \frac{\dot{X}_f}{\dot{X}_o}$$

由此得到负反馈放大电路的闭环放大倍数(增益)为

$$\dot{A}_f = \frac{\dot{A}}{1 + \dot{A}\dot{F}} \tag{3.3}$$

(2) 反馈的分类及判别

在实际的放大器中,可以根据不同的要求引入各种不同类型的反馈。反馈的分类方法很多,下面分别进行介绍。

① 有无反馈的判断

判断一个放大电路中是否存在反馈,只要看该电路中除基本放大器以外是否有网络、电路或元件把输入回路与输出回路联系在一起,若有,则存在反馈;没有,则无反馈。

② 交流反馈和直流反馈及判断

根据反馈信号本身的交、直流性质,可以分为交流反馈和直流反馈。如果反馈信号只有交流成分,则为交流反馈;若反馈信号中只有直流成分,则为直流反馈;在更多的情况下,交、直流两种成分都存在,则为交直流反馈。在图 3-5 中,图 3-5(a)的 R_f 和 C_f 这条反馈支路为交流反馈;图 3-5(b)的反馈回路(1)为交直流反馈,反馈回路(2)为交流反馈。

③ 正反馈和负反馈及判断

根据反馈的极性,可以分为正反馈和负反馈。放大器引入反馈后,若反馈增强了外

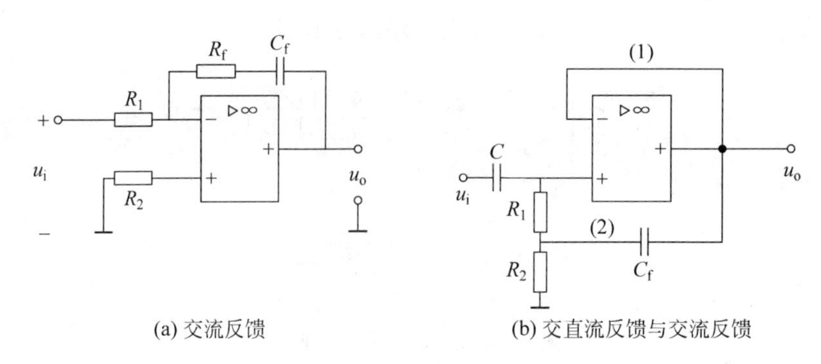

(a) 交流反馈　　(b) 交直流反馈与交流反馈

图 3-5　交、直流反馈

加输入信号的作用,使放大倍数增大,称为正反馈;若反馈削弱了外加输入信号的作用,使放大倍数减小,则称为负反馈。

判断反馈极性的正负,通常采用瞬时极性法。首先假设放大电路的输入端信号在某一瞬间对接“地”参考点的极性为正或负,然后根据各级电路输出端与输入端信号的相位关系(同相或反相),标出电路各点的瞬时极性,得到反馈端信号的极性,最后,再将反馈信号与输入信号的极性进行比较。

例如,图 3-6(a)所示电路中,R_f 为反馈元件,接在输出端与同相输入端之间,u_i 从同相端输入。现假设输入信号 u_i 的瞬时值对地有一个正向的变化,在图中用(+)表示。这个变化通过 R_1 使得同相输入端的电压 u_+ 瞬时值也产生一个正向变化。由于输出端与同相输入端的信号极性变化是相同的,所以此时输出电压的瞬时值 u_o 应该产生正向变化,故标(+)。输出的这个正向变化通过反馈通路 R_f 传到 K 点处,也是正向变化。这样就使得反馈信号增强了原输入信号,故为正反馈。

在图 3-6(b)所示电路中,反馈元件 R_f 接在输出端与反相输入端之间,u_i 从反相端输入。现假设输入信号 u_i 的瞬时值对地有一个正向的变化,在图中用(+)表示。这个变化通过 R_1 使得反相输入端的电压 u_- 瞬时值也产生一个正向变化。由于输出端与反相输入端信号的变化极性是相反的,所以此时输出电压的瞬时值 u_o 应该产生负向变化,故标(−)。输出的这个变化通过反馈通路 R_f 传到 K 点处,也是负向变化。这样就使得反馈信号削弱了原输入信号,故为负反馈。

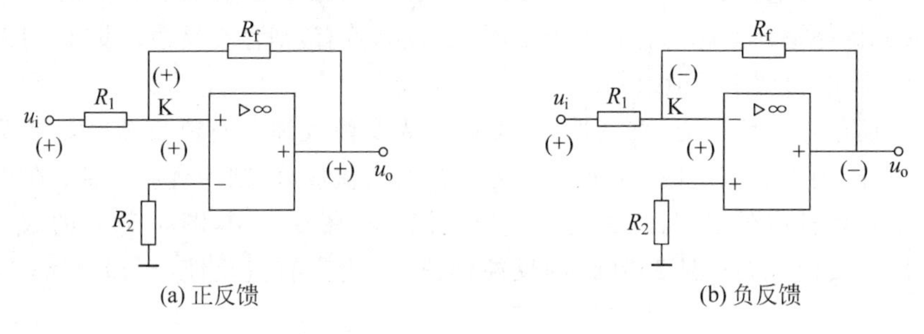

(a) 正反馈　　(b) 负反馈

图 3-6　正、负反馈的判断(一)

上面两种情况中，当输入信号和反馈信号接在同一节点时，若输入端和反馈端的变化极性相同，则为正反馈；两者变化极性相反则为负反馈。

在图 3-7(a)电路中，反馈元件 R_f 接在输出端与同相输入端之间，u_i 从反相端输入。现假设输入信号 u_i 的瞬时值对地有一个正向的变化，在图中用(+)表示。这个变化通过 R_2 使得同相输入端的电压 u_+ 瞬时值产生一个正向变化。由于输出端与反相输入端的信号变化是相反的，所以此时输出电压的瞬时值 u_o 应该产生负向变化，故标(−)。输出的这个变化通过反馈通路 R_f 传到 K 点处，也是负向变化。因 $u_d=u_- - u_+$，无反馈时(K 点断开)$u_{d1}=u_-\uparrow - u_+$；反馈接通时($u_k=u_+$)，$u_{d2}=u_-\uparrow - u_+\downarrow$，可以看出 u_{d2} 的变化幅值要比 u_{d1} 大，故为正反馈。

在图 3-7(b)电路中，反馈元件 R_f 接在输出端与反相输入端之间，u_i 从反相端输入。现假设输入信号 u_i 的瞬时值对地有一个正向的变化，在图中用(+)表示。这个变化通过 R_1 使得同相输入端的电压 u_+ 瞬时值也产生一个正向变化。由于输出端与同相输入端的信号变化是相同的，所以此时输出电压的瞬时值 u_o 应该产生正向变化，故标“(+)”。输出的这个变化通过反馈通路 R_f 传到 K 点处，也是正向变化。因 $u_d=u_+ - u_-$，无反馈时(K 点断开)$u_{d1}=u_+\uparrow - u_-$；反馈接通时($u_k=u_-$)，$u_{d2}=u_+\uparrow - u_-\uparrow$，可以看出 u_{d2} 的变化幅值要比 u_{d1} 小，故为负反馈。

综合上面分析，可得出如下结论：当输入信号和反馈信号不在同一节点引入时(如图 3-7 所示电路)，若输入信号和反馈信号的极性变化相同，则为负反馈；若两者极性变化相反，则为正反馈。

例 3-2　判断图 3-8 所示电路中，各有哪些反馈通路，是正反馈还是负反馈，是直流反馈还是交流反馈？

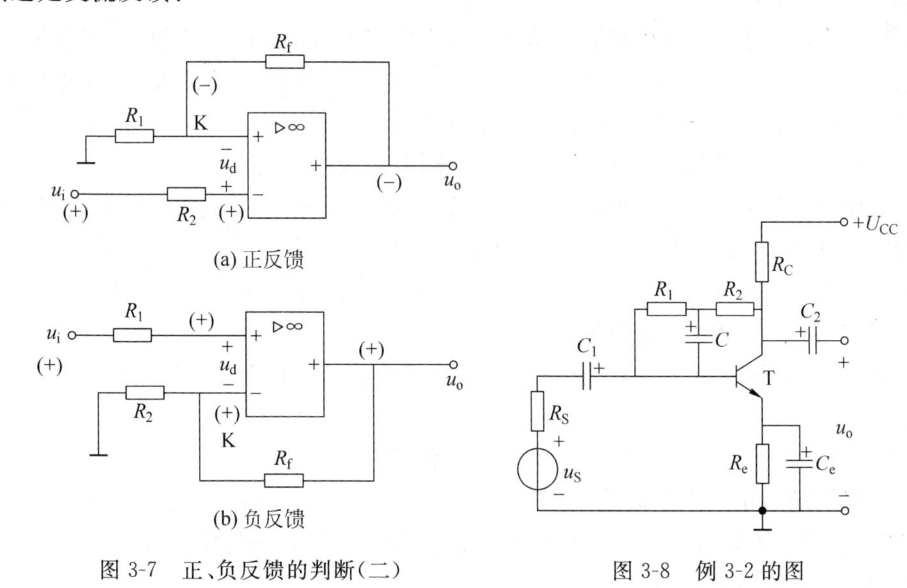

图 3-7　正、负反馈的判断(二)

图 3-8　例 3-2 的图

解：反馈通路有以下两个。

① 电阻 R_e。由于 C_e 并接在 R_e 两端，当它的容量足够大时，交流成分基本上被短路了，所以电阻 R_e 为直流反馈。又因为电阻 R_e 的反馈信号与输入信号接在不同的节点，并且反馈信号的瞬时极性变化趋势与输入信号的相同，故为负反馈。

② 电阻 R_1、R_2。由于电容 C 并接在 R_1 两端，交流成分基本上被短路了，所以 R_2 为交直流反馈，R_1 为直流反馈。又因为这条反馈通路与输入信号接在同一节点，并且反馈信号的瞬时极性变化趋势与输入信号的相反，故为负反馈。

例 3-3　分析图 3-9 所示电路中，有哪些反馈通路？是正反馈还是负反馈？

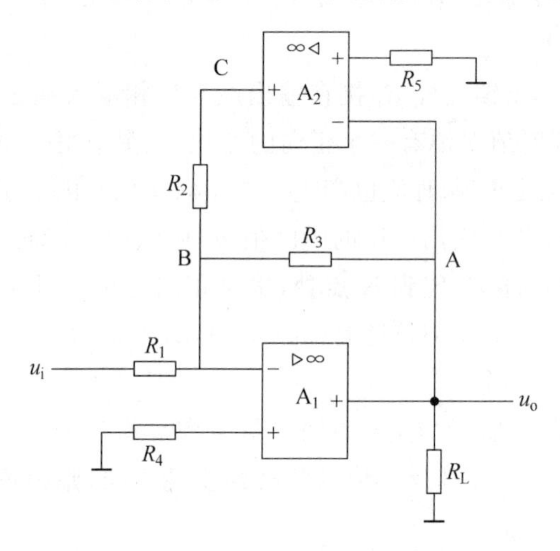

图 3-9　例 3-3 的电路

解：图 3-9 所示电路中，共有三条反馈通路。

① 运放 A_1 的输出端与反相输入端之间接有电阻 R_3，属于运放 A_1 的本级反馈：

假设 u_i 产生一个瞬时的正向变化，由于 u_i 从 A_1 的反向输入端加入，所以此时 u_o 应产生一个负向变化，这个负向变化通过 R_3 到达 B 点，在 B 点也产生一个负向变化，这样由于输入端与反馈端接在同一点，并且极性变化相反，故为负反馈；

② 运放 A_2 的输出端与反相输入端之间接有电阻 R_2、R_3，属于运放 A_2 的本级反馈：

假设 A_2 的反向输入端产生一个正向的变化，则在 A_2 的输出端 C 点产生一个负向的变化，而 C 点通过 R_2、R_3 到达 A 点也产生一个负向变化，这样由于输入端与反馈端接在同一点，并且极性变化相反，故为负反馈；

③ 运放 A_2 的输出端与运放 A_1 的反相输入端之间接有电阻 R_2，属于运放 A_1 与 A_2 的级间反馈：

假设 A_1 的反相输入端产生一个正向的变化，则在 A 点产生一个负向的变化，也即 A_2 的反向输入端产生一个负向的变化，则在 C 点产生一个正向的变化，这个正向的变化通过电阻 R_2 到达 B 点也产生一个正向的变化，这样由于输入端与反馈端接在同一点，并且极性变化相同，故为正反馈。

2）负反馈的四种组态及判别

对于交流负反馈，根据反馈信号在输出端取样的不同，可分为电压负反馈和电流负反馈；根据反馈信号在输入端连接方式的不同，可分为串联负反馈和并联负反馈。归纳起来，负反馈可分为四种典型组态（或称反馈类型）：电压串联负反馈、电压并联负反馈、电流串联负反馈和电流并联负反馈，下面分别进行介绍。

(1) 电压串联负反馈

电压串联负反馈电路的结构如图 3-10 所示。图中，放大电路输出端为 2-2′，反馈网络与放大电路相并联，即放大电路 A 的输出电压 u_o 连接在反馈网络 F 的输入端 3-3′，故反馈网络的输出电压 u_f 必定与 u_o 成正比，u_f 的变化也必然反映 u_o 的变化。这种对输出电压进行采样的反馈方式称为电压反馈。

在放大电路的输入端，反馈信号与输入信号在不同节点引入，并以电压形式进行比较，故称为串联反馈。放大电路的净输入电压为

$$u_d = u_i - u_f \tag{3.4}$$

当 u_d、u_i 和 u_f 这三个信号的极性相同时，净输入信号小于总输入信号，即 $u_d < u_i$，这种由于反馈信号的加入削弱了输入信号的反馈称为负反馈。归纳起来，这种反馈类型为电压串联负反馈。

串联负反馈的反馈效果与信号源内阻 R_S 有关，R_S 的阻值越小，信号源越接近恒压源，输入电压 u_i 越稳定，式(3.4)中 u_f 的变化对 u_d 的影响越大，反馈效果就越明显。特别是当 $R_S=0$ 时，u_f 的变化全部转化成 u_d 的变化，反馈效果最好。

下面通过图 3-11 的电路来分析电压串联负反馈。图 3-11 中，运放对应为图 3-10 中的基本放大电路 A，反馈网络 F 由电阻 R_f 和 R_1 串联组成。该电路的反馈信号 u_f 由 R_f 和 R_1 对输出电压 u_o 分压所形成，它将输出电压 u_o 的一部分回送至输入端，即

$$u_f = \frac{R_1}{R_1 + R_f} u_o$$

由于对输出电压采样，且与 u_o 成正比，故为电压反馈。在放大电路输入端，反馈信号与输入信号在不同节点引入，并以电压形式进行比较，故为串联反馈。利用瞬时极性法分析，输入信号与反馈信号从不同节点引入，且变化极性相同，故为电压串联负反馈。

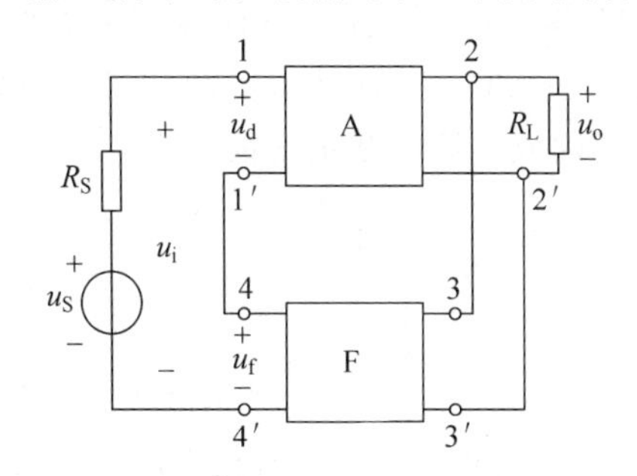

图 3-10　电压串联负反馈电路的结构框图

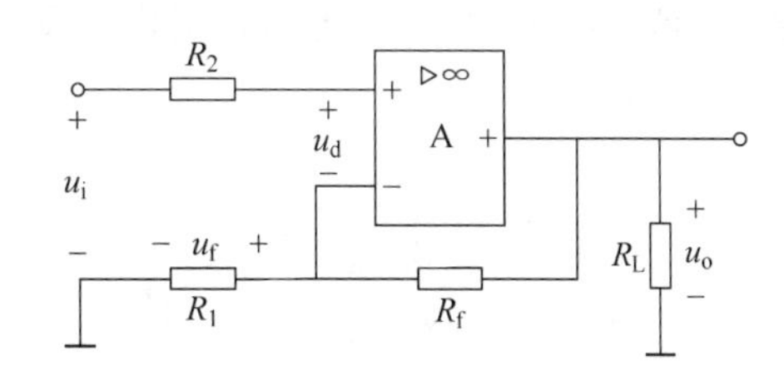

图 3-11　电压串联负反馈典型电路

(2) 电压并联负反馈

电压并联负反馈的结构框图如图 3-12 所示。从输出端的采样方式分析仍为电压反馈，而从输入端分析，反馈信号与输入信号都接在放大电路的同一个输入端，也即反馈网络输出端与放大器输入端相并联，因此为并联反馈。此时，反馈信号必定以电流 i_f 的形式出现，净输入电流与反馈电流的关系为

$$i_d = i_i - i_f \tag{3.5}$$

当三个电流的实际方向与图中的假定方向相同时，反馈电流 i_f 的引入使净输入电流减小，即 $i_d < i_i$，故为负反馈。所以将电路的这种反馈类型称为电压并联负反馈。

并联负反馈电路的反馈效果与信号源内阻 R_S 有关，R_S 的阻值越大，信号源越接近恒流源，输入电流 i_i 越稳定，式(3.5)中 i_f 的变化对 i_d 的影响越大，反馈效果就越明显。特别是当 R_S 开路时，i_f 的变化全部转化成 i_d 的变化，反馈效果最好。

图3-13为电压并联负反馈的典型电路。图中，放大电路A仍为运放，反馈网络由电阻 R_f 构成。它跨接在运放的输出端与反相输入端之间构成反馈，将输出电压转换成反馈电流 i_f。根据“虚地”的概念，反相输入端近似为地电位，有

$$i_f = \frac{u_- - u_o}{R_f} \approx -\frac{u_o}{R_f} \tag{3.6}$$

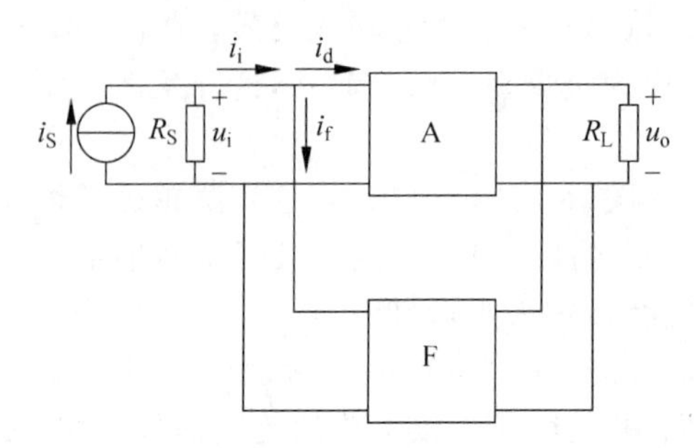

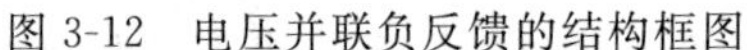
图3-12　电压并联负反馈的结构框图

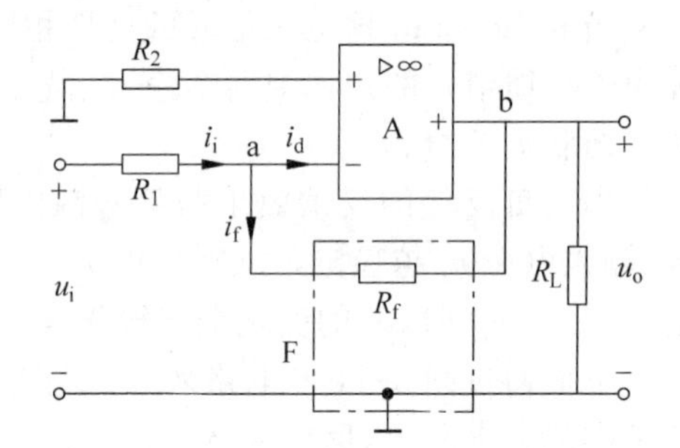

图3-13　电压并联负反馈的典型电路

式(3.6)表明，反馈电流取自于输出电压，且与之成正比，故形成电压并联反馈。用瞬时极性法分析，输入信号与反馈信号从相同的点引入，且变化极性相反，故为电压并联负反馈。

(3) 电流串联负反馈

电流串联负反馈的结构框图和典型电路分别如图3-14(a)、图3-14(b)示。从放大电路输入端分析为串联反馈。在输出端，反馈网络与放大电路为串联，反馈信号取自输出电流 i_o(即负载 R_L 中的电流)，形成电流反馈，因此构成电流串联负反馈。

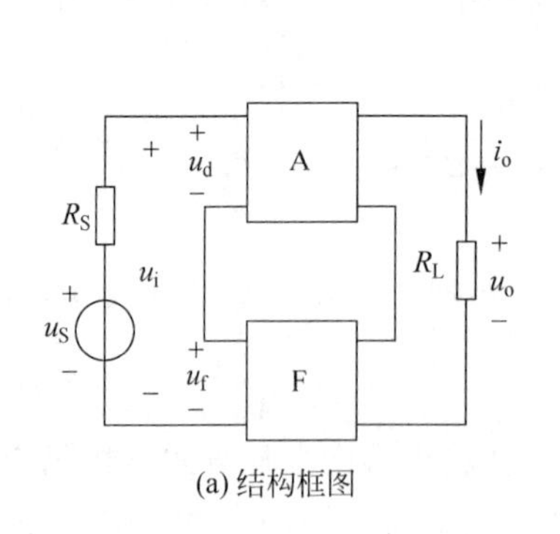

(a) 结构框图

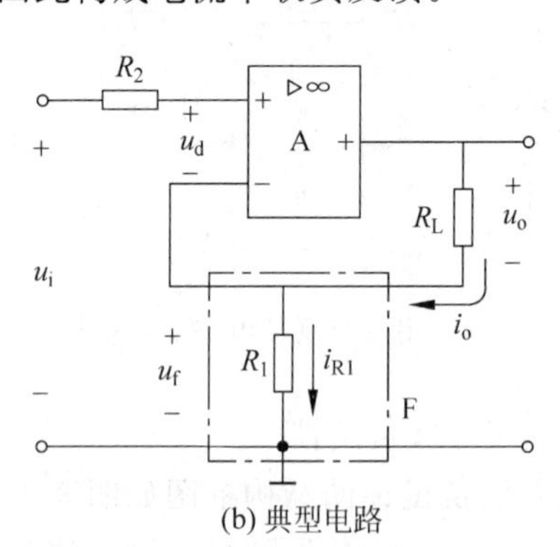

(b) 典型电路

图3-14　电流串联负反馈

图3-14(b)为电压-电流转换电路，反馈网络由电阻 R_1 构成。根据“虚断”原则，R_1 中的电流与输出电流相等，即 $i_{R1}=i_o$。反馈电压为

$$u_f = i_{R1}R_1 = i_oR_1 \tag{3.7}$$

式(3.7)说明，反馈信号以电压的形式出现在输入端，与总输入信号 u_i 比较后形成净输入电压 u_d，并且 u_f 与输出电流 i_o 成正比，所以形成电流串联负反馈。

(4) 电流并联负反馈

电流并联负反馈的结构框图和典型电路分别如图3-15(a)、图3-15(b)示。

根据前三种反馈类型的分析结论，从图3-15(a)中输入、输出回路的连接方式可看出，其反馈类型为电流并联负反馈。

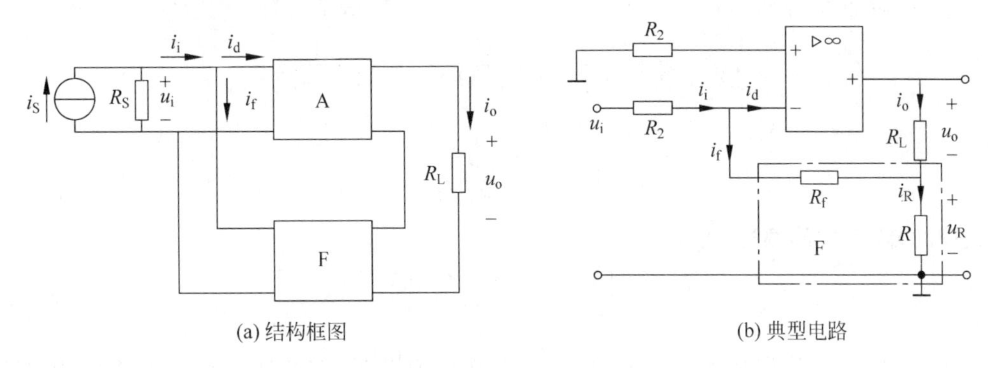

(a) 结构框图　　(b) 典型电路

图3-15　电流并联负反馈

在图3-15(b)中，反馈网络由电阻 R_f 和采样电阻 R 组成。在电路的输入端，输入信号 i_i、i_d 和反馈信号 i_f 均以电流形式出现，且 $i_d<i_i$，故为并联负反馈；在放大电路输出端，R_f 接在负载电阻 R_L 和采样电阻 R 之间，设 $R_f \gg R$，有 $i_f \ll i_o$，可认为

$$u_R = (i_o + i_f)R \approx i_oR$$

根据“虚地”的概念，$u_- = u_+ = 0$，所以反馈电流的表达式为

$$i_f = \frac{u_- - u_R}{R_f} = -\frac{u_R}{R_f} = -\frac{R}{R_f}i_o \tag{3.8}$$

式(3.8)表明，反馈电流 i_f 与输出电流 i_o 成正比，采样电阻 R 上的电压 u_R 的变化反映了输出电流 i_o 的变化，故为电流并联负反馈。

不论反馈在放大电路输入端的连接方式是串联反馈还是并联反馈，电压负反馈能够稳定输出电压，电流负反馈能够稳定输出电流。

另外，判别电压反馈或电流反馈，除了可以根据定义判断外，还可以采用另外一种方法：假设输出端交流短路(即令 $u_o=0$)，观察此时反馈信号是否存在，如果反馈信号不复存在，则为电压反馈，如果反馈信号依然存在，则为电流反馈。这种判断方法比较直观。

3) 负反馈对放大电路性能的影响

负反馈使放大器闭环放大倍数降低，但可使放大器的其他性能指标得到改善，如提高放大倍数的稳定性、减小非线性失真、改变输入电阻和输出电阻、抑制噪声等，下面分别介绍。

为使分析方便,设信号频率为中频,放大倍数是实数,记作 A;反馈网络是电阻网络,则反馈系数也是实数,记作 F,那么闭环放大倍数也是实数,记作 A_f。

(1) 提高放大倍数的稳定性

放大器的开环放大倍数 A 通常是不稳定的,它受到温度变化、电源波动、负载变化、器件老化以及其他因素的影响。引入负反馈,可使放大器放大倍数的稳定性得到提高。通常用相对变化率来衡量放大倍数的稳定性。当放大器工作在中频段时,式(3.3)可写为

$$A_f = \frac{A}{1+AF} \tag{3.9}$$

求 A_f 对 A 的导数,得

$$\frac{dA_f}{dA} = \frac{1}{1+AF} - \frac{AF}{(1+AF)^2} = \frac{1}{(1+AF)^2}$$

或

$$dA_f = \frac{dA}{(1+AF)^2}$$

用式(3.9)除上式的两边,可得

$$\frac{dA_f}{A_f} = \frac{1}{1+AF} \cdot \frac{dA}{A} \tag{3.10}$$

式(3.10)表明,闭环放大倍数 A_f 的相对变化率$\frac{dA_f}{A_f}$只有开环放大倍数 A 的相对变化率$\frac{dA}{A}$的$\frac{1}{1+AF}$。可见,放大倍数受外界因素的影响大为减小,放大器的稳定性大大提高。

严格地说,当 A 的相对变化率较大时,采用微分$\frac{dA}{A}$和$\frac{dA_f}{A_f}$表示相对变化率误差较大,而应采用差分$\frac{\Delta A}{A}$,$\frac{\Delta A_f}{A_f}$表示。

(2) 减小非线性失真

前面已讨论过,由于静态工作点选择不合适,如果输入信号过大,在动态过程中,可能会使放大器件工作到非线性区,使输出波形产生非线性失真。引入负反馈后,可以减小非线性失真。下面作定性分析。

图 3-16(a)是开环放大示意图,设输入端加入一个幅度较大的正弦波,其输出波形会产生失真。若是正半周大,负半周小,再将此波形送到反馈电路,如图 3-16(b)示。波形通过反馈电路后其性质并未改变,输出仍是正半周大,负半周小。当输入信号和反馈信号在输入端相减(负反馈)后,净输入信号正半周变小,负半周变大。再经过放大,输出信号便接近正弦波。可以证明,加入负反馈后,放大电路的非线性失真减小了$(1+AF)$倍。

应当注意,负反馈减小非线性失真指的是反馈环内的失真。如果输入波形本身失真,即使引入负反馈,也无济于事。

(3) 改变输入电阻和输出电阻

放大电路引入不同类型的负反馈后,将对输入、输出电阻产生不同影响,下面作简单

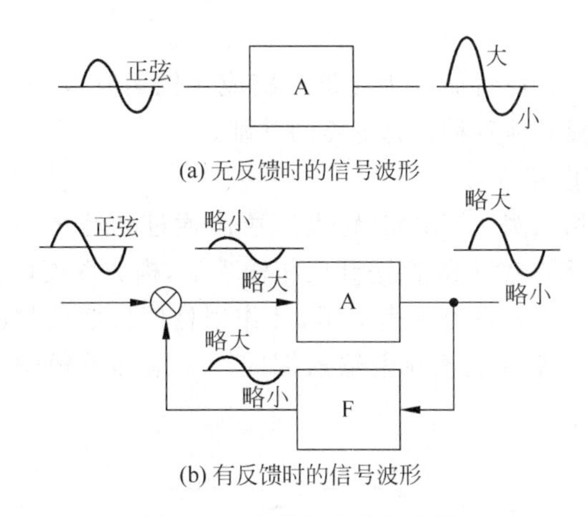

图 3-16 非线性失真的改善

定性分析。

① 对输入电阻的影响

放大电路的输入电阻，是从输入端看进去的交流等效电阻。而输入电阻的变化，取决于输入端的负反馈方式(串联或并联)，与输出端采用的反馈方式(电流或电压)无关。串联负反馈使输入电阻增大，并联负反馈使输入电阻减小。

② 对输出电阻的影响

放大电路的输出电阻，是从放大电路输出端看进去的交流等效电阻。而输出电阻的变化，取决于输出端采用的反馈方式(电流或电压)，与输入端采用的反馈方式(串联或并联)无关。放大电路引入负反馈对输出电阻的影响可以这样理解：

在输入信号一定时，放大电路引入电流负反馈，可以稳定输出电流。也就是说，当负载电阻变化时，输出电流基本不变，接近恒流源的特性，这就意味着放大电路的输出电阻增大了。

在输入信号一定时，放大电路引入电压负反馈，可以稳定输出电压。也就是说，当负载电阻变化时，输出电压基本不变，接近恒压源的特性，这就意味着放大电路的输出电阻减小了。

(4) 抑制噪声

放大电路的“噪声”主要来自电路中电阻的热噪声和三极管的内部噪声。此外，放大电路受到外界因素干扰，如周围杂散的电磁场以及电网电压的波动等，也产生噪声。

引入负反馈可抑制噪声，但有用信号和噪声信号同时受到削弱，所以必须提高有用信号的幅度，可以通过增加一级低噪声放大电路作为前置级来增大有用输入信号，使输出信号中的有用信号成分恢复到引入反馈前的值，以提高输出端的信噪比。

6. 集成运放线性应用电路分析

集成运放是一种高增益的直接耦合放大器。由集成运放和外接负反馈网络(如电阻、电容等器件)即可实现比例、加减、积分、微分等基本运算，此时运放工作在线性区。

1) 比例运算电路

将信号按比例放大的电路,简称为比例电路或比例运算电路,包括反相比例运算和同相比例运算,都是组成其他各种运算电路的基础。

(1) 反相比例运算电路

图3-17所示为反相比例运算电路,输入信号 u_i 通过电阻 R_1 加到集成运放的反相输入端,而输出信号通过反馈电阻 R_f 回送到反相输入端,构成深度电压并联负反馈。同相端通过电阻 R_2 接地,R_2 称为直流平衡电阻,其作用是使集成运放两输入端的对地直流电阻相等,避免运放输入偏置电流在两输入端间产生附加差模输入电压,故要求 $R_2=R_1 /\!/ R_f$。

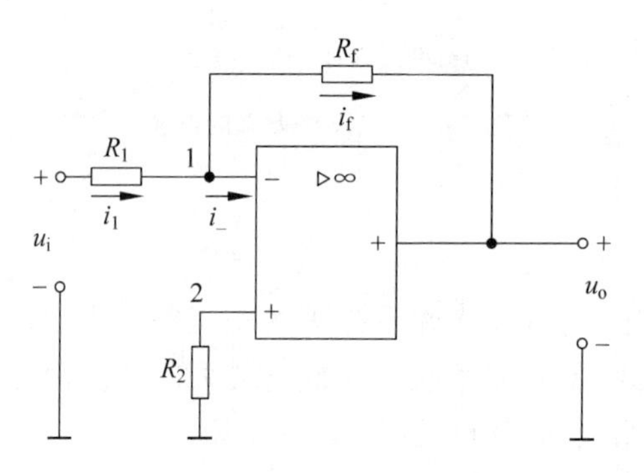

图3-17 反相比例运算电路

根据运放输入端"虚断"可得 $i_+\approx 0$,故 $u_+\approx 0$,再根据运放两输入端"虚短"可得 $u_-\approx u_+\approx 0$,则由图可得

$$i_1=\frac{u_i-u_-}{R_1}\approx\frac{u_i}{R_1}$$

$$i_f=\frac{u_--u_o}{R_f}\approx-\frac{u_o}{R_f}$$

根据运放输入端"虚断",可知 $i_-\approx 0$,故有 $i_1\approx i_f$,所以

$$\frac{u_i}{R_1}\approx-\frac{u_o}{R_f}$$

$$u_o=-\frac{R_f}{R_1}u_i \tag{3.11}$$

可见,u_o 与 u_i 成比例,输出电压与输入电压反相,因此称为反相比例运算,其比例系数为

$$A_{uf}=\frac{u_o}{u_i}=-\frac{R_f}{R_1}$$

由于 $u_-\approx 0$,由图可得该反相比例运算电路的输入电阻为

$$R_{if}\approx R_1$$

可见,反相比例运算电路有如下特点。

① 它是深度电压并联负反馈电路,可作为反相放大器,调节 R_f 与 R_1 的比值即可调节放大倍数 A_{uf};A_{uf} 值可大于1也可小于1。

② 输入电阻等于 R_1，且较小。

③ $u_- \approx u_+ \approx 0$，所以运放共模输入信号 $u_i \approx 0$，对集成运放的要求较低。常将集成运放输入端称为"虚地"。

(2) 同相比例运算电路

图 3-18 所示为同相比例运算电路，输入信号 u_i 通过电阻 R_2 加到集成运放的同相输入端，而输出信号通过反馈电阻 R_f 回送到反相输入端，构成深度电压串联负反馈，反相端则通过电阻 R_1 接地。R_2 同样是直流平衡电阻，应满足 $R_2 = R_1 /\!/ R_f$。

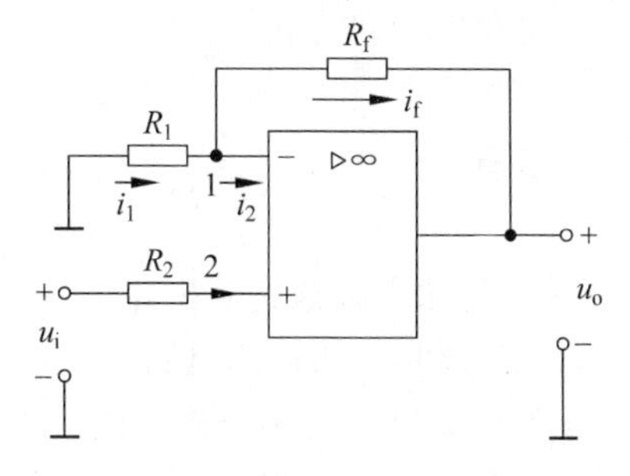

图 3-18 同相比例运算电路

根据运放输入端的"虚短"、"虚断"，有 $u_+ \approx u_- \approx u_i$，$i_+ \approx i_- = i_2 \approx 0$，可得 $i_1 \approx i_f$，则由图可得

$$\frac{0 - u_-}{R_1} \approx \frac{u_- - u_o}{R_f}$$

$$u_o = \left(1 + \frac{R_f}{R_1}\right) u_+ = \left(1 + \frac{R_f}{R_1}\right) u_i \tag{3.12}$$

可见，输出电压 u_o 与输入电压 u_i 同相且成比例，故称为同相比例运算电路，其比例系数为

$$A_{uf} = \frac{u_o}{u_i} = 1 + \frac{R_f}{R_1}$$

如取 $R_1 = \infty$ 或 $R_f = 0$，则可得 $A_{uf} = 1$，这种电路称为电压跟随器，如图 3-19 所示。

综上所述，同相比例运算电路有如下特点。

① 它是深度电压串联负反馈，可作同相放大器，调节 R_f 与 R_1 比值可调节放大倍数 A_{uf}，电压跟随器是它的特例。

② 输入电阻趋于无穷大，输出电阻为 0。所以，同相放大器可用作缓冲放大器，以高阻和信号源连接，低阻连接负载。

③ $u_+ \approx u_- \approx u_i$，说明此时运放的共模信号不为零，等于输入信号 u_i。因此，在选用集成运放构成同相比例运算电路时，要求运放有较高的最大共模输入电压和较高的共模抑制比。其他同相运算电路也有此特点和要求。

例 3-4 试计算图 3-20 电路中 u_o 的大小。

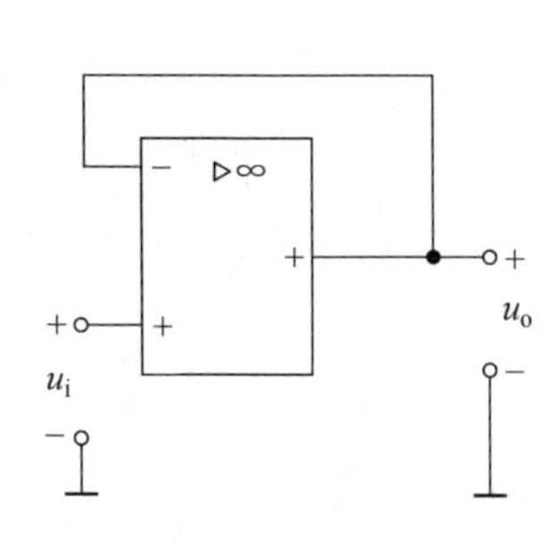

图 3-19 电压跟随器

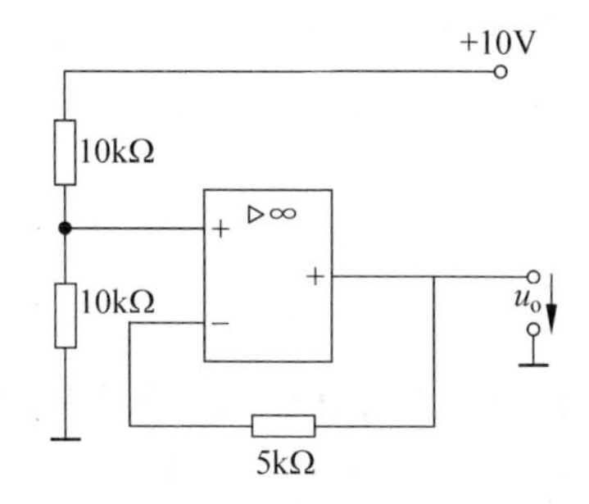

图 3-20 例 3-4 的电路

解：由“虚断”可得

$$u_+ = \frac{10}{10+10}u_i = \frac{10}{10+10} \times 10 = 5(\text{V})$$

又由“虚短”可得

$$u_+ = u_- = u_o$$

故有

$$u_o = 5\text{V}$$

2）加法与减法运算电路

（1）反相加法运算电路

加法运算即对多个输入信号进行求和运算，分为反相加法运算和同相加法运算两种方式。此处介绍应用较多的反相加法运算电路。

图3-21所示为反相输入加法运算电路，是利用反相比例运算电路实现的。图3-21中，输入信号 u_{i1}、u_{i2} 分别通过电阻 R_1、R_2 加至运放的反相输入端，R_3 为直流平衡电阻，要求 $R_3 = R_1 /\!/ R_2 /\!/ R_f$。

根据运放反相输入端“虚断”可知，$i_f \approx i_1 + i_2$，而根据运放反相运算时输入端“虚地”，可得 $u_- \approx 0$，由图3-21可求输出电压与输入电压的关系：

$$-\frac{u_o}{R_f} \approx \frac{u_{i1}}{R_1} + \frac{u_{i2}}{R_2}$$

$$u_o = -R_f\left(\frac{u_{i1}}{R_1} + \frac{u_{i2}}{R_2}\right) \tag{3.13}$$

可见，这种电路在调节任一路输入端电阻时并不影响其他路信号产生的输出值，因而调节方便，使用较多。

（2）减法运算电路

减法运算电路如图3-22所示。图3-22中，输入信号 u_{i1} 和 u_{i2} 分别加至反相输入端和同相输入端，这种形式的电路也称为差分运算电路。对该电路可用“虚断”和“虚短”的概念分析，也可根据同相、反相比例电路已有结论以及叠加定理进行分析，这样更简便。

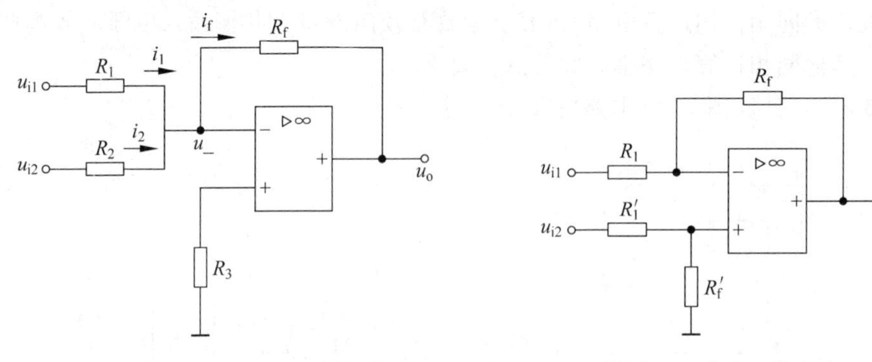

图3-21 反相输入加法运算电路　　　　图3-22 减法运算电路

首先，设 u_{i1} 单独作用，$u_{i2}=0$。电路相当于一个反相比例运算电路，可得 u_{i1} 产生的输出电压 u_{o1} 为

$$u_{o1} = -\frac{R_f}{R_1}u_{i1}$$

再设由 u_{i2} 单独作用，$u_{i1}=0$，电路变为一同相比例运算电路，可求得 u_{i2} 产生的输出电压 u_{o2} 为

$$u_{o2} = \left(1+\frac{R_f}{R_1}\right)u_+ = \left(1+\frac{R_f}{R_1}\right)\frac{R_f'}{R_1'+R_f'}u_{i2}$$

应用叠加定理，可得总输出电压为

$$u_o = u_{o1} + u_{o2} = -\frac{R_f}{R_1}u_{i1} + \left(1+\frac{R_f}{R_1}\right)\frac{R_f'}{R_1'+R_f'}u_{i2}$$

若令 $R_1=R_1'$，$R_f=R_f'$，则

$$u_o = \frac{R_f}{R_1}(u_{i2}-u_{i1}) \tag{3.14}$$

在减法运算电路中，当 $u_{i2}=u_{i1}$ 时，$u_o=0$，所以该电路对共模信号抑制能力很强。因此，它不仅可用来进行减法运算，而且可用来放大具有强烈共模信号干扰的微弱信号，成为用途最广泛的运算器之一。

例 3-5　写出图 3-23 所示运算电路输出电压与输入电压的关系。

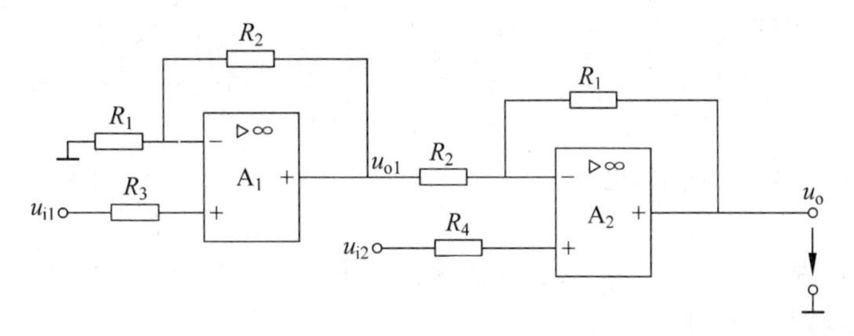

图 3-23　例 3-5 的电路

解：图 3-23 所示电路中，A_1 组成同相比例运算电路，故有

$$u_{o1} = \left(1+\frac{R_2}{R_1}\right)u_{i1}$$

而 A_2 组成差分运算电路，根据叠加定理，可得输出电压为

$$\begin{aligned} u_o &= -\frac{R_1}{R_2}u_{o1} + \left(1+\frac{R_1}{R_2}\right)u_{i2} \\ &= -\frac{R_1}{R_2}\left(1+\frac{R_2}{R_1}\right)u_{i1} + \left(1+\frac{R_1}{R_2}\right)u_{i2} \\ &= \left(1+\frac{R_1}{R_2}\right)(u_{i2}-u_{i1}) \end{aligned}$$

3）积分与微分运算电路

（1）积分运算电路

图 3-24 所示为积分运算电路，它和反相比例运算电路的差别是用电容 C 代替了电阻 R_f。为使直流电阻平衡，要求 $R_2=R_1$。

根据运放反相“虚地”可得，

$$i_1=\frac{u_i}{R_1},\quad i_f=-C\frac{du_C}{dt}$$

由于 $i_1=i_f$,可得输出电压 u_o 为

$$u_o=-\frac{1}{R_1C}\int u_i\,dt \tag{3.15}$$

式(3.15)表明,u_o 与 u_i 是积分关系,负号表示它们在相位上是相反的,R_1C 为电路的时间常数。当输入电压 u_i 为阶跃电压时,电容将以近似恒流方式进行充电,则输出电压 u_o 与时间 t 呈线性关系,即 $u_o=-\frac{U}{RC}t$。当电容充电到运放反向电压最大值 U_{oM}^- 时,电路进入非线性状态,积分停止。积分波形如图 3-25 所示。

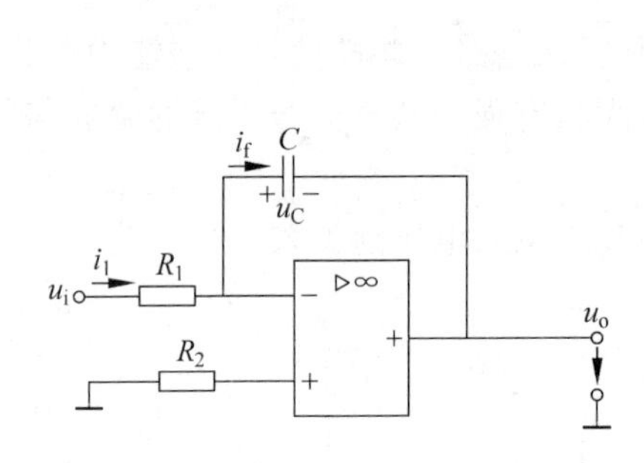

图 3-24 积分运算电路

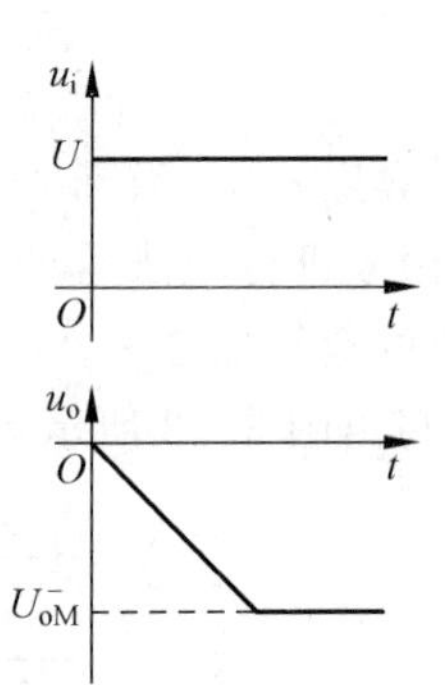

图 3-25 积分运算电路的阶跃响应

积分运算电路应用广泛,除用于数学模拟运算外,还可用于显示器扫描电路、模/数转换器、波形变换与产生电路等。

(2) 微分运算电路

微分是积分的逆运算,将积分电路中电容和电阻的位置互换,并选取较小的时间常数 RC,便得到微分运算电路,如图 3-26 所示。

由图 3-26 可知,$u_-=u_+\approx0$,$i_+=i_-\approx0$,设电容初始电压为 0,则有

$$i_1=C\frac{du_i}{dt}$$

又因为

$$i_1=i_f$$

也即

$$C\frac{du_i}{dt}=-\frac{u_o}{R_1}$$

因此

$$u_o=-R_1C\frac{du_i}{dt} \tag{3.16}$$

可见,输出电压与输入电压的微分成正比。如果输入信号 u_i 为矩形波,则输出为正负相间的尖顶波,如图 3-27 所示。

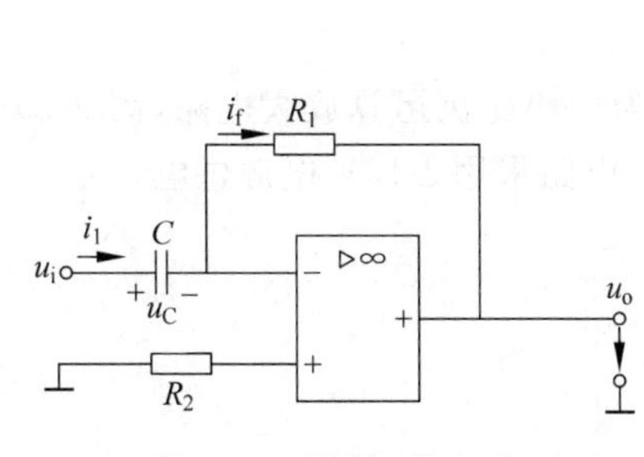

图 3-26　微分运算电路

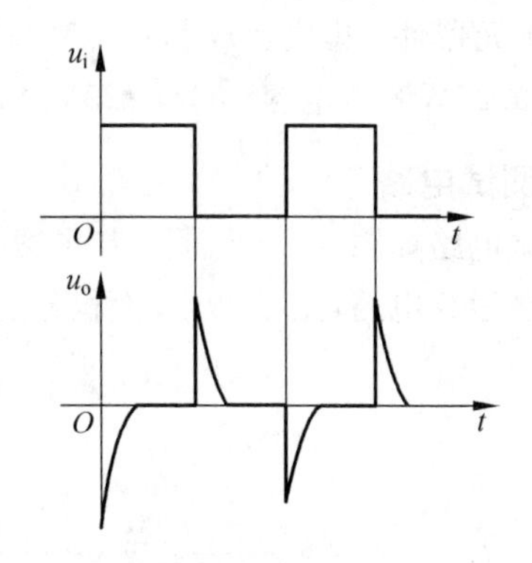

图 3-27　微分运算电路的输入、输出波形

例 3-6　写出图 3-28 所示运算电路输出电压与输入电压的关系式。

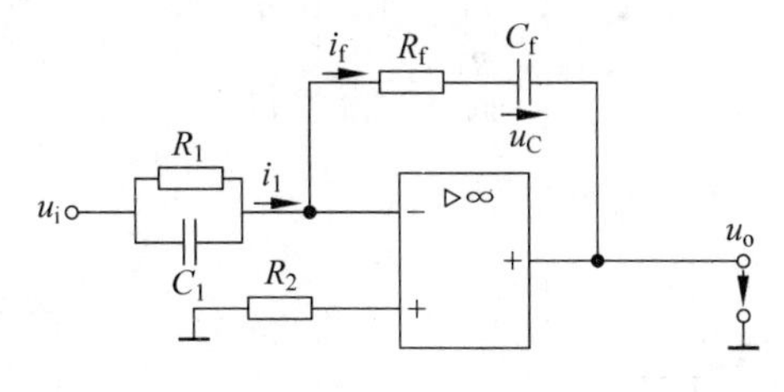

图 3-28　例 3-6 的电路

解：由"虚短"可得

$$u_- = u_+ \approx 0$$

则

$$i_1 = \frac{u_i}{R_1} + C_1 \frac{du_i}{dt}$$

又由"虚断"可得

$$i_1 = i_f$$

故

$$\begin{aligned} u_o &= -R_f i_f - u_c = -R_f i_1 - \frac{1}{C_f}\int i_f dt \\ &= -R_f\left(\frac{u_i}{R_1} + C_1\frac{du_i}{dt}\right) - \frac{1}{C_f}\int\left(\frac{u_i}{R_1} + C_1\frac{du_i}{dt}\right)dt \\ &= -\left[\left(\frac{R_f}{R_1} + \frac{C_1}{C_f}\right)u_i + R_f C_1\frac{du_i}{dt} + \frac{1}{R_1 C_f}\int u_i dt\right] \end{aligned}$$

3.1.2　基本运算电路的制作与测试

1. 测试器材

（1）测试仪器仪表：万用表、示波器、直流可调稳压电源、函数信号发生器、模拟电子实验箱。

(2) 元器件：集成运放芯片 LM741×1，电位器 680kΩ×1，电阻 10kΩ/0.25W×3、100kΩ/0.25W×1，电容 100nF/25V×1、200～680pF/25V×1。

2. 测试电路

测试电路如图 3-29 所示。其中图 3-29(a)为反相比例运算放大电路，图 3-29(b)为反相加法运算电路，图 3-29(c)为积分运算电路。电路采用±12V 电源供电。

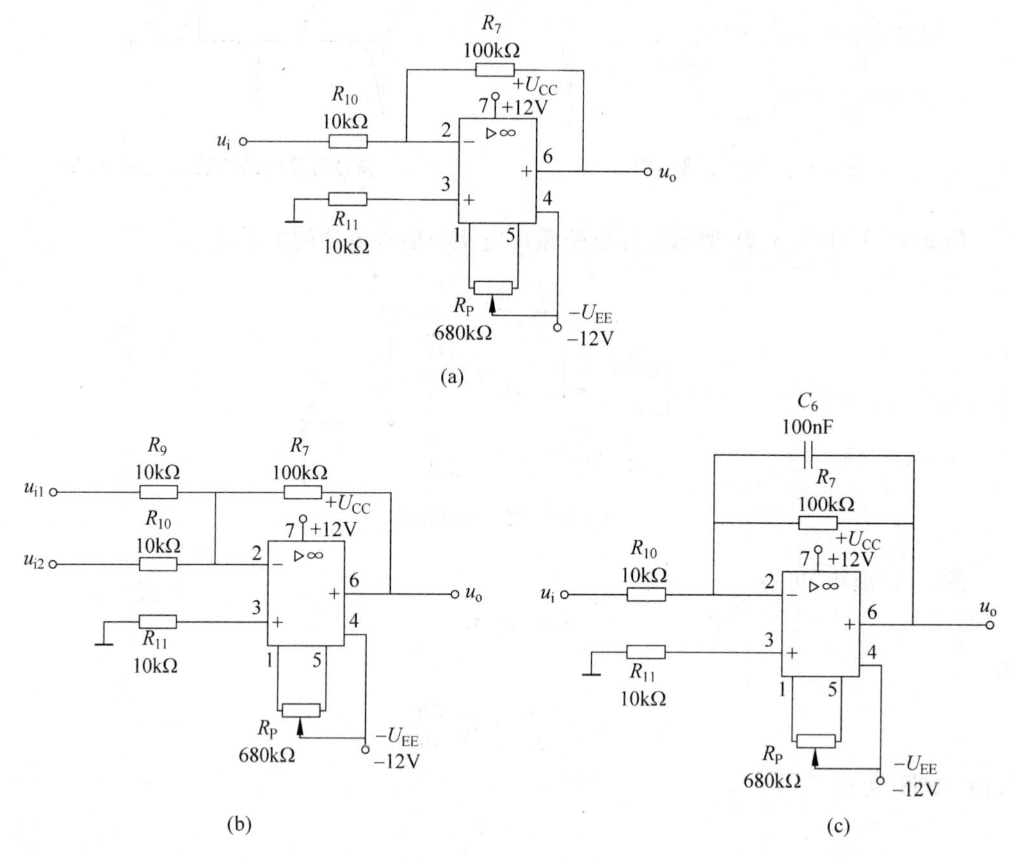

图 3-29 测试电路

3. 测试程序

(1) 电路组装。

① 组装之前先检查各元器件的参数是否正确，检查集成运放的各个引脚。

② 按图 3-29 在实验箱或面包板上分别搭接各功能电路。组装完毕后，应认真检查连线是否正确、牢固。

(2) 测试电路功能。

① 确认电路组装无误后，方可接通直流稳压电源(±12V)。将输入端接地，用示波器观察输出电压波形是否有振荡，如有振荡应接入适当的消振电容(一般 C_0 取 200～680pF)，直至完全消振为止。然后，在零输入的情况下调零，即令 $u_i=0$，再调整调零电位器 R_P，使输出电压 $u_o=0$。

② 反相比例运算放大电路。

电路如图3-29(a)示。输入直流信号，按表3-1要求进行测量。

表3-1 反相比例运算电路测试

u_i/V	−0.2	−0.1	0.1	0.2
u_o/V				
$\frac{u_o}{u_i}$				

③ 反相加法运算电路。

电路如图3-29(b)所示。输入直流信号电压，按表3-2要求进行测量。

表3-2 反相加法运算电路测试

u_{i1}/V	+0.2	+0.4
u_{i2}/V	+0.1	+0.2
u_o/V		

④ 积分运算电路。

电路如图3-29(c)所示。

正弦波积分：输入信号为$V_{P-P}=3V$，$f=160Hz$的正弦波，用双踪示波器观察u_i与u_o的波形，测量它们的相位差，用u_i做触发信号，说明u_o是超前还是滞后。

方波积分：输入1kHz方波信号，改变方波幅度，观测u_o幅值的变化，把测量值与理论值加以比较，得出结论；维持输入方波信号幅度不变，改变方波频率，观察并记录积分电路输出与输入之间的频率关系，得出结论。

(3) 根据上面测量结果，将实测值与计算值相比较，分析产生误差的原因，并分析各个基本运算电路是否符合相应运算关系。

(4) 总结集成运放的消振、调零过程。

任务3.2 拓展与训练

3.2.1 有源滤波器分析

滤波器是一种选频电路。它对允许频率范围内的信号衰减很小，而对允许频率范围之外的信号衰减很大。根据工作频率范围，分为低通滤波器、高通滤波器、带通滤波器和带阻滤波器等类型，带阻滤波器的功能与带通滤波器相反。

由R、L、C等无源元件构成的滤波器称为无源滤波器，由有源器件(三极管、场效应管、运放等)与无源元件组成的滤波器称为有源滤波器。

相对无源滤波器,有源滤波器有两个突出特点:①不需要电感元件,体积小、重量轻、便于集成;②具有良好的选择性,对所处理的信号可以不衰减甚至放大。当信号从运放同相端输入时,有源滤波器还具有输入阻抗高,输出阻抗低,带负载能力强的性能,因而广泛应用于无线电、通信、测量、检测及自控系统的信号处理电路中。

1. 有源低通滤波器

一阶有源低通滤波器分为反相输入和同相输入两种。同相输入有源低通滤波器的电路和幅频特性如图 3-30 所示。根据电路结构,可推导出滤波器频率特性的表达式,它只与滤波器电路的结构和参数有关,而与输入输出信号的函数形式无关。

滤波器幅频特性为

$$|\dot{A}_{\mathrm{uf}}|=\left|\frac{\dot{u}_{\mathrm{o}}}{\dot{u}_{\mathrm{i}}}\right|=\frac{1+\dfrac{R_{\mathrm{f}}}{R_{1}}}{\sqrt{1+\left(\dfrac{\omega}{\omega_{\mathrm{o}}}\right)^{2}}} \tag{3.17}$$

当 $w=0$ 时,

$$|\dot{A}_{\mathrm{uf}}|=1+\frac{R_{\mathrm{f}}}{R_{1}},\quad \text{记为} |A_{\mathrm{ufo}}|$$

当 $w=w_{\mathrm{o}}$ 时,

$$|\dot{A}_{\mathrm{uf}}|=\frac{1+\dfrac{R_{\mathrm{f}}}{R_{1}}}{\sqrt{2}}$$

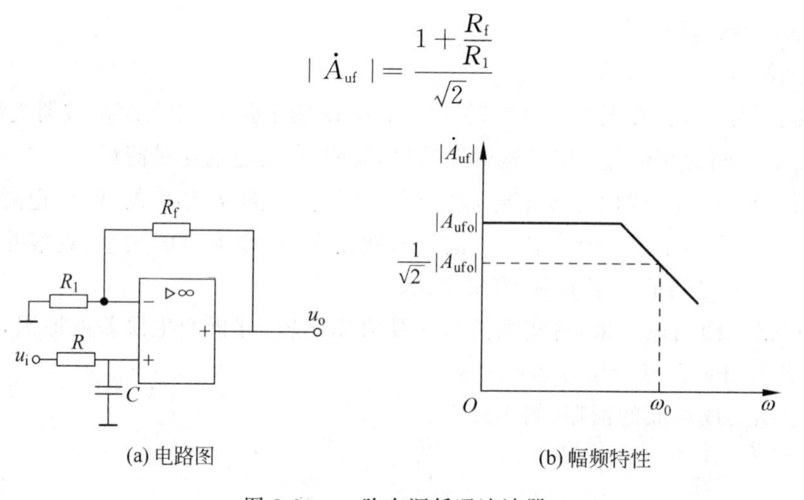

(a) 电路图　　(b) 幅频特性

图 3-30　一阶有源低通滤波器

这种电路只让小于 ω_{o} 的低频信号通过,将大于 ω_{o} 的高频信号衰减掉,故称为低通滤波器。调整电路参数 R 或 C,可改变上限截止角频率 ω_{o},也就改变了通频带,实现了不同性能低通滤波器的设计。

为了改善滤波效果,使 $\omega>\omega_{\mathrm{o}}$ 时信号衰减得快些,常将两节 RC 电路串接起来,组成二阶有源低通滤波器,如图 3-31(a)所示,其幅频特性如图 3-31(b)所示。

2. 有源高通滤波器

在同相输入的条件下,将图 3-30 中电阻 R 和电容 C 互换位置,就构成了一阶有源高通滤波器,如图 3-32 所示。这种电路只允许大于 ω_{o} 的高频信号通过,故称为有源高通滤

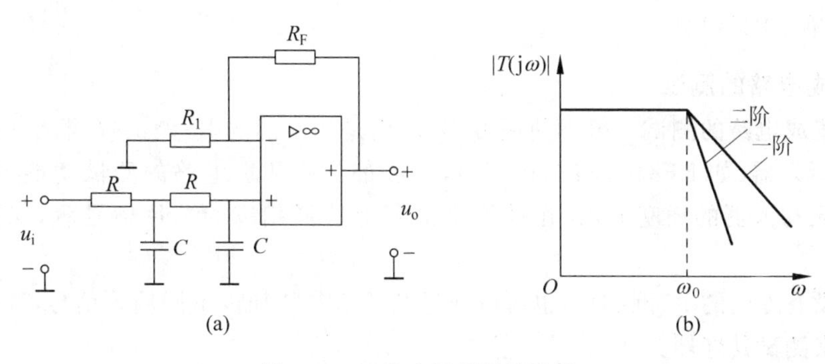

图 3-31　二阶有源低通滤波器

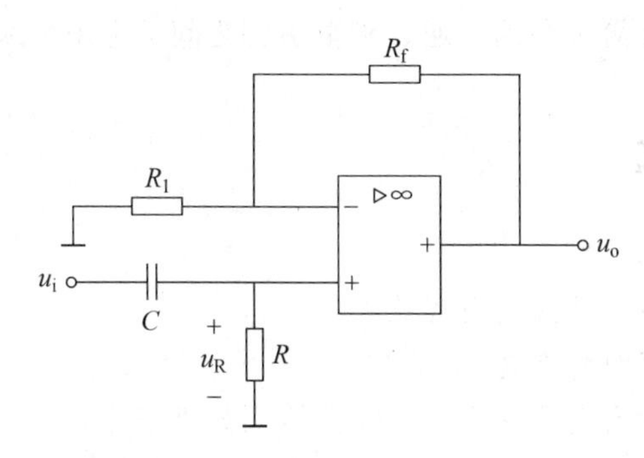

图 3-32　一阶有源高通滤波器

波器。

这种电路滤波电容接在集成运算放大器的输入端，它将阻隔、衰减低频信号，而高频信号能顺利通过，其下限截止频率为 $f_L=1/2\pi RC$。

一阶有源高通滤波器带负载能力强，但存在过渡频带较宽、滤波性能较差的缺点。如对滤波效果有较高要求，应选用二阶高通滤波器。

3.2.2　集成电路识别与测试

1. 集成电路的识别

识别集成电路主要通过目测来了解其型号及引脚。

集成电路外壳上有很多标记，包括厂家 Logo、器件型号、生产地点、出厂序列符号等。观察外形时，需要迅速找到核心标记，然后了解其功能。例如，+9V 三端稳压器外壳上“7809”是核心标记，其上、下、左、右的其他符号不必太在意；又如，运算放大器外壳上“324”是核心标记，功率放大器外壳上“386”是核心标记，话音延时器件外壳上“65831”是核心标记。

有的集成电路在引脚 1 上面开一个缺口，或者在引脚 1 上面深印一个圆圈。例如，集成运放 LM324 的引脚上面开有一个缺口，从引脚 1 向右逆时针依次是 2，3，…，14，引脚 14 在引脚 1 上面，整个器件共 14 只引脚。功率放大器 LM386 的外壳未开缺口，但引脚 1 上面深印了一个圆圈，整个器件共 8 只引脚。集成电路 M65831 引脚 1 上面开有一个缺口,共有24只引脚。

2. 集成电路的测试

数字集成电路的测试一般不使用万用表,而是用专门的IC测试仪测试其好坏。目前的芯片写入器(如RF810,RF1800等),一般都具有数字电路的测试功能,将被测芯片正确插入写入器的插座上,并在计算机屏幕上选择相应的芯片型号后,就可以测试其好坏。

如果没有专门的IC测试仪,也可以通过开关给芯片加以不同输入信号,逐个验证其单项功能来测试其好坏。

常用的一些集成电路,如果没有专门的检测仪器和仪表,通常做法是根据器件内部结构电路图,用万用表作简单检测。通过测量引脚之间的电阻值来分析电路是否异常。

习题

3.1 理想运算放大电路应满足哪些条件?

3.2 什么是"虚短"?什么是"虚断"?

3.3 已知一运算放大电路如图3-33所示,它的开环电压放大倍数 $A_{ud}=10^4$,其最大输出电压 $u_{opp}=\pm10V$。在开环状态下当 $u_i=0$ 时,$u_o=0$。试问:

(1) $u_i=\pm0.8mV$ 时,$u_o=$?

(2) $u_i=\pm1mV$ 时,$u_o=$?

(3) $u_i=\pm1.5mV$,$u_o=$?

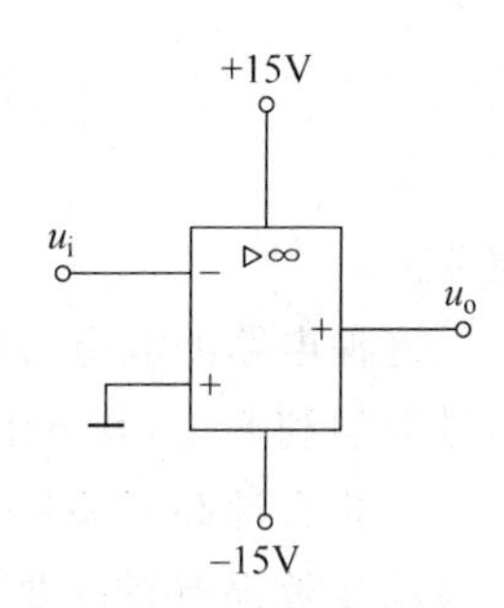

图3-33 题3.3的图

3.4 分析如图3-34所示各电路中的反馈:

(1) 反馈元件是什么?

(2) 是正反馈还是负反馈?

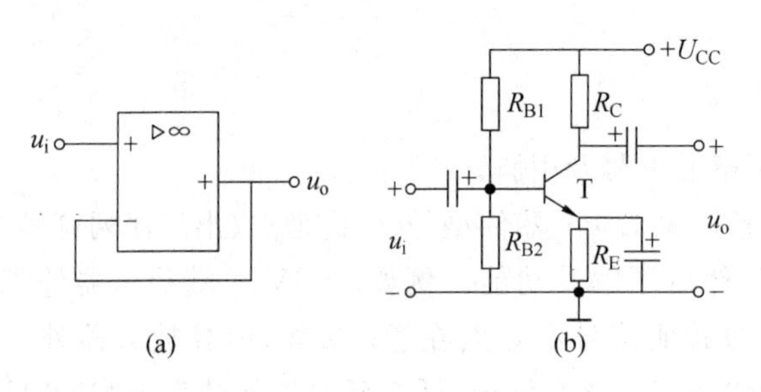

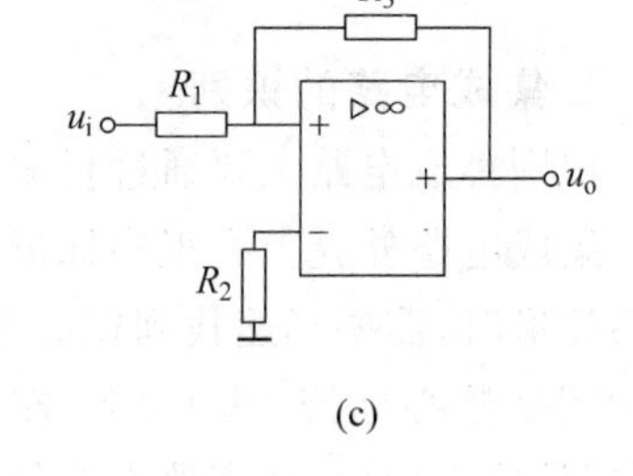

图3-34 题3.4的图

3.5 找出图3-35所示电路的反馈元件,指出哪些是级间反馈?哪些是本级反馈?判断哪些是直流反馈?哪些是交流反馈?哪些是正反馈?哪些是负反馈?

3.6 判别如图3-36所示电路的反馈类型。

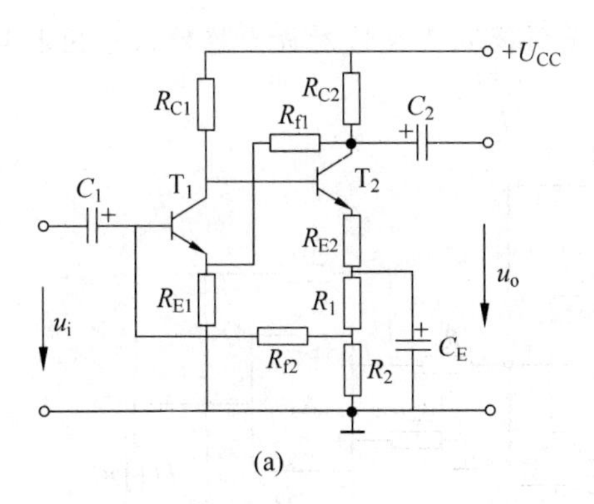

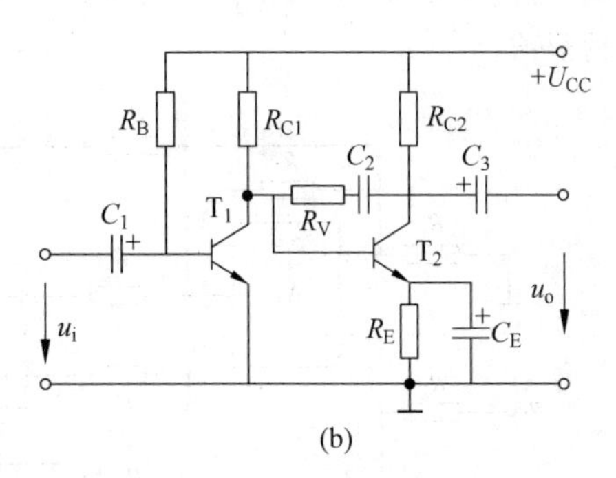

图 3-35 题 3.5 的图

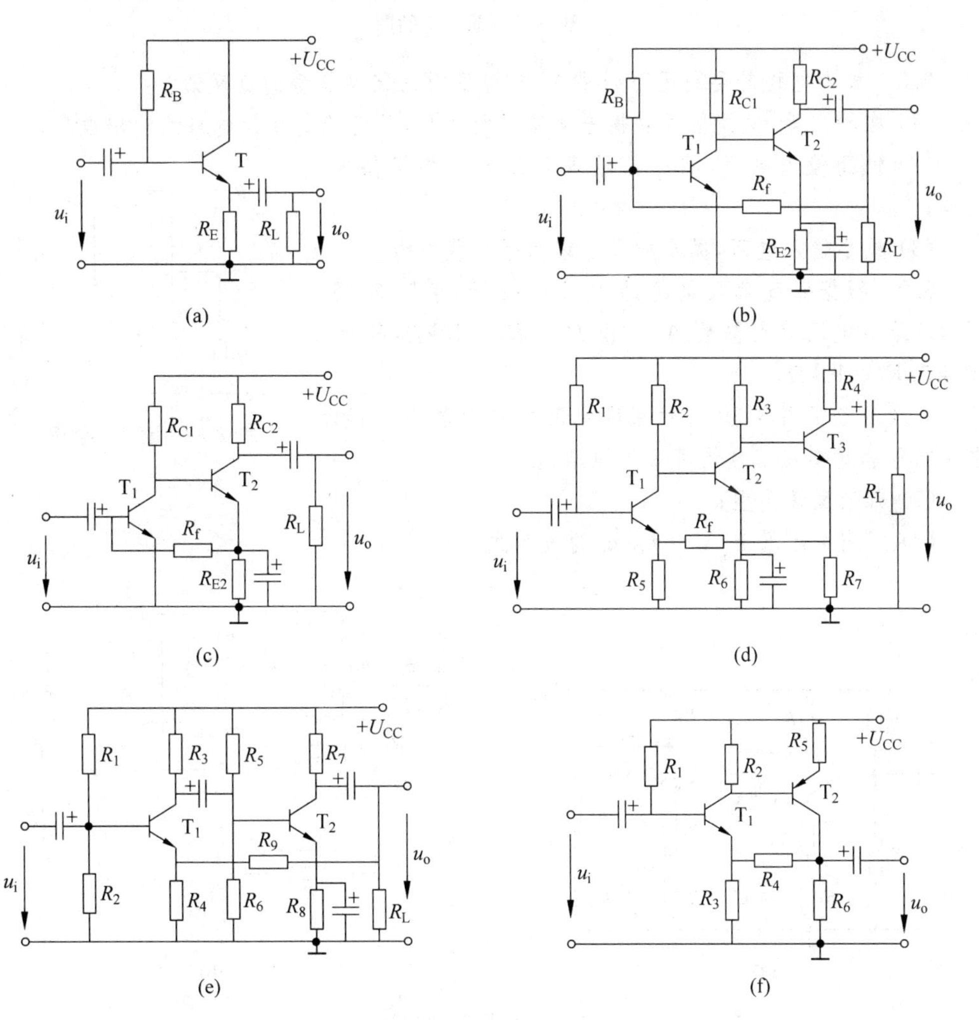

图 3-36 题 3.6 的图

3.7 判别图3-37所示电路的反馈类型,说明级间负反馈对放大器输入电阻和输出电阻的影响。

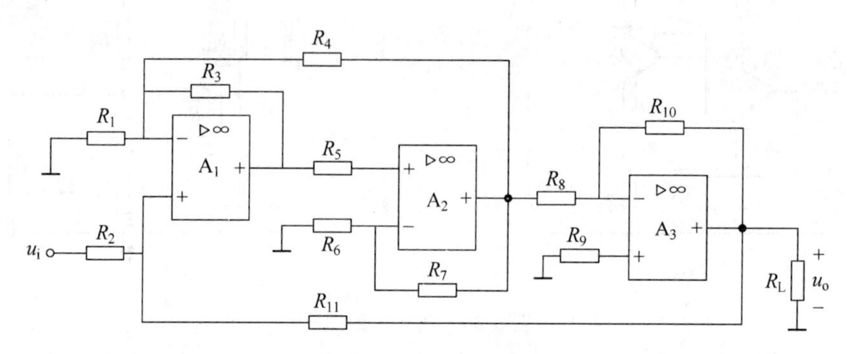

图3-37 题3.7的图

3.8 放大电路若要满足下列要求,应分别引入何种类型的负反馈?

(1) 在输出端,反馈信号对输出电压进行采样,从而稳定放大电路的输出电压;

(2) 提高输入电阻,减小信号源为放大电路提供的电流;

(3) 减小输入电阻,提高放大电路的带负载能力。

3.9 根据深度负反馈电路中 $A_{uf}=1/F$,求图3-38所示电路的电压放大倍数 A_{uf}。设 $R_1=R_2=10\text{k}\Omega$,$R_3=100\text{k}\Omega$,$R_4=10\text{k}\Omega$。

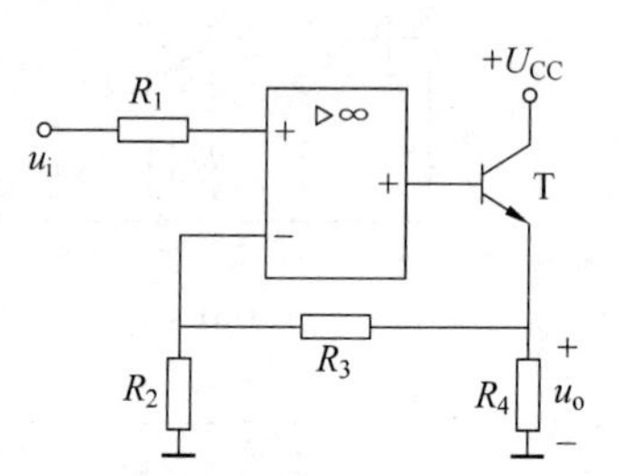

图3-38 题3.9的图

3.10 分析图3-39所示深度负反馈放大电路(设图中所有电容对交流信号均可视为短路)。

(1) 判断反馈类型;

(2) 写出电压增益 $A_{uf}=u_o/u_i$ 的表示式。

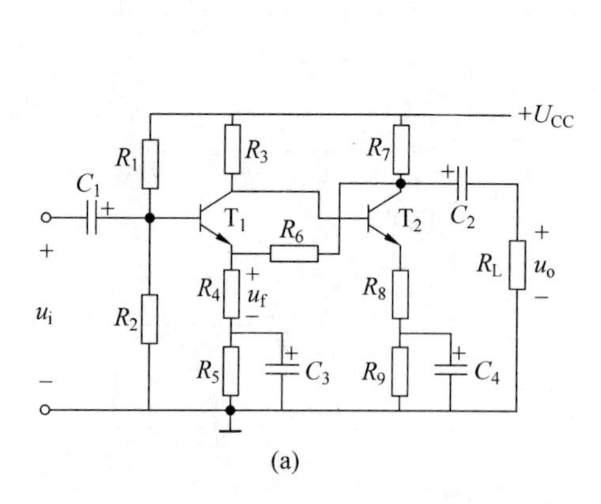

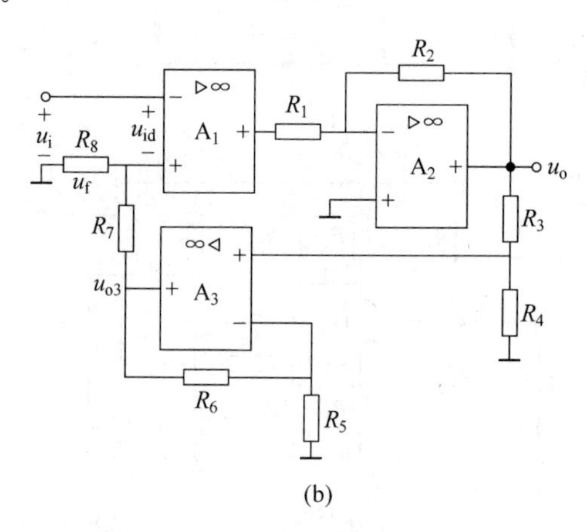

图3-39 题3.10的图

3.11 放大电路输入的正弦波电压有效值为20mV,开环时正弦波输出电压有效值为10V,试求引入反馈系数为0.01的电压串联负反馈后输出电压的有效值。

3.12　运放应用电路如图3-40所示，试分别求出各电路输出电压U_o的值。

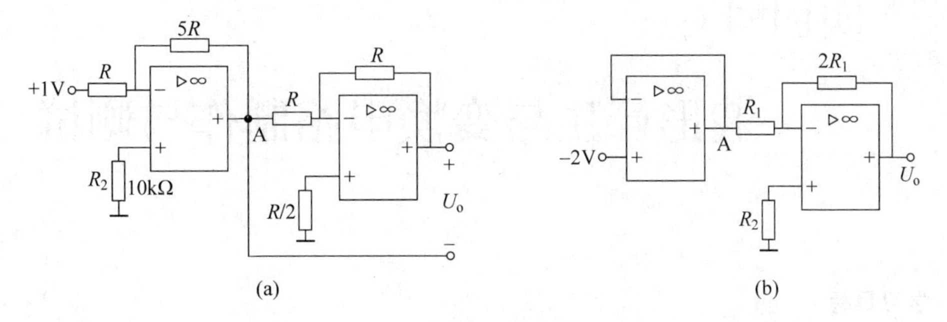

图3-40　题3.12的图

3.13　电路如图3-41所示，已知：$U_i=-2V$，求下列条件下U_o的数值：

(1) 开关S_1、S_3闭合，S_2打开；

(2) S_2闭合，S_1、S_3打开；

(3) 开关S_2、S_3闭合，S_1打开；

(4) S_1、S_2闭合，S_3打开；

(5) 开关S_1、S_2、S_3均闭合。

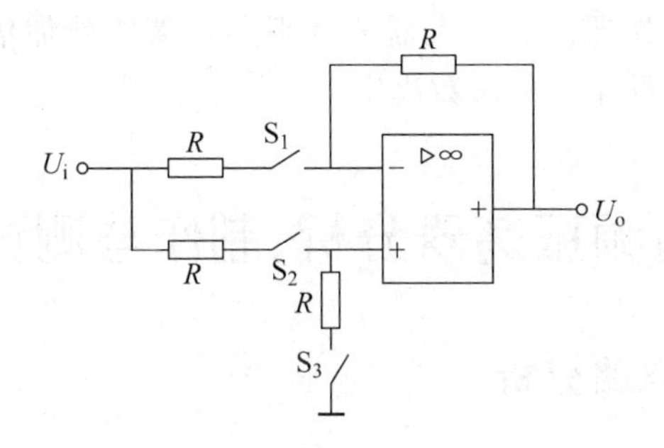

图3-41　题3.13的图

项目4

波形产生与变换电路制作与测试

学习目标

(1) 了解正弦波振荡电路的组成和分类；

(2) 理解产生振荡的幅值平衡条件和相位平衡条件；

(3) 掌握RC、LC和石英晶体振荡电路的组成、工作原理和分析方法；

(4) 掌握集成运放非线性应用电路的分析方法；

(5) 了解集成运放在信号测量方面的应用；

(6) 熟悉电子电路调试工艺。

振荡器是自动将直流能量转换成一定波形参数的交流振荡信号的装置。它与放大器一样，也是一种能量转换器。与放大器的区别是不需要外加信号的激励，其输出信号的频率、幅度和波形由电路本身的参数决定。

任务4.1 RC音频振荡器分析、制作与测试

4.1.1 正弦波振荡电路分析

1. 正弦波振荡电路组成与分类

1) 正弦波振荡电路的组成

图4-1所示为一反馈放大电路结构框图，包括基本放大电路和反馈网络两部分。在没有外加信号情况下，如果能使$\dot{X}_f$与$\dot{X}_{id}$两个信号大小相等，极性相同，构成正反馈，则此电路就能维持稳定输出。设基本放大电路的开环电压放大倍数$A=|A|\angle\phi_a$，反馈网络的反馈系数$F=|F|\angle\phi_f$，则从$\dot{X}_f=\dot{X}_{id}$可以引出自激振荡的条件：

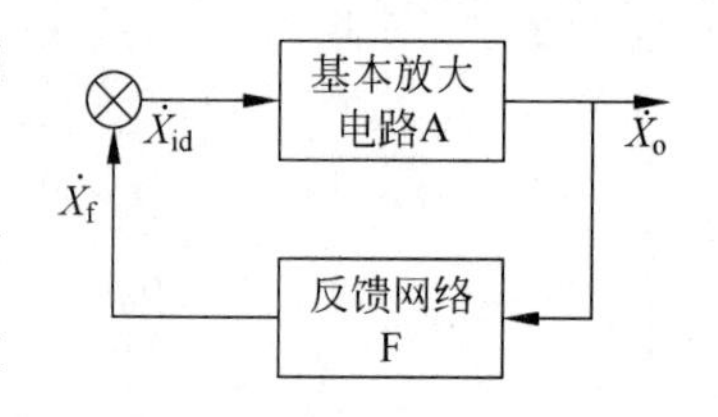

图4-1 振荡条件示意图

因为 $\dot{X}_o=A\dot{X}_{id}$， $\dot{X}_f=F\dot{X}_o$

当$\dot{X}_{id}=\dot{X}_f$时， 则

$$A\cdot F=1 \tag{4.1}$$

式(4.1)即为振荡电路产生自激振荡的条件。它可分为以下两个条件。

(1) 幅值平衡条件：

$$|AF| = 1 \tag{4.2}$$

这个条件要求反馈信号的幅度与放大电路输入信号的幅度相等。

(2) 相位平衡条件：

$$\phi_a + \phi_f = 2n\pi \quad (n = 0、1、2、\cdots) \tag{4.3}$$

这个条件要求反馈信号的相位与放大电路输入信号的相位相同，即电路必须满足正反馈。

上面分析说明，要产生正弦波振荡，必须有结构合理的电路，才能使放大电路转化为振荡电路。所以，一般振荡电路都包括放大电路、反馈网络、选频网络和稳幅环节四个部分。

2) 正弦波振荡电路的分类

正弦波振荡器的形式有多种，根据选频网络的不同，一般可以分为：

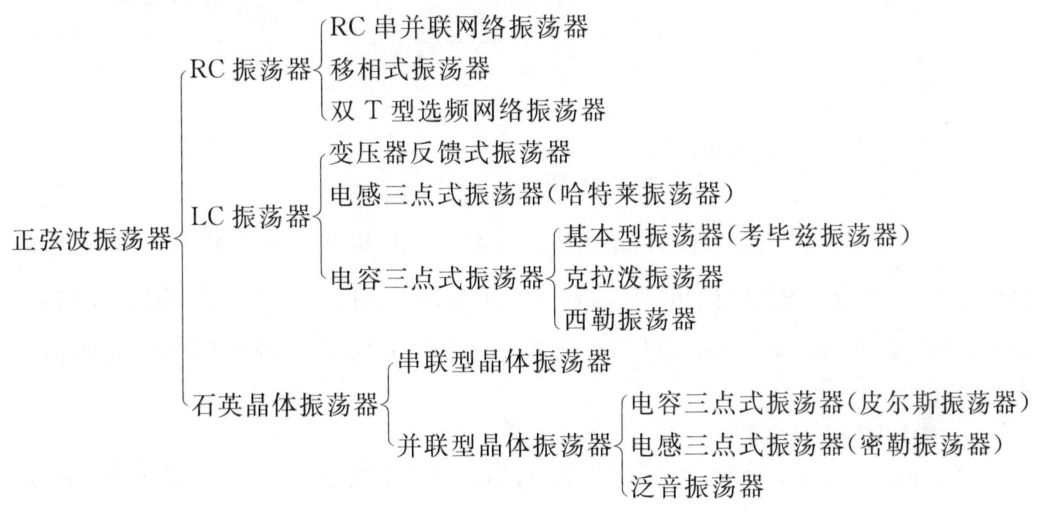

2. RC 正弦波振荡电路分析

RC 振荡电路一般用于产生频率为几百千赫以下的低频正弦信号。常用的有 RC 桥式(又称 RC 串并联网络)振荡电路，移相式振荡电路和双 T 网络振荡电路等。RC 桥式振荡电路具有输出波形好，振幅稳定，容易起振和频率调节方便等优点，应用十分广泛。

1) RC 串并联网络的选频特性

RC 桥式振荡电路由 RC 串并联选频网络和同相比例运算电路组成，其原理电路如图 4-2 所示。

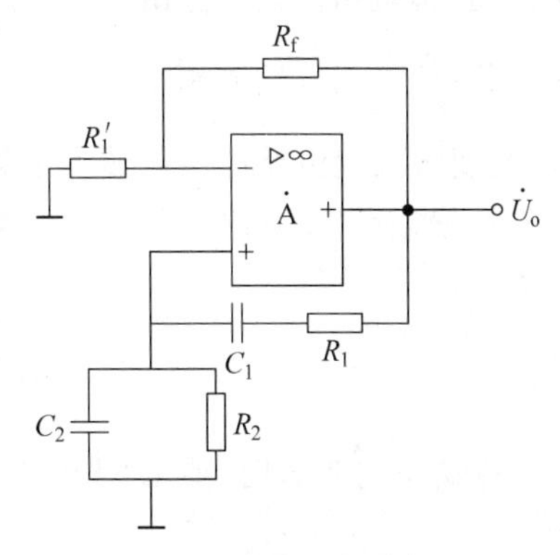

图 4-2　RC 桥式振荡电路

RC 串并联网络的反馈系数

$$\dot{F} = \frac{\dot{U}_i}{\dot{U}_o} = \frac{R_2 /\!/ \frac{1}{j\omega C_2}}{\left(R_1 + \frac{1}{j\omega C_1}\right) + \left(R_2 /\!/ \frac{1}{j\omega C_2}\right)}$$

经化简后

$$\dot{F}=\frac{1}{\left(1+\frac{R_1}{R_2}+\frac{C_2}{C_1}\right)+\mathrm{j}\left(\omega R_1C_2-\frac{1}{\omega R_2C_1}\right)}$$

当 $R_1=R_2=R,C_1=C_2=C$,且令

$$f_0=\frac{1}{2\pi RC} \tag{4.4}$$

则

$$\dot{F}=\frac{1}{3+\mathrm{j}\left(\frac{f}{f_0}-\frac{f_0}{f}\right)}$$

其幅频特性和相频特性分别为

$$|\dot{F}|=\frac{1}{\sqrt{3^2+\left(\frac{f}{f_0}-\frac{f_0}{f}\right)^2}} \tag{4.5}$$

$$\phi_{\mathrm{f}}=-\arctan\frac{\frac{f}{f_0}-\frac{f_0}{f}}{3} \tag{4.6}$$

由上面分析可知,当 $f=f_0$ 时,相频特性的相位角为零,即 $\phi_{\mathrm{f}}=0$,RC 串并联网络的输出电压 $\dot{U}_{\mathrm{o}}$ 与输入电压$\dot{U}_{\mathrm{i}}$同相,且反馈系数$\dot{F}$的模最大,为 1/3。当 f 为其他频率时,反馈系数$\dot{F}$的模$|\dot{F}|$ 较小,且输出电压 $\dot{U}_{\mathrm{o}}$ 和输入电压 $\dot{U}_{\mathrm{i}}$ 不同相,这说明 RC 串并联网络具有选频特性。

2) 文氏电桥振荡电路

文氏电桥振荡电路也称 RC 桥式振荡电路,如图 4-3 所示。由于 Z_1、Z_2 和 R_1'、R_{f} 正好组成一个四臂电桥,故此而得名。

图 4-3 中,当 $f=f_0$时,RC 串并联网络的 $\phi_{\mathrm{f}}=0$,电路为正反馈,满足相位条件。由于 $f=f_0$时,RC 串并联网络的反馈系数$|\dot{F}|=\frac{1}{3}$,达到最大值。要满足自激振荡的幅度条件,则要求放大电路的电压放大倍数 $A\geqslant 3$。

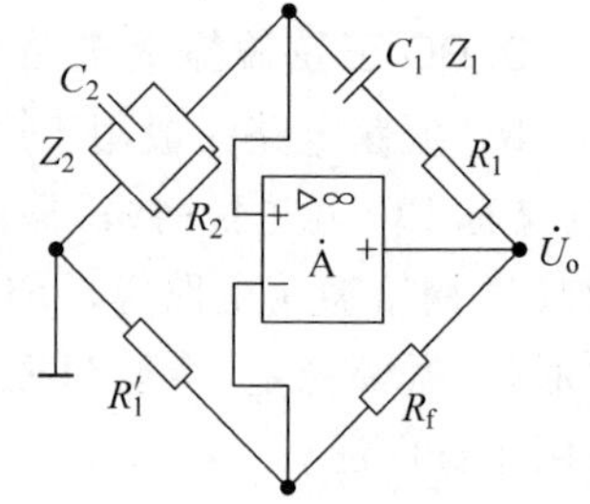

图 4-3 文氏电桥振荡电路

根据振荡的条件,可知文氏电桥振荡电路的振荡频率为

$$f_0=\frac{1}{2\pi RC}$$

振荡电路起振时,要求$|\dot{A}\dot{F}|>1$,因 $|\dot{F}|=\frac{1}{3}$,则要求 $|\dot{A}|>3$。又因为电压放大倍数$|\dot{A}|=\frac{U_{\mathrm{o}}}{U_{\mathrm{i}}}=1+\frac{R_{\mathrm{f}}}{R_1'}$,故要求 R_{f} 应略大于 $2R_1'$。如果$|\dot{A}|<3$,则电路不能起振。

振荡电路的稳幅措施是采用热敏电阻或二极管。采用热敏电阻稳幅时,R_{f} 为热敏电

阻，具有负的温度系数。在起振时，由于 U_o 很小，流过 R_f 的电流也很小，于是 R_f 发热少，电阻值高，使 $R_f>2R_1'$，即 $|\dot{A}\dot{F}|>1$。随后，U_o 幅度逐渐增大，流过 R_f 的电流随着增大，R_f 发热多而阻值降低，直到 $R_f=2R_1'$ 时，振荡趋于稳定。

利用二极管正向伏安特性的非线性也可实现自动稳幅。在图 4-4 中，R_f 分为 R_{f1} 和 R_{f2} 两部分。在 R_{f2} 上并联两只二极管 D_1 和 D_2。当电路刚起振时，由于 U_o 很小，二极管截止，使电路的电压放大倍数 $|\dot{A}|$ 较大，$|\dot{A}|>3$，满足起振条件。当输出信号 U_o 增大后，二极管导通，使 $|\dot{A}|$ 减小，即使 $|\dot{A}|=3$，$|\dot{A}\dot{F}|=1$，达到自动稳幅的目的。

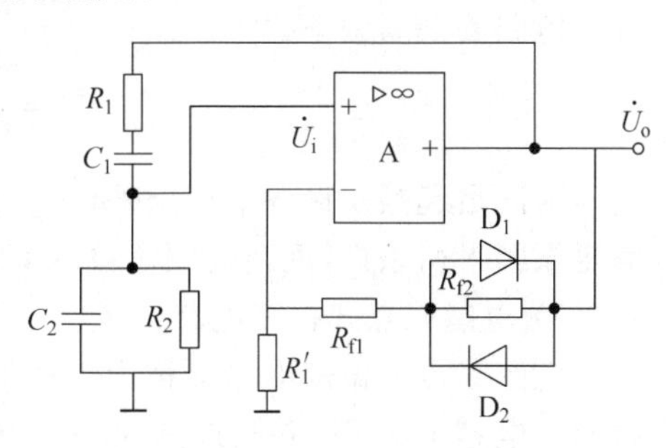

图 4-4　二极管稳幅振荡电路

不论利用热敏电阻或二极管，当输出电压 U_o 因故幅度发生变化时，都可改变 R_f 的阻值，使 $|\dot{A}\dot{F}|=1$，使振荡幅度稳定。

调节 R 和 C 的数值，可改变电路振荡频率的高低。由于文氏电桥振荡电路产生的信号频率较低，如果需要产生更高频率的正弦波交流信号，可采用 LC 振荡电路。

3. LC 正弦波振荡电路分析

采用 LC 谐振回路作选频网络的振荡电路称为 LC 振荡电路。按反馈电压取出方式不同，LC 振荡电路分为变压器反馈式、电感三点式和电容三点式三种。

LC 振荡电路常用来产生高频正弦波，振荡频率一般在数百 kHz 以上，例如收音机和电视机中的本机振荡电路。

1）变压器反馈式振荡电路

（1）电路组成

如图 4-5 所示是变压器反馈式振荡电路。它由放大电路、LC 选频网络和变压器反馈电路三部分组成。图中变压器三个线圈的作用是：L_1 与电容器 C 组成并联谐振回路，起选频作用；L_3 起反馈作用；L_2 将产生的正弦波信号传送给负载 R_L。C_b 和 C_e 是耦合电容和旁路电容，放大器为共发射极连接。

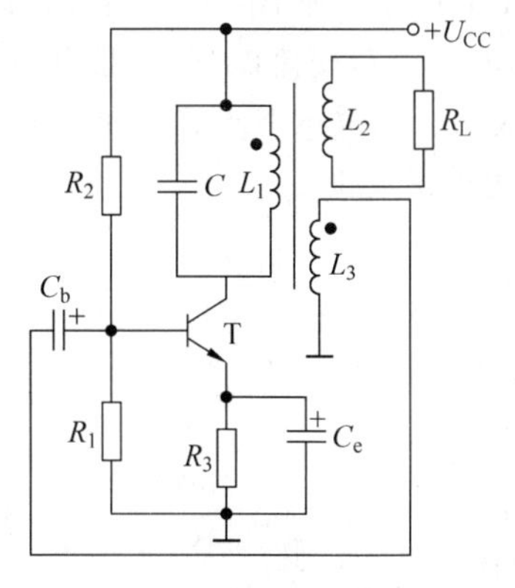

图 4-5　变压器反馈式振荡电路

（2）工作原理

由于 LC 回路发生谐振时，其阻抗 Z 最大且为纯阻，LC 回路的相移 $\phi=0°$，放大电路的电压放大倍数与其负载阻抗 Z 成正比。当用 LC 回路作放大电路负载时，对频率为谐振频率 f_0 的信号具有很大的电压放大倍数，而对频率偏离 f_0 的其他信号，放大倍数急剧下降。这就是说，用 LC 回路作负载的放大电路具有选频特性。

图 4-5 中，应正确连接变压器初、次级间同名端。设在某一瞬间基极对地信号电压为正极性“+”，由于共射电路的倒相作用，集电极的瞬时极性为“−”，即 $\phi_a=180°$。当信

号频率 $f=f_0$ 时：LC 回路的谐振阻抗是纯电阻性，且 $\phi_f=0°$。由图中变压器的同名端可知，反馈信号与输出电压极性相反，保证了电路的正反馈，满足振荡的相位平衡条件。

可见，只有频率 $f=f_0$ 时的信号(即能使 LC 回路产生谐振的信号)，才能满足振荡条件。电路的振荡频率为

$$f=f_0=\frac{1}{2\pi\sqrt{L_1C}} \tag{4.7}$$

为满足起振及振幅平衡条件，对三极管的 β 值有一定要求。一般只要 β 值较大，就能满足振幅平衡条件，反馈线圈匝数越多，耦合越强，电路越容易起振。

2) 电感三点式振荡电路

电感三点式振荡电路又称为哈特莱振荡电路，如图 4-6 所示。用带中间抽头的电感线圈与电容组成 LC 并联选频网络(或称谐振回路)，放大电路为共基放大器。C_b、C_e 对交流都可视作短路。在交流等效电路中，电感线圈的三个端点分别与三极管的三个电极相连，这就是电感三点式的由来。用瞬时极性法很容易判定该电路满足相位平衡条件。

从图 4-6 可看出，反馈电压取自电感 L_1 的两端，并通过 C_e 的耦合加到三极管的 e、b 间，所以改变线圈抽头的位置，即改变 L_1 的大小，就可调节反馈电压的大小。当满足 $|AF|>1$ 时，电路便可起振。

电感三点式振荡电路的振荡频率为

$$f_0=\frac{1}{2\pi\sqrt{LC}}=\frac{1}{2\pi\sqrt{(L_1+L_2+2M)C}} \tag{4.8}$$

式中，M 为线圈 L_1 与 L_2 之间的互感。

由于 L_1 和 L_2 之间耦合很紧，故电路具有易起振，输出幅度大等优点。改变电容 C 可获得较大的频率调节范围。这种电路一般用于产生几十兆赫以下的频率。但由于反馈电压取自电感 L_1 的两端，对高次谐波的阻抗大，反馈也强，因此在输出波形中含有较多的高次谐波成分，输出波形不理想。

3) 电容三点式振荡电路

电容三点式振荡电路又称为考毕兹振荡电路，如图 4-7 所示。从图 4-7 可看出，LC 并联选频回路的电容由 C_1 和 C_2 串联组成。C_b、C_e 为耦合电容。对交流而言，串联电容的三个点分别与三极管的三个电极相连，反馈电压由 C_2 上取出。与电感三点式振荡电路的情况相似，由瞬时极性法判断可知，这样的连接也能保证实现正反馈。

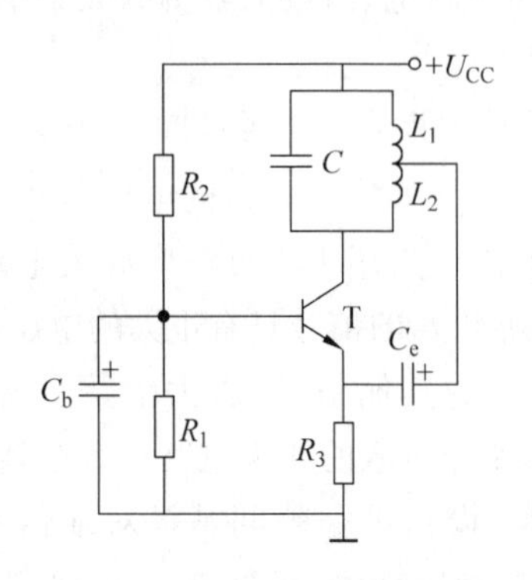

图 4-6 电感三点式振荡电路

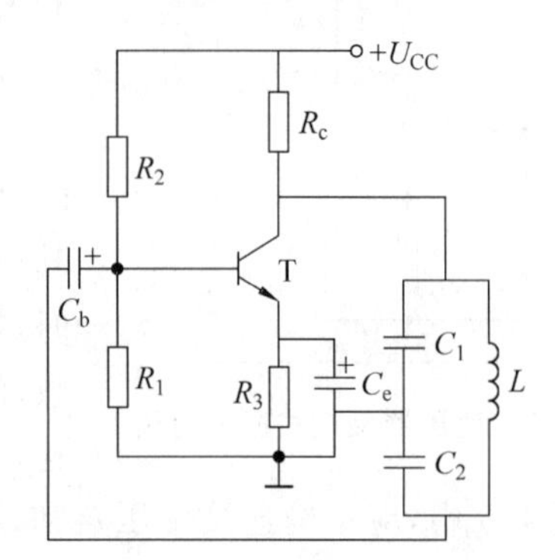

图 4-7 电容三点式振荡电路

电容三点式振荡电路的振荡频率也近似等于LC并联谐振回路的谐振频率,即

$$f_0=\frac{1}{2\pi\sqrt{LC}} \tag{4.9}$$

式中,$C=\dfrac{C_1C_2}{C_1+C_2}$。

这种电路具有容易起振,振荡频率较高(可达100MHz以上)的优点。由于反馈电压从电容C_2两端取出,频率越高,容抗越小,反馈越弱,因而可以削弱高次谐波分量,输出波形较好。

图4-7中C_1、C_2的大小既影响振荡频率,也影响反馈量。改变C_1(或C_2)调节频率会影响反馈系数,从而影响反馈电压的大小,造成工作不稳定。因此,通常在线圈L上串联一个容量较小的可变电容来调节振荡频率,如图4-8所示。这是一个改进型的电容三点式振荡电路,也称为克拉泼振荡电路。在电感上串联小电容C_0后,LC回路的总电容C主要由C_0决定,此时,$C\approx C_0$。

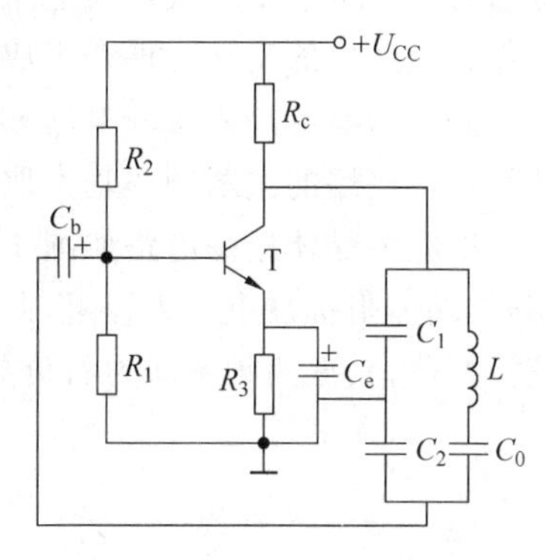

图4-8 改进型电容三点式振荡电路

4. 石英晶体振荡电路分析

从上面分析可知,振荡频率是由选频网络的元件参数决定的。提高选频网络的稳定性,也就提高了振荡频率的稳定度。但在LC振荡电路中,由于一般LC电路的Q值只有几百,尽管采用了各种稳频措施,其频率稳定度$\Delta f/f_0$很难突破10^{-5}数量级,而石英晶体的Q值可达$10^4\sim10^6$,用它代替LC谐振回路,构成石英晶体振荡器,其频率稳定度可达$10^{-11}\sim10^{-9}$数量级。

1) 石英晶体工作原理

石英晶体的主要成分是二氧化硅SiO_2,是一种各向异性的结晶体,其物理、化学性能相当稳定。将石英晶体按一定方位将其切割成晶体薄片,在两表面接上电极,就构成了石英晶体谐振器。

石英晶体的电路符号如图4-9(a)所示,石英晶体用于振荡电路是基于它的压电效应。所谓压电效应是在晶体的两个极板间加交流电压时,晶体就会产生机械振动,而这种机械振动反过来又会产生交变电场,在电极上出现交变电压。一般情况下,这种机械振动的振幅比较小,振动频率很稳定。但如果外加交变电压的频率与晶体的固有频率相等时,机械振动的幅度将急剧增加,这种现象称为压电谐振。

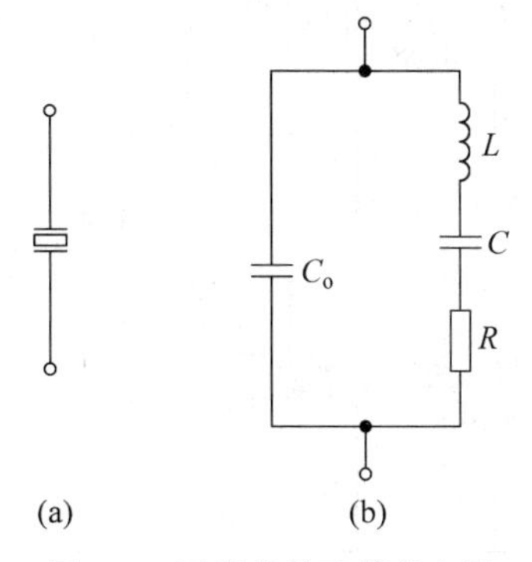

图4-9 石英晶体及等效电路

石英晶体的压电谐振现象可用图4-9(b)的LC谐振回路来等效。等效电路中的C_0表示金属极板间的静电电容,L、C分别模拟晶体振动时的机械振动惯性和弹性,R模拟振动时的摩擦损耗。因L较大,C、R很小,所以回路的品质因素Q很大。

晶体在电路中的作用分为两种：一种是当晶体发生串联谐振时其等效阻抗最小，此时晶体呈纯阻性；另一种是晶体发生并联谐振时其等效阻抗最大，此时晶体等效为电感。

2）石英晶体振荡电路

根据石英晶体在电路中的作用，石英晶体振荡电路分为两类：一类为并联型，利用晶体作为一个电感来组成振荡电路；另一类为串联型，利用晶体串联谐振时阻抗最小的特性作为电路中的反馈元件来组成振荡电路。

并联型石英晶体振荡电路如图 4-10 所示，石英晶体作为电容三点式振荡电路的感性元件。电路的振荡频率基本取决于石英晶体的谐振频率。

串联型晶体振荡电路如图 4-11 所示。当电路振荡频率等于石英晶体的串联谐振频率时，晶体阻抗最小且为纯阻，此时电路满足相位平衡条件，且正反馈最强，电路产生正弦波振荡，其振荡频率即为石英晶体的串联谐振频率。

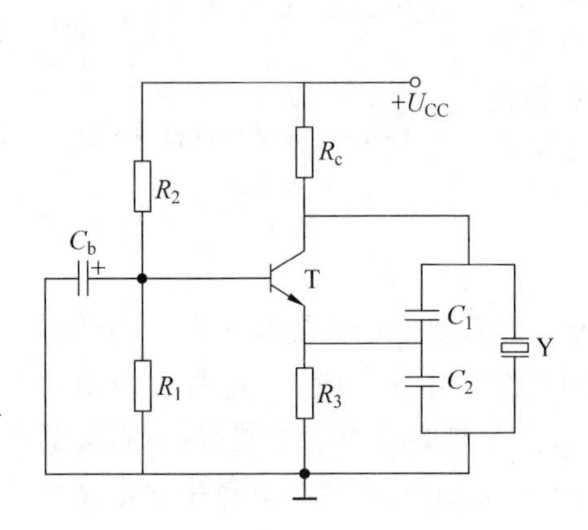

图 4-10　并联型晶体振荡电路

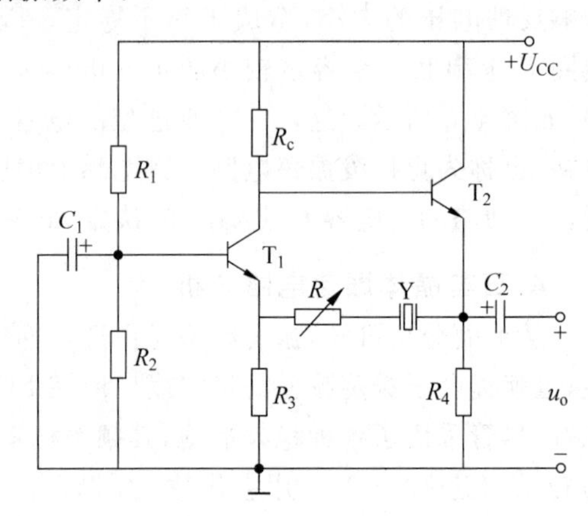

图 4-11　串联型晶体振荡电路

4.1.2　RC 音频振荡器的制作与测试

1. 测试器材

（1）测试仪器仪表：万用表、示波器、直流可调稳压电源、模拟电子实验箱。

（2）元器件：集成运放芯片 LM741×1，二极管 1N4001×2，电位器 100kΩ×1，电阻 100kΩ/0.25W×1、2kΩ/0.25W×2，电容 0.1μF/25V×2。

2. 测试电路

测试电路如图 4-12 所示。这是一个由集成运算放大器组成的 RC 音频振荡电路，又称为文氏桥式振荡器。

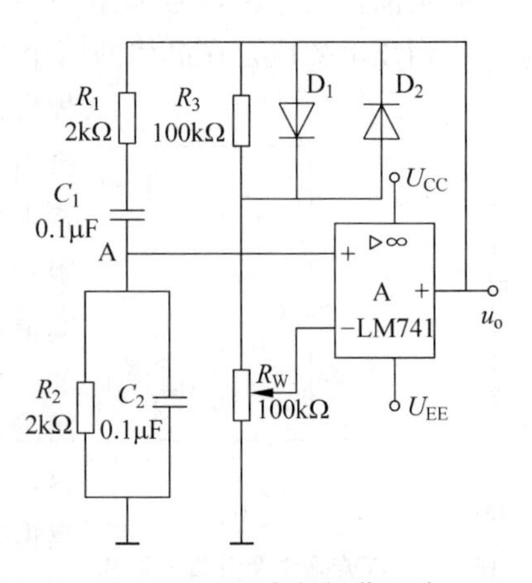

图 4-12　RC 音频振荡电路

图中，输出电压的一路经 R_3、R_W、D_1、D_2 组成的网络反馈到运放的反相输入端，构成负反馈，调

节 R_W，可改变由运放构成的比例运算放大器的放大倍数。

输出电压的另一路经 R_1，R_2，C_1，C_2 构成的选频网络加至运放的同相输入端，形成正反馈。选频网络中 $R_1=R_2=R$，$C_1=C_2=C$，振荡频率 $f_0=\frac{1}{2\pi RC}$。改变 R、C 可改变振荡电路输出信号的频率。电路中 D_1、D_2 起稳定输出电压幅度的作用。

3. 测试程序

(1) 电路组装

① 组装之前先检查各元器件的参数是否正确，检查集成运放的各个引脚。

② 按图 4-12 在实验箱或面包板上分别搭接各功能电路。组装完毕后，应认真检查连线是否正确、牢固。

(2) 测试电路功能

① 测试选频网络的幅频特性。

先不接入±15V 电源，断开 A 点与运放同相输入端的连接，在振荡电路输出端加入 1V 的音频信号，测试 A 点输出的音频电压有效值 U_A，改变信号频率观测 U_A 值的变化情况。当 U_A 最大时所对应的频率为 f_0，记录 U_A 随 f 的变化的数据，可得选频网络的幅频特性曲线。测得的 f_0 为振荡电路的振荡频率。

② 测试起振条件。

将 A 点与运放同相端相连，接通直流稳压电源($U_{CC}=+15V$，$U_{EE}=-15V$)，调节 R_W，使振荡电路刚好起振。然后断开 A 点，在集成运放的同相端输入频率为 f_0 的音频信号 u_i，测试输入电压 u_i，正反馈电压 $u_F(u_A)$ 和输出电压 u_o，则可计算放大器的增益及反馈系数。

③ 通过本测试验证文氏桥式振荡电路的振荡频率由选频网络的频率特性决定，且 $f=\frac{1}{2\pi RC}$；振荡电路的起振条件为 $|AF|\geqslant 1$。

④ 自行设计表格，记录上面的测试数据。对实测结果(放大器的增益，反馈系数，振荡频率)与理论分析进行对比。

任务 4.2　方波——三角波发生器电路分析、制作与测试

4.2.1　非正弦波发生电路分析

常用的非正弦波发生电路有矩形波发生电路、三角波发生电路以及锯齿波发生电路等。因集成运放有许多优良的特性，现在低频范围高质量的非正弦波都是用运放直接产生。

1. 矩形波发生器电路分析

电压比较器的作用是将模拟输入电压 u_i 与参考电压 U_R 进行比较，当二者幅度相等

时，输出电压产生跃变，据此来判断输入信号的大小和极性。在由集成运放构成的电压比较器中，运放大多处于开环或正反馈状态。

1）单限电压比较器

单限电压比较器电路如图 4-13(a)所示。集成运放工作在开环状态，输入信号 u_i 从反相端输入，参考电压 U_R 从同相端输入。

当 $u_i > U_R$ 时，$u_o = -U_{o(sat)}$；当 $u_i < U_R$ 时，$u_o = +U_{o(sat)}$。其转移特性如图 4-13(b)所示。当 $U_R = 0$ 时，称为过零比较器。若在反相端输入正弦波形，其输出为不对称的矩形波，如图 4-13(c)所示，只要改变给定电压 U_R 的大小和极性，就可改变输出波形的不对称程度。

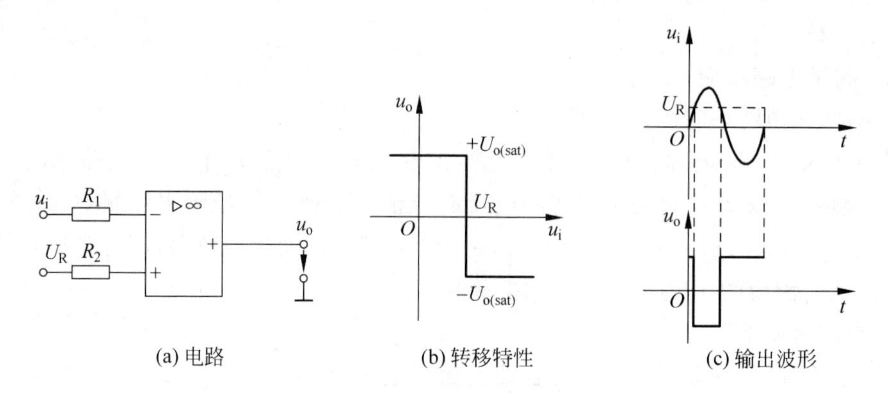

图 4-13　单限电压比较器

在有些场合，要求电压比较器的输出电平与其他电路的高、低电平相配合，通常可在运放输出端接上稳压管，对输出电压进行限幅。适当选择稳压管的稳压值 U_Z，即可满足输出不同电平的要求。反相输入限幅比较器的电路和电压传输特性如图 4-14 所示，图 4-14 中的 D_Z 为双向稳压管，对运放的输出电压进行双向限幅。

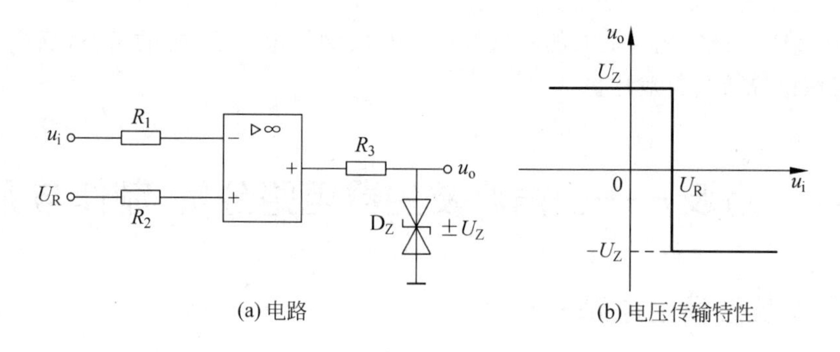

图 4-14　反相输入限幅比较器

组成限幅比较器时应注意：①接入稳压管时，必须串入限流电阻(见图 4-14(a)中 R_3)，以保证稳压管工作在合适的电流范围内；②稳压管的稳压值应小于运放的饱和电压，即 $U_Z < U_{o(sat)}$，以保证稳压管工作在反向击穿状态，起限幅作用。

例 4-1　电压比较器如图 4-15 所示。设 $u_i=10\sin\omega t$V,$U_R=0$ 和 $U_R=-5$V,运放的最大输出电压为$\pm U_{oM}=\pm 12$V,要求:

(1) 画出比较器的电压传输特性;

(2) 对应画出输入和输出波形。

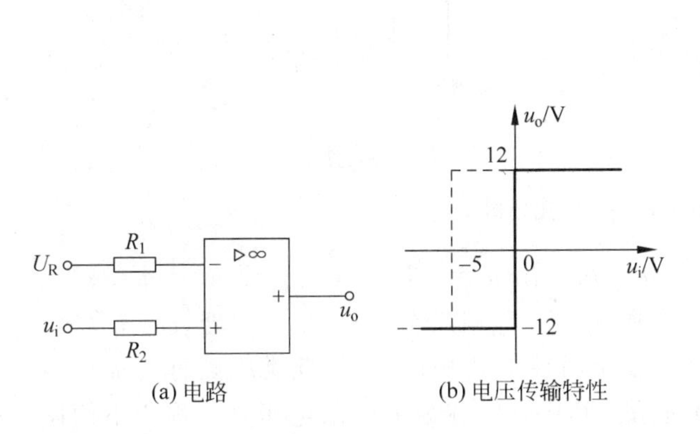

(a) 电路　　(b) 电压传输特性

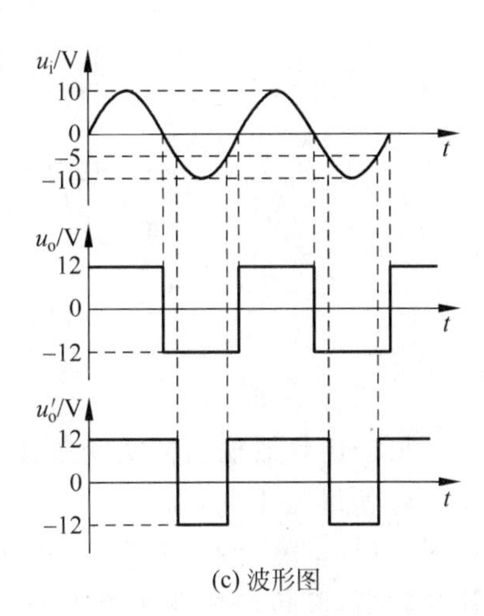

(c) 波形图

图 4-15　例 4-1 的图

解:由图 4-15(a)可见,同相输入端接输入信号 u_i,反相输入端接参考电压 U_R,运放构成同相输入电压比较器。

(1) 当参考电压 $U_R=0$ 时,电路成为过零比较器,即 $u_i>0$ 时,$u_o=U_{oM}$; $u_i<0$ 时,$u_o=-U_{oM}$。由此可画出电压传输特性,如图 4-15(b)中实线所示。

当参考电压 $U_R=-5$V,即 $u_i>-5$V 时,$u_o=U_{oM}$; $u_i<-5$V 时,$u_o=-U_{oM}$。由此可画出电压传输特性,如图 4-15(b)中虚线所示。

(2) 根据输入信号 u_i 和电压传输特性,画出输出电压波形如图 4-15(c)所示。其中,$U_R=0$ 对应的输出波形为 u_o,$U_R=-5$V 对应的输出波形为 u'_o。对比二者的波形可看出,若调整参考电压 U_R 的大小或极性,即可改变输出电压的脉冲宽度,从而实现波形变换。

2) 滞回比较器

单限电压比较器的优点是电路简单,但抗干扰能力差。若输入信号处于门限电平 U_T(即单限电压比较器的参考电压 U_R)附近,由于外界干扰或噪声的影响,会造成输出电压 u_o 的不断跳变。为解决这一问题,在电路中加入正反馈,形成具有滞回特性的比较器,可大大提高比较器的抗干扰能力。

滞回比较器电路如图 4-16(a)所示。反馈电阻 R_f 接在输出端与同相输入端之间,形成正反馈,使输出电压不是正饱和就是负饱和。

当输出电压 $u_o=+U_{o(sat)}$ 时,

$$u_+=U'_+=\frac{R_2}{R_2+R_f}U_{o(sat)}$$

当输出电压 $u_o = -U_{o(sat)}$ 时，

$$u_+ = U''_+ = -\frac{R_2}{R_2 + R_f}U_{o(sat)}$$

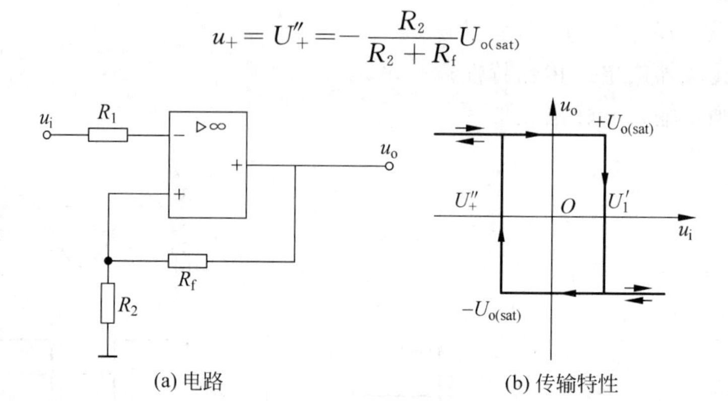

(a) 电路　　(b) 传输特性

图 4-16　滞回比较器

根据比较器输出的跃变条件 $u_+ = u_-$，在输出 $u_o = +U_{o(sat)}$ 时，只要 $u_- = u_i < u_+ = U'_+$，u_o 便维持不变，而当 $u_i > U'_+$ 时，u_o 则从 $+U_{o(sat)}$ 跳变到 $-U_{o(sat)}$。同理，$u_i < U''_+$ 时，u_o 从 $-U_{o(sat)}$ 跳变到 $+U_{o(sat)}$。由于它与磁滞回线形状相似，故将此类电路称为滞回电压比较器，其传输特性如图 4-16(b)所示。其中，U'_+ 称为上门限电压，U''_+ 称为下门限电压。

定义回差电压 ΔU 为上、下门限电压之差，也即

$$\Delta U = U'_+ - U''_+ = \frac{2R_2}{R_2 + R_f}U_{o(sat)} \tag{4.10}$$

滞回比较器通过引入正反馈加速输出电压的转变过程，改善了输出波形在跃变时的陡度，其回差电压提高了电路的抗干扰能力。但回差电压也导致了输出电压的滞后现象，使电平鉴别产生误差。

2. 三角波发生器电路分析

三角波发生电路如图 4-17 所示。它由滞回比较器和积分电路构成，其中滞回比较器起开关作用，积分电路起延迟作用。

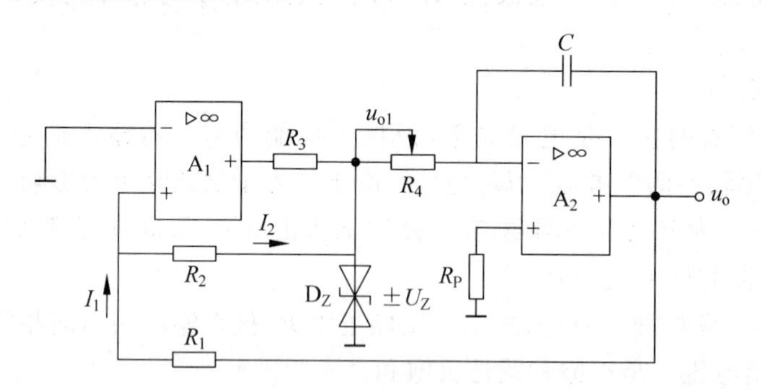

图 4-17　三角波发生电路

1) 电路工作原理

设滞回比较器在某时刻 $u_{o1} = +U_Z$，则对电容 C 充电，积分电路的输出电压 u_o 按线

性规律下降。于是，A_1同相输入端的电压u_+下降，当下降到$u_+=u_-=0$时，滞回比较器输出电压u_{o1}跳变到$-U_Z$，u_+下降到比零电压低得多的数值。于是，电容放电，u_o按线性规律上升，当回到$u_+=u_-=0$时，滞回比较器输出电压u_{o1}又回到$+U_Z$，重复前面的过程。由于电容的充放电时间相同，积分电路的输出电压成三角波。图4-18是三角波发生电路的波形图。

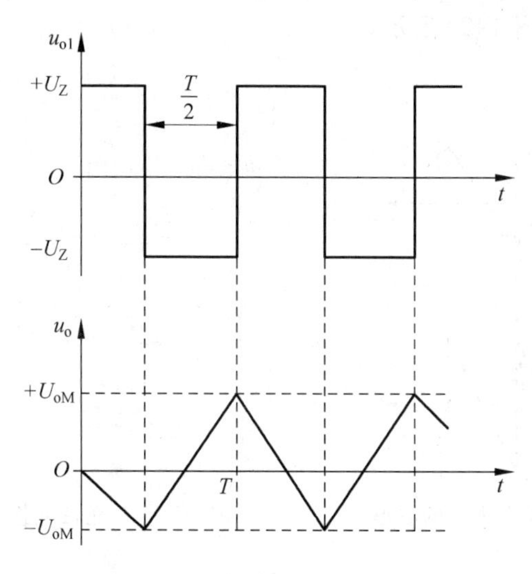

图4-18　三角波发生电路波形图

2）输出电压峰值和振荡周期

滞回比较器输出电压发生跳变时，$u_+=u_-=0$，因此R_1和R_2上流过的电流相等。于是得

$$I_1=I_2=\frac{U_Z}{R_Z}$$

输出电压峰值

$$U_{oM}=I_1R_1=\frac{R_1}{R_2}U_Z \tag{4.11}$$

积分电路的输出从$+U_{oM}$变化到$-U_{oM}$的时间是$\frac{T}{2}$，于是

$$\frac{1}{C}\int_0^{\frac{T}{2}}\frac{U_Z}{R_4}\mathrm{d}t=2U_{oM}$$

$$T=4R_4C\frac{U_{oM}}{U_Z}=\frac{4R_1R_4}{R_2}C \tag{4.12}$$

3. 波形变换电路分析

波形变换电路是将一种波形变换为另外一种波形的电路，通常利用基本电路来实现。例如，利用比较器将正弦波变为矩形波，利用积分电路将方波变为三角波，利用微分电路将三角波变为方波等。这里介绍一个将三角波变为锯齿波的电路。

设电路输入的三角波电压如图4-19(a)所示，输出的锯齿波电压如图4-19(b)所示。

可见,在三角波的上升段,二者相等,即

$$u_o : u_i = 1 : 1$$

在三角波的下降段,有

$$u_o : u_i = -1 : 1$$

因此,可利用运放同相输入和反相输入的不同性质,同时合理地选择电子开关,来实现上述要求,其电路如图 4-20 所示。

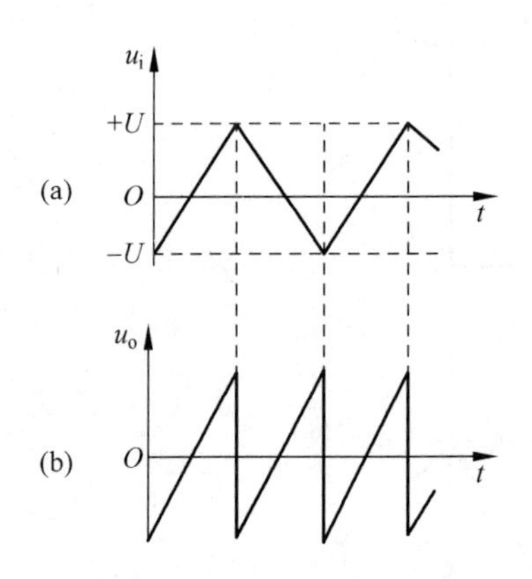

图 4-19 三角波变换锯齿波的波形

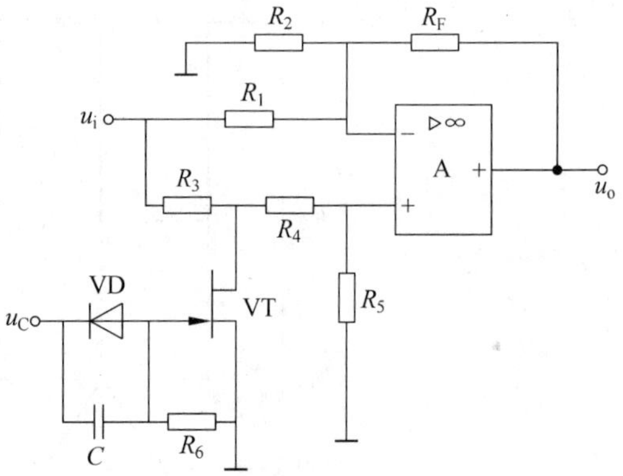

图 4-20 三角波变换锯齿波电路

图 4-20 中,结型场效应管用作电子开关,且设 $R_1 = R_F = R$,$R_2 = R_3 = R_4 = \frac{R}{2}$。当控制电压 u_C 处于低电平时,结型场效应管 U_{GS} 低于其夹断电压,相当于开关断开,运放工作在同相输入状态,电压放大倍数等于 1,$u_o = u_i$;当控制电压 u_C 处于高电平时,结型场效应管 $U_{GS}=0$,处于可变电阻区,相当于开关闭合,运放工作在反相输入状态,电压放大倍数等于 −1,$u_o = -u_i$,从而完成三角波向锯齿波的变换。

4.2.2 三角波信号发生器的设计、制作与测试

1. 测试器材

(1) 测试仪器仪表:万用表、示波器、直流可调稳压电源、模拟电子实验箱。

(2) 元器件:集成运放芯片 LM741×2,双向稳压二极管 2DW7×1,电位器 1 只(参数待选),电阻若干只(参数待选),电容器 1 只(参数待选)。

2. 测试电路

测试电路为用集成运放构成的三角波信号发生器,需要自行设计,可参考图 4-17 所示电路。其指标要求如下。

输出三角波的重复频率 500Hz,相对误差<±5%,幅度 1.5~2V。

(1) 设计要求

① 根据技术指标和已知条件,确定电路方案,计算并选取各单元电路的元件参数。

② 测量方波产生电路输出方波的幅度和重复频率,使之满足设计要求。

③ 测量三角波产生电路输出三角波的幅度和重复频率，使之满足设计要求。

(2) 设计提示

三角波可由方波(或矩形波)得到。能产生方波的电路形式很多，如由门电路、集成运放或555定时器组成的多谐振荡器均能产生矩形波，再经积分电路产生三角波(或锯齿波)。图4-17所示是由集成运放组成的一种常见的方波—三角波产生电路。图4-17中，运放A_1与电阻R_1、R_2构成同相输入施密特触发器，用于产生方波。运放A_2与R_4、C构成积分电路，二者形成闭合回路。由于电容C的密勒效应，在A_2的输出端得到线性较好的三角波。

(3) 元器件选择

① 选择集成运放

由于方波的前后沿与用作开关器件的A_1的转换速率S_R有关，因此当输出方波的重复频率较高时，集成运放A_1应选用高速运放；一般要求时则可选用通用型运放。A_2应选用输入失调参数小，开环增益高、输入电阻高、开环带宽较宽的运放，以减小积分误差。

② 选择稳压二极管D_Z

稳压二极管D_Z的作用是限制和确定方波的幅度，因此要根据设计所要求的方波幅度来选择稳压管的稳定电压U_Z。此外，方波幅度和宽度的对称性也与稳压管的对称性有关，为了得到对称的方波输出，通常应选用高精度的双向稳压管(如2DW7型)。R_3为稳压管的限流电阻，其值由所选用的稳压管的稳定电流决定。

③ 确定正反馈回路电阻R_1与R_2

图4-17电路中，R_1与R_2的比值决定运放A_1的触发翻转电平(即上、下门槛电压)，也就决定了三角波的输出幅度。因此根据设计所要求的三角波输出幅度，由式(4.11)可以确定R_1与R_2的阻值。

④ 确定积分时间常数R_4C

积分元件R_4、C的参数值应根据三角波所要求的重复频率来确定。当正反馈回路电阻R_1与R_2的阻值确定之后，再选取电容C值，由式(4.12)求得R_4。

3. 测试程序

(1) 电路组装

① 组装之前先检查各元器件的参数是否正确，检查集成运放的各个引脚。

② 根据所设计电路图在实验箱或面包板上安装接线。安装完毕后，应认真检查连线是否正确、牢固。

(2) 测试电路功能

① 测量方波产生电路输出方波的幅度和重复频率，记录在自行设计的表格中。

② 测量三角波产生电路输出三角波的幅度和重复频率，记录在自行设计的表格中。

③ 整理实验数据，画出输出电压u_{o1}、u_o的波形(标出幅值、周期、相位关系)，分析实验结果，得出相应结论。

④ 将实验得到的振荡频率、输出电压幅值分别与理论计算值进行比较，分析产生误差的原因。

任务 4.3 拓展与训练

4.3.1 信号测量电路分析

集成运放以高输入电阻、低输出电阻和高放大倍数在信号测量方面获得广泛应用，下面分别进行介绍。

1. 采样保持电路

当输入信号有较快的变化时，要求输出信号能快速而准确地跟随输入信号的变化进行间隔采样，并且能在两次采样之间保持上一次采样结束时的状态。图 4-21 为简单的采样保持电路和它的输入、输出信号波形。

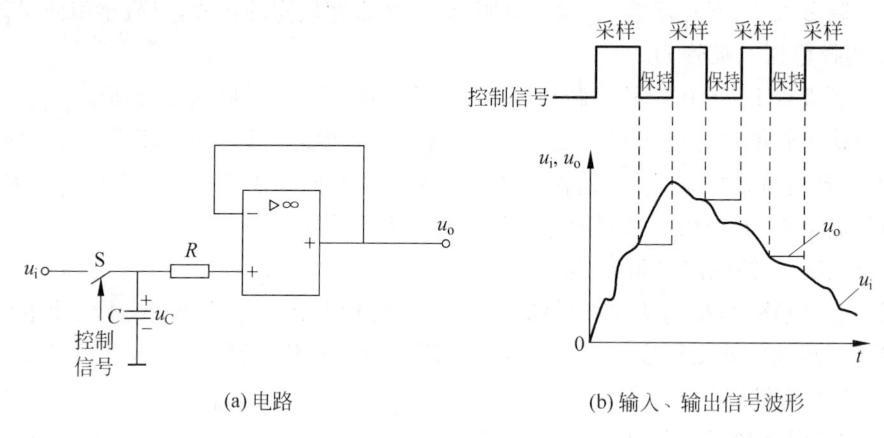

(a) 电路 (b) 输入、输出信号波形

图 4-21 采样保持电路

图 4-21(a)中 S 是一模拟开关，当控制信号为高电平时，开关闭合，电路处于采样周期。此时，u_i 对电容 C 充电，因运算放大器接成跟随器，故输出电压跟随输入电压的变化，有 $u_o=u_C=u_i$。当控制信号为低电平时，开关断开，电容 C 无放电回路，故 $u_o=u_C$，电路处于保持状态，将采样到的数值保持一定时间。采样-保持电路可用于数字电路、计算机及程序控制等装置中。

2. 电压测量电路

图 4-22 所示电路中 (mA) 为磁电式仪表。由集成运放特性可知，流过该表头的电流为

$$I_g = \frac{U_i}{R_1} \tag{4.13}$$

式(4.13)表明，I_g 值和表头内阻 R_g 无关，只由 U_i 和 R_1 的比值决定。在 R_1 不变的情况下，I_g 的大小反映了 U_i 的大小，实现了高精度电压测量。

3. 微电流测量电路

电路如图 4-23 所示，由集成运放特性可知 u_- 为"虚地"，I_{CEO} 是三极管 3DG12C 的穿透电流，则有

$$U_o = -I_{CEO} \cdot R_f$$

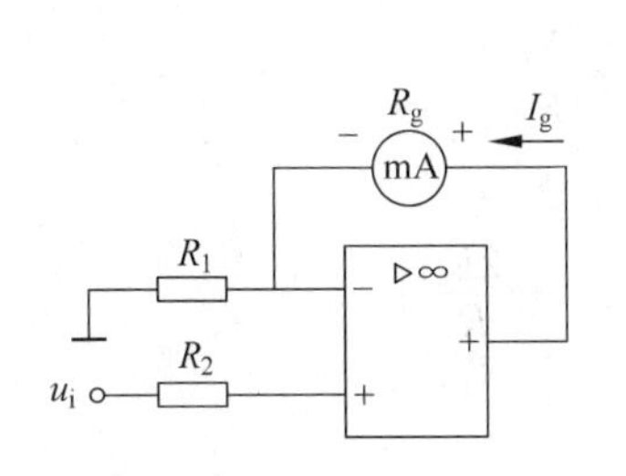

图 4-22　电压测量电路

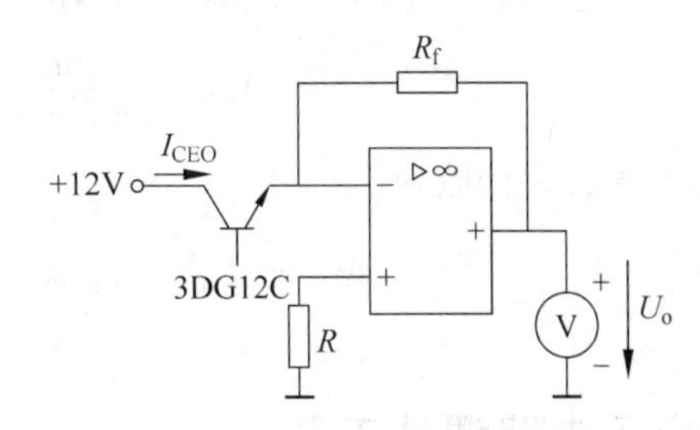

图 4-23　微电流测量电路

一般 3DG12C 的穿透电流 I_{CEO} 为 1～2μA，若 R_f 取 2MΩ，则 U_o 的大小为 2～4V。U_o 的值准确反映了 I_{CEO} 的大小，实现了对微弱电流的测量。

4. 测量放大器

在自动控制和非电量测量系统中，常用传感器将各种非电量转换成电压信号。这种电信号非常微弱，一般只有几毫伏到几十毫伏，通常采用图 4-24 所示的测量放大器进行放大。

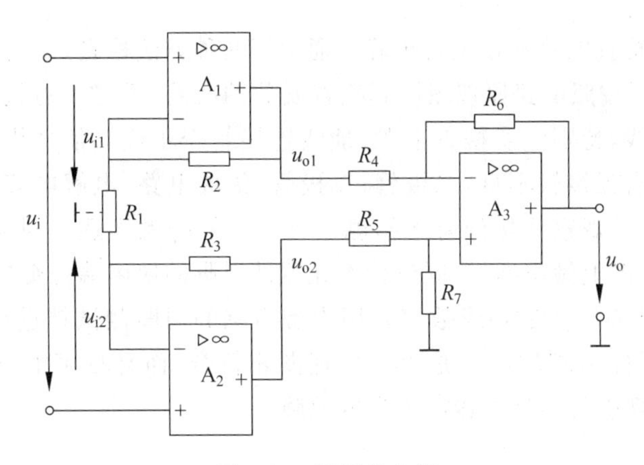

图 4-24　测量放大器

放大器分为两级，第一级由 A_1 和 A_2 组成，A_1、A_2 结构对称，元件对称，且 $R_2 = R_3$，R_1 中点交流接地，具有差动放大电路的特点，可以抑制零点漂移。A_1、A_2 都采用了同相输入，因此输入电阻高。第二级由 A_3 组成，A_3 采用了差动输入方式，很好地完成了双端输入到单端输出的转换。

根据同相比例放大倍数可得

$$A_1 = A_2 = 1 + \frac{R_2}{\frac{1}{2}R_1} = 1 + \frac{2R_2}{R_1}$$

因为 A_1、A_2 各自对 $0.5u_i$ 进行放大，总输出电压为 A_1、A_2 输出电压之和，所以第一级总的放大倍数为

$$A_{uf1}=\frac{u_{o1}+u_{o2}}{u_i}=\frac{0.5u_i\cdot A_1+0.5u_i\cdot A_2}{u_i}=A_1=A_2=1+\frac{2R_2}{R_1}$$

在第二级差动放大电路中，取 $R_4=R_5$，$R_6=R_7$，根据减法运算电路的特点可得

$$A_{uf2}=\frac{u_o}{u_{o1}-u_{o2}}=-\frac{R_6}{R_4}$$

总的电压放大倍数为

$$A_{uf}=A_{uf1}\cdot A_{uf2}=-\frac{R_6}{R_4}\left(1+\frac{2R_2}{R_1}\right)$$

4.3.2 电子电路调试工艺

1. 调试前的准备

(1) 仪器准备

① 根据调试内容选用合格的仪器仪表；

② 检查仪器仪表有无故障，量程和精度应能满足调试要求，并熟练掌握仪器仪表的使用方法；

③ 将仪器仪表放置整齐，经常用来读取信号的仪器应放置于便于观察的位置。

(2) 检查连线

通电前，必须检查电路连接是否正确。通常用两种方法检查。

① 直观检查。按照电路原理图认真检查安装的线路，看是否有接错或漏接的线，包括错线、少线和多线，特别注意检查电源、地线连接是否正确。信号线、元器件引脚之间有无短接，连接处有无接触不良，二极管、三极管、集成电路、电解电容等引脚有无接错。也可用手轻拉导线并观察连接处有无接触不良。一般按顺序逐一对应检查，为防遗漏，可将已查过的线在图上做出标记，同时检查元器件引脚的使用端是否与图纸相符合。

② 借助万用表“$R\times1\Omega$”挡或数字万用表带声响的通断测试挡进行测试。注意观察连线两端连接元器件引脚的位置是否与原理图相符合，而且尽可能直接测量元器件引脚，这样可同时发现引脚与连线接触不良的故障。

(3) 检查电源

① 检查电源供电(包括极性)、信号源连线是否正确、直流极性是否正确，信号线连接是否正确。

② 检查电源端对地是否存在短路。通电前，断开一根电源线，用万用表检查电源端对地是否存在短路。

2. 调试的一般程序

(1) 通电检查

先将电源开关处于“断”的位置，再检查电源变换开关是否符合要求(是交流220V还是交流110V)，保险丝是否装入，输入电压是否正确。然后插上电源插头，接通电源

开关。

通电后，电源指示灯亮。此时，应注意有无放电、打火、冒烟等现象，有无异常气味，手摸电源变压器有无超温。若有这些现象，应立即停电检查。另外，还应检查各种保险开关、控制系统是否起作用，各种风冷水冷系统能否正常工作。

(2) 电源调试

先将电源部分调试好，才能顺利进行其他项目的调试。通常分两个步骤。

① 空载粗调。电源调试通常在空载状态下进行，以避免电源电路未经调试而加载，引起部分电子元器件损坏。

② 插上电源部分的印制电路板，测量有无稳定的直流电压输出，其值是否符合设计要求或调节取样电位器使其达到预定的设计值。测量电源各级的直流工作点和电压波形，检查工作状态是否正常，有无自激振荡等。

③ 加负载细调。在粗调正常的情况下，加上额定负载，测量各项性能指标，观察是否符合额定的设计要求。当达到要求的最佳值时，选定有关调试元件，锁定有关电位器等调整元件，使电源处于加载时所需的最佳功能状态。

④ 为确保负载电路安全，在加载调试之前，可用等效负载对电源电路进行调试，以防匆忙接入负载可能受到的冲击。

(3) 分级分板调试

电源电路调好后，可进行其他电路调试。通常按单元电路的顺序，根据调试的需要及方便，由前到后或从后到前地一次插入各部件或印制电路板进行调试。先检查和调整静态工作点，然后调整各参数，直到各部分电路均符合技术文件规定的各项指标为止。注意，调整高频部件时，最好在屏蔽室进行。

(4) 整机调整

各部件调整好之后，把所有的部件及印制电路板全部插上，进行整机调整，检查各部分连接有无影响，以及机械结构对电器性能的影响等。整机调整好之后，测试整机总的消耗电流和功率。

(5) 整机性能指标测试

整机调整完，确定并紧固各调整原件。在对整机装调质量进一步检查后，对设备进行全参数测试。

(6) 环境试验

有些电子设备需要进行环境试验，以考验在相应环境下正常工作的能力。环境试验有温度、湿度、气压、振动、冲击和其他环境试验，应严格按技术文件规定执行。

(7) 整机通电老练

大多数电子设备需要进行整机通电老练试验，目的是提高设备工作的可靠性。通电老练应按产品技术条件的规定进行。

(8) 参数复调

整机通电老练后，技术性能指标会有一定程度的变化，通常还需要进行参数复调，使交付使用的设备具有最佳的技术状态。

3. 调试方法和步骤

为使调试顺利进行，应先熟悉电路工作原理，拟定好调试步骤，在电路图上标明元器件参数、各点电位值、主要测试点的电位值及相应的波形图以及其他主要数据。

简单电路可以直接调试，对于复杂电路，一般采用分块调试的方法。调试顺序一般按信号流向进行，这样可用前面调试过的输出信号作为后一级的输入信号，为最后联调创造有利条件。

(1) 静态调试

静态调试是在没有外加信号的条件下，测试电路各点的电位并加以调整，使之达到设计值所进行的直流测试和调整过程。例如，通过静态调试模拟电路的静态工作点、数字电路各输入端和输出端的高、低电平值及逻辑关系等。通过静态测试试可以及时发现已经损坏的元器件，判断电路的工作情况，并及时调整电路参数，使电路的工作状态符合设计要求。

对于运算放大器，除静态检测正、负电源是否接上外，主要检查在输入为零时，输出端是否接近零电位，调零电路是否起作用。当运放输出直流电位始终接近正电源电压值或负电源电压值时，说明运放处于阻塞状态，可能是外电路没接好，也可能是运放已经损坏。如果通过调零电位器不能使输出为零，除了运放内部对称性差外，也可能是运放处于振荡状态，最好接上示波器进行观察。

(2) 动态调试

动态调试在静态调试的基础上进行。调试的方法是在电路的输入端接入适当频率和幅值的信号，或利用自身的信号检查各种动态指标是否满足要求，并循着信号的流向逐级检测各有关点的波形形状、信号幅值、相位关系、频率、放大倍数等参数和性能指标，必要时进行适当调整，使指标达到要求。

测试不能凭感觉和印象，要借助仪器观察。使用示波器时，最好把示波器的信号输入方式置于“DC”挡，通过直流耦合方式，可同时观察被测信号的交直流成分。

通过调试，最后检查功能块和整机的各项指标(如信号的幅度、波形形状、相位关系、增益、输入阻抗和输出阻抗等)是否满足设计要求，如果必要，再进一步对电路参数提出合理的修正。

静态调试和动态调试的过程也可以由计算机仿真。

(3) 整机联调

整机联调就是检测整机的动态指标，即把各种测量仪器本身提供的信息与设计指标逐一比较找出问题，然后进一步修改电路参数，直到完全符合设计要求为止。在有微机系统的电路中，先进行硬件和软件的调试，最后通过软件、硬件统调达到目的。

(4) 指标测试

电路能正常工作后，即可进行技术指标测试。根据设计要求，逐个测试指标完成情况。凡未达到指标要求的，需要分析原因，重新调整，使之达到要求。

习题

4.1　产生正弦波振荡的条件是什么？

4.2　正弦波振荡电路由哪几部分组成？

4.3　如何判断一个电路能否产生正弦波振荡？

4.4　在图 4-2 所示的 RC 桥式振荡电路中，已知 $R=10\text{k}\Omega$，电容 C_1 和 C_2 采用双联可变电容器，其变化范围为 30～360pF，试求振荡频率 f_0 的范围。

4.5　在如图 4-25 所示 RC 桥式振荡电路中，振荡频率分为 4 档：①20～200Hz；②200～2000Hz；③2～20kHz；④20～200kHz，双联可变电容的容量为 20～200pF。振荡频率的粗调由拨动开关 S 实现，细调由调节双联电容 C 来实现，计算各挡的电阻值 R_1、R_2、R_3、R_4。

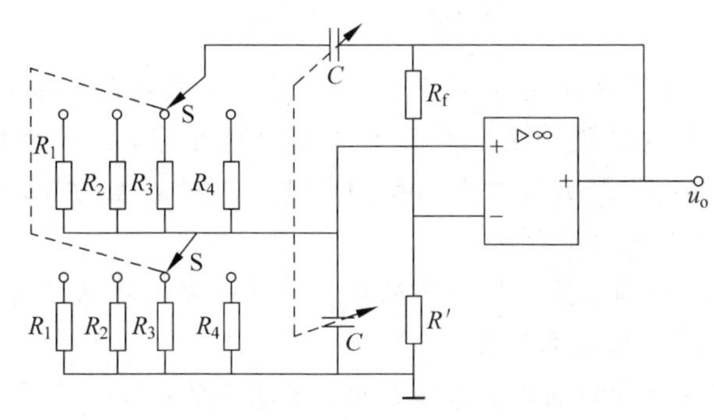

图 4-25　题 4.5 的图

4.6　图 4-26 为 RC 串并联桥式正弦波振荡电路，所用运算放大器为理想运算放大器。

(1) 说明图 4-26 中热敏电阻的作用，应采用正的还是负的温度系数？

(2) 估算 R_t 的阻值。

(3) 若双联可变电容 C 从 3000pF 变化到 6000pF 时，振荡频率的调节范围为多大？

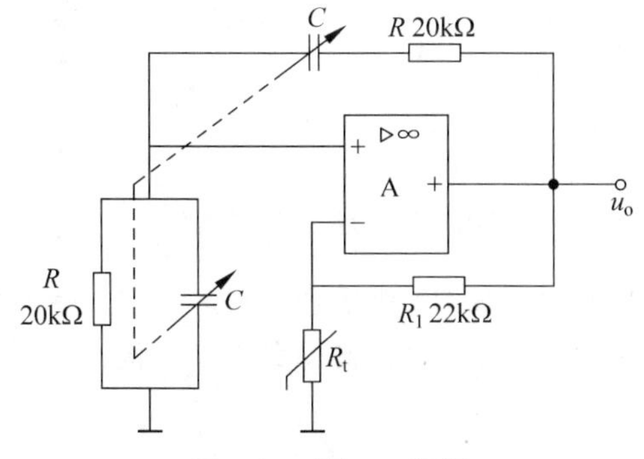

图 4-26　题 4.6 的图

4.7 试用自激振荡的相位平衡条件判断图4-27所示电路能否产生自激振荡,反馈电压各取自何处?

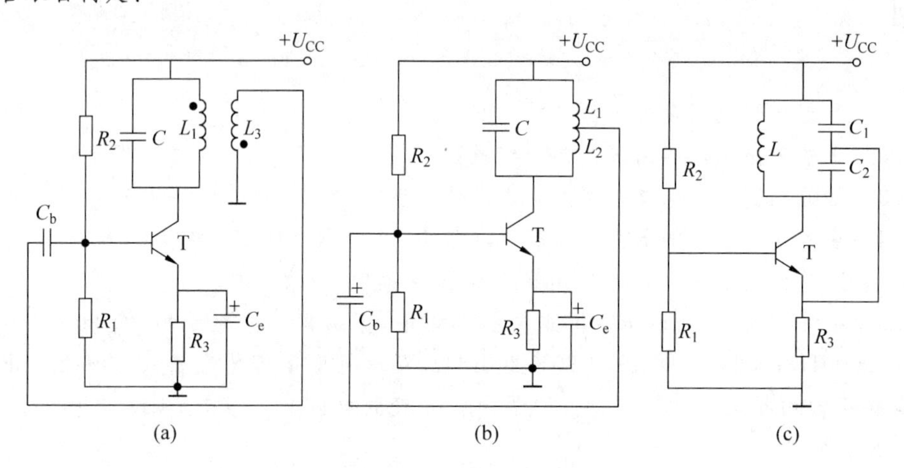

图4-27 题4.7的图

4.8 分别说明变压器反馈式、电感三点式、电容三点式振荡电路的特点。

4.9 在图4-8所示的改进型电容三点式振荡电路中,设 $C_1=C_2=1000\text{pF}$,$L=50\mu\text{H}$,C_0 为可变电容,其值为 $C_0=12/365\text{pF}$(即最小电容量为12pF,最大电容量为365pF),试求其振荡频率的变化范围。

4.10 试比较RC振荡电路、LC振荡电路和石英晶体振荡电路的频率稳定度,哪一种频率稳定度最高?哪一种最低?为什么?

4.11 石英晶体谐振器的特点是什么?画出石英晶体的符号和等效电路。

4.12 在图4-28(a)电路中,已知:$R_f=3\text{k}\Omega$,$C=0.1\mu\text{F}$,输入信号 u_i 的波形如图4-28(b)所示,试对应 u_i 画出输出信号 u_o 的波形。

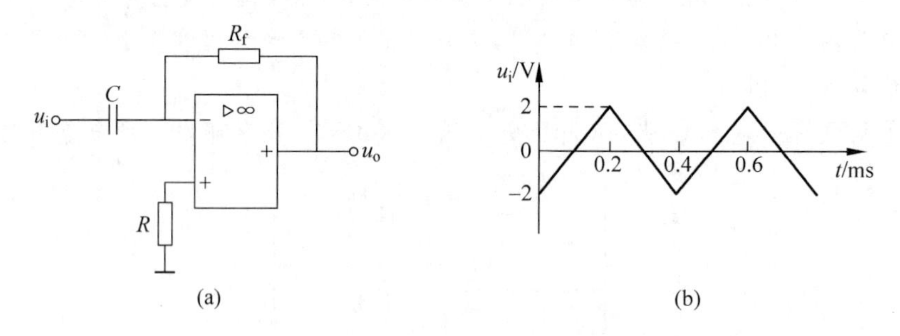

图4-28 题4.12的图

4.13 测量放大器电路如图4-29所示,设电桥电阻 $R=3\text{k}\Omega$,当 $\Delta R=0$ 和 $\Delta R=0.1\text{k}\Omega$ 时,求测量放大器输出电压 U_o 的数值分别为多少伏?

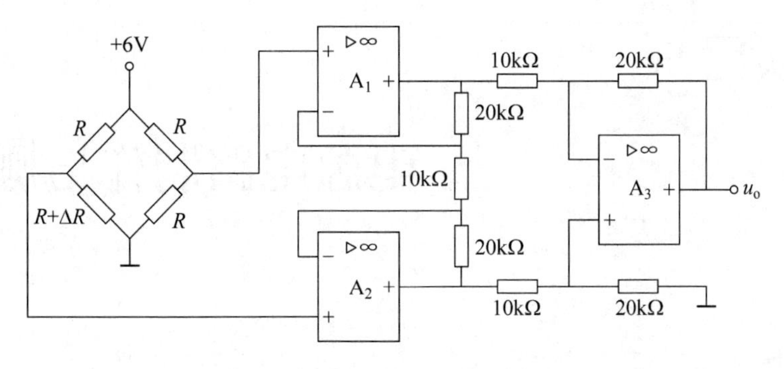

图4-29　题4.13的图

项目 5

电源电路制作与测试

学习目标

(1) 掌握单相半波整流电路和桥式整流电路的工作原理；

(2) 理解电容滤波和电感滤波电路的工作原理；

(3) 掌握稳压电路的组成和工作原理；

(4) 熟悉晶闸管和单结晶体管的结构及其工作原理；

(5) 掌握单相半波可控整流和单相半控桥式整流电路的工作原理；

(6) 了解双向晶闸管的结构、原理，熟悉晶闸管应用电路的分析。

电源是各种电子线路和电子设备的能量来源，有直流和交流之分。大多数电子线路要求直流电源的电压稳定不变，也有的要求电压连续可调。利用二极管整流可将交流电转换成直流电，利用晶闸管整流则可获得可控的直流电压输出，满足不同线路和设备的需要。

任务 5.1　三端集成稳压电源的分析、制作与测试

5.1.1　整流电路分析

利用二极管的单向导电性可将交流整流，获得固定的直流电压。常用的单相整流电路有单相半波、单相桥式、单相全波等几种形式，本节只介绍前两种整流电路。

1. 单相半波整流电路分析

(1) 电路组成

图 5-1 所示为单相半波整流电路。图 5-1 中 Tr 为整流电源变压器，其作用是将交流电压 u_1 变换成整流电路所需要的电压 u_2，D 是整流二极管，R_L 是需要直流的负载。

(2) 工作原理

变压器副边电压

$$u_2 = \sqrt{2}U_2 \sin\omega t$$

由于二极管 D 具有单向导电性，只有当它的阳极电位高于阴极电位时才能导通。当 u_2 处于正半周时(a 端为正，b 端为负)，二极管 D 因承受正向电

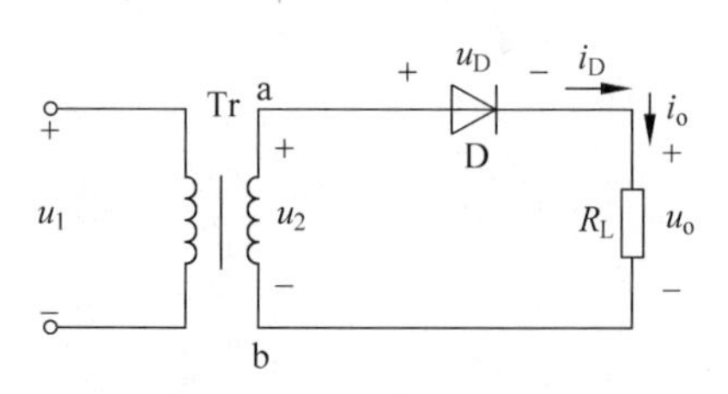

图 5-1　单相半波整流电路

压而导通，流过负载电阻 R_L 的电流为 i_o，流过二极管的电流为 i_D，且 $i_D = i_o$。设D为理想二极管，导通时正向管压降 $u_D=0$。此时，负载两端电压 $u_o=u_2$。

当 u_2 处于负半周时（a端为负，b端为正），二极管D因反向偏置而截止。对于理想二极管，反向时回路中没有电流，负载两端也没有电压，u_2 全部加在二极管D上。

图5-2所示是单相半波整流电路的电压与电流波形。在这种整流电路中，由于只有交流电正半周时才有电流流过负载 R_L，故称为半波整流电路。

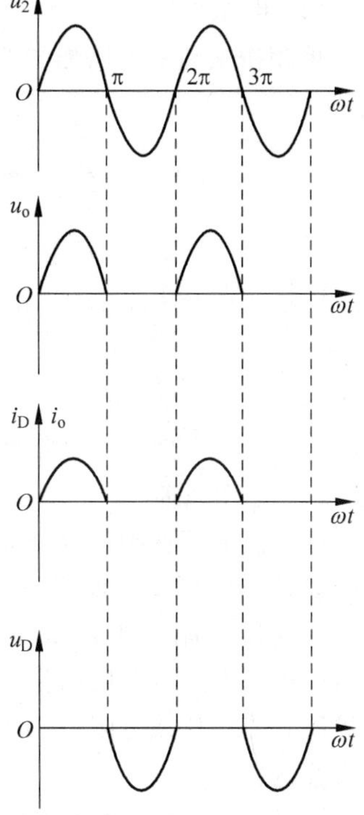

图5-2 单相半波整流波形图

(3) 负载电压、电流的计算

半波整流时，负载 R_L 上得到的是单向脉动电压。输出直流电压的平均值 U_o 与变压器次级电压有效值 U_2 的关系为

$$U_o = \frac{1}{2\pi}\int_0^{\pi}\sqrt{2}U_2\sin\omega t\,\mathrm{d}(\omega t)$$

$$= \frac{\sqrt{2}}{\pi}U_2 = 0.45U_2 \tag{5.1}$$

负载中的直流电流平均值为

$$I_o = \frac{U_o}{R_L} = 0.45\frac{U_2}{R_L} \tag{5.2}$$

(4) 整流二极管的选择

流过整流二极管D的电流 i_D 与负载电流 i_o 是同一电流，其平均值也应相等，即 $I_D=I_o$，故选用二极管的最大整流电流为

$$I_{oM} \geqslant I_D = I_o \tag{5.3}$$

整流二极管D所承受的最高反向电压为变压器副边电压的最大值 U_{2M}，故选用二极管的最高反向工作电压（峰值）为

$$U_{RM} \geqslant U_{2M} = \sqrt{2}U_2 \tag{5.4}$$

例5-1 有一单相半波整流电路，如图5-1所示。已知变压器副边电压 $U_2=24\text{V}$，负载电阻 $R_L=800\Omega$，试求 U_o、I_o，并选用合适的整流二极管。

解

$$U_o = 0.45U_2 = 0.45\times 24 = 10.8(\text{V})$$

$$I_o = \frac{U_o}{R_L} = \frac{10.8}{800}\text{A} = 0.0135\text{A} = 13.5(\text{mA})$$

$$I_D = I_o = 13.5(\text{mA})$$

$$U_{RM} = \sqrt{2}U_2 = \sqrt{2}\times 24\text{V} = 33.94(\text{V})$$

查附录B或半导体器件手册，整流二极管可选用2AP4(16mA,50V)。为了使用安全，二极管的最高反向工作电压通常要选得比 U_{RM} 大一倍左右。

2. 单相桥式整流电路分析

(1) 电路组成

单相桥式整流电路如图5-3所示，由于四个二极管接成电桥的形式，故称桥式整流电路。

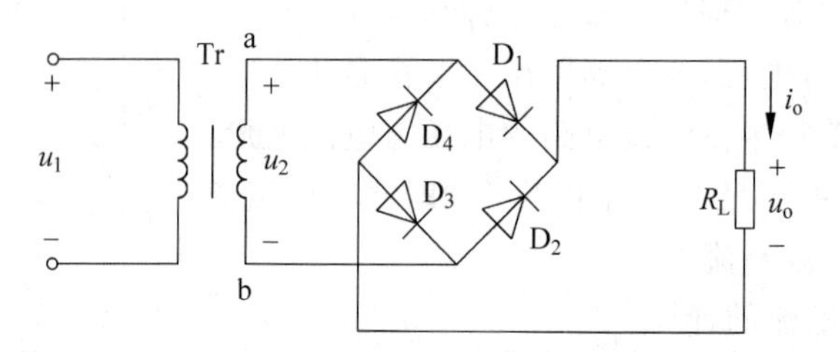

图5-3 单相桥式整流电路

(2) 工作原理

在整流变压器副边电压u_2的正半周(a端为正,b端为负)，二极管D_1、D_3因正向偏置而导通，D_2、D_4因反向偏置而截止。电流i_o流过负载电阻R_L，得到一个半波电压。

在变压器副边电压u_2的负半周(b端为正,a端为负)，二极管D_1、D_3因反向偏置而截止，D_2、D_4因正向偏置而导通。流经负载电阻R_L的电流i_o方向不变，得到另一个半波电压。

可见，无论在u_2的正半周还是负半周，负载上都有方向相同的脉动电流流过，这种整流属于全波整流。其电压与电流波形如图5-4所示。

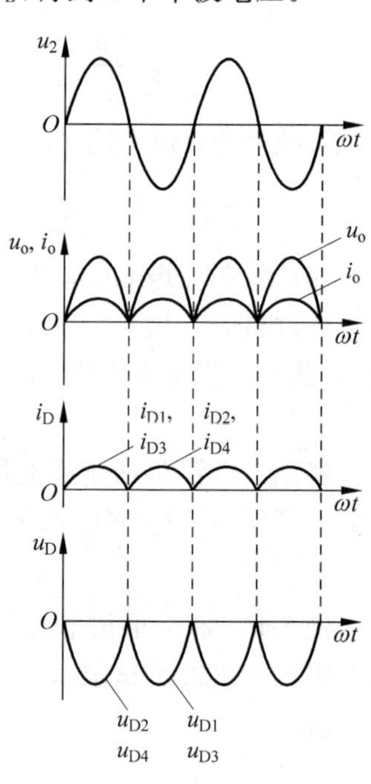

图5-4 桥式整流电路波形图

(3) 负载电压、电流的计算

从波形图可看出，单相桥式整流电路输出电压平均值U_o应为半波整流电路的两倍，即

$$U_o = 2 \times 0.45U_2 = 0.9U_2 \tag{5.5}$$

流过负载的直流电流也增加了一倍，即

$$I_o = \frac{U_o}{R_L} = 0.9\frac{U_2}{R_L} \tag{5.6}$$

(4) 整流二极管的选择

在桥式整流电路中，二极管D_1、D_3和D_2、D_4是轮流导通的。在交流电的一个周期中，每只二极管只导通了半个周期，流过每只二极管的电流只有负载电流的一半，故所选二极管只要求其

$$I_{oM} \geqslant I_D = \frac{1}{2}I_o \tag{5.7}$$

二极管截止时所承受的反向电压最大值为变压器副边电压的最大值(忽略导通二极管的正向压降)，故所选二极管要求其

$$U_{RM} \geqslant U_{2M} = \sqrt{2}U_2 \tag{5.8}$$

桥式整流电路输出电压高，脉动程度小，电源的整个周期全被利用，电源利用率高，应用十分广泛。通常将四只二极管做成组件，称为硅桥堆，有四根引出线。使用时将其中两根引线接交流电源，另外两根即为直流输出线。

例 5-2　已知负载电阻 $R_L=90\Omega$，负载电压 $U_o=90V$。今采用单相桥式整流电路，求(1)变压器副边电压 U_2；(2)选用合适的整流二极管。

解

$$U_2=\frac{U_o}{0.9}=\frac{90}{0.9}V=100(V)$$

$$I_o=\frac{U_o}{R_L}=\frac{90}{90}A=1(A)$$

$$I_D=\frac{1}{2}I_o=\frac{1}{2}\times1A=0.5(A)$$

$$U_{RM}=\sqrt{2}U_2=\sqrt{2}\times100V=141(V)$$

查附录B或半导体器件手册，可选用2CZ11C，其最大整流电流为1A，最高反向工作电压为300V。

5.1.2　滤波电路分析

滤波电路的功能是利用电抗元件的电抗值随频率变化的原理来滤除不需要的交流电压分量，以获得平滑的直流输出电压。常用的有电容滤波、电感滤波以及由电感电容、电阻电容组成的复式滤波等几种形式，下面分别予以介绍。

1. 电容滤波电路分析

(1) 电路组成

将滤波电容器直接并联在整流电路的负载两端，就构成了电容滤波电路，如图5-5所示。其工作原理是利用电容器充、放电的特性，使输出电压趋于平滑。

(2) 工作原理

在 u_2 的正半周，若 $u_2>u_C$，二极管D导通，电容器 C 充电，如忽略二极管管压降，充电电压 u_C 与正弦电压 u_2 一致。当 u_2 达到峰值时，u_C 也达到最大值($\sqrt{2}U_2$)。

当 u_2 由峰值下降时，若电容器放电回路的时间常数较大，则 u_C 下降较慢。在 $u_2<u_C$ 时，二极管D截止。电容器 C 通过负载 R_L 放电，这个过程一直持续到 u_2 的下一个正半周且 $u_2>u_C$ 时为止。然后，又重复前面的过程，得到图5-6所示的电压波形。

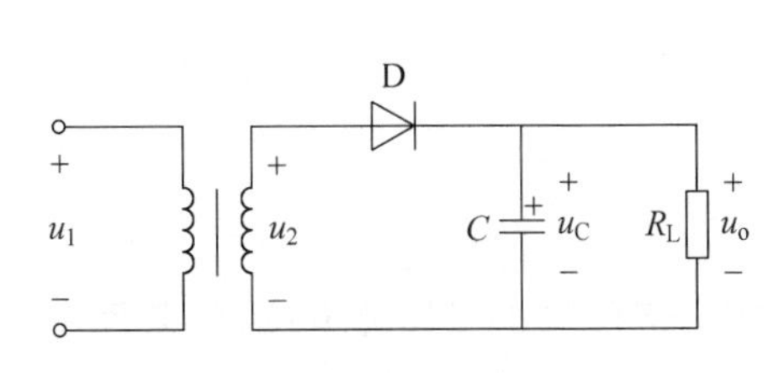

图5-5　半波整流电容滤波电路

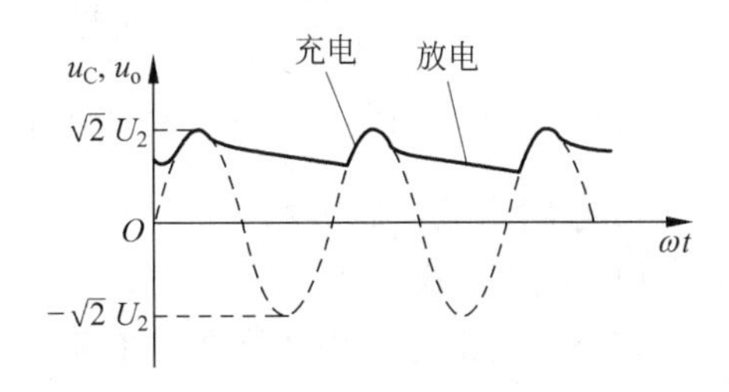

图5-6　半波整流电容滤波时的电压波形

(3) 输出直流电压的估算及滤波电容的选择

电容器两端电压 u_C 即为输出电压 u_o。与无滤波的半波整流输出电压比较,负载上得到的直流电压的脉动程度大为减小,并且输出电压的平均值也提高了。通常,我们取

$$U_o \approx U_2 \quad (\text{半波整流滤波}) \tag{5.9}$$

$$U_o \approx 1.2\,U_2 \quad (\text{全波整流滤波}) \tag{5.10}$$

电容滤波输出电压的脉动程度与电容器的放电时间常数 R_LC 有关。电容 C 越大,负载电阻 R_L 越大,输出电压越平滑。为了得到比较平滑的输出电压,一般要求

$$R_LC \geqslant (3 \sim 5)T \quad (\text{半波整流滤波}) \tag{5.11}$$

$$R_LC \geqslant (3 \sim 5)\frac{T}{2} \quad (\text{全波整流滤波}) \tag{5.12}$$

式中,T 为交流电源电压的周期。

电容滤波的优点是电路简单,轻载时滤波效果较好。但输出电压受负载变化影响较大,负载电流增加时输出脉动也增加,只适用于输出电压较高,负载电流较小且负载变化不大的场合。

例 5-3 有一单相半波整流电容滤波电路,如图 5-5 所示。已知交流电源频率 $f=50\text{Hz}$,负载电阻 $R_L=1\text{k}\Omega$,要求输出直流电压 $U_o=30\text{V}$,试选择整流二极管和滤波电容器的参数。

解 (1) 选择整流二极管

① 流过二极管的电流

$$I_D = I_o = \frac{U_o}{R_L} = \frac{30}{1000}\text{A} = 0.03\text{A} = 30(\text{mA})$$

② 变压器副边电压

$$U_2 = U_o = 30(\text{V})$$

③ 二极管承受的最大反向电压

从图 5-6 可以看出,在电源负半周,二极管所承受的最大反向电压为交流电压峰值与电容器上电压之和,接近于 $2\sqrt{2}U_2$,即

$$U_{RM} \approx 2\sqrt{2}U_2 = 85(\text{V})$$

查附录 B,可选用二极管 2CP12,其最大整流电流为 100mA,最高反向工作电压为 100V。

(2) 选择滤波电容器

根据式(5.11),取 $R_LC=5T$,得

$$C = 5\frac{T}{R_L} = 5 \times \frac{0.02}{1000} = \frac{0.1}{1000} = 100 \times 10^{-6}\text{F} = 100(\mu\text{F})$$

选用 $C=100\mu\text{F}$,耐压为 50V 的电解电容器。

2. 电感滤波电路分析

(1) 电路组成

在整流电路与负载电阻之间串联一个电感线圈,就构成了电感滤波电路,如图 5-7 所示。

(2) 工作原理

单相桥式整流输出的是一个单向脉动电压(电流)，当流过电感线圈的电流发生变化时，线圈会产生自感电动势阻止电流的变化，使得负载电流和电压的脉动程度大大减小，波形变得比较平滑，如图 5-8 所示。

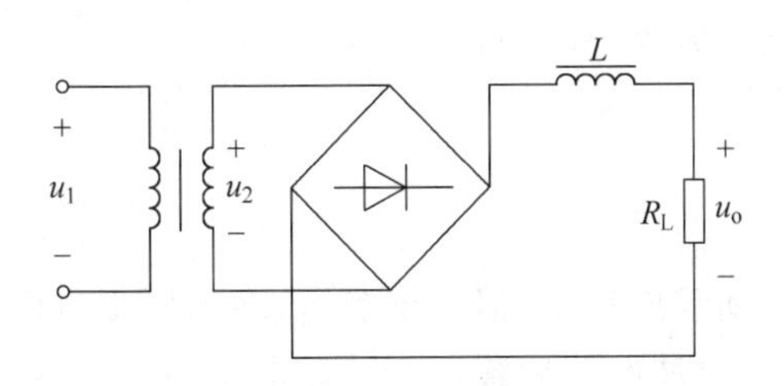

图 5-7　桥式整流电感滤波电路

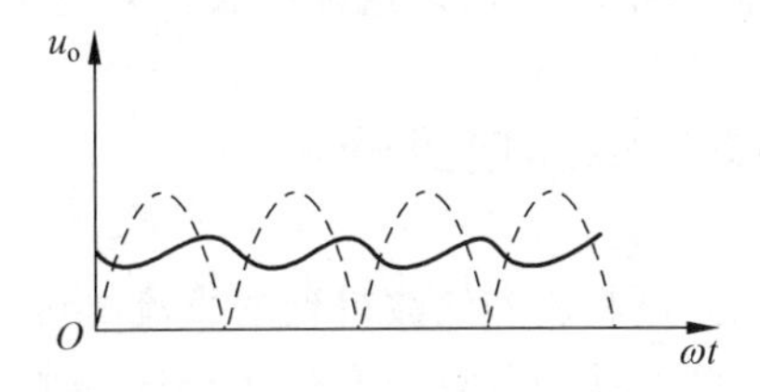

图 5-8　桥式整流电感滤波电压波形

(3) 负载直流电压的估算及滤波电感的选择在单相全波整流电路中，若忽略电感线圈电阻，负载直流电压可用下式估算

$$U_o = 0.9U_2 \tag{5.13}$$

电感滤波的效果与电感 L 的大小直接相关。L 越大，阻止电流变化的能力越大，滤波效果越好。但 L 要大，势必铁心增大，线圈匝数增多，不仅成本提高，而且线圈直流电阻增加引起直流能量损耗加大，故一般取电感量为几亨至几十亨。

比较式(5.10)和式(5.13)可以看出，电感滤波输出电压没有电容滤波时高。但电感滤波在负载变化时，输出电压的波动较小。所以，电感滤波一般用于负载变化较大和负载电流较大的场合。

3. 复式滤波电路分析

为了提高滤波效果，减小输出电压的脉动程度，可采用复式滤波电路。

(1) LC 滤波电路

LC 滤波电路由电感和电容组成，如图 5-9(a)所示。利用电感对交流的阻碍和电容对交流的旁路作用实现滤波。这种滤波电路对负载的适应性比较强，滤波效果较好，适用于输出电流较大、负载变化较大的场合。

(2) LC—π 型滤波电路

LC—π 型滤波电路是在 LC 滤波电路的基础上改进的，如图 5-9(b)所示。在电感 L 的左边增加了一个滤波电容，加强对交流的旁路，滤波效果更好。

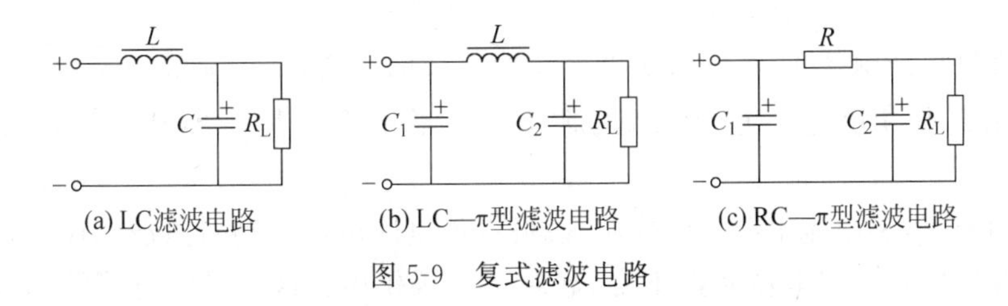

图 5-9　复式滤波电路

(3) RC—π 型滤波电路

将 LC—π 型滤波电路中的电感换成电阻,就成了 RC—π 型滤波电路,如图 5-9(c)所示。由于电阻 R 对交、直流都有降压作用,它与电容 C 配合后,使整流输出的交流分量较多地降落在电阻 R 两端,从而使输出电压的脉动程度减小。但电阻 R 的直流压降,造成直流损耗增大,所以这种滤波器只适用于负载电流较小的场合。

5.1.3 稳压电路分析

经过整流和滤波得到的直流电压,虽然脉动程度很小,但并不稳定,会随着交流电网电压的波动和负载的变化而变化。如果在整流滤波电路后接一个稳压电路,就可获得比较稳定的直流电压输出。本节介绍稳压管稳压电路和目前使用较多的集成稳压器。

1. 稳压管稳压电路分析

稳压管稳压电路如图 5-10 所示。经过桥式整流和电容滤波得到的直流电压 U_i 再经电阻 R 和稳压管 D_Z 组成的稳压电路接到负载电阻 R_L 上,在负载上得到稳定的直流电压 U_o。显然,$U_o=U_Z$。

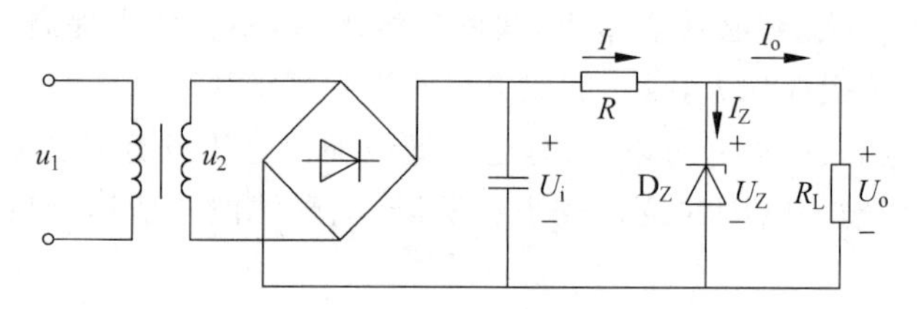

图 5-10 稳压管稳压电路

电阻 R 是限流电阻,使流过稳压管的电流不超过 I_{ZM}。流过 R 的电流

$$I = I_Z + I_o \tag{5.14}$$

稳压电路的稳压过程如下:

当电网电压增加而使整流滤波后的输出电压 U_i 增加时,负载电压 U_o 随之升高。负载电压 U_o 即为稳压管两端的反向电压。U_o 稍有升高,流过稳压管的电流 I_Z 就急剧增大。限流电阻上的压降增大,抵消了 U_i 的增加,使负载电压 U_o 基本不变。相反,如果电网电压降低而使 U_i 减小,负载电压 U_o 也随之减小,流过稳压管的电流 I_Z 急剧减小,限流电阻上的压降减小,从而保持负载电压 U_o 基本不变。

如果电网电压保持不变,只是负载变化使负载电流变化时,流过稳压管的电流 I_Z 将与负载电流 I_o 做相反的变化,使限流电阻 R 中的总电流基本不变,从而使负载电流基本不变。

可见,稳压管和限流电阻共同作用,既可抵消电网电压波动对负载电压的影响,又可在负载变化时维持负载电压基本不变,起到了稳压作用。这种稳压电路结构简单,使用方便,常用于小电流的电子设备中。缺点是输出电压 U_o 不能调节,且输出电流受稳压管最大稳定电流的限制,在电网电压和负载电流变化较大时,稳压作用不够理想。

2. 集成稳压器分析

集成稳压器具有体积小、可靠性高，使用方便等优点，因而获得广泛应用。集成稳压器的类型很多，下面介绍两种常用的稳压器件。

1）三端固定式稳压器

目前使用较多的三端固定式稳压器主要有 W7800 系列（输出正电压）和 W7900 系列（输出负电压）两种。

图 5-11 是 W7800 系列稳压器的外形、引脚和接线图。外部有输入端 1、输出端 2 和公共端 3 三个引出端，故称为三端集成稳压器。使用时需接入电容 C_i 和 C_o，C_i 用以旁路高频脉冲，也可防止自激振荡，一般取 0.33μF 左右。C_o 是为了改善负载变化时的瞬态特性，减小输出电压的波动。

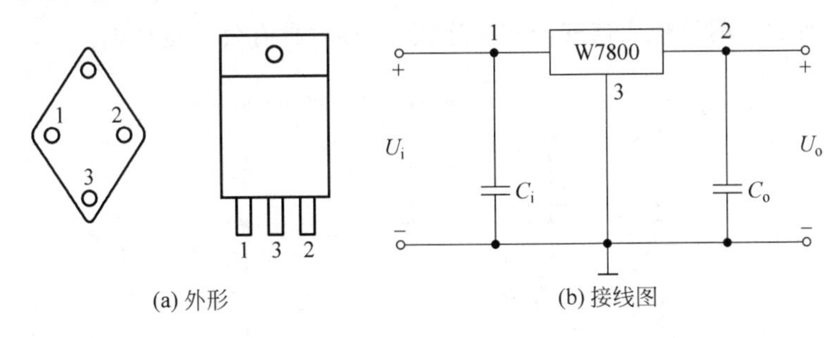

图 5-11　W7800 系列稳压器

W7800 系列输出固定的正电压，其输出电压有 5V、6V、9V、12V、15V、18V 和 24V 等七个档次。型号的后两位数字表示输出电压值，例如 W7809 表示输出电压为 9V。

W7900 系列输出固定的负电压，其输出电压与 W7800 系列一样，但引脚编号不同，W7900 引脚 1 为公共端，2 为输出端，3 为输入端。

W7800 系列与 W7900 系列的输入输出最小电压差为 3～4V，在额定散热条件下输出电流为 1A，电压变化率为 0.1%～0.2%。

将三端集成稳压器与适当的外接元器件配合，可组成下面的应用电路。

(1) 提高输出电压的电路

三端集成稳压器本身最高输出电压只有 24V，如果需要高于 24V 的电压，可采用图 5-12 所示的电路，以提高输出电压。图 5-12 中 U_{xx} 为稳压器的固定输出电压，U_o 为实际输出电压。

$$U_o = U_{xx} + U_Z \tag{5.15}$$

(2) 增大输出电流的电路

当负载电流大于三端集成稳压器的额定输出时，可采用外接功率管 T 的方法来增大输出电流，电路如图 5-13 所示。图中 I_{xx} 为稳压器的输出电流，I_c 为外接功率管的集电极电流，实际输出电流 I_o 为

$$I_o = I_{xx} + I_c \tag{5.16}$$

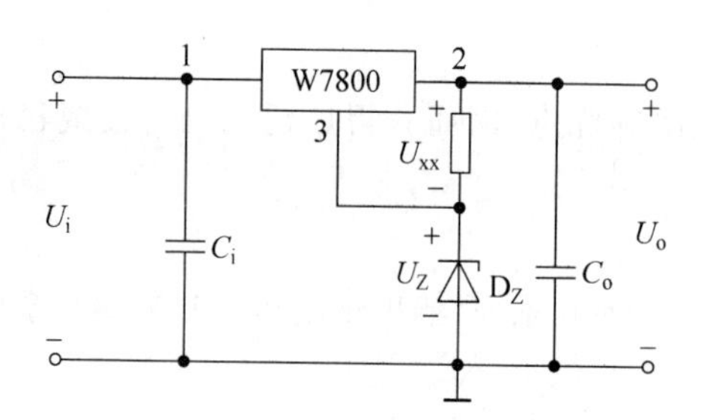

图 5-12 提高输出电压的电路

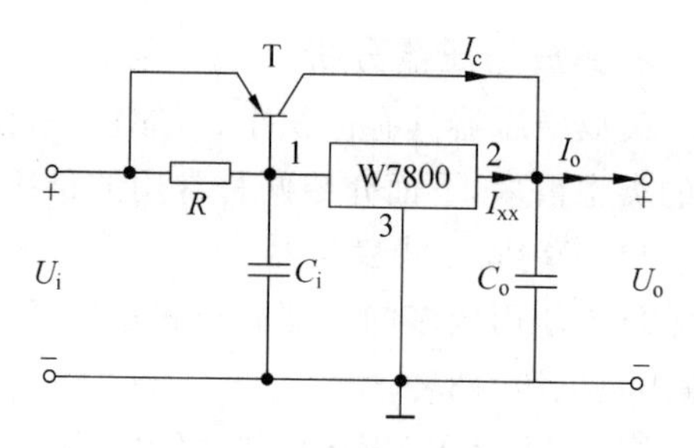

图 5-13 增大输出电流的电路

(3) 输出正、负电压的电路

将 W7800 系列和 W7900 系列两块稳压器合并使用,可同时输出正、负二组电压,电路如图 5-14 所示。两块稳压器的公共端连接在一起,具有公共接地端。

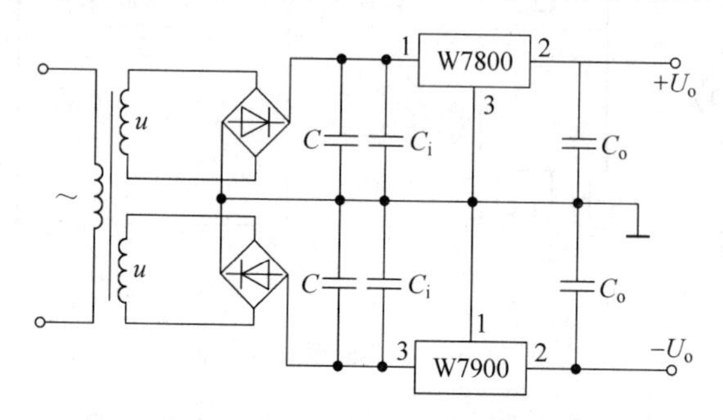

图 5-14 输出正、负电压的电路

(4) 输出电压可调的电路

三端稳压器输出电压不能调节,但适当外接元器件,就能输出可调的直流电压,电路如图 5-15 所示。图 5-15 中 U_{xx} 为三端稳压器的固定输出电压,适当选择 R_3 和 R_4 的阻值,可提高输出电压。调整 R_2 和 R_1 的比值,可调节输出电压 U_o 的大小。

$$U_o = \left(1+\frac{R_2}{R_1}\right)\cdot\frac{R_3}{R_3+R_4}U_{xx} \tag{5.17}$$

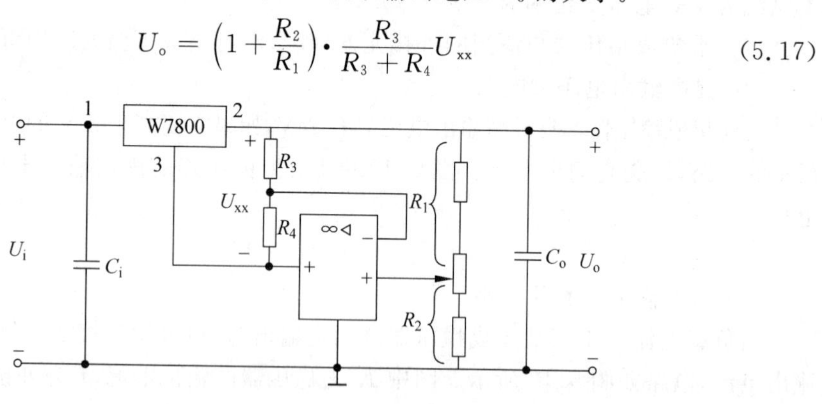

图 5-15 输出电压可调的电路

2) 三端可调式稳压器

三端可调式稳压器是集成稳压器的第二代新产品,其调压范围为 1.2~37V,最大输出电流 1.5A。输出正电压的有 W117/W217/W317 系列,输出负电压的有 W137/W237/W337 系列。

三端可调式稳压器的外形和典型接法如图 5-16 所示。R_1、R_2组成输出电压的调整电路,调节 R_2,即可调整输出电压的大小。

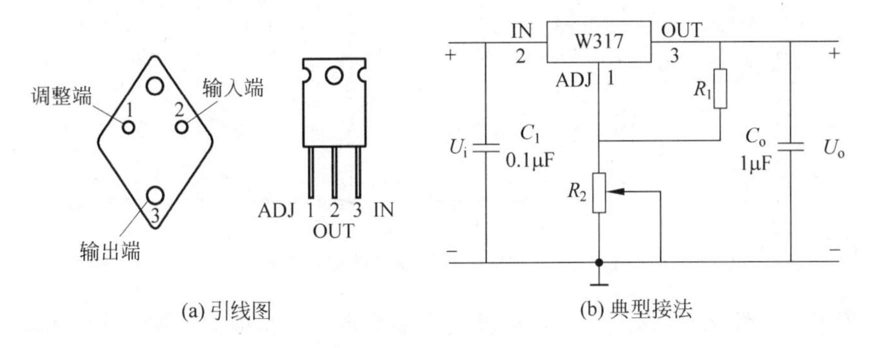

(a) 引线图

(b) 典型接法

图 5-16 W117/W217/W317 外引线图和典型接法

W317 的 3、1 脚之间电压恒定为 1.25V,输出电压 U_o 为

$$U_o = 1.25\left(1+\frac{R_2}{R_1}\right) \tag{5.18}$$

这种集成稳压器的主要特点是输入电流几乎全部流到输出端,流到公共端的电流极小。当负载电流变化时,其公共端的电流变化也极小,因此,利用这种集成块加上少量的外接元件可组成精密可调的稳压器和稳流电路。

5.1.4 三端集成稳压电源的设计、制作与测试

1. 测试器材

(1) 测试仪器仪表、工具:万用表、示波器、交流毫伏表、电烙铁等安装工具。

(2) 元器件:集成稳压块 1 片(型号待选),整流二极管 4 只(型号待选),电源变压器 1 只(220V/12V,20V·A),印制电路板 1 块,电容器若干(参数待选)。

2. 测试电路

测试电路为三端集成稳压电源,需要自行设计。其指标要求:输入交流电压 220V,频率为 50Hz;输出直流电压+12V,最大输出电流 1.5A。

(1) 设计要求

① 电源变压器、稳压电路和保护电路不要求设计,应设计整流、滤波和三端集成稳压器的连接电路。

② 选择电路类型(结构),计算选择元器件参数。

③ 根据设计的电路图,用 Protel 设计电路印制板图。

(2) 设计提示

① 三端集成稳压器电路形式较多,可供选择的参考电路如图 5-17 所示。

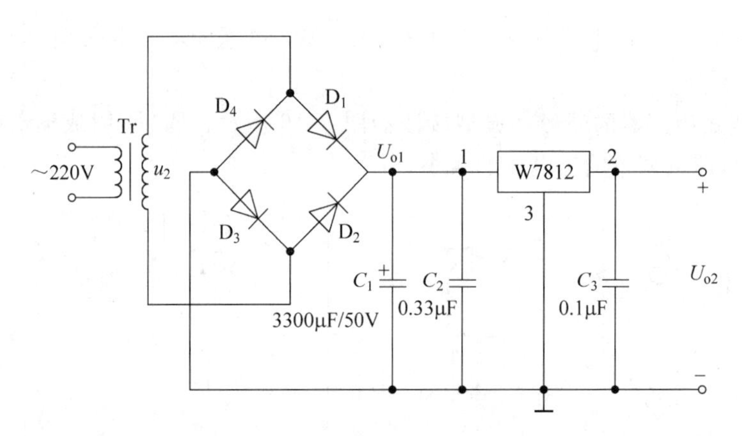

图 5-17　三端集成稳压电源参考电路

② 关于元器件选择，本设计所用电源变压器是根据稳压电源的输出电压和输出电流来决定的。滤波电容则根据输出电压和电流的大小来选择，为了获得好的稳压性能，容量应尽量大一些。对固定输出电压场合，可选用对应等级的三端稳压片。

3. 测试程序

(1) 电路组装

① 电路组装前，先对元器件进行测试或目测元器件的参数标识是否符号要求，检查集成稳压块的各个引脚。

② 在印制板上安装并焊接电路。安装完毕后，应认真检查各焊点及连线是否正确、牢固，二极管和滤波电容的极性是否正确。

(2) 测试电路功能

① 用示波器观察并记录桥式整流电路输入电压 U_2、电容 C_1 两端电压 U_{o1} 和稳压器输出电压 U_{o2} 的波形；

② 用交流毫伏表测量并记录电容 C_1 两端电压 U_{o1} 和稳压器输出电压 U_{o2} 中的交流分量；

③ 用万用表直流电压挡测量并记录电容 C_1 两端电压 U_{o1} 和稳压器输出电压 U_{o2} 的直流分量；

④ 将上面测量值与理论计算值进行比较，分析误差产生的原因。

任务 5.2　晶闸管可控整流电路分析、制作与测试

5.2.1　晶闸管相关知识

晶闸管(Thyristor)又称可控硅(SCR)，是一种功率半导体器件，具有容量大、效率高、寿命长、体积小、控制特性好等优点。晶闸管自 1957 年诞生后，半导体器件从弱电领域进入了强电领域，以晶闸管为主体的一系列功率半导体器件的应用技术已形成独立的

电力电子学科。

晶闸管包括普通晶闸管和双向、逆导、可关断、快速、光控等特殊晶闸管。其中普通晶闸管应用最普遍，主要用于整流、逆变、开关、调压等方面。这里主要介绍普通晶闸管及其整流电路，对双向晶闸管也进行简单介绍。

1. 晶闸管结构及工作原理

1）晶闸管的结构

晶闸管是一种大功率 PNPN 四层结构的半导体元件，有三个电极：阳极 A、阴极 K 和控制极（又称门极）G。其外形、结构及符号如图 5-18 所示。

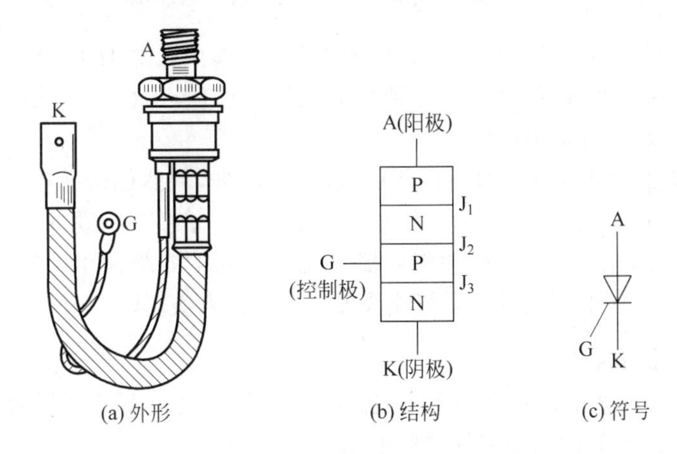

图 5-18 晶闸管外形、结构及符号

晶闸管的外形与大功率整流二极管相似，但多了一个控制极 G。在 PNPN 四层结构中，有三个 PN 结：J_1、J_2、J_3。

2）晶闸管的工作原理

由图 5-18(b)的晶闸管内部结构示意图可见，当阳极 A 和阴极 K 之间加正向电压，控制极 G 不加电压时，晶闸管内部 PN 结 J_2 处于反向偏置，晶闸管不能导通，处于正向阻断状态；当阳极和阴极之间加反向电压时，PN 结 J_1、J_3 均处于反向偏置，无论控制极是否加电压，晶闸管都不能导通，呈反向阻断状态。

实验表明，晶闸管导通必须同时具备两个基本条件。

(1) 阳极和阴极之间加正向电压；

(2) 控制极和阴极间加一定大小的正向触发电压。

为了说明晶闸管的工作原理，我们将晶闸管等效为一个 PNP 型三极管 T_1 与一个 NPN 型三极管 T_2 的组合，如图 5-19 所示。

可见，三极管 T_1(PNP 型)的发射极相当于晶闸管的阳极 A，三极管 T_2(NPN 型)的发射极相当于晶闸管的阴极 K，T_2 的基极则相当于晶闸管的控制极 G。当阳极加正向电压 EA，控制极也加正向电压 E_G 时（如图 5-20 所示），三极管 T_1 和 T_2 处于放大状态（设 T_1、T_2 的电流放大系数分别为 β_1 和 β_2），E_G 产生的控制极电流 I_G 就是 T_2 的基极电流 I_{B2}，经 T_2 放大后，其集电极电流 $I_{C2}=\beta_2 I_G$，I_{C2} 又是 T_1 的基极电流，T_1 的集电极电流 $I_{C1}=$

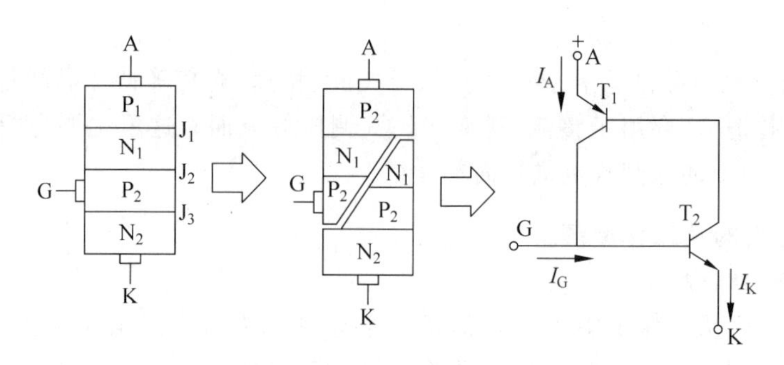

图 5-19　晶闸管等效为 T_1、T_2 两个晶体管的组合

$\beta_1\beta_2 I_G$。此电流再送入 T_2 和 T_1 进行放大，循环往复，形成强烈的正反馈，使两个三极管很快进入饱和导通状态，即晶闸管全导通。晶闸管导通后，阳极和阴极间的正向压降很小，导通电流的大小由外电路决定。

分析可知，晶闸管导通后，即使控制极电流 I_G 消失，依然能依靠内部正反馈维持导通。所以，控制极在晶闸管导通后就失去了控制作用。在实际应用中，E_G 常为触发脉冲。要使已导通的晶闸管关断，必须将阳极电流减小到不能维持正反馈过程，可通过增大负载电阻、降低阳极电压至近于零值或施加反向电压来实现。

2. 晶闸管的伏安特性

晶闸管的伏安特性即晶闸管的阳极电流 I_A 与阳极电压 U_{AK} 之间的关系曲线。在 $I_G=0$ 的条件下，晶闸管的伏安特性曲线如图 5-21 所示。

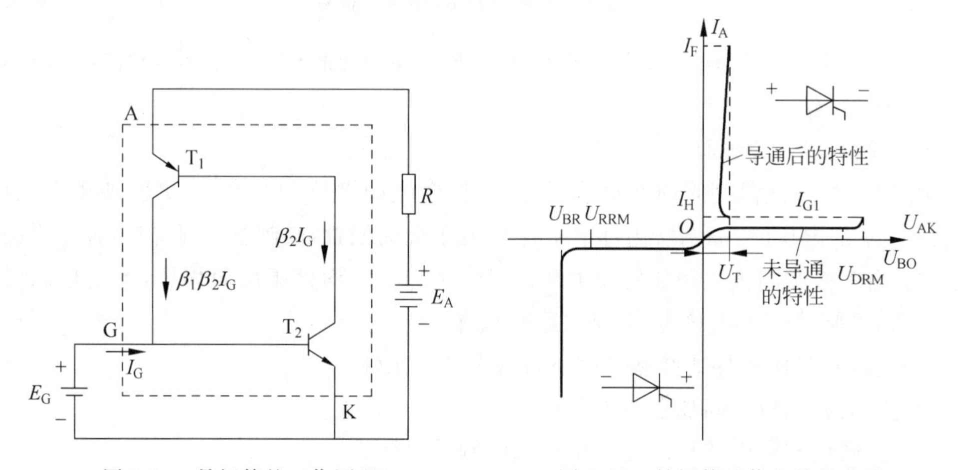

图 5-20　晶闸管的工作原理

图 5-21　晶闸管的伏安特性曲线

晶闸管的伏安特性分为正向特性和反向特性。当 $U_{AK}>0$ 即正向时，控制极不加电压，晶闸管内部 PN 结 J_2 处于反向偏置，只有极小的正向漏电流通过，晶闸管处于正向阻断状态(图 5-21 正向曲线的下部)；当 $U_{AK}>U_{BO}$ 时，晶闸管漏电流突然增大，由正向阻断状态变为导通状态，U_{BO} 称为正向转折电压。晶闸管导通后的正向特性与二极管相似，导通管压降很小，约 1V。其正向电流随正向电压的下降迅速减小，当电流小于某一数值 I_H 时，晶闸管恢复到正向阻断状态。I_H 称为晶闸管的维持电流。

当$U_{AK}<0$,且控制极仍不加电压时,晶闸管的伏安特性与二极管反向特性相似。当$U_{AK}<U_{BR}$时,晶闸管处于反向阻断状态,只有很小的反向漏电流。当$U_{AK}\geqslant U_{BR}$时,反向电流突然增大,晶闸管反向击穿,并因此而损坏。U_{BR}称为反向击穿电压。

晶闸管正常工作时,控制极必须加正向电压,即$I_G>0$。此时,晶闸管正向转折电压会降低。I_G越大,转折电压越小,即晶闸管从阻断变为导通所需的正向电压越小。

3. 晶闸管的参数

(1) 额定正向平均电流I_F

在环境温度小于40℃、标准散热和全导通条件下,晶闸管阳极与阴极间能连续通过的工频正弦半波电流平均值,简称正向电流。通常说多少安的晶闸管,就是指这个电流。

(2) 正向阻断峰值电压U_{DRM}

在控制极开路、正向阻断条件下,晶闸管能够重复承受的正向峰值电压。其值为正向转折电压U_{BO}的80%。

(3) 反向阻断峰值电压U_{RRM}

控制极开路时,晶闸管能够重复承受的反向峰值电压。其值为反向转折电压U_{BR}的80%。

(4) 维持电流I_H

在规定的环境温度和控制极开路时,维持晶闸管导通所需的最小阳极电流。

除以上参数外,还有正向平均管压降U_T(一般为0.4~1.2V)、控制极最小触发电压U_G(一般为1~5V)和触发电流I_G(约几十至几百毫安)等,使用时要根据电路要求进行选择。

国产晶闸管型号命名法及常用晶闸管电参数见附录C。

5.2.2 单相可控整流电路分析

可控整流电路的功能是将交流电能变换成电压大小可调的直流电能。用晶闸管组成的可控整流电路,具有体积小、重量轻、效率高、控制灵敏等优点,应用非常广泛。

本节介绍单相半波可控整流电路、单相半控桥式整流电路和晶闸管的保护。

1. 单相半波可控整流电路分析

将单相半波整流电路中的二极管换成晶闸管就构成了单相半波可控整流电路。下面分别讨论这种电路在电阻性负载和电感性负载时的工作情况。

1) 电阻性负载

用电阻作负载的单相半波可控整流电路如图5-22所示。

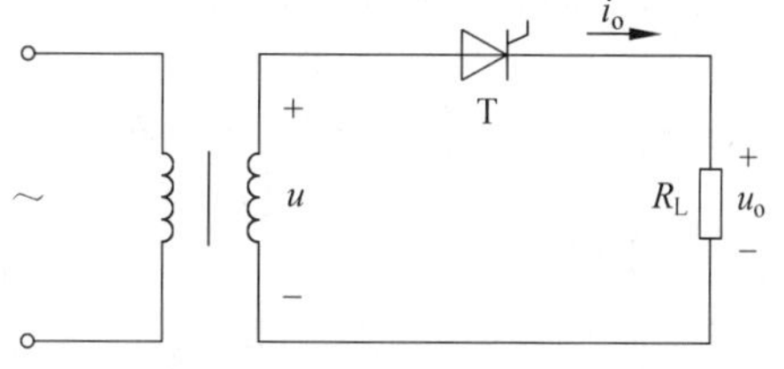

图5-22 电阻性负载的单相半波可控整流电路

从图可见,在输入交流电压u的正半周,晶闸管T加正向电压,在控制极加触发脉冲之前,管子未导通,负载两端电压$u_o=0$,晶闸管

承受全部电压 u。在 t_1 时刻,控制极加上触发脉冲,晶闸管导通,负载电压 $u_o=u$(忽略晶闸管压降)。电路中各点电压、电流的波形如图5-23所示。当 u 下降到接近零值时,晶闸管因其电流小于维持电流而关断,负载电压 $u_o=0$。在 u 负半周期间,晶闸管T因承受反压而阻断,负载电压和电流均为零。直至下一个周期,在相应的 t_2 时刻再加上触发脉冲,晶闸管重新导通。负载 R_L 上的电压、电流波形如图5-23(c)所示。晶闸管所承受的正向和反向电压的波形如图5-23(d)示,其最大正反向电压为输入交流电压的幅值,即 $\sqrt{2}\,U$。

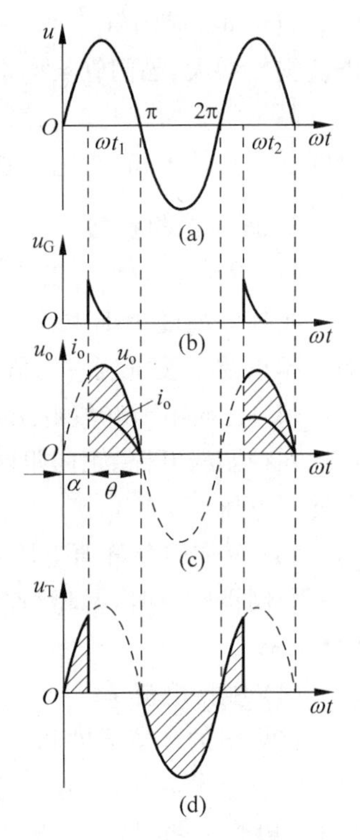

图5-23 电阻性负载时单相半波可控整流电路的电压、电流波形

从晶闸管承受正压起到触发导通之间的电角度 α 称为控制角,也称移相角,晶闸管在一个周期内导通的电角度用 θ 表示,称为导通角。显然,控制角越小,导通角越大,输出电压越高。输出电压的平均值可用控制角表示,即

$$U_o=\frac{1}{2\pi}\int_\alpha^\pi \sqrt{2}U\sin\omega t\cdot \mathrm{d}(\omega t)$$

$$=\frac{\sqrt{2}U}{2\pi}(1+\cos\alpha)=0.45U\,\frac{1+\cos\alpha}{2} \tag{5.19}$$

由式(5.19)可见,当 $\alpha=0$ 时,$U_o=0.45U$,晶闸管在正半周全导通,相当于二极管单相半波整流,输出电压最高;当 $\alpha=180°=\pi$ 时,$U_o=0$,晶闸管全关断。因此,控制角 α 从 π 向零方向变化,即触发脉冲向左移动时,负载上直流电压 U_o 从零到 $0.45U$ 之间连续变化,实现直流电压连续可调的要求。

流过负载电阻 R_L 中整流电流的平均值

$$I_o=\frac{U_o}{R_L}=0.45\,\frac{U}{R_L}\cdot\frac{1+\cos\alpha}{2} \tag{5.20}$$

此电流也是流过晶闸管的平均电流。

2)电感性负载与续流二极管

生产实际中的负载,多数为电感性负载,如各种电机的励磁绕组、各种电感线圈以及输出串接电抗器的电阻负载等。对整流器来说,其负载既含有电感,又含有电阻,它的工作情况与带纯电阻负载时有很大不同。其电路如图5-24所示。

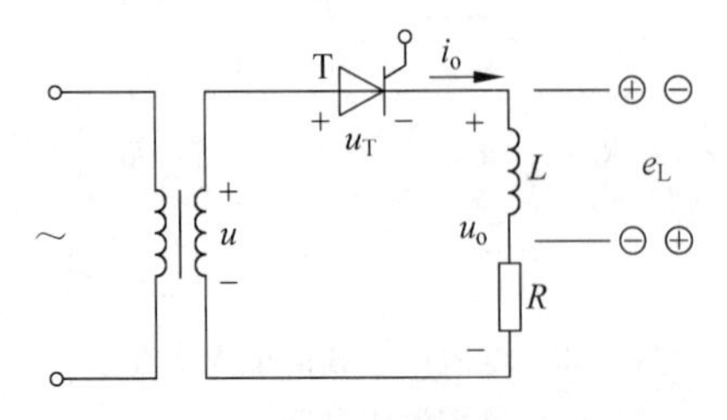

图5-24 带电感性负载的可控整流电路

为了便于分析,电路中将电感性负载的电感 L 和电阻 R 分开。在晶闸管刚触发导通时,电感中产生阻碍电流变化的感应电动势 e_L,其极性为上正下负,电路中电流不能突跳,而是由零逐渐上升。随着电流的上升,感应电动势逐渐减小,在电

感中储存了电磁能。当电流达到最大值时，感应电动势为零。当电压 u 下降而使电流减小时，感应电动势 e_L 极性改变为图 5-24 中的下正上负。此后，在交流电压 u 到达零值之前，e_L 和 u 极性相同，晶闸管一直导通。即使交流电压 u 经过零值变负，只要 e_L 大于 u，晶闸管继续承受正向电压，电流仍继续流通，如图 5-25(a)所示。在交流电压 u 变负以后，负载电阻消耗的能量不再由电源提供，而是由原先在电流增大过程中储存于电感中的电磁能提供。只要电路中电流大于维持电流，晶闸管就不会关断，负载上出现负电压。当电路中电流下降到维持电流以下时，晶闸管关断，并且立即承受反向电压，如图 5-25(b)所示。

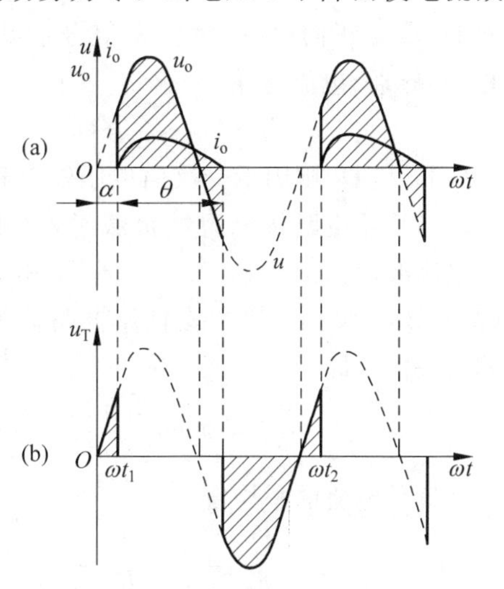

图 5-25　带电感性负载的可控整流电路的电压、电流波形

分析可知，由于电感的存在，负载电压波形出现部分负值，致使负载电压平均值减小。电感 L 越大，晶闸管在电源负半周维持导电的时间越长，负电压部分占的比例越大，输出电压和电流的平均值就越小。显然，如果不在电路上采取其他附加措施，就无法满足输出一定平均电压的要求。

解决办法：在负载两端并联一个二极管 D，其接法如图 5-26 所示。当交流电压 u 过零变负后，二极管因承受正向电压而导通，电感 L 产生的感应电动势经二极管 D 形成回路，使负载电流继续流通，故二极管 D 称为续流二极管。在续流二极管导通期间，负载两端电压接近于 0，因而不出现负电压，晶闸管则因承受反向电压而关断。

2. 单相半控桥式整流电路分析

将单相桥式整流电路中两个臂上的二极管用晶闸管取代，就构成了单相半控桥式整流电路，如图 5-27 所示。

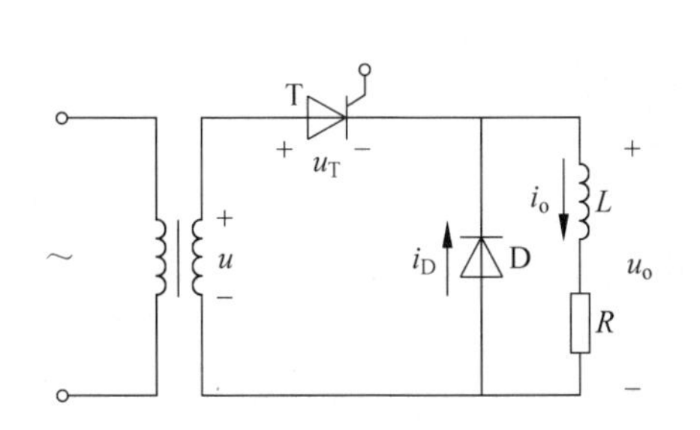

图 5-26　并联续流二极管的可控整流电路

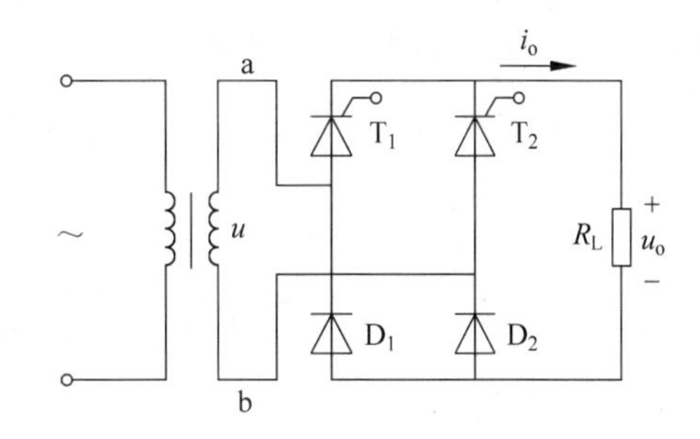

图 5-27　单相半控桥式整流电路

当变压器副边电压 u 处于正半周（设 a 端为正，b 端为负）时，晶闸管 T_1 和二极管 D_2 承受正向电压。这时，在 T_1 控制极加入触发信号，T_1 和 D_2 导通，电流通路：

$$a \rightarrow T_1 \rightarrow R_L \rightarrow D_2 \rightarrow b$$

此时,晶闸管 T_2 和二极管 D_1 都因承受反向电压而截止。同样,在 u 的负半周,T_2 和 D_1 承受正向电压,将触发信号加到 T_2 控制极,T_2 和 D_1 导通,电流通路:

$$b \to T_2 \to R_L \to D_1 \to a$$

T_1 和 D_2 则因承受反向电压处于截止状态。

当整流电路接电阻性负载时,单相半控桥的电压与电流波形如图 5-28 所示。显然,相对半波可控整流(图 5-23),单相半控桥式整流电路输出电压的平均值要大一倍。即

$$U_o = 0.9U \cdot \frac{1+\cos\alpha}{2} \tag{5.21}$$

负载电流的平均值

$$I_o = \frac{U_o}{R_L} = 0.9\frac{U}{R_L} \cdot \frac{1+\cos\alpha}{2} \tag{5.22}$$

从图 5-28 可看出,晶闸管 T_1、T_2 承受的最大正、反向电压和二极管 D_1、D_2 承受的最大反向电压都是电源电压 u 的峰值 $\sqrt{2}\,U$。

流过晶闸管和二极管的电流平均值为

$$I_T = I_D = \frac{1}{2}I_o \tag{5.23}$$

单相半控桥式整流电路相对单相半波可控整流电路,所用整流元件要多一些,结构较复杂。但是,整流输出电压的脉动大大减小,输出电流增大,故实际应用多为后者。

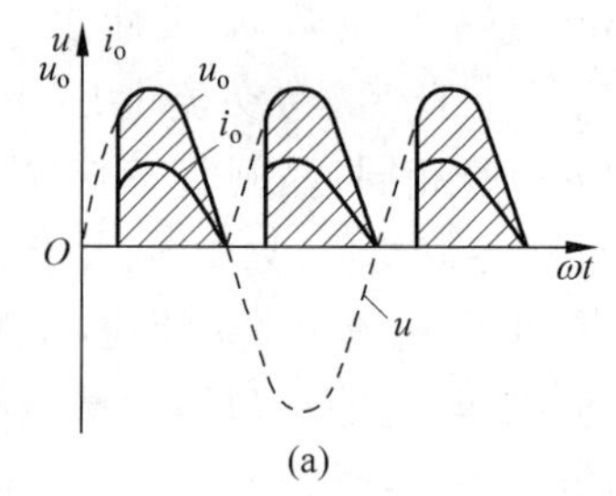

(a)

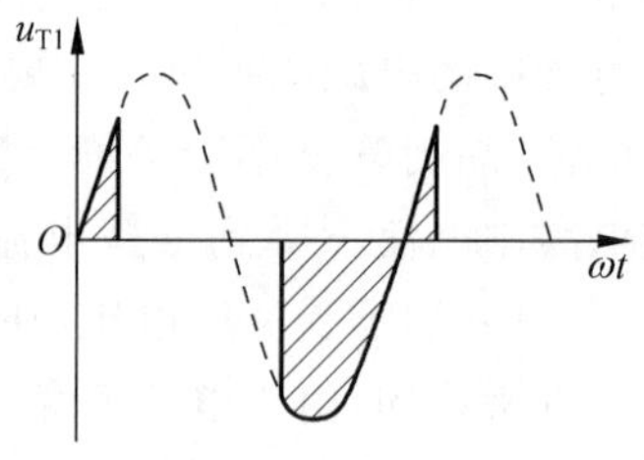

(b)

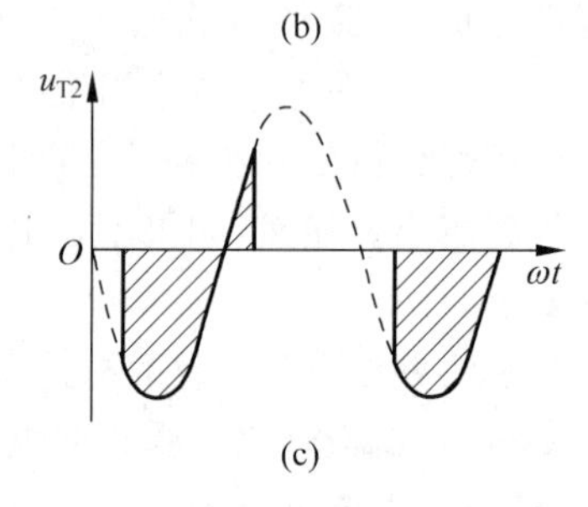

(c)

图 5-28 单相半控桥式整流电路的电压、电流波形

例 5-4 某单相半控桥式整流电路,直接由 220V 交流电源供电,接电阻值为 4Ω 的负载,要求输出 0~80V 的可调直流电压。试计算负载端电压为 80V 时晶闸管的导通角和流过晶闸管、二极管的平均电流。

解 由式(5.20)

$$U_o = 0.9U\,\frac{1+\cos\alpha}{2}$$

则

$$\cos\alpha = \frac{2U_o}{0.9U} - 1 = \frac{2\times 80}{0.9\times 220} - 1 = -0.192$$

所以

$$\alpha = 101.1°$$

导通角

$$\theta = 180° - \alpha = 180° - 101.1° = 78.9°$$

负载电流平均值

$$I_o = \frac{U_o}{R_L} = \frac{80}{4} = 20(\text{A})$$

流过晶闸管和二极管的平均电流

$$I_{\mathrm{T}}=I_{\mathrm{D}}=\frac{1}{2}I_{\mathrm{o}}=\frac{20}{2}\mathrm{A}=10(\mathrm{A})$$

3. 晶闸管的保护

晶闸管有许多优点，但它承受过电压、过电流的能力很差，短时间的过电流、过电压都可能造成元件损坏。为使晶闸管装置能正常工作而不损坏，必须采取适当的保护措施。

出现过电压的原因主要是电路中的电感元件，在电路接通或切断（如电源变压器的合闸与拉闸、熔断器熔断）时，从一个元件导通转换到另一个元件导通时，以及雷击等均可使电路中的电压超过正常值。因此，必须采取措施消除晶闸管上可能出现的过电压。

防止晶闸管上出现过电压的措施有下面几种。

(1) 阻容保护

实质是利用电容器吸收过电压，将产生过电压的能量变成电场能储存到电容器中，然后释放到电阻上消耗掉。

常用方法是在整流装置的交流侧（电源变压器二次绕组）、直流侧（负载端）以及每只晶闸管元件两端并联阻容吸收元件，如图5-29所示。

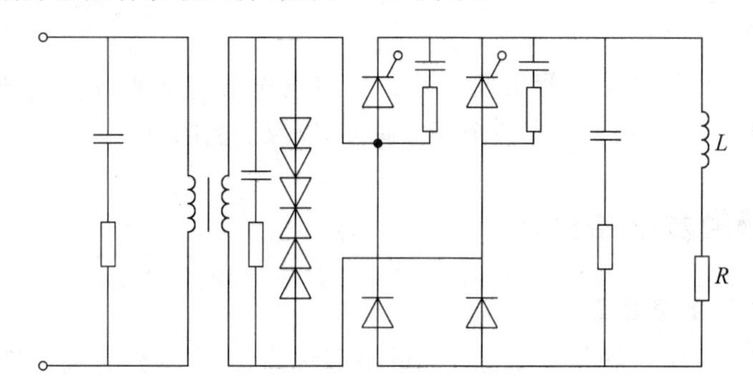

图5-29　晶闸管装置可能采用的各种保护

(2) 非线性电阻保护

硒堆（硒整流片）或压敏电阻是非线性电阻元件，具有较陡的反向特性。利用其击穿电压的原理限制过电压，特别适合于持续时间较长的雷击过电压的限制。如要抑制正、反向过电压，必须将硒堆正、反两组对接才能使用（图5-29）。

(3) 过电流保护

导致晶闸管过电流的原因主要有：负载端过载或短路、某只晶闸管被击穿短路、触发电路工作不正常或受干扰使晶闸管误触发等均可产生过电流。由于晶闸管承受过电流的能力很差，一旦发生过电流，晶闸管温度就会急剧上升将PN结烧坏，使元件内部短路或开路。所以，必须在很短的时间内将过电流切断，使元件免于损坏。

常用过电流保护措施有下面几种。

① 快速熔断器保护

快速熔断器（简称快熔）的熔体采用低熔点的银质熔丝，专门用于晶闸管过电流保护。与普通熔断器相比,它具有快速熔断特性,在流过5倍额定电流时,熔断时间小于0.02s。当出现短路时,它能在晶闸管损坏之前,切断短路电流,保护晶闸管。

快速熔断器的接法有三种,如图5-30所示。一种方法是将快熔接在整流桥的交流输入端,对输出端短路和元件短路同时进行保护;第二种方法是将快熔与元件串联对元件本身的故障进行保护;第三种方法是将快熔接在整流桥的输出端,对输出回路的过载或短路进行保护。

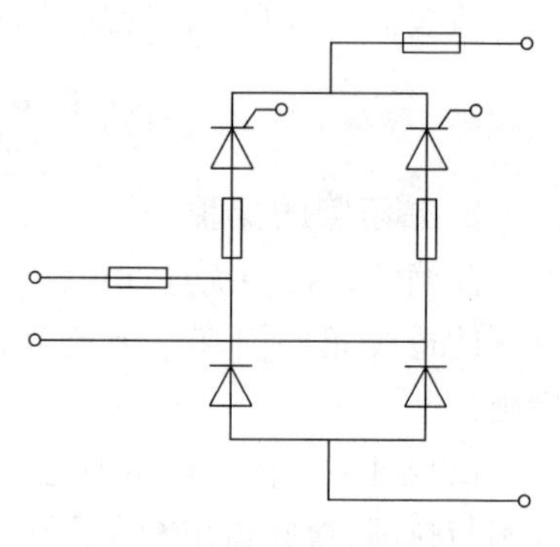

图5-30 快速熔断器的接法

熔断器的电流定额应尽量接近实际工作电流的有效值,而不是按所保护晶闸管的电流定额(平均值)选取。

② 灵敏过电流继电器保护

将灵敏的过电流继电器装在交流侧(经电流互感器)或直流侧,在发生过电流故障时动作,使交流侧自动开关或直流侧接触器跳闸。由于过电流继电器和自动开关或接触器动作需要的时间较长,这种保护只对过载有效,对于短路故障则因反映太慢,来不及动作,保护作用不理想。

③ 过电流截止保护

利用过电流信号控制晶闸管触发电路。当整流输出端过载,直流电流增大时,使触发脉冲迅速后移,即控制角α增大甚至停发脉冲,以保护晶闸管。

5.2.3 晶闸管触发电路分析

1. 对触发电路的基本要求

为晶闸管控制极提供触发电压与电流的电路称为触发电路,它决定每个晶闸管的触发导通时刻,是晶闸管装置的重要组成部分。为保证晶闸管装置能正常可靠地工作,触发电路应满足如下要求。

(1) 触发信号应有足够的功率(电压与电流)。触发信号作用于晶闸管的控制极与阴极,为保证晶闸管在各种工作条件下都能可靠触发,触发电路送出的触发电压与电流必须大于晶闸管控制极规定的触发电压与触发电流的最大值,并留有足够余量,但要注意不超过控制极允许的极限值。

(2) 触发信号可以是交流、直流或脉冲。由于晶闸管在触发导通后控制极就失去了控制作用,为减小控制极损耗,常采用脉冲触发方式。

(3) 触发脉冲应有一定宽度,保证晶闸管有足够时间完成开通过程。一般要求脉宽大于20μs。

(4) 触发脉冲必须与晶闸管阳极电压同步,移相范围必须满足电路要求。为使晶闸管在每个周期都在相同的控制角α触发导通,触发脉冲必须与电源同步且脉冲与电源保持固定的相位关系。触发脉冲的移相范围与主电路形式、负载性质及变流装置的用途有关,为使装置正常工作,必须保证触发脉冲能在相应范围内进行移相。

此外，还要求触发电路具有动态响应快、抗干扰能力强、温度稳定性好等性能。

2. 单结晶体管及其触发电路

1）单结晶体管的结构

单结晶体管 UJT(Uni-Junction Transistor)也称双基极二极管，外形与普通晶体管相似，其结构和图形符号如图 5-31 所示。它是在一块高电阻率的 N 型硅半导体基片上，引出两个电极：第一基极 B_1 与第二基极 B_2。这两个基极之间的电阻 R_{BB} 即是基片的电阻，为 2～12kΩ。在两基极之间，靠近 B_2 极处设法掺入 P 型杂质铝，引出电极称为发射极 E。它有三个电极，只有一个 PN 结，故称其为单结晶体管。

单结晶体管可用图 5-32 虚线框所示的等效电路来表示。等效电路中 R_{B1} 为第一基极与发射极间的电阻，其值随发射极电流 I_E 的大小改变，R_{B2} 为第二基极与发射极间电阻，其值与 I_E 无关，PN 结用等效二极管 D 表示。

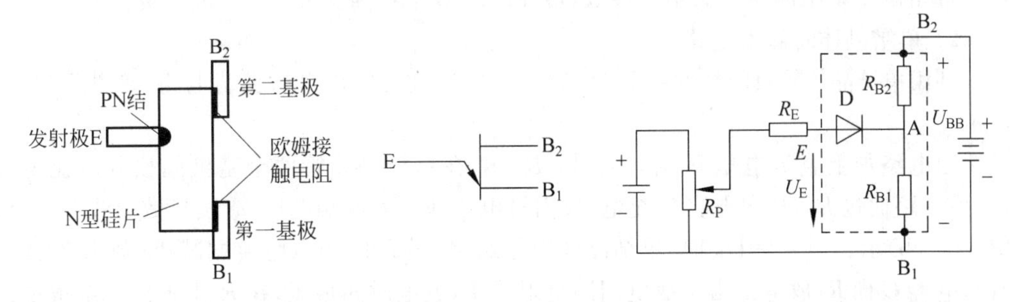

图 5-31　单结晶体管结构及符号　　图 5-32　单结晶体管等效电路

在单结晶体管两个基极 B_1、B_2 间加固定直流电压 U_{BB}，当发射极 E 不加电压，即 $U_E=0$ 时，U_{BB} 在 R_{B2} 和 R_{B1} 间分压，A、B_1 两点之间电压为

$$U_A = \frac{R_{B1}}{R_{B1}+R_{B2}}U_{BB} = \frac{R_{B1}}{R_{BB}}U_{BB} = \eta U_{BB} \tag{5.24}$$

式中，$\eta=\dfrac{R_{B1}}{R_{B1}+R_{B2}}$ 称为分压比，是单结晶体管的主要参数，由管子内部结构决定，通常在 0.3～0.9 之间。

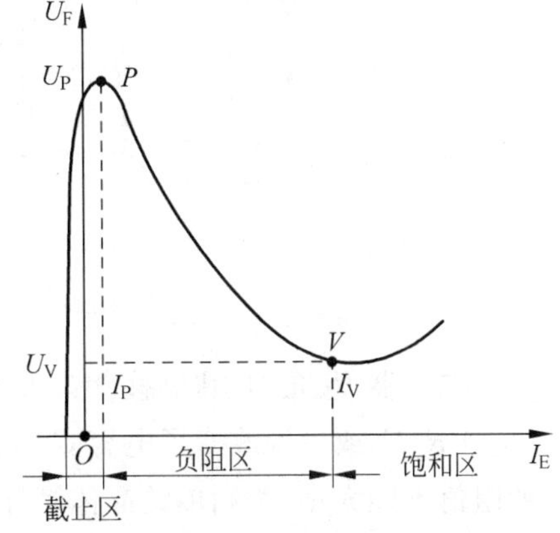

图 5-33　单结晶体管的伏安特性曲线

如果在发射极 E 加电压 U_E，并使 U_E 由零逐渐增大，则可得到图 5-33 所示的单结晶体管伏安特性曲线。当 $U_E<U_A$ 时，PN 结反偏截止，I_E 为很小的漏电流。随着 U_E 的增大，这个电流逐渐变成一个大约几微安的正向漏电流。所对应的区域称为截止区；当 $U_E=U_A+U_D$ 时，PN 结导通，发射极电流 I_E 显著增大。PN 结由截止变为导通的转折点称为峰点 P，对应该点的电压 U_P、电流 I_P 称为峰点电压和峰点电流。显然，峰点电压 $U_P=\eta U_{BB}+U_D$，U_D 为单结晶体管中 PN 结的正向压降，一般取 0.7V。对于分压比 η 不同的管子，或者外加电压 U_{BB} 不同时，峰

点电压 U_P 也不同。

PN结导通后,从发射区(P区)向硅片下部注入大量空穴,R_{B1} 迅速减小,I_E 迅速增大,而 U_E 则下降。当 U_E 下降到 $U_E<U_V$ 时,PN结又反偏截止。特性曲线的最低点称谷点,对应该点的电压 U_V、电流 I_V 称为谷点电压和谷点电流。谷点以后,由于硅片下部空穴浓度已很高,R_{B1} 不再下降,I_E 继续增大时,U_E 略有上升。

分析可知,特性曲线上P、V两点是单结晶体管工作状态的两个转折点。当 $U_E\geqslant U_P$ 时,单结晶体管导通;当 $U_E<U_V$ 时,单结晶体管恢复截止。P、V两点之间的区域为负阻区,V点右边的区域为饱和区。

不同单结晶体管的谷点电压 U_V 和谷点电流 I_V 是不同的。谷点电压一般在2～5V之间。在触发电路中,为增大输出脉冲幅度和移相范围,常选用 η 稍大一些,U_V 小一些,I_V 大一些的单结晶体管。

常用国产单结晶体管的主要参数,可在附录B中查到。

2) 单结晶体管触发电路

利用单结晶体管负阻特性与RC电路充放电原理可组成自激振荡电路,如图5-34(a)所示。

当电路加上直流电压 U 时,一路经 R_2、R_1 在单结晶体管两个基极间按分压比 η 分压,另一路通过 R_P、R 向电容 C 充电,发射极电压即电容两端电压 u_C 按指数曲线上升,如图5-34(b)示。当 $u_C=U_P$ 时,单结晶体管导通,管子E-B_1 间电阻急剧减小(降为20Ω左右),电容 C 向 R_1 放电。由于放电回路电阻很小,放电时间很短,在 R_1 上形成一个很窄的尖脉冲。当 $u_C<U_V$ 时,由于 (R_P+R) 数值较大,电源供给的电流小于单结晶体管的谷点电流 I_V,单结晶体管截止。此后,电容 C 又重新充电,重复上述过程,于是在电容上形成锯齿波电压,在 R_1 上形成一个又一个的输出脉冲。

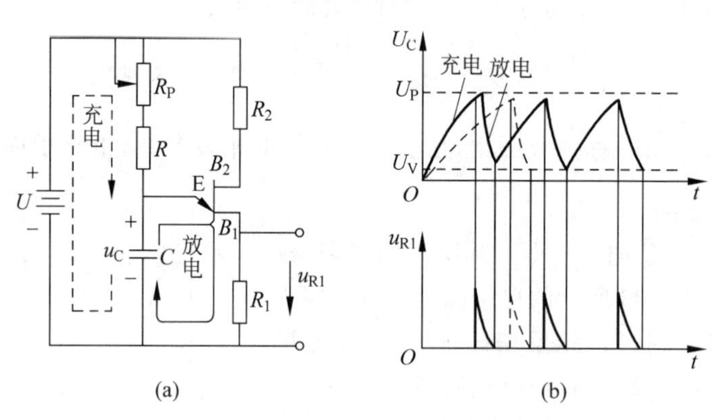

图5-34 单结晶体管弛张振荡器电路

电位器 R_P 的作用是移相。改变 R_P 的阻值,就改变了充电回路的时间常数 $\tau=(R_P+R)C$,或者说改变了电容 C 的充电快慢,从而调节输出脉冲电压的频率。(R_P+R) 的阻值不能太小,否则单结晶体管导通之后,电源经 R_P 和 R 供给的电流较大,单结晶体管的电流始终大于谷点电流 I_V,u_C 始终大于 U_V,单结晶体管不能截止,形成直通现象。当然,(R_P+R) 也不能太大,否则充电太慢,电容器上电压充不到 U_P,单结晶体管不能导通。通常取(R_P+R)的阻值为几千欧到几十千欧。电容 C 的大小与脉冲宽窄、(R_P+R)的大小有关,通常取 0.1～1μF。

R_1 的大小影响输出脉冲的宽度与幅值。R_1 太小则放电太快,脉冲太窄,不易触发晶闸管;R_1 太大,在单结晶体管未导通时,电流 I_{BB} 在 R_1 上的压降较大,可能使晶闸管误导通。通常,R_1 取 50～100Ω。

R_2 用于补偿温度对 U_P 的影响,通常取 200～600Ω。

图 5-35(a)是由单结晶体管触发的单相半控桥式整流电路,上部是触发电路,下部是主电路,由两只整流二极管和两只晶闸管组成单相半控桥式整流电路,负载是 R_L。电阻 R_1 上的脉冲电压 u_G 就是用来触发晶闸管的。

有以下两个问题需要说明。

(1) 同步触发问题

在可控整流电路中,加到晶闸管控制极的触发脉冲必须与阳极电压同步,保证管子在阳极电压每个正半周内以相同的控制角 α 被触发来获得稳定的直流输出电压,通常将主电路与触发电路接在同一交流电源上,以实现同步触发。

在图 5-35(a)中,u_2 经桥式整流及稳压削波后,得到梯形电压 u_z,如图 5-35(b)所示,作为触发电路的电源。u_2、u_z 与 u_1 同步,在同一时刻过零点。当 u_z 过零点时,单结晶体管基极间电压 U_{BB} 也为零。如果此时电容器 C 上有残余电压,就会通过 R_1 很快放掉,以保证电容器在交流电源的每半个周期内都是从零开始充电,从而使每半周产生第一个脉冲的时间保持不变。

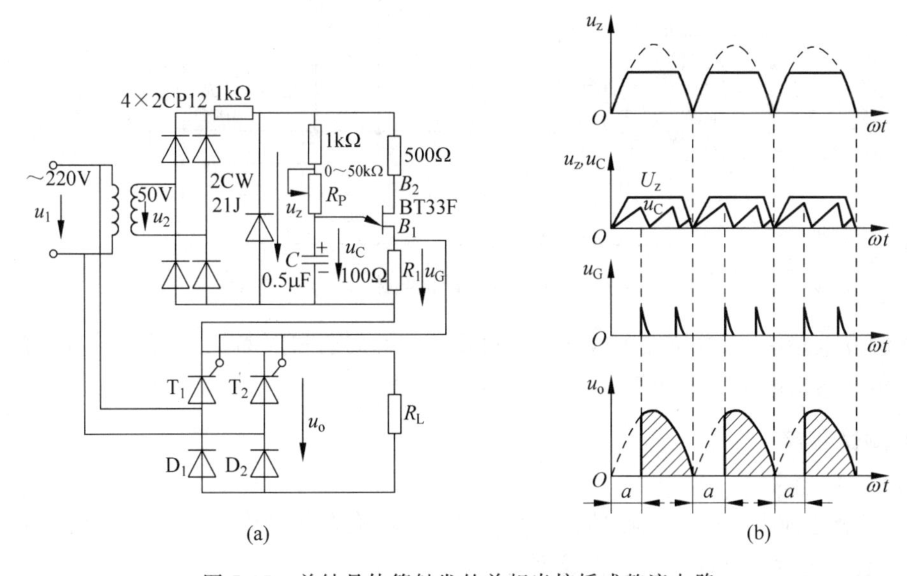

图 5-35　单结晶体管触发的单相半控桥式整流电路

(2) 移相触发问题

当电容器充电时间常数(R_P+R)C 远小于电源电压半周时,在一个梯形波下,电容器会进行多次充放电,产生多个触发脉冲,见图 5-35(b)。它送到晶闸管 T_1、T_2 的控制极,使其中承受正向阳极电压的晶闸管导通,后面的脉冲就不起作用了,到电源电压过零反向时,晶闸管自行关断。因此,控制角 α 的大小,由第一个脉冲出现的时间决定。增大 R_P 的值,电容 C 充电变慢,脉冲后移,α 角增大,晶闸管的导通角减小,输出电压的平均值变小。可见,通过改变 R_P 的阻值,即可达到移相触发可控整流的目的。

5.2.4 晶闸管可控整流电路的制作与测试

1. 测试器材

(1) 测试仪器仪表:万用表、示波器等。

(2) 元器件:多绕组电源变压器 220V/18V、6V×1,整流二极管 1N4001×4,稳压二极管 2CW13×1,单结晶体管×1,晶闸管 KP5A×1,电位器 47kΩ×1,电阻 500Ω/0.25W×2、100Ω/0.25W×1、47Ω×1,电容 0.5μF /25V×1,灯泡 1 只,晶闸管可控整流电路印制板 1 块。

2. 测试电路

测试电路如图 5-36 所示。电源变压器原边接交流 220V,副边上面绕组输出交流 18V,供给单结管触发电路;下面绕组输出交流 6V,供给可控整流电路。

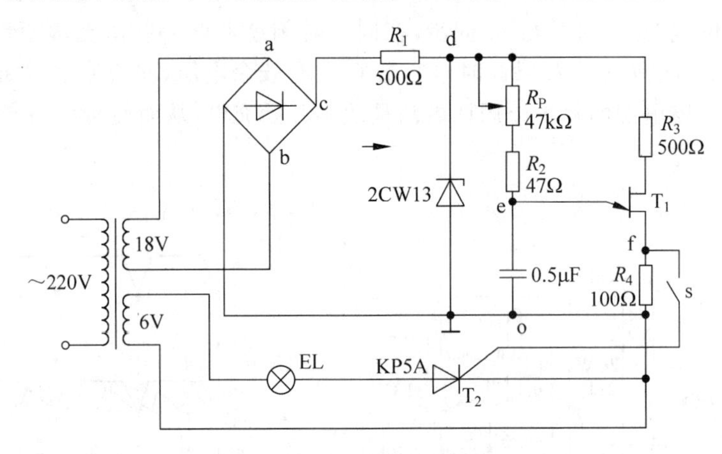

图 5-36 测试电路

在触发电路中,调电位器 R_P,可改变触发脉冲的周期和频率,也调节了可控整流电路的控制角和输出电压的平均值。

3. 测试程序

(1) 电路组装

① 组装之前先检查各元器件的参数是否正确,检查晶闸管和单结晶体管的各个引脚,按安装要求对元器件进行引脚成型处理。

② 按图 5-36 在印制电路板上安装、焊接元器件。安装完毕后,应仔细检查连线是否正确,焊接是否牢固。

(2) 测试电路功能

① 判断晶闸管的极性及好坏。

根据 PN 结的正向电阻小(数百欧),反向电阻大(数十千欧以上)的特点,用万用表的

$R\times100\Omega$ 及 $R\times1\text{k}\Omega$ 挡，测量晶闸管各极之间阻值，记入自行设计的表格中，判定引脚极性并初步判断晶闸管的好坏。

② 触发电路试验。

a. 断开触发电路与主电路的连接开关S，将电源变压器的18V输出端接入触发电路，并接通变压器原边电源。

b. 调节好双踪示波器，观察并记录电压 U_{ab}、U_{co}、U_{do}、U_{eo}、U_{fo} 的波形。

c. 调节 R_P，用示波器观察电压 U_{eo}、U_{fo} 的波形的变化，了解触发脉冲移相过程。

③ 可控整流电路测试。

a. 接通开关S，在晶闸管控制极加触发脉冲。调节 R_P，测试并记录可控整流电路的输出电压平均值。

b. 观察晶闸管、负载两端电压波形变化规律与灯泡亮度变化的关系。

④ 整理观测并记录的波形和实验数据，画出控制角 α 在45°、90°、135°时负载(灯泡)两端电压的波形，找出控制角 α 与整流输出电压平均值的变化规律，并与理论值比较，分析误差原因。

任务5.3 拓展与训练

5.3.1 双向晶闸管

将两个反向并联的晶闸管集成在同一硅片上，用一个门极控制触发，就成了双向晶闸管。这种结构使它在两个方向都具有与普通晶闸管同样的开关特性，且伏安特性相当于两只反向并联的普通晶闸管。不同的是它由一个门极进行双方向控制，故是一种控制交流功率的理想器件。

双向晶闸管的结构、等效电路及伏安特性如图5-37所示。图5-37(a)为基本结构图，它是一个NPNPN五层结构，有两个主电极 T_1 和 T_2，一个门极G。其中 $P_1N_1P_2N_2$ 组成正向晶闸管，其伏安特性画在第Ⅰ象限，称为Ⅰ特性。与它反向并联的 $P_2N_1P_1N_4$ 组成反向晶闸管，其伏安特性在第Ⅲ象限，称为Ⅲ特性，如图5-37(c)所示。两个晶闸管均由同一个门极G控制其触发导通。

双向晶闸管有四种门极触发方式，即 Ⅰ_+、Ⅰ_-、Ⅲ_+、Ⅲ_-。四种触发方式的灵敏度各不相同，综合考虑触发灵敏度和换向能力等因素，在用双向晶闸管控制交流功率时，一般采用 Ⅰ_- 和 Ⅲ_- 两种触发方式，即门极电压极性为负，分别如图5-38(a)、(b)所示。

双向晶闸管通常用在交流电路中，因而不能用平均值，而应用有效值表示其额定电流。以有效值200A的双向晶闸管为例，其峰值电流为 $200\sqrt{2}$A，即283A。而一个峰值为283A的普通晶闸管，它的平均值为 $283/\pi=90$A。所以，一个200A(有效值)的双向晶闸管可代替两个90A(平均值)的普通晶闸管。

由于双向晶闸管可在交流调压、可逆直流调速等电路中代替两个反向并联的普通晶

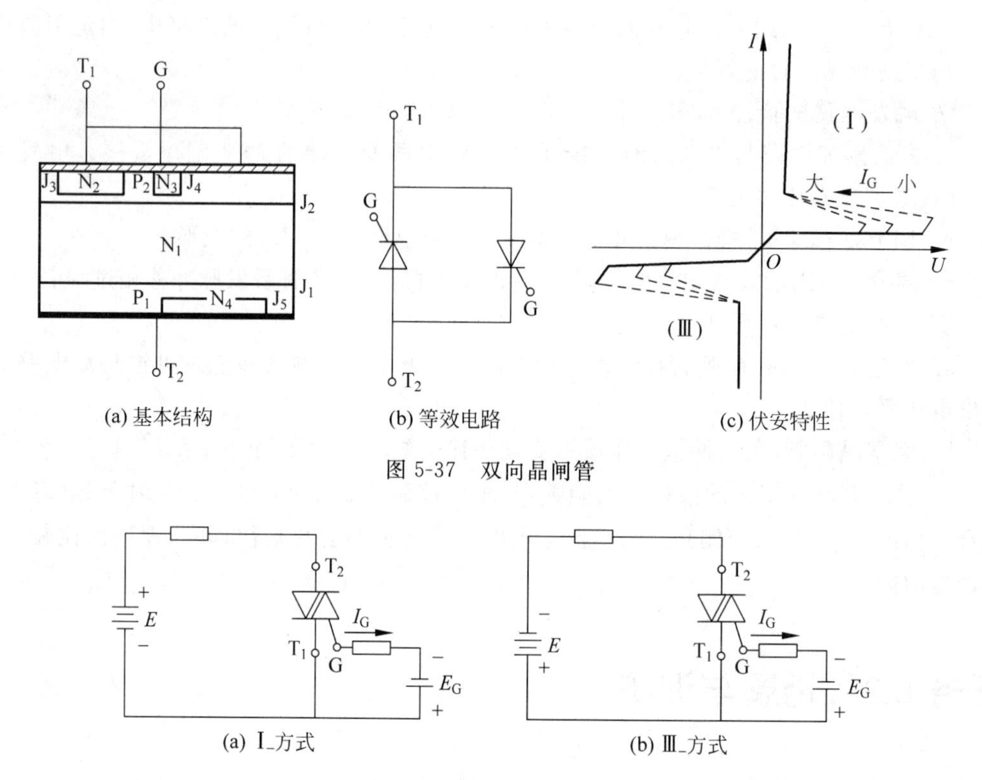

图 5-37 双向晶闸管

图 5-38 门极触发方式

闸管,使电路大大简化。并且由于只有一个门极,且正脉冲或负脉冲都能使它触发导通,所以其触发电路的设计比较灵活,在生产实际中应用非常广泛。

5.3.2 晶闸管交流调压电路分析

图 5-39 所示的晶闸管交流调压电路可用于电风扇或台灯,达到连续调速或调光的目的。

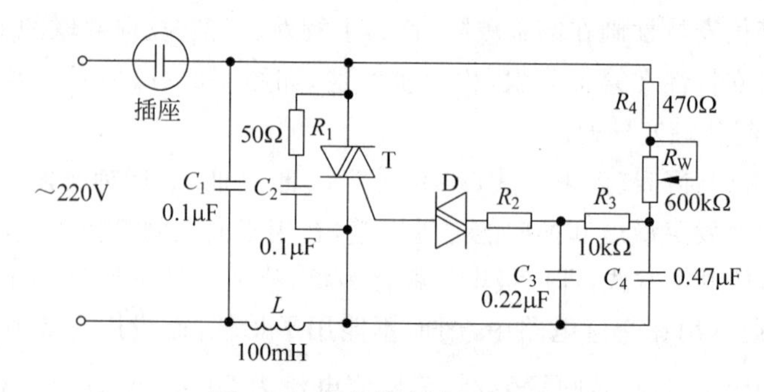

图 5-39 晶闸管交流调压电路

1. 双向触发二极管

在分析电路工作原理之前，先介绍双向触发二极管的符号和伏安特性，分别如图5-40(a)、(b)所示。

当加于双向触发二极管的电压值小于U_{BR}时，流过二极管的电流为零，对应的这段特性为截止区。当外加电压等于U_{BR}时，双向触发二极管导通，流过管子的电流急剧增加。而且随着电流增加，二极管两端电压下降，对应这段伏安特性为负阻区。当双向触发二极管导通并进入负阻区时，将有一个脉冲电流流过双向触发二极管所在电路，并对双向晶闸管输出一个脉冲电压。

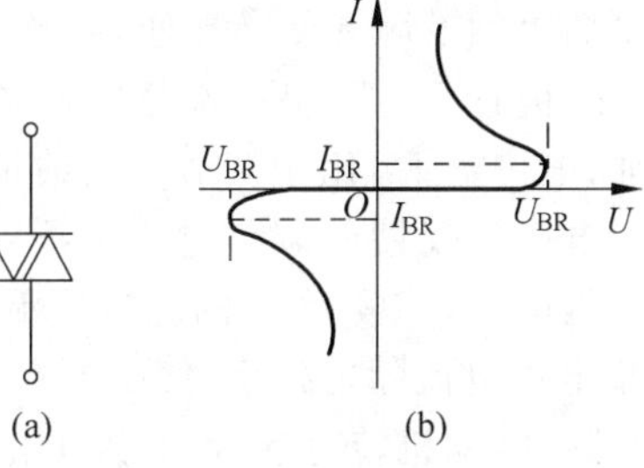

图5-40 双向触发二极管的符号和伏安特性

由于双向触发二极管加正、反向电压均能使之导通，且正、反向伏安特性基本对称，故在加正反向电压时均能输出对称的正负脉冲电压和电流。因此，双向触发二极管常与双向晶闸管配套使用。

2. 电路工作原理

在图5-39的晶闸管交流调压电路中，负载经插座接入。电源经负载、R_4、R_W对C_4充电，C_4两端电压上升，此电压再经R_3对C_3充电。当C_3上电压上升到双向触发二极管D的U_{BR}值时，管子导通，触发双向晶闸管使之导通。同时，C_3、C_4迅速放电。调节R_W可改变对C_4、C_3的充电速度，从而改变C_3电压达到U_{BR}所需的时间，改变晶闸管的导通角，使负载两端电压也随之改变。电路采用二级RC充电回路(R_4、R_W、C_4；R_3、C_3)，调节R_W可使双向晶闸管的导通角在0°～170°范围变化。

L和C_1组成低通滤波电路，可抑制高频干扰。R_1和C_2组成阻容吸收电路，防止瞬间过电压对双向晶闸管的破坏。

5.3.3 直流伺服电动机调速电路分析

图5-41是一个他励式直流伺服电动机的调速电路。主电路为采用一只晶闸管的桥

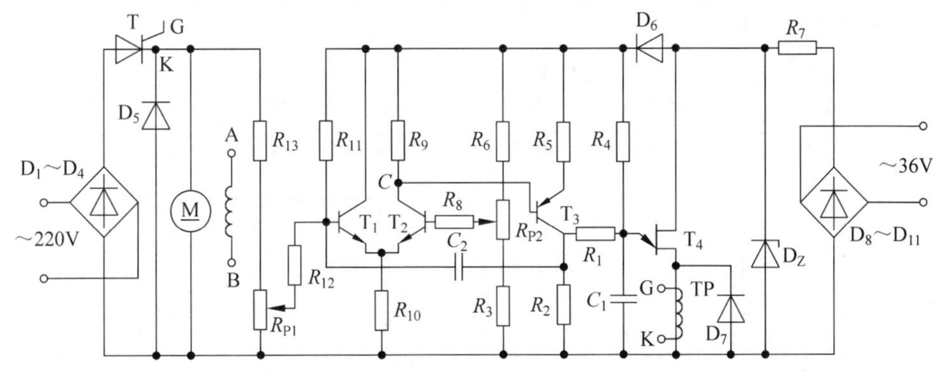

图5-41 直流伺服电动机调速电路

式可控整流电路，其中整流二极管 $D_1 \sim D_4$ 组成不可控的单相桥式整流电路，将交流整流成全波直流，然后用晶闸管 T 进行开关控制，改变晶闸管触发脉冲的 α 角，就可改变其输出电压的高低，从而改变伺服电动机 M 的转速。晶闸管在这里起一个无触点开关作用，每半周由触发脉冲使其导通，在整流出来的全波电压过零时关断。

三极管 T_1、T_2 组成差分放大器，T_4 组成单结晶体管振荡器，产生晶闸管控制极触发脉冲，电位器 R_{P1} 用于调节负反馈量的大小，R_{P2} 用于调节电动机转速高低。

电压负反馈的调节过程如下：若电动机电枢电压升高，电动机转速升高。但 R_{P1} 上的分压增大，三极管 T_1 的基极电流、集电极电流增大，T_2 集电极电流减小，C 点电位升高，T_3 集电极电流随之减小，使电容 C_1 的充电电流减小，晶闸管触发脉冲后移，电动机电枢电压下降，电动机转速降低，起到了稳定电动机转速的作用。

习题

5.1 在图 5-1 所示的单相半波整流电路中，已知变压器副边电压 $U_2=110V$，负载电阻 $R_L=1k\Omega$，试求输出直流电压 U_o、负载电流 I_o，并选用合适的整流二极管。

5.2 在图 5-3 所示的单相桥式整流电路中，已知负载电压 $U_o=100V$，负载电阻 $R_L=100\Omega$，试求：

(1) 变压器副边电压 U_2；

(2) 选用合适的整流元件。

5.3 在图 5-5 所示单相半波整流电容滤波电路中，已知交流电源频率 $f=50Hz$，负载电阻 $R_L=500\Omega$，负载电压 $U_o=10V$，试选择整流二极管和滤波电容器。

5.4 在图 5-10 所示稳压管稳压电路中，已知负载电流 $I_o=20mA$，流过稳压管的电流 $I_Z=30mA$，限流电阻 $R=100\Omega$，试求流过限流电阻的电流是多少？限流电阻的功率损耗是多少？

5.5 如图 5-12 所示电路中，已知稳压管的稳压值 $U_Z=8V$，要得到直流电压 $U_o=20V$，试问选择什么型号的三端集成稳压器？

5.6 在图 5-42 中，将一只晶闸管 T 与灯泡 HL 串联，加上直流电压 U，问：

(1) 开关 S 断开时，灯泡亮不亮？

(2) 开关 S 闭合时，灯泡亮不亮？

(3) 如果在开关 S 闭合一会儿后再断开，灯泡亮不亮？为什么？

5.7 调试图 5-43 所示晶闸管电路，在断开开关 S 测量输出电压 U_o 是否正确可调时，发现电压表读数不正常，当合上开关 S 后一切正常，为什么？

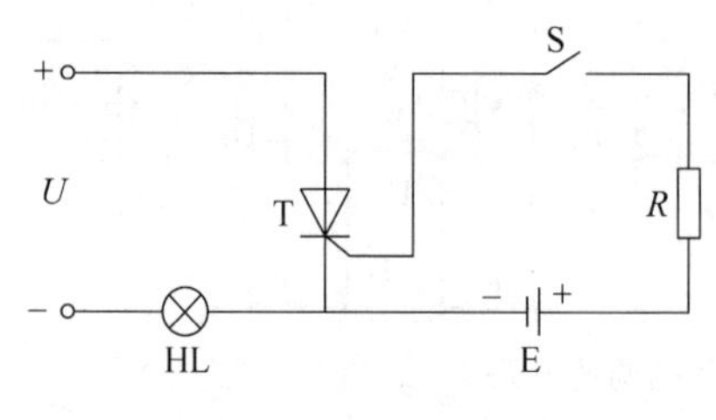

图 5-42 题 5.6 的图

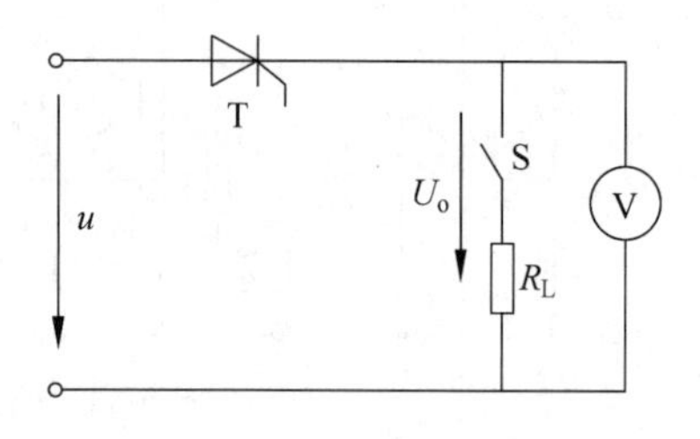

图 5-43 题 5.7 的图

5.8　在图 5-22 所示带电阻负载的单相半波可控整流电路中，变压器副边电压 U=100V，负载电阻 R_L=10Ω，晶闸管控制角 α 为 60°，求输出电压和电流的平均值。

5.9　某电阻性负载，需要直流电压 60V、电流 30A。今采用单相半波可控整流电路，直接由 220V 电网供电。试计算晶闸管的导通角、晶闸管所承受的最大正向电压、最大反向电压。

5.10　在晶闸管整流电路中，续流二极管起什么作用？

5.11　某单相桥式半控整流电路带电阻性负载，要求输出直流可调。其电压为 U_o=0～135V，电流 I_o=0～14A，求交流电压的有效值、晶闸管所承受的最大正向电压、最大反向电压、二极管承受的最大反向电压以及流过晶闸管和二极管的平均电流的最大值。

5.12　某单相桥式半控整流电路带电阻性负载，已知 R_L=5Ω，输入电压 U=220V，要求 U_o=24～180V 可调，晶闸管的控制角 α 怎样变化？

5.13　单结晶体管与普通晶体管在结构上有什么不同？试述单结晶体管触发电路的工作原理。

5.14　在可控整流电路中，为什么要求触发脉冲与主电路同步？怎样实现同步？

项目6

基本逻辑电路制作与测试

学习目标

(1) 掌握逻辑代数运算法则；

(2) 掌握逻辑函数描述方式及其相互转换方法；

(3) 掌握逻辑函数化简；

(4) 理解分立元件基本逻辑门电路：与门电路、或门电路和非门电路工作原理，掌握基本逻辑门电路的符号以及输入与输出关系；

(5) 理解TTL集成门电路和CMOS集成门电路结构、逻辑功能、外特性和性能参数；

(6) 掌握逻辑器件识别和功能测试方法。

数字电路是处理数字信号的电子电路，主要作用是实现一定的逻辑功能，并实现数字信号的低损耗传输和方便存储。例如通信光纤和无线电波中传输的信号、计算机中处理和存储的信号。与模拟信号不同的是，数字信号的幅度不随时间连续变化，典型的数字信号有矩形波和尖脉冲等。

任务6.1 简单抢答器的分析、制作与测试

6.1.1 逻辑代数相关知识

数字电路的分析和设计工具是逻辑代数，也称布尔代数(早期也称开关代数)。逻辑代数用逻辑二值数字0或1来表示常量；字母($A,B,C,\cdots$)表示变量，但变量的取值只有“0”和“1”两种。

1. 逻辑代数运算法则

逻辑代数和普通代数一样，有一套完整的运算规则，包括公理、定理和定律，用它们对逻辑函数式进行处理，可以完成对电路的化简、变换、分析与设计。逻辑代数的基本运算有“与”运算、“或”运算和“非”运算，它们的运算符号分别是·、+和－。

下面介绍逻辑运算的基本公式和定律及部分证明过程。包括9个定律，其中有的定律与普通代数相似，有的定律与普通代数不同，使用时切勿混淆。

1) 逻辑代数的基本公式

逻辑代数的基本公式如表6-1所示。

表 6-1　逻辑代数的基本公式

名　　称	公　式　1	公　式　2
0-1 律	$A \cdot 1 = A$ $A \cdot 0 = 0$	$A + 0 = A$ $A + 1 = 1$
互补律	$\overline{A}A = 0$	$A + \overline{A} = 1$
重叠律	$AA = A$	$A + A = A$
交换律	$AB = BA$	$A + B = B + A$
结合律	$A(BC) = (AB)C$	$A + (B + C) = (A + B) + C$
分配律	$A(B + C) = AB + AC$	$A + BC = (A + B)(A + C)$
反演律	$\overline{AB} = \overline{A} + \overline{B}$	$\overline{A + B} = \overline{A}\,\overline{B}$
吸收律	$A(A + B) = A$ $A(\overline{A} + B) = AB$ $(A + B)(\overline{A} + C)(B + C) = (A + B)(\overline{A} + C)$	$A + AB = A$ $A + \overline{A}B = A + B$ $AB + \overline{A}C + BC = AB + \overline{A}C$
对合律	$\overline{\overline{A}} = A$	

表 6-1 中略为复杂的公式可用其他更简单的公式来证明。

例 6-1　证明吸收律 $A + \overline{A}B = A + B$

证明：

$$\overline{A} + \overline{A}B = A(B + \overline{B}) + \overline{A}B = AB + A\overline{B} + \overline{A}B = AB + AB + A\overline{B} + \overline{A}B$$
$$= A(B + \overline{B}) + B(A + \overline{A}) = A + B$$

表 6-1 中的公式还可以用真值表来证明，即检验等式两边函数的真值表是否一致。

例 6-2　用真值表证明反演律 $\overline{AB} = \overline{A} + \overline{B}$ 和 $\overline{A + B} = \overline{A}\,\overline{B}$

证明：分别列出两公式等号两边函数的真值表即可得证，见表 6-2 和表 6-3。

表 6-2　证明 $\overline{AB} = \overline{A} + \overline{B}$

A	B	$\overline{AB}$	$\overline{A} + \overline{B}$
0	0	1	1
0	1	1	1
1	0	1	1
1	1	0	0

表 6-3　证明 $\overline{A + B} = \overline{A}\,\overline{B}$

A	B	$\overline{A + B}$	$\overline{A}\,\overline{B}$
0	0	1	1
0	1	0	0
1	0	0	0
1	1	0	0

2）逻辑代数的常用公式

这些常用公式是利用基本公式导出的，直接运用这些导出公式可以给化简逻辑函数的工作带来很大方便。各常用公式如下，并给出各式的简单证明。

(1) $A+A\cdot B=A$

证明： $$A+A\cdot B=A\cdot(1+B)=A\cdot 1=A$$

上式说明在两个乘积项相加时，若其中一项以别一项为因子，则该项是多余的，可以直接删去。

(2) $A+\overline{A}\cdot B=A+B$

证明： $$A+\overline{A}\cdot B=(A+\overline{A})(A+B)=1\cdot(A+B)=A+B$$

这一结果表明，两个乘积项相加时，如果一项取反后是另一项的因子，则此因子是多余的，可以消去。

(3) $A\cdot B+A\cdot\overline{B}=A$

证明： $$A\cdot B+A\cdot\overline{B}=A(B+\overline{B})=A\cdot 1=A$$

这个公式的含意是当两个乘积项相加时，若它们分别包含 B 和 $\overline{B}$ 两个因子而其他因子相同，则两项定能合并，且可将 B 和 $\overline{B}$ 两个因子消去。

(4) $A\cdot(A+B)=A$

证明： $A\cdot(A+B)=A\cdot A+A\cdot B=A+A\cdot B=A\cdot(1+B)=A\cdot 1=A$

该式说明，变量 A 和包含 A 的和相乘时，其结果等于 A，即可以将和消掉。

(5) $A\cdot B+\overline{A}\cdot C+B\cdot C=A\cdot B+\overline{A}\cdot C$

证明：
$$\begin{aligned}A\cdot B+\overline{A}\cdot C+B\cdot C&=A\cdot B+\overline{A}\cdot C+B\cdot C(A+\overline{A})\\&=A\cdot B+\overline{A}\cdot C+A\cdot B\cdot C+\overline{A}\cdot B\cdot C\\&=A\cdot B\cdot(1+C)+\overline{A}\cdot C\cdot(1+B)\\&=A\cdot B+\overline{A}\cdot C\end{aligned}$$

这个公式说明，若两个乘积项中分别包含 A 和 $\overline{A}$ 两个因子，而这两个乘积项的其余因子组成第三项时，则第三个乘积项是多余的，可以消去。

从上式不难进一步导出

$$A\cdot B+\overline{A}\cdot C+B\cdot C=A\cdot B+\overline{A}\cdot C$$

(6) $A\cdot\overline{A\cdot B}=A\cdot\overline{B}$；$\overline{A}\cdot\overline{A\cdot B}=\overline{A}$

$$A\cdot\overline{A\cdot B}=A\cdot(\overline{A}+\overline{B})=A\cdot\overline{A}+A\cdot\overline{B}=A\cdot\overline{B}$$

上式说明，当 A 和一个乘积项的非相乘，且 A 为乘积项的因子时，则 A 这个因子可以消去。

$$\overline{A}\cdot\overline{A\cdot B}=\overline{A}\cdot(\overline{A}+\overline{B})=\overline{A}\cdot\overline{A}+\overline{A}\cdot\overline{B}=\overline{A}\cdot(1+\overline{B})=\overline{A}$$

此式表明，当 $\overline{A}$ 和一个乘积项的非相乘，且 A 为乘积项的因子时，其结果就等于 $\overline{A}$。

3) 逻辑代数的基本规则

(1) 代入规则

代入规则的基本内容是：对于任何一个逻辑等式，以某个逻辑变量或逻辑函数同时取代等式两端任何一个逻辑变量后，等式依然成立。

利用代入规则可以方便地扩展公式。例如，在反演律 $\overline{AB}=\overline{A}+\overline{B}$ 中用 BC 去代替等式中的 B，则新的等式仍成立：

$$\overline{ABC}=\overline{A}+\overline{BC}=\overline{A}+\overline{B}+\overline{C}$$

(2) 对偶规则

将一个逻辑函数 L 进行下列变换：

$$\cdot \rightarrow +,\quad + \rightarrow \cdot$$
$$0 \rightarrow 1,\quad 1 \rightarrow 0$$

所得新函数表达式叫做 L 的对偶式，用 L' 表示。

对偶规则的基本内容是：如果两个逻辑函数表达式相等，那么它们的对偶式也一定相等。

(3) 反演规则

将一个逻辑函数 L 进行下列变换：

$$\cdot \rightarrow +,\quad + \rightarrow \cdot,\quad 0 \rightarrow 1,\quad 1 \rightarrow 0$$

原变量 → 反变量，　反变量 → 原变量

所得新函数表达式叫做 L 的反函数，用 $\overline{L}$ 表示。

利用反演规则，可以非常方便地求得一个函数的反函数。

例 6-3　求函数 $L=\overline{A}C+B\overline{D}$ 的反函数。

解：

$$\overline{L}=(A+\overline{C})\cdot(\overline{B}+D)$$

例 6-4　求函数 $L=A\cdot\overline{B+C+\overline{D}}$ 的反函数。

解：

$$\overline{L}=\overline{A}+\overline{\overline{B}\cdot\overline{C}\cdot D}$$

在应用反演规则求反函数时要注意以下两点。

保持运算的优先顺序不变，必要时加括号表明，如例 6-3。

变换中，几个变量(一个以上)的公共非号保持不变，如例 6-4。

2. 逻辑函数的表示方法

任何一个逻辑事件，一般有四种表示方法：真值表、逻辑函数表达式、逻辑图和卡诺图，它们之间可以相互转换。

下面先学习逻辑代数的三个基本逻辑关系，然后再通过一个典型逻辑事件分别介绍上述三种逻辑函数的表示方法。

1) 基本逻辑关系及运算

(1) “与”逻辑

决定某一事件发生的前提是所有条件都具备，缺一不可。与之对应的逻辑门是与门。

例如，在图 6-1 所示的照明电路中，假设开关闭合为“1”，断开为“0”，灯亮为“1”，灯灭为“0”——这种假设称为“正逻辑”；反之，则称为“负逻辑”。值得注意的是，本书中如果不特别提出，则都为“正逻辑”。

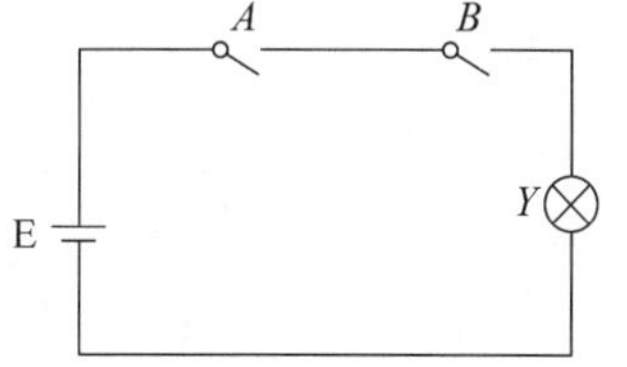

图 6-1　由开关组成的与门电路

图 6-1 中，开关 A 和 B 串联，只有当 A 和 B 都闭合时，灯 Y 才会亮。根据这个逻辑关系，可写出逻辑表达式：

$$Y=A\cdot B \tag{6.1}$$

同时，可以用一个与门的逻辑符号表示上述逻辑关系，如图 6-4(a)所示。

(2)“或”逻辑

决定某一事件发生的前提是所有条件中一个以上(含一个)具备即可。与之对应的门电路是或门。

图6-2所示的照明电路中,开关A和B并联。当A和B中任意一个或全部闭合时,灯Y就会亮。根据上述逻辑关系,可写出逻辑表达式:

$$Y = A + B \tag{6.2}$$

同样,可以用一个或门的逻辑符号表示上述逻辑关系,如图6-4(b)所示。

(3)“非”逻辑

决定某一事件发生的前提是条件不具备方可,条件具备时,结果反而不会发生。与之对应的门电路是非门。

图6-3所示的照明电路中,开关A和灯Y并联,当A闭合时,A将Y短路,灯不会亮,只有当A断开时,灯才会亮。根据上述逻辑关系,可写出逻辑表达式:

$$Y = \overline{A} \tag{6.3}$$

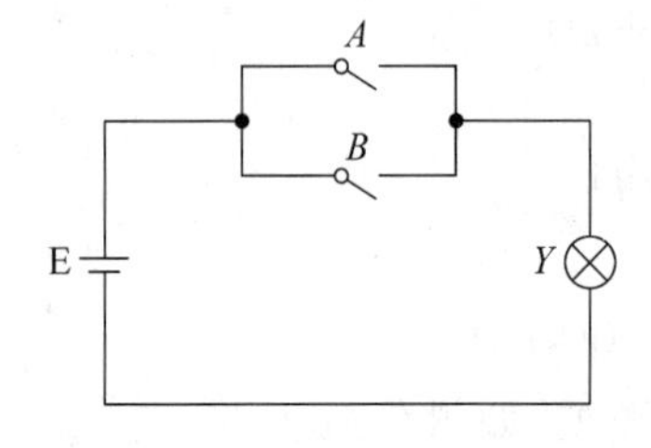

图6-2 由开关组成的或门电路

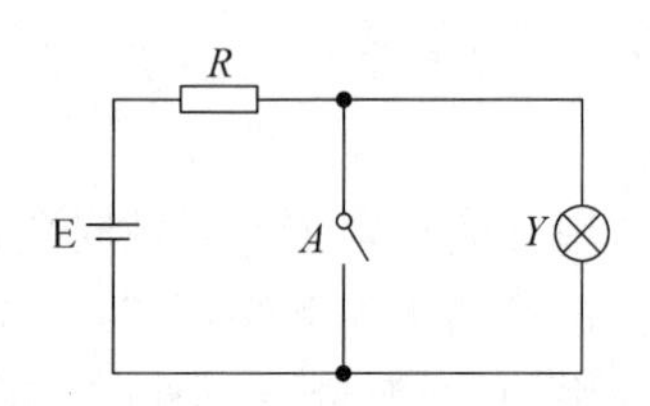

图6-3 由开关组成的非门电路

同理,可以用一个非门的逻辑符号表示上述逻辑关系,如图6-4(c)所示。

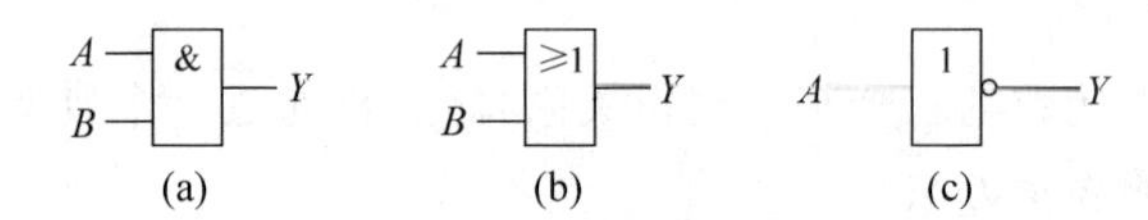

图6-4 三种基本逻辑函数的符号

以上介绍的是三种最基本的逻辑门电路,但实际的逻辑问题往往要比“与”、“或”、“非”复杂,不过都可用它们组合成复合门电路来实现。最常见的这类复合逻辑有“与非”、“或非”、“与或非”、“异或”和“同或”等,它们的逻辑符号分别见图6-5(a)、(b)、(c)、(d)和(e),由于篇幅限制,这里就不对它们一一叙述,读者可自行分析推导。

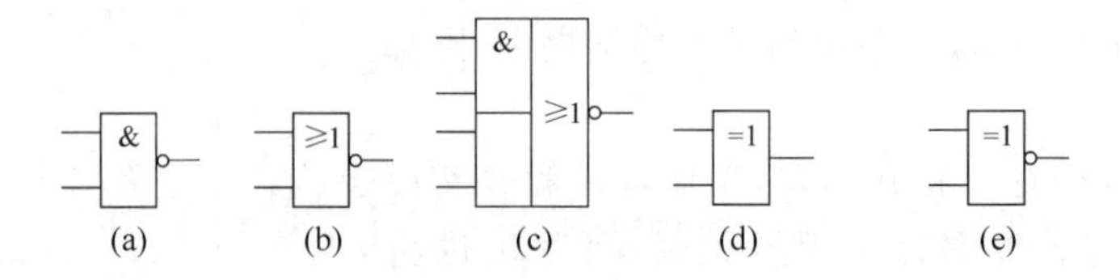

图6-5 几种常用逻辑函数的符号

2)逻辑函数的表示方法

下面通过一个典型逻辑事件来介绍真值表、逻辑函数表达式和逻辑图。

足球比赛中，有 A、B、C 三个裁判，假设他们的优先权一样。现在对一动作的裁决 Y 进行表决，当两个或两个以上裁判通过时，则裁决通过；否则裁决不通过。设同意裁决为"1"，不同意裁决为"0"，裁决通过为"1"，裁决不通过为"0"。现分别用三种方法表示这一逻辑事件。

(1) 真值表

真值表是描述输入和输出变量逻辑关系的表格。通常左边为输入变量，以"0"或"1"的形式，按照从小到大的顺序排列，右边为输出变量，根据给定的逻辑关系用"1"或者"0"填写。因此，上述逻辑关系的真值表如表 6-4 所示。

表 6-4 三人表决器的真值表

A	B	C	Y
0	0	0	0
0	0	1	0
0	1	0	0
0	1	1	1
1	0	0	0
1	0	1	1
1	1	0	1
1	1	1	1

(2) 逻辑函数表达式

逻辑函数表达式用"与"、"或"、"非"等运算符号组成的表达式来描述逻辑事件。一般情况下，逻辑函数表达式需要从真值表或逻辑图得出。下面我们就以从真值表推导逻辑函数表达式为例来进行介绍。

由真值表写出逻辑函数表达式的方法如下。

① 取 $Y=1$ 的组合列出逻辑函数表达式。

② 对一种组合而言，输入变量之间是"与"的逻辑关系。对应于 $Y=1$，如果输入变量为"1"，则取其原变量(如 A)；如果输入变量为"0"，则取其反变量(如 $\overline{A}$)。然后取乘积项。

③ 各种组合之间是"或"的逻辑关系，故取以上乘积项之和。由此，我们可以从表 6-4 的真值表写出相应的三人表决器的逻辑函数表达式：

$$Y = \overline{A}BC + A\overline{B}C + AB\overline{C} + ABC \tag{6.4}$$

当然，我们也可根据逻辑函数表达式列出真值表。例如逻辑表达式为：

$$Y = AB + AC$$

表达式中有 A、B、C 三个输入变量，共有 8 种组合，把各种组合的取值分别代入逻辑函数表达式中进行运算，求出对应的 Y 值，即可列出真值表，见表 6-5。

表 6-5　$Y=AB+AC$ 的真值表

A	B	C	Y
0	0	0	0
0	0	1	0
0	1	0	0
0	1	1	0
1	0	0	0
1	0	1	1
1	1	0	1
1	1	1	1

(3) 逻辑图

逻辑图是由“与”门、“或”门、“非”门等逻辑符号组成的逻辑电路图。一般情况下由逻辑函数表达式画出逻辑图。

例如：式(6.4)所示三人表决器的逻辑图如图 6-6 所示。

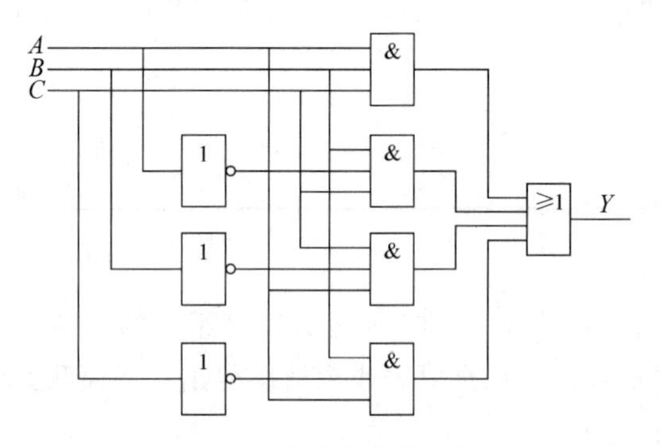

图 6-6　三人表决器的逻辑图

3) 逻辑函数的最小项表示形式

(1) 最小项的定义

在 n 个变量的逻辑函数中，包含全部变量的乘积项称为最小项。其中每个变量在该乘积项中可以以原变量的形式出现，也可以以反变量的形式出现，但只能出现一次。n 变量逻辑函数的全部最小项共有 2^n 个。

如三变量逻辑函数 $L=f(A,B,C)$ 的最小项共有 $2^3=8$ 个，列入表 6-6 中。

(2) 最小项的基本性质

以三变量为例说明最小项的性质，列出三变量全部最小项的真值表如表 6-7 所示。

最小项性质：

a. 对于任意一个最小项，只有一组变量取值使它的值为 1，而其余各种变量取值均使它的值为 0。

b. 不同的最小项，使它的值为 1 的那组变量取值也不同。

c. 对于变量的任一组取值,任意两个最小项的乘积为 0。

d. 对于变量的任一组取值,全体最小项的和为 1。

表 6-6　三变量逻辑函数的最小项及编号

最小项	变量取值			编号
	A	B	C	
$\overline{A}\overline{B}\overline{C}$	0	0	0	m_0
$\overline{A}\overline{B}C$	0	0	1	m_1
$\overline{A}B\overline{C}$	0	1	0	m_2
$\overline{A}BC$	0	1	1	m_3
$A\overline{B}\overline{C}$	1	0	0	m_4
$A\overline{B}C$	1	0	1	m_5
$AB\overline{C}$	1	1	0	m_6
ABC	1	1	1	m_7

表 6-7　三变量全部最小项的真值表

变量			m_0	m_1	m_2	m_3	m_4	m_5	m_6	m_7
A	B	C	$\overline{A}\overline{B}\overline{C}$	$\overline{A}\overline{B}C$	$\overline{A}B\overline{C}$	$\overline{A}BC$	$A\overline{B}\overline{C}$	$A\overline{B}C$	$AB\overline{C}$	ABC
0	0	0	1	0	1	1	1	1	1	1
0	0	1	0	1	0	0	0	0	0	0
0	1	0	0	0	1	0	0	0	0	0
0	1	1	0	0	0	1	0	0	0	0
1	0	0	0	0	0	0	1	0	0	0
1	0	1	0	0	0	0	0	1	0	0
1	1	0	0	0	0	0	0	0	1	0
1	1	1	0	0	0	0	0	0	0	1

(3) 逻辑函数的最小项表达式

任何一个逻辑函数表达式都可以转换为一组最小项之和,称为最小项表达式。

例 6-5　将逻辑函数 $L(A,B,C)=AB+\overline{A}C$ 转换成最小项表达式。

解:该函数为三变量函数,而表达式中每项只含有两个变量,不是最小项。要变为最小项,就应补齐缺少的变量,办法为将各项乘以 1,如 AB 项乘以$(C+\overline{C})$。

$$L(A,B,C)=AB+\overline{A}C=AB(C+\overline{C})+\overline{A}C(B+\overline{B})=ABC+AB\overline{C}+\overline{A}BC+\overline{A}\overline{B}C$$

$$=m_7+m_6+m_3+m_1$$

为了简化,也可用最小项下标编号来表示最小项,故上式也可写为

$$L(A,B,C)=\sum m(1,3,6,7)$$

要把非“与—或表达式”的逻辑函数变换成最小项表达式,应先将其变成“与—或表达式”再转换。式中有很长的非号时,先把非号去掉。

例 6-6 将逻辑函数 $F(A,B,C)=AB+\overline{AB+\overline{A}\overline{B}+\overline{C}}$转换成最小项表达式。

解:
$$\begin{aligned}F(A,B,C)&=AB+\overline{AB+\overline{A}\overline{B}+\overline{C}}\\&=AB+\overline{AB}\cdot\overline{\overline{A}\overline{B}}\cdot C=AB+(\overline{A}+\overline{B})(A+B)C=AB+\overline{A}BC+A\overline{B}C\\&=AB(C+\overline{C})+\overline{A}BC+A\overline{B}C=ABC+AB\overline{C}+\overline{A}BC+A\overline{B}C\\&=m_7+m_6+m_3+m_5=\sum m(3,5,6,7)\end{aligned}$$

3. 逻辑函数的化简

1) 逻辑函数的代数化简法

(1) 逻辑函数式的常见形式

一个逻辑函数的表达式不是唯一的,可以有多种形式,并且能互相转换。常见的逻辑式主要有5种形式,例如:

$$\begin{aligned}L&=AC+\overline{A}B && \text{与—或表达式}\\&=(A+B)(\overline{A}+C) && \text{或—与表达式}\\&=\overline{\overline{AC}\cdot\overline{\overline{A}B}} && \text{与非—与非表达式}\\&=\overline{\overline{A+B}+\overline{\overline{A}+C}} && \text{或非—或非表达式}\\&=\overline{A\overline{C}+\overline{A}\overline{B}} && \text{与—或非表达式}\end{aligned}$$

在上述多种表达式中,与—或表达式是逻辑函数的最基本表达形式。因此,在化简逻辑函数时,通常是将逻辑式化简成最简与—或表达式,然后再根据需要转换成其他形式。

最简与—或表达式的标准:

① 与项最少,即表达式中“+”号最少。

② 每个与项中的变量数最少,即表达式中“·”号最少。

(2) 逻辑函数的公式化简法

用代数法化简逻辑函数,就是直接利用逻辑代数的基本公式和基本规则进行化简。

① 并项法。运用公式 $A+\overline{A}=1$,将两项合并为一项,消去一个变量。如

$$L=AB\overline{C}+ABC=AB(\overline{C}+C)=AB$$

② 吸收法。运用吸收律 $A+AB=A$ 消去多余的与项。如

$$L=A\overline{B}+A\overline{B}(C+DE)=A\overline{B}$$

③ 消去法。运用吸收律 $A+\overline{A}B=A+B$ 消去多余的因子。如

$$L=AB+\overline{A}C+\overline{B}C=AB+(\overline{A}+\overline{B})C=AB+\overline{AB}C=AB+C$$

④ 配项法。先通过乘以 $A+\overline{A}(=1)$或加上 $A\overline{A}(=0)$,增加必要的乘积项,再用以上方法化简。如

$$\begin{aligned}L&=AB+\overline{A}C+BCD=AB+\overline{A}C+BCD(A+\overline{A})\\&=AB+\overline{A}C+ABCD+\overline{A}BCD=AB+\overline{A}C\end{aligned}$$

在化简逻辑函数时,要灵活运用上述方法,才能将逻辑函数化为最简。下面再举几个例子。

例 6-7　化简逻辑函数 $L=A\bar{B}+A\bar{C}+A\bar{D}+ABCD$

解：　$L=A(\bar{B}+\bar{C}+\bar{D})+ABCD=A\,\overline{BCD}+ABCD=A(\overline{BCD}+BCD)=A$

例 6-8　化简逻辑函数 $L=AD+A\bar{D}+AB+\bar{A}C+BD+A\bar{B}EF+\bar{B}EF$。

解：
$$
\begin{aligned}
L&=A+AB+\bar{A}C+BD+A\bar{B}EF+\bar{B}EF \quad (\text{利用 } A+\bar{A}=1)\\
&=A+\bar{A}C+BD+\bar{B}EF \quad (\text{利用 } A+AB=A)\\
&=A+C+BD+\bar{B}EF \quad (\text{利用 } A+\bar{A}B=A+B)
\end{aligned}
$$

例 6-9　化简逻辑函数 $L=AB+A\bar{C}+\bar{B}C+\bar{C}B+\bar{B}D+\bar{D}B+ADE(F+G)$。

解：
$$
\begin{aligned}
L&=A\,\overline{\bar{B}C}+\bar{B}C+\bar{C}B+\bar{B}D+\bar{D}B+ADE(F+G) \quad (\text{利用反演律})\\
&=A+\bar{B}C+\bar{C}B+\bar{B}D+\bar{D}B+ADE(F+G) \quad (\text{利用 } A+\bar{A}B=A+B)\\
&=A+\bar{B}C+\bar{C}B+\bar{B}D+\bar{D}B \quad (\text{利用 } A+AB=A)\\
&=A+\bar{B}C(D+\bar{D})+\bar{C}B+\bar{B}D+\bar{D}B(C+\bar{C}) \quad (\text{配项法})\\
&=A+\bar{B}CD+\bar{B}C\bar{D}+\bar{C}B+\bar{B}D+\bar{D}BC+\bar{D}B\bar{C}\\
&=A+\bar{B}C\bar{D}+\bar{C}B+\bar{B}D+\bar{D}BC \quad (\text{利用 } A+AB=A)\\
&=A+C\bar{D}(\bar{B}+B)+\bar{C}B+\bar{B}D\\
&=A+C\bar{D}+\bar{C}B+\bar{B}D \quad (\text{利用 } A+\bar{A}=1)
\end{aligned}
$$

例 6-10　化简逻辑函数 $L=A\bar{B}+B\bar{C}+\bar{B}C+\bar{A}B$。

解：

解法 1
$$
\begin{aligned}
L&=A\bar{B}+B\bar{C}+\bar{B}C+\bar{A}B+A\bar{C} \quad (\text{增加冗余项 } A\bar{C})\\
&=A\bar{B}+\bar{B}C+\bar{A}B+A\bar{C} \quad (\text{消去 1 个冗余项 } B\bar{C})\\
&=\bar{B}C+\bar{A}B+A\bar{C} \quad (\text{再消去 1 个冗余项 } A\bar{B})
\end{aligned}
$$

解法 2
$$
\begin{aligned}
L&=A\bar{B}+B\bar{C}+\bar{B}C+\bar{A}B+\bar{A}C \quad (\text{增加冗余项 } \bar{A}C)\\
&=A\bar{B}+B\bar{C}+\bar{A}B+A\bar{C} \quad (\text{消去 1 个冗余项 } \bar{B}C)\\
&=A\bar{B}+B\bar{C}+A\bar{C} \quad (\text{再消去 1 个冗余项 } \bar{A}B)
\end{aligned}
$$

由上例可知，逻辑函数的化简结果不是唯一的。

代数化简法的优点是不受变量数目的限制。缺点是没有固定的步骤可循；需要熟练运用各种公式和定理；需要一定的技巧和经验；有时很难判定化简结果是否最简。

2）逻辑函数的卡诺图化简法

卡诺图化简一种比代数法更简便、直观的化简逻辑函数的方法。它是一种图形法，是由美国工程师卡诺(Karnaugh)发明的，所以称为卡诺图化简法。

(1) 用卡诺图表示逻辑函数

① 最小项卡诺图的组成

卡诺图化简逻辑函数的方法如图 6-7 所示。

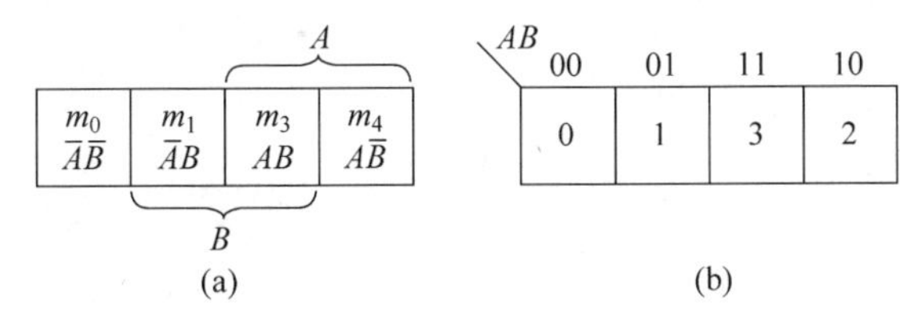

图 6-7　二变量卡诺图

② 三变量卡诺图。

三变量卡诺图如图 6-8 所示。

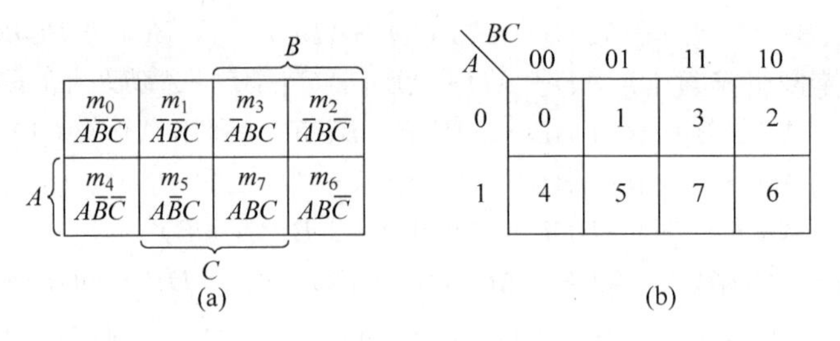

图 6-8　三变量卡诺图

③ 四变量卡诺图。

四变量卡诺图如图 6-9 所示。

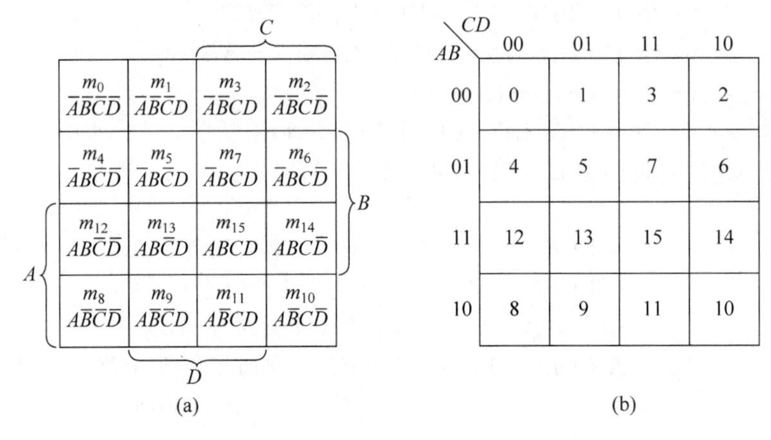

图 6-9　四变量卡诺图

仔细观察可以发现，卡诺图具有很强的相邻性。

首先是直观相邻性，只要小方格在几何位置上相邻(不管上下左右)，它代表的最小项在逻辑上一定是相邻的。

其次是对边相邻性，即与中心轴对称的左右两边和上下两边的小方格也具有相邻性。

(2) 用卡诺图表示逻辑函数

① 从真值表到卡诺图

例 6-11　某逻辑函数的真值表如表 6-8 所示，用卡诺图表示该逻辑函数。

表 6-8　真值表

A	B	C	L
0	0	0	0
0	0	1	0
0	1	0	0
0	1	1	1
1	0	0	0
1	0	1	1
1	1	0	1
1	1	1	1

解：该函数为三变量，先画出三变量卡诺图，然后根据表 13 将 8 个最小项 L 的取值 0 或者 1 填入卡诺图中对应的 8 个小方格中即可，如图 6-10 所示。

② 从逻辑表达式到卡诺图

a. 如果逻辑表达式为最小项表达式，则只要将函数式中出现的最小项在卡诺图对应的小方格中填入 1，没出现的最小项则在卡诺图对应的小方格中填入 0。

例 6-12　用卡诺图表示逻辑函数 $F=\overline{A}\overline{B}\overline{C}+\overline{A}BC+AB\overline{C}+ABC$。

解：该函数为三变量，且为最小项表达式，写成简化形式 $F=m_0+m_3+m_6+m_7$，然后画出三变量卡诺图，将卡诺图中 m_0、m_3、m_6、m_7 对应的小方格填 1，其他小方格填 0，如图 6-11 所示。

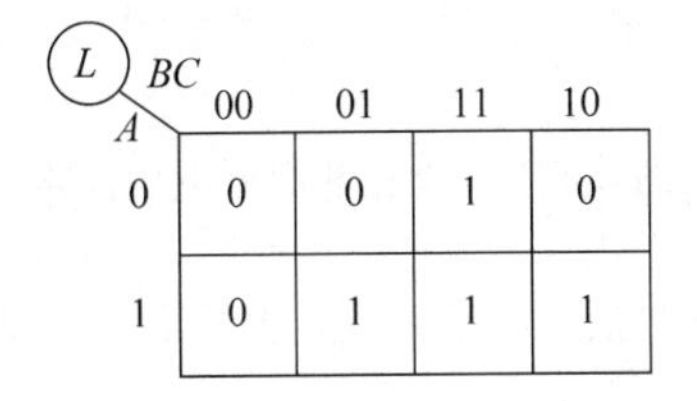

图 6-10　例 6-11 的卡诺图

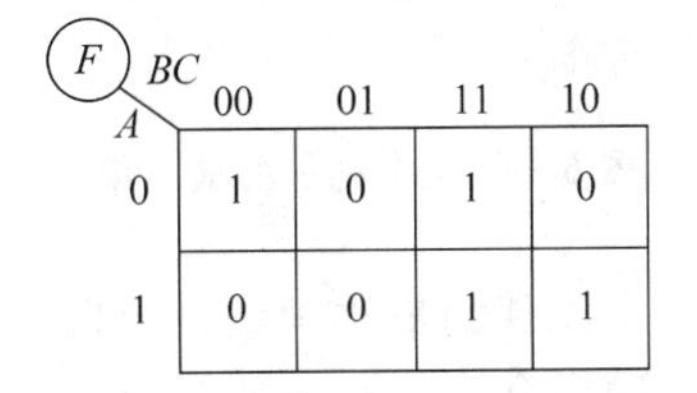

图 6-11　例 6-12 的卡诺图

b. 如果逻辑表达式不是最小项表达式，但是“与—或表达式”，可将其先化成最小项表达式，再填入卡诺图。也可直接填入，直接填入的具体方法是：分别找出每一个与项所包含的所有小方格，全部填入 1。

例 6-13　用卡诺图表示逻辑函数 $G=A\overline{B}+B\overline{C}D$。

如果逻辑表达式不是“与—或表达式”，可先将其化成“与—或表达式”，再填入卡诺图，如图 6-12 所示。

(1) 用卡诺图化简逻辑函数

① 卡诺图化简逻辑函数的原理

a. 2 个相邻的最小项结合（用一个包围圈表示），可以消去 1 个取值不同的变量而合并为 1 项，如图 6-13 所示。

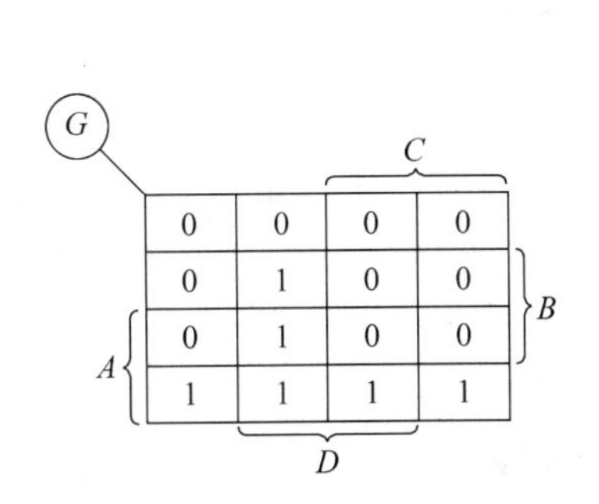

图 6-12　例 6-13 的卡诺图

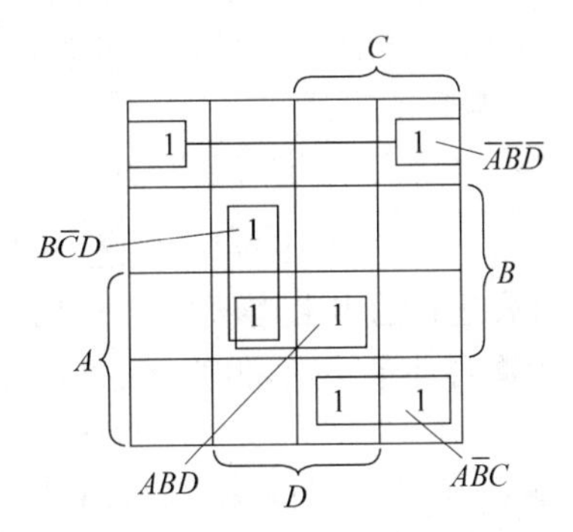

图 6-13　2 个相邻的最小项合并

b. 4 个相邻的最小项结合（用一个包围圈表示），可以消去 2 个取值不同的变量而合并为 1 项，如图 6-14 所示。

c. 8个相邻的最小项结合(用一个包围圈表示),可以消去3个取值不同的变量而合并为1项,如图6-15所示。

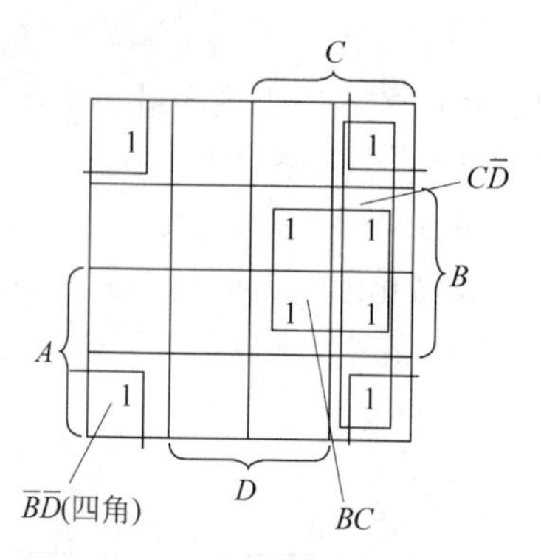

图6-14 4个相邻的最小项合并

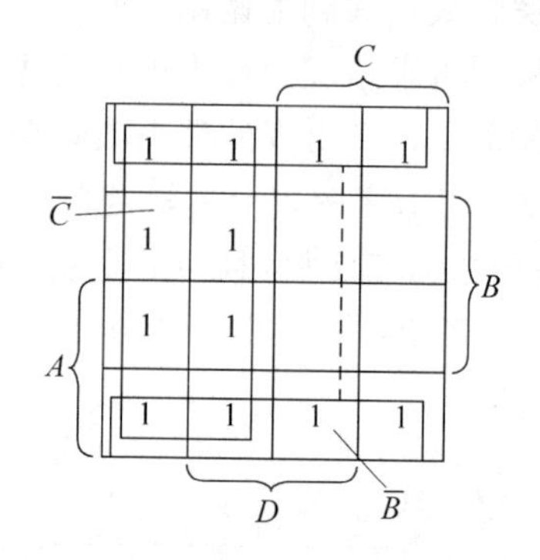

图6-15 8个相邻的最小项合并

总之,2^n个相邻的最小项结合,可以消去n个取值不同的变量而合并为一项。

② 用卡诺图合并最小项的原则

用卡诺图化简逻辑函数,就是在卡诺图中找相邻的最小项,即画圈。为了保证将逻辑函数化到最简,画圈时必须遵循以下原则。

a. 圈要尽可能大,这样消去的变量就多。但每个圈内只能含有2^n($n=0,1,2,3,\cdots$)个相邻项。要特别注意对边相邻性和四角相邻性。

b. 圈的个数尽量少,这样化简后的逻辑函数的与项就少。

c. 卡诺图中所有取值为1的方格均要被圈过,即不能漏下取值为1的最小项。

d. 取值为1的方格可以被重复圈在不同的包围圈中,但在新画的包围圈中至少要含有1个未被圈过的1方格,否则该包围圈是多余的。

(2) 用卡诺图化简逻辑函数的步骤

① 画出逻辑函数的卡诺图。

② 合并相邻的最小项,即根据前述原则画圈。

③ 写出化简后的表达式。每一个圈写一个最简与项,规则是,取值为1的变量用原变量表示,取值为0的变量用反变量表示,将这些变量相与。然后将所有与项进行逻辑加,即得最简与—或表达式。

例6-14 用卡诺图化简逻辑函数:

$$L(A,B,C,D)=\sum m(0,2,3,4,6,7,10,11,13,14,15)$$

解:由表达式画出卡诺图如图6-16所示。

画包围圈合并最小项,得简化的与—或表达式:

$$L=C+\overline{A}\,\overline{D}+ABD$$

注意图6-16中的包围圈$\overline{A}\overline{D}$是利用了对边相邻性。

例6-15 用卡诺图化简逻辑函数:

$$F=AD+A\overline{B}\overline{D}+\overline{A}\overline{B}\overline{C}\overline{D}+\overline{A}\overline{B}C\overline{D}$$

解:

① 由表达式画出卡诺图如图6-17所示。

② 画包围圈合并最小项，得简化的与—或表达式：

$$F = AD + \overline{B}\overline{D}$$

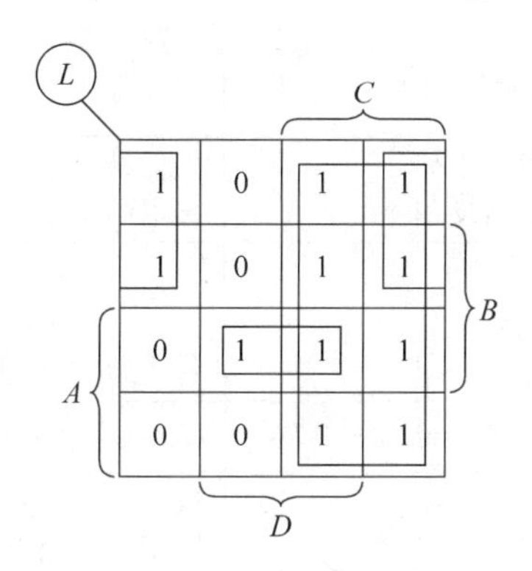

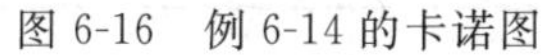
图 6-16　例 6-14 的卡诺图

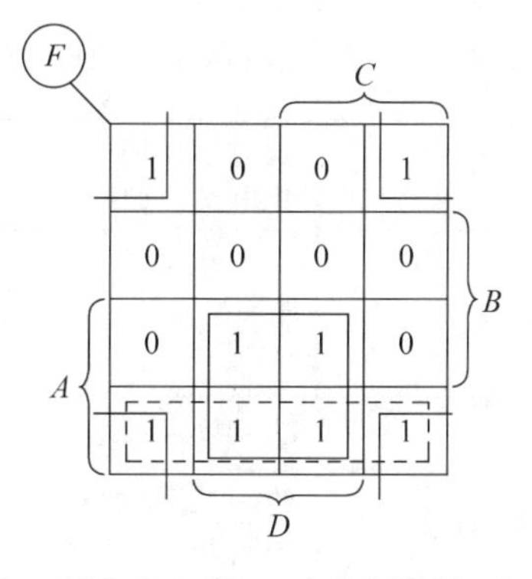

图 6-17　例 6-15 的卡诺图

注意：图 6-17 中的虚线圈是多余的，应去掉；图 6-17 中的包围圈 $\overline{B}\overline{D}$ 是利用了四角相邻性。

(3) 具有无关项的逻辑函数及其化简

① 什么是无关项

无关项是在有些逻辑函数中，输入变量的某些取值组合不会出现，或者一旦出现，逻辑值可以是任意的。这样的取值组合所对应的最小项称为无关项、任意项或约束项，在卡诺图中用符号×来表示其逻辑值。

带有无关项的逻辑函数的最小项表达式为

$$L = \sum m(\quad) + \sum d(\quad)$$

如本例函数可写成

$$L = \sum m(2) + \sum d(0,3,5,6,7)$$

② 具有无关项的逻辑函数的化简

化简具有无关项的逻辑函数时，要充分利用无关项可以当 0 也可以当 1 的特点，尽量扩大卡诺圈，使逻辑函数更简。

卡诺图化简法的优点是简单、直观，有一定的化简步骤可循，不易出错，且容易化到最简。但是在逻辑变量超过 5 个时，就失去了简单、直观的优点，其实用意义大打折扣。

6.1.2　三极管的开关特性

1. 晶体三极管的工作状态

NPN 型晶体三极管开关电路如图 6-18 所示。NPN 型晶体三极管截止、放大、饱和工作状态的特点如表 6-9 所示。

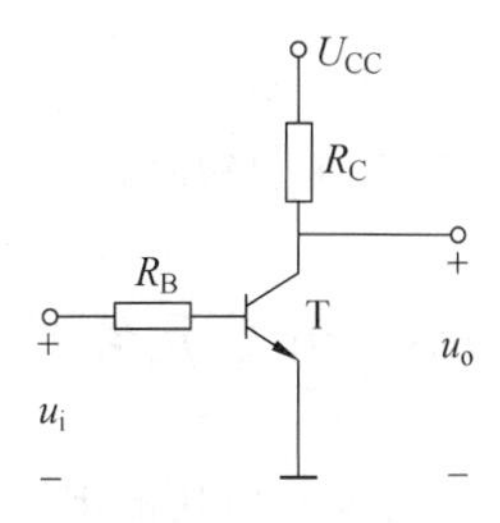

图 6-18　三极管开关

晶体三极管作为开关，稳态时主要工作在截止状态，称为稳态断开状态。此时 $i_C \approx 0$，$U_o \approx U_{CC}$。工作在饱和状态时称为稳态闭合状态，此时 $i_B > i_{BS}$，$U_o = U_{CE(set)} \approx 0.3V \approx 0V$。

表 6-9 NPN 型晶体三极管工作状态的特点

工作状态	截止	放大	饱和
条件	$i_B=0$	$0<i_B<\frac{I_{CS}}{\beta}$	$i_B>\frac{I_{ES}}{\beta}$
偏置	发射结反偏； 集电结反偏	发射结正偏； 集电结反偏	发射结正偏； 集电结正偏
集电极电流	$i_C\approx 0$	$i_C\approx\beta i_B$	$i_C=I_{CS}\approx\frac{U_{CC}}{R_C}$ 且不随 i_B 增加而增加
管压降	$U_o=U_{CE}=U_{CC}$	$U_o\approx U_{CE}=U_{CC}-i_C R_C$	$U_o=U_{CES}\approx 0.2\sim 0.3\text{V}$
C、E 间等效电阻	约为数千欧，相当于开关断开	可变	很小，约为数百欧，相当于开关闭合

2. 晶体三极管的瞬态开关特性

晶体三极管开关稳态是处于截止或饱和态，在外加信号作用下，晶体三极管由截止转向饱和或由饱和转向截止的过渡过程为瞬态开关特性，如图 6-19 所示。在过渡过程中，晶体三极管处于放大状态。

(1) 三极管由截止转向饱和的过程

当 U_i 由 $-U$ 跳至 $+U$ 时：

① 形成集电极电流，i_C 上升至 $0.1I_{CS}$ 的过程，所需时间 t_d 称为延迟时间。

② i_C 由 $0.1I_{CS}$ 上升至 $0.9I_{CS}$ 的过程，所需时间 t_r 称为上升时间。

三极管由截止到饱和所经历的时间，称为开启时间 t_{on}，其大小为 $t_{on}=t_d+t_r$。

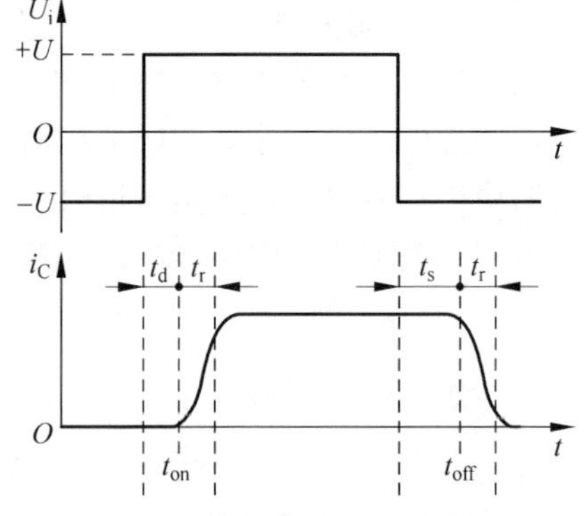

图 6-19 三极管开关特性

(2) 三极管由饱和状态转向截止状态的过程

当 U_i 由 $+U$ 下跳至 $-U$ 时，三极管要经历如下过程。

① 三极管集电极电流由 I_{CS} 下降至 $0.9I_{CS}$ 所需的时间称为存储时间 t_s。

② 三极管集电极电流由 $0.9I_{CS}$ 下降至 $0.1I_{CS}$ 所需的时间称为下降时间 t_f。

三极管由饱和状态转向截止状态所经历的时间称为关断时间 t_{off}，其大小为 $t_{off}=t_s+t_f$。

可见，BJT 相当于一个由基极电流所控制的无触点开关。BJT 截止时相当于开关“断开”，而饱和时相当于开关“闭合”。

6.1.3 分立元件基本门电路分析

用以实现基本逻辑关系的电子电路称为门电路。所谓“门”，就是一种开关，在一定条件下允许信号通过，条件不满足时，信号不能通过。在数字电路中，门电路是最基本的逻辑部件，它可以由分立元件组成，也可以集成在一个芯片上。本小节介绍由分立元件组成的门电路。

1. 二极管“与”门电路分析

图 6-20 所示是二极管“与”门电路和对应的图形符号，有两个输入端 A 和 B，输出端为 Y。

设 2V 以上为高电平，用“1”表示，1V 以下为低电平，用“0”表示。如果 A、B 两端都输入 3V，则二极管 D_A、D_B 均正向导通，输出端 Y 的电位为 3V+0.7V=3.7V，为高电平；若有一端(如 A 端)输入 3V，而另一端(如 B 端)输入 0V，则 D_B 优先导通，并将输出端 Y 的电位钳制在 0V+0.7V=0.7V，为低电平，同时迫使 D_A 反向截止。

根据以上分析，可列出“与”门电路的真值表，如表 6-10 所示。

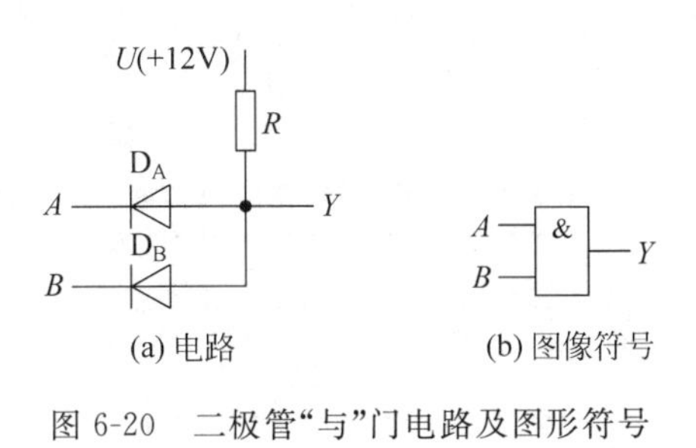

图 6-20　二极管“与”门电路及图形符号

表 6-10　“与”门电路的真值表

输入信号		输出信号
A	B	Y
0	0	0
0	1	0
1	0	0
1	1	1

根据真值表可写出“与”的逻辑函数表达式：

$$Y = A \cdot B \tag{6.5}$$

“与”门电路可以有 3 个或更多输入端，它们的电路、真值表、逻辑函数表达式及逻辑符号等，读者可自行分析。

2. 二极管或“门”电路分析

图 6-21 所示是二极管“或”门电路和对应的图形符号，当 A、B 两个输入端中任何一个，如 A 端为 3V 时，对应的二极管 D_A 导通，输出端 Y 的电位被钳制在 3V−0.7V=2.3V，为高电平，同时迫使 D_B 反向截止；若两端都输入 3V，则 D_A 和 D_B 同时导通，输出仍为高电平 2.3V；只有当两个输入端都输入 0V 时，输出端才是低电平。

根据以上分析，可列出“或”门电路的真值表，如表 6-11 所示。

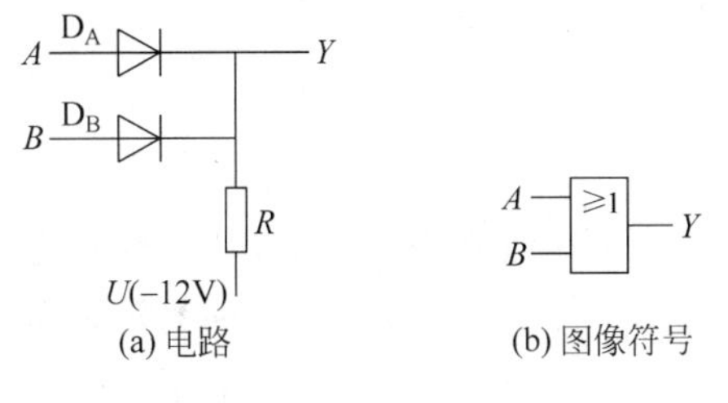

图 6-21　二极管“或”门电路及图形符号

表 6-11　“或”门电路的真值表

A	B	Y
0	0	0
0	1	1
1	0	1
1	1	1

根据真值表可写出“或”的逻辑函数表达式：

$$Y = A + B \tag{6.6}$$

3. 三极管非“门”电路分析

无论是模拟电子技术还是数字电子技术，主要器件都是三极管，只不过模拟中主要利用三极管的放大区，而数字中利用三极管的饱和区和截止区。在图6-22(a)所示的三极管“非”门电路中，只有一个输入端A。当U_i为高电平时，三极管T饱和导通，输出端Y为低电平；当U_i为低电平时，三极管T截止，输出端Y为高电平U_{CC}。因此，也称“非”门电路为反相器。电路中加负电源$-U_{BB}$的目的是使三极管可靠截止。图6-22(b)为“非”门电路的图形符号。

根据上述分析，不难得出“非”门电路的真值表，如表6-12所示。

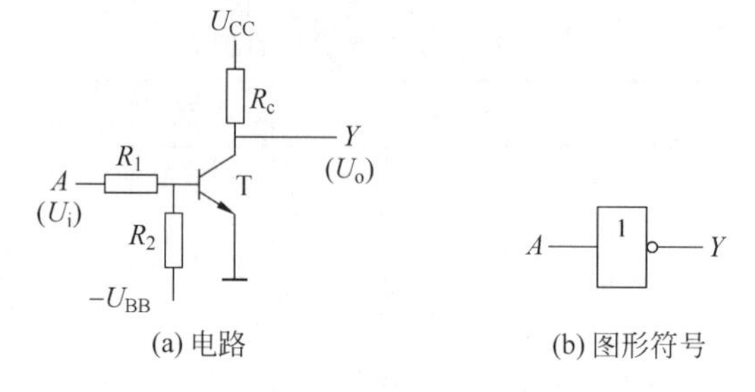

图6-22 三极管“非”门电路及图形符号

表6-12 “非”门电路的真值表

A	Y
0	1
1	0

根据真值表可写出“非”的逻辑函数表达式：

$$Y = \overline{A} \tag{6.7}$$

6.1.4 集成门电路分析

把若干个有源器件和无源器件及其连线，按照一定的功能要求，制作在一块半导体基片上，这样的产品叫集成电路。若它完成的功能是逻辑功能或数字功能，则称为数字集成电路。最简单的数字集成电路是集成逻辑门。

集成电路比分立元件电路有许多显著的优点，如体积小、耗电省、重量轻、可靠性高等，所以集成电路一出现就受到人们的极大重视并迅速得到广泛应用。

集成电路逻辑门，按照其组成的有源器件的不同可分为两大类：一类是双极性晶体管逻辑门；另一类是单极性的绝缘栅场效应管逻辑门。

1. TTL门电路分析

1）TTL集成逻辑门基本工作原理

TTL集成与非门电路结构如图6-23所示。分析晶体管工作状态时，以估算的办法，每个PN结压降为0.7V，深饱和时$U_{CE(sat)} \approx 0.1V$。不难分析出该电路的逻辑功能为$Y=ABC$。

2）电路特点

（1）该电路采用了推拉输出电路。在稳态时，不论电路处于开态还是处于关态，均具有较低的输出电阻，从而大大提高了带负载能力。

(2) 多发射极晶体管和推拉输出电路共同作用，大大提高了工作速度。

3) TTL 与非门的主要外部特性

(1) TTL 与非门电压传输特性

电压传输特性是指输出电压 U_o 随输入电压 U_i 的变化曲线。由电压传输特性曲线，可以反映出 TTL 与非门的主要特性参数。

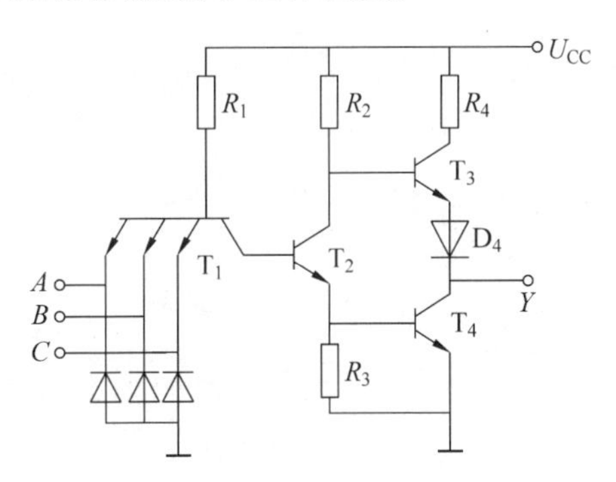

图 6-23 TTL 集成与非门

① 输出逻辑高电平 U_{oH} 和输出逻辑低电平 U_{oL}

通常 $U_{oH} \approx 3.6\text{V}$，$U_{oL} \approx 0.3\text{V}$。

② 开门电平 U_{on} 和关门电平 U_{off}

开门电平 U_{on} 是指在保证输出为额定低电平条件下，允许输入高电平的最小值，一般 $U_{on} \leqslant 1.8\text{V}$。

关门电平 U_{off} 是指在保证输出为额定高电平条件下，允许输入低电平的最大值，一般 $U_{off} \geqslant 0.8\text{V}$。

③ 阈值电压 U_{th}

阈值电压是指电压传输曲线转折区中点对应的输入电压。当 $U_i < U_{th}$ 时，$U_o = U_{oH}$；当 $U_i > U_{th}$ 时，$U_o = U_{oL}$。通常 $U_{th} \approx 1.4\text{V}$。

④ 噪声容限

噪声容限反映了门电路的抗干扰能力。在输入低电平时，允许的干扰容限为低电平噪声容限 $U_{NL} = U_{off} - U_{iL}$；在输入高电平时，允许的干扰容限为高电平噪声容限 $U_{NH} = U_{iH} - U_{on}$。

(2) 输入特性

输入特性是指输入电压与输入电流之间的关系。输入特性反映了与非门输入短路电流 I_{iS} 的大小。

(3) 输出特性

输出特性是指输出电压与输出电流之间的关系。与非门处于开态时，等效输出电阻约为 10～20Ω，输出低电平随灌入电流增加而略有增加。与非门处于关态时，等效输出电阻约为 100Ω，输出高电平随拉电流的增加而减少。

(4) 平均延迟时间 t_{pd}

平均延迟时间反映了 TTL 逻辑门的开关特性，说明其工作速度。

4) 其他逻辑功能的 TTL 门电路

在工程实践中，往往需要将两个门的输出端并联以实现与逻辑的功能，称为线与。如将两个 TTL 与非门电路的输出端连接在一起，当一个门输出高电平另一个门输出低电平时，将会产生很大的电流，有可能导致器件损毁，无法形成有效的线与逻辑关系，这一个问题可以采用 OC 门、三态门来解决。

(1) OC 门

OC 门为集电极开路门，它是将 TTL 与非门电路的推拉式输出级中，删去电压跟随器。为了实现线与的逻辑功能，可将多个门电路的输出并接在一起，加一公共上拉电阻 R_L 接电源 U_{CC}。OC 门的逻辑符号如图 6-24 所示，其线与结构如图 6-25 所示。

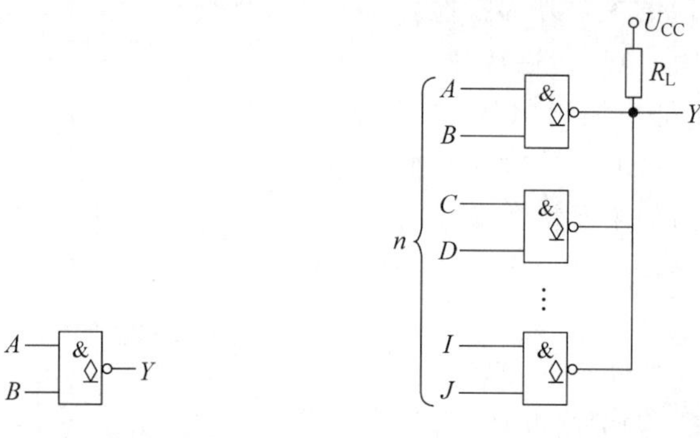

图 6-24　OC 门逻辑符号　　　图 6-25　OC 门线与结构

$$Y = AB \cdot CD \cdot \cdots \cdot IJ$$

在实际应用中必须合理选择 R_L，其原则是：

① 上拉电阻 R_L 起限流作用，要保证 $I_{RL}=U_{CC}/R_L$ 的值不超过 $I_{oL(max)}$。

② R_L 值大小影响 OC 门的开关速度。由于门电路的输出电容、输入电容及接线分布电容的存在，R_L 越大负载电容的充电时间越大，因而开关速度越慢，因此必须选择适当的 R_L 值。

OC 门除去实现多门的线与外，还可以驱动高电压、大电流的负载。

(2) 三态门(TSL)

三态与非门除去具有一般与非门的两种状态外，还具有高输出电阻的第三状态，即高阻态，又称为禁止态。其逻辑符号如图 6-26 所示。EN 为片选信号，高电平有效。当 $EN=1$ 时，$Y=AB$；当 $EN=0$ 时，输出端 Y 为高阻。

三态门可以构成总线结构，如图 6-27 所示，只要多个门的 EN 轮流为 1，就可以使各个门的输出信号轮流送到公共的传输线上。

利用三态门还可以构成数据的双向传输，如图 6-28 所示。当 $EN=1$ 时，G_1 工作，G_2 高阻，数据 D_0 经 G_1 反相送到总线传输；当 $EN=0$ 时，G_1 高阻，G_2 工作，来自总线的数据经 G_2 反相后，由 D_1 输出。

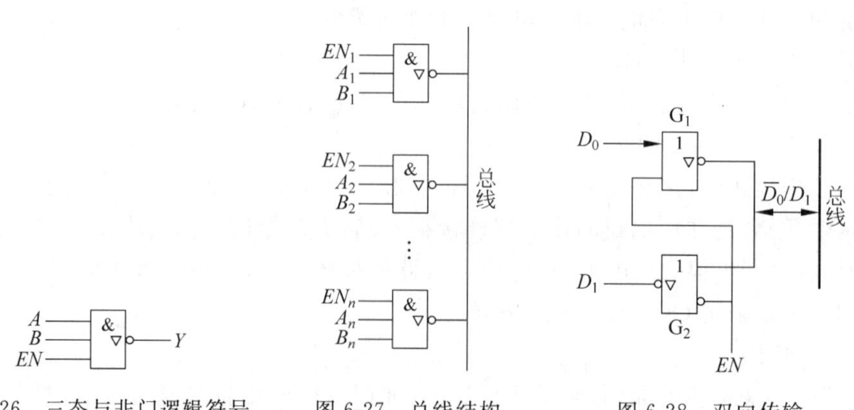

图 6-26　三态与非门逻辑符号　　图 6-27　总线结构　　图 6-28　双向传输

5）TTL 集成门电路使用注意事项

(1) 对 74 系列(民用产品)，电源电压的变化应满足 5V×(1±5%)的要求，电源极性不可接错。

(2) 输出端不允许直接接电源或接地。除非 OC 门和三态门，输出端不能直接并联使用。

2. CMOS 门电路分析

1）CMOS 反相器

(1) CMOS 反相器工作原理

CMOS 反相器由一个 P 沟道增强型 MOS 管和一个 N 沟道增强型 MOS 管串接组成。P 沟道作为负载管，N 沟道管作为输入管(开关管)，如图 6-29 所示。它们的开启电压分别是：$U_{GS}(th)(P)<0$，$U_{GS}(th)(N)>0$。

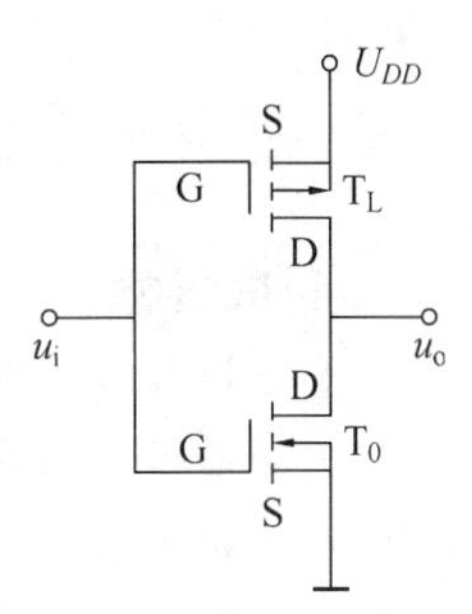

图 6-29　CMOS 反相器

当 $U_i=0V$ 时，$U_{GSN}=0V$，开关管 T_0 截止，$U_{GSP}=-U_{DD}$，负载管 T_L 导通，输出 $u_o\approx U_{DD}$。当 $u_i=U_{DD}$时，$U_{GSN}=U_{DD}$，开关管 T_0 导通，$U_{GSP}=0V$，负载管 T_L 截止，输出 $U_o\approx 0V$。

(2) CMOS 反相器的主要特性

① 电压传输特性与阈值电压、电流传输特性

由电压传输特性和电流传输特性可以看出：

a. 输出高电平 $U_{oH}=U_{DD}$，输出低电平 $U_{oL}=0V$。

b. CMOS 反相器在稳态时，工作电流均极小，只有在状态急剧变化时，由于负载管和输出管均处于饱和导通状态，会产生一个较大的电流。

c. 在状态发生变化时，反转速度较快，其阈值电压为 $U_{th}=U_{DD}/2$。

② 输入/输出特性

a. 为了保护栅氧化层不被击穿，在 CMOS 输入端均加有保护二极管。

b. 输入信号在正常工作电压下，输入电流 $i_i\approx 0$，当输入信号 $U_i>U_{DD}+U_D$ 时，保护二极管导通，输出电流急剧增大。

c. 当 CMOS 处于开态时输入管导通，输出电阻大小与 U_i有关，U_i越大，输出电阻越小，带灌电流负载能力越强；当 CMOS 处于开态时(输入管截止)，$|U_{GSP}|=|U_i-U_{DD}|$越大(U_i越小)，带拉电流负载能力越大。

2）CMOS 传输门

CMOS 传输门由 P 沟道和 N 沟道增强型 MOS 管并联互补组成，如图 6-30 所示。

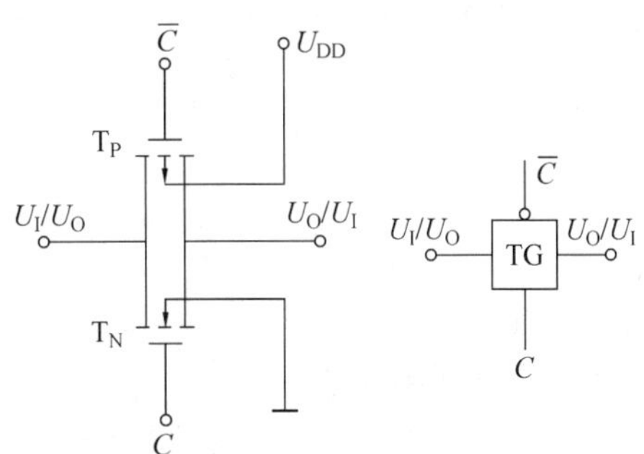

图 6-30　CMOS 传输门

当 $C=0V$，T_N和 T_P 均截止，传输门呈高阻抗。当 $C=U_{DD}$，U_i在 $0\sim U_{DD}$变化时，T_N和 T_P 总有一个是导通的，实现传输功能。

3) CMOS集成门电路使用注意事项

(1) 电源电压可在3～18V范围内选择，但电源极性不能接错。

(2) 避免静电损坏。

(3) 多余的输入端不能悬空。

(4) 输出端不允许直接与电源或地相连。

6.1.5 简单抢答器的制作与测试

1. 测试器材

(1) 测试仪器仪表：直流可调稳压电源、数字集成电路测试仪、逻辑电平开关盒。

(2) 元器件：四输入与非门74LS20×2，非门74LS04×1，电阻5.1kΩ/0.25W×4、500Ω/0.25W×4。

2. 测试电路

测试电路如图6-31所示。电路通过从自身与非门的输出端取反馈信号送给其他与非门的输入端实现互锁，以达到抢答的功能。如果试验中，第一个选手(假设A)按下抢答键A后，对应的L_1发光，而其他选手(假设B)随后又按下抢答键B，对应的L_2也发光，则说明互锁线路连接错了，应当断电检查，直至确认电路无误后再通电试验。

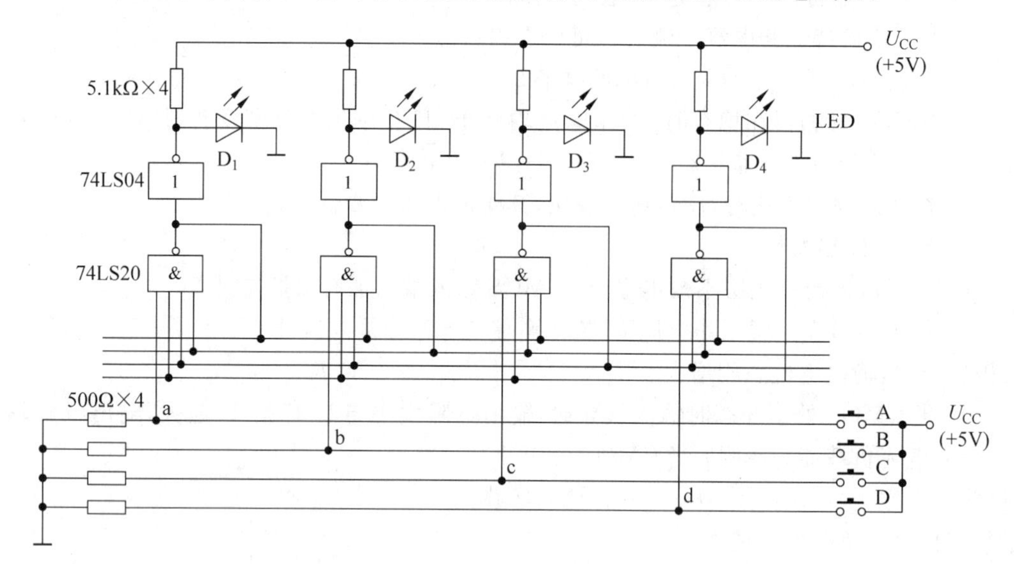

图6-31 简单抢答器电路

3. 测试程序

(1) 电路组装。

① 组装之前先检查各元器件的参数是否正确，并对IC进行检测。

a. 由于IC不能直接从外观上判断其好坏，所以为了提高试验的效率，我们拿到IC后应当对其先进行功能好坏的测试。

b. 如果IC表面上的字迹模糊，型号难以识别，则在使用前应确认其型号后，方可接入电路。

c. 检测IC的方法是将待测IC按引脚顺序插入数字集成电路测试仪的IC测试座里，如果是好的IC，打开测试开关后，将在测试仪的显示屏上显示出IC的正确型号；否则不能。

② 按图6-31接线。

a. 先将两片74LS20的1和9脚分别接逻辑电平开关盒的输出，第一片74LS20的2脚接10脚和第二片74LS20的2脚、8脚，第一片74LS20的4脚接12脚和第二片74LS20的6脚、10脚，第一片74LS20的5脚接8脚和第二片74LS20的4脚、12脚，第一片74LS20的6脚接13脚和第二片74LS20的5脚、13脚；

b. 然后将两片74LS20的6脚和8脚分别接74LS04的1、3、5、9脚；

c. 再将74LS04的2、4、6和8脚分别接逻辑电平开关盒的输入；

d. 最后，将两片74LS20、一片74LS04和逻辑电平开关盒接5V电源，注意正负极。

电路组装完毕后，应认真检查连线是否正确、牢固。

(2) 测试电路功能。

将A、B、C和D四个逻辑电平开关都扳向低电平“0”，观察此时的D_1、D_2、D_3和D_4。按表6-13设置A、B、C和D的电平，观察D_1、D_2、D_3和D_4的变化并记录于表6-13中。

表6-13　抢答器功能的测试

A	B	C	D	D_1	D_2	D_3	D_4
0	0	0	0				
0	0	0	1				
0	0	1	0				
0	1	0	0				
1	0	0	0				
1*	1	1	1				

注：*表示对应的逻辑电平开关第一个置“1”，即抢答。

(3) 根据测试数据，分析抢答器功能和电路工作原理。

任务6.2　拓展与训练

6.2.1　集成逻辑电路型号和引脚识别

1. 集成电路型号的识别

要全面了解一块集成电路的用途、功能、电特性，那必须知道该块集成电路的型号及其产地。电视、音响、录像用集成电路与其他集成电路一样，其正面印有型号或标记，从而根据型号的前缀或标志就能初步知道它是那个生产厂或公司的集成电路，根据其数字就能知道属哪一类的电路功能。例如AN5620，前缀AN说明是松下公司双极型集成电路,数字“5620”前二位区分电路主要功能,“56”说明是电视机用集成电路,而70～76属音响方面的用途,30～39属录像机用电路。详细情况请参阅部分生产厂集成电路型号的命名,但要说明,在实际应用中常会出现A4100,到底属于日立公司的HA、三洋公司的LA、日本东洋电具公司的BA、东芝公司的TA、韩国三星公司的KA、索尼公司的CXA、欧洲联盟、飞利浦、摩托罗拉等公司的TAA、TCA、TDA的哪一产品?

一般来说,把前缀代表生产厂的英文字母省略掉的集成路,通常会把自己生产厂或公司的名称或商标打印上去,如打上SONY,说明该集成电路型号是CXA1034,如果打上SANYO,说明是日本三洋公司的LA4100,C1350C一般印有NEC,说明该集成电路是日本电气公司生产的uPC1350C集成电路。有的集成电路型号前缀连一个字母都没有,例如东芝公司生产的KT-4056型存储记忆选台自动倒放微型收放机,其内部集成电路采用小型扁平封装,其中两块集成电路正面主要标记印有2066JRC和2067JRC,显然2066和2067是型号的简称。要知道该型号的前缀或产地就必需找该块集成电路上的其他标记,那么JRC是查找的主要线索,经查证是新日本无线电公司制造的型号为NJM2066和NJM2067集成电路,JRC是新日本无线电公司英文缩写的简称,其原文是New Japan Radio Co. Ltd.,它把New省略后写成JRC(生产厂的商标的公司缩写请参阅有关内容)。但要注意的是,有的电源图或书刊中标明的集成电路型号也有错误,如常把uPC1018C误印刷为UPC1018C或MPC1018C等。

2. 集成电路引脚的识别

各种不同的集成电路引脚有不同的识别标记和识别方法,掌握这些标记及识别方法,对于使用、选购、维修测试是极为重要的。

(1) 缺口。在IC的一端有一半圆形或方形的缺口。

(2) 凹坑、色点或金属片。在IC一角有一凹坑、色点或金属片。

(3) 斜面切角。在IC一角或散热片上有一斜面切角。

(4) 无识别标记。在整个IC无任何识别标记,一般可将IC型号面面对自己,正视型号,从左下向右逆时针依次为1、2、3、…。

(5) 有反向标志“R”的IC。某些IC型号末尾标有“R”字样,如HA××××A、HA××××AR。以上两种IC的电气性能一样。只是引脚互相相反。

(6) 金属圆壳形IC此类IC的管脚不同厂家有不同的排列顺序,使用前应查阅有关资料。

6.2.2 与非门逻辑功能测试

1. 测试器材

(1) 测试仪器仪表:数字万用表、示波器、直流可调稳压电源、逻辑电平开关盒。

(2) 元器件:两输入与非门74LS00×1。

2. 测试电路

测试电路如图6-32所示。其中图6-32(a)为测试与非门逻辑功能的电路,图6-32(b)为测试与非门对脉冲信号控制作用的电路。先用数字万用表的直流电压20V挡位,测量

电源 U_{CC} 的电压是不是 5V，如果相差大于 ±5%，则需要将电源的输出电压先调整至 TTL 集成门电路的工作电压 5V，然后再接电路。将数字万用表调到直流电压 20V 挡位，再并接到逻辑电路输出端测量输出电位。

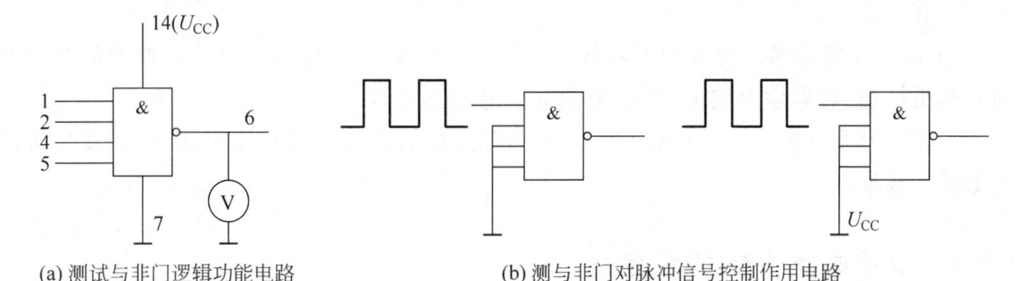

(a) 测试与非门逻辑功能电路　　(b) 测与非门对脉冲信号控制作用电路

图 6-32　与非门逻辑功能测试电路

接电路时，要断开电源，待检查确认接线正确后方可通电。

3. 测试程序

(1) 识别 IC 的型号和引脚

① 型号识别。将 IC 表面有半圆缺口的一侧放在左边(如图 6-33 所示)，用肉眼观察其表面字迹，便能发现标有如“74LS00”的字样，即为该 IC 的型号。对于表面字迹模糊的 IC 的型号识别法在前面 6.6.1 中已介绍。

图 6-33　74LS00 引脚图

② 引脚识别。从有半圆缺口的一侧的正下方的第一个引脚开始，逆时针数过去依次是 1 脚、2 脚、…。

(2) 测试与非门逻辑功能

① 按图 6-32(a)接线。先将 74LS00 的 1、2、4 和 5 脚接上逻辑电平开关盒的输出，再分别将逻辑电平开关盒的电源线及 74LS20 的 14 脚和 7 脚接上 U_{CC} 和地，令 U_{CC}=5V(以下同)(先调准输出电压值，再接入实验线路中，以下同)。

② 将数字万用表的黑表笔接地，红表笔接 74LS00 的 6 脚，并将 6 脚接逻辑电平开关盒的输入。按表 6-14 调节逻辑电平开关盒的输出电平，测量出对应的 6 脚电位，并观察逻辑电平开关盒的输入指示灯，将数据列于表 6-14 中。

表 6-14　与非门逻辑功能的测试

输入端				输出端	
1	2	4	5	6	
				电位(V)	逻辑状态
1	1	1	1		
0	1	1	1		
0	0	1	1		
0	0	0	1		
0	0	0	0		

(3) 测试与非门对脉冲信号控制作用

① 按图 6-32(b)接线。先将 74LS00 的 1、2、4 脚接地,然后将 5 脚接矩形脉冲发生器输出端的正极(将矩形脉冲发生器输出端的负极接地),再将 74LS00 的 14 脚和 7 脚接上 U_{CC} 和地。

② 将示波器的输入探头的正极接 74LS00 的 6 脚,负极接地。调节示波器的时间扫描和电压扫描,观察输出波形,并在坐标纸上记录下波形。

③ 将 74LS00 的 1、2、4 脚接 U_{CC},其他不变,在示波器上观察输出波形,并在坐标纸上记录下波形。

6.2.3 逻辑电路逻辑关系测试

1. 测试器材

(1) 测试仪器仪表:数字万用表、示波器、直流可调稳压电源、逻辑电平开关盒。

(2) 元器件:两输入与非门 74LS00×2。

2. 测试电路

测试电路如图 6-34 所示。先用数字万用表的直流电压 20V 挡位,测量电源 U_{CC} 的电压是不是 5V,如果相差大于±5%,则需要将电源的输出电压先调整至 TTL 集成门电路的工作电压 5V,然后再接电路。将数字万用表调到直流电压 20V 挡位,再并接到逻辑电路输出端测量输出电位。

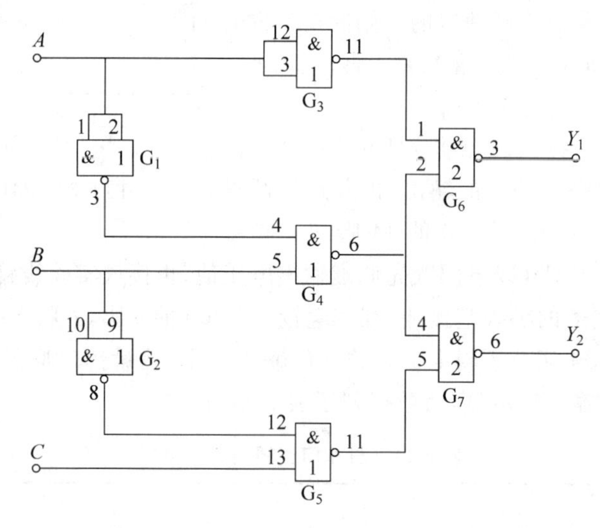

图 6-34 2 片 74LS00 组成的逻辑电路逻辑关系测试

3. 测试程序

(1) 识别 IC 的型号和引脚

① 型号识别。将 IC 表面有半圆缺口的一侧放在左边,用肉眼观察其表面字迹,便能发现标有如"74LS00"的字样,即为该 IC 的型号。对于表面字迹模糊的 IC 的型号识别已

在前面 6.6.1 小节中介绍。

② 引脚识别。从有半圆缺口的一侧的正下方的第一个引脚开始,逆时针数过去依次是 1 脚、2 脚、…,如图 6-33 所示。

(2) 测试逻辑电路关系

① 按图 6-34 接线,用 2 片 74LS00 组成测试电路。为便于接线和检查,在图中要注明芯片编号及各引脚对应的编号。再分别将逻辑电平开关盒的电源线及 74LS00 的 14 脚和 7 脚接上 U_{CC} 和地,令 $U_{CC}=5V$(以下同)(先调准输出电压值,再接入实验线路中,以下同)。

② 图 6-34 中 A、B、C 接电平开关,Y_1、Y_2 接发光管电平显示。

③ 按表 6-15 要求,改变 A、B、C 的状态填表并写出 Y_1、Y_2 逻辑表达式。

④ 将运算结果与实验比较。

表 6-15 逻辑功能测试表

输　入			输　出	
A	B	C	Y_1	Y_2
0	0	0	0	0
0	0	1		
0	1	1		
1	1	1		
1	1	0		
1	0	0		
1	0	1		
0	1	0		

习题

6.1 用公式化简法化简下列逻辑函数。

(1) $Y=\overline{A}\,\overline{B}C+\overline{A}BC+AB\overline{C}+\overline{A}\,\overline{B}\,\overline{C}+ABC$

(2) $Y=\overline{A+\overline{B}\,\overline{C}}+AB+B\overline{C}D$

(3) $Y=(A+B)C+\overline{A}C+\overline{AB+\overline{B}C}$

(4) $Y=ABC+ABD+\overline{A}B\overline{C}+CD+B\overline{D}$

6.2 证明下列等式。

(1) $ABCD+\overline{A}+\overline{B}+\overline{C}+\overline{D}=1$

(2) $ABC+\overline{A}D+\overline{B}D+\overline{C}D=ABC+D$

(3) $\overline{A+B+C+D}\cdot(B+C)=0$

(4) $\overline{A}\,\overline{B}+A\overline{B}\,\overline{C}+\overline{A}B\overline{C}=\overline{A}\,\overline{B}+\overline{A}\,\overline{C}+\overline{B}\,\overline{C}$

6.3　写出图 6-35 所示逻辑电路的逻辑表达式。

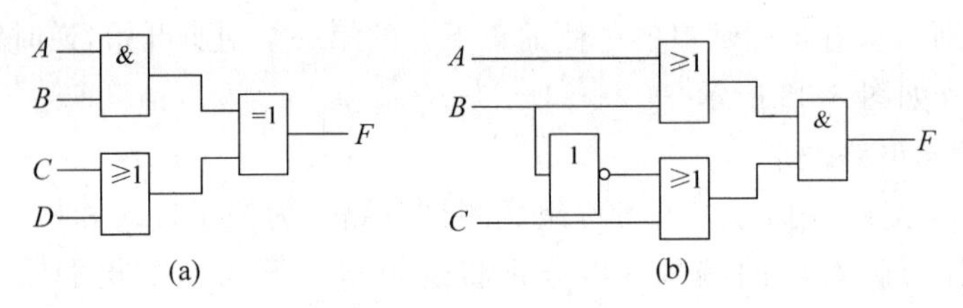

图 6-35　题 6.3 的图

6.4　试画出下列逻辑函数表达式的逻辑图。

(1) $Y=AB+CD$

(2) $Y=\overline{\overline{AB}+\overline{CD}}$

(3) $Y=\overline{\overline{A}\cdot(B+\overline{C})}$

(4) $Y=\overline{A}\overline{B}+\overline{A}B+A\overline{B}$

6.5　用最少的“与非”门实现下列逻辑函数,并画出逻辑图。

(1) $Y=(A+B)\cdot(C+D)$

(2) $Y=A\overline{B}D+BC\overline{D}+\overline{A}\overline{B}D+B\overline{C}\overline{D}+\overline{A}\overline{C}$

6.6　当图 6-36 所示 u_A 和 u_B 两个信号波形通过下列门电路时,画出对应的输出波形。

(1) 与门

(2) 与非门

(3) 或非门

(4) 异或门

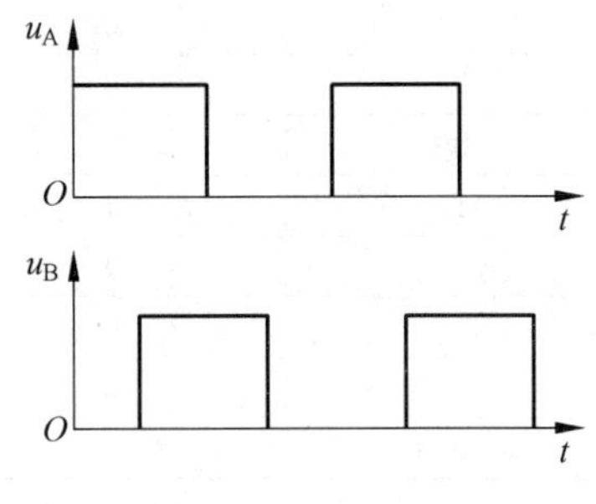

图 6-36　题 6.6 的图

6.7　在图 6-37 所示的 TTL 门电路中,输入端 1、2 为多余输入端,试问哪些接法不对?不对的请改正。

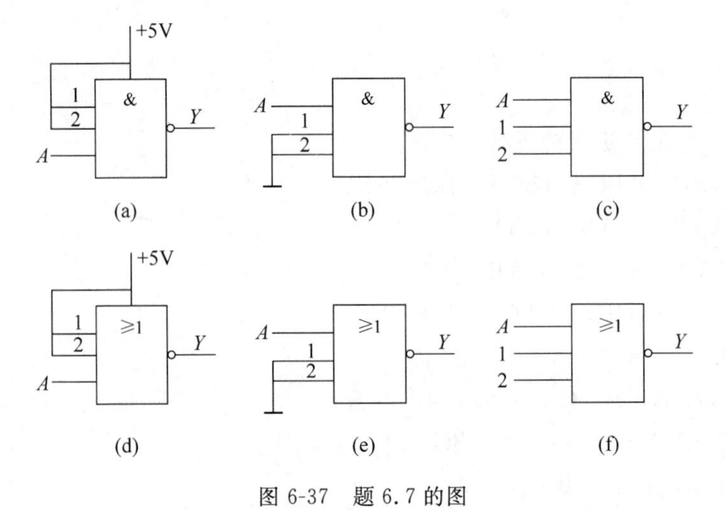

图 6-37　题 6.7 的图

6.8　试分别写出图 6-38 所示电路的逻辑表达式,并说明两个表达式之间的关系。

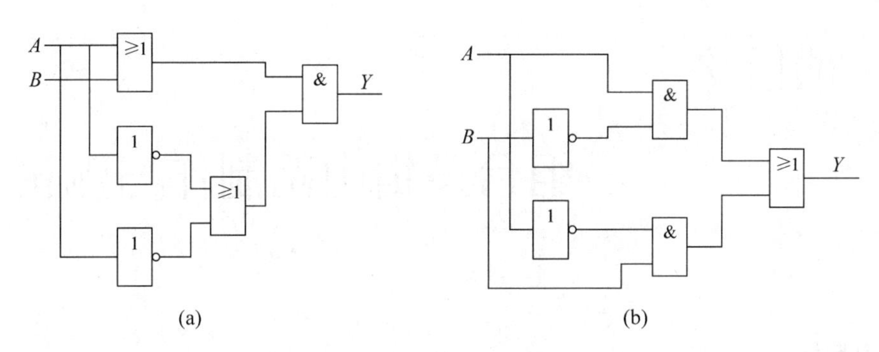

图 6-38　题 6.8 的图

6.9　图 6-39(a) 为由三态与非门构成的总线换向开关，A、B 为信号输入端，C 为换向控制输入端。试写出总线输出 Y_0 和 Y_1 与输入 A、B、C 之间的逻辑关系式，并对应图 6-39(b)的输入波形，画出 Y_0 和 Y_1 的波形。

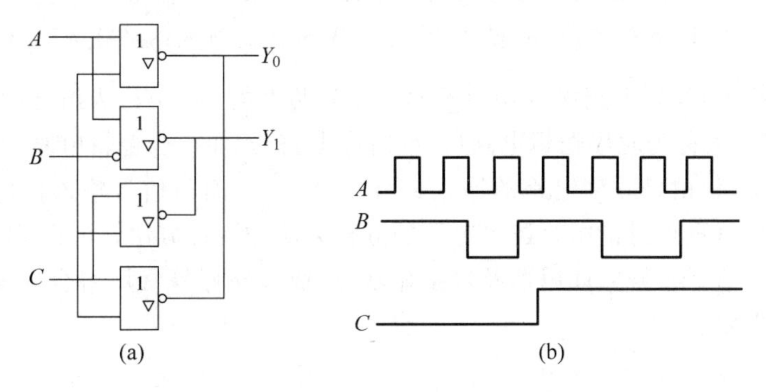

图 6-39　题 6.9 的图

6.10　图 6-40 所示是 CMOS 门电路，试写出它们的表达式。

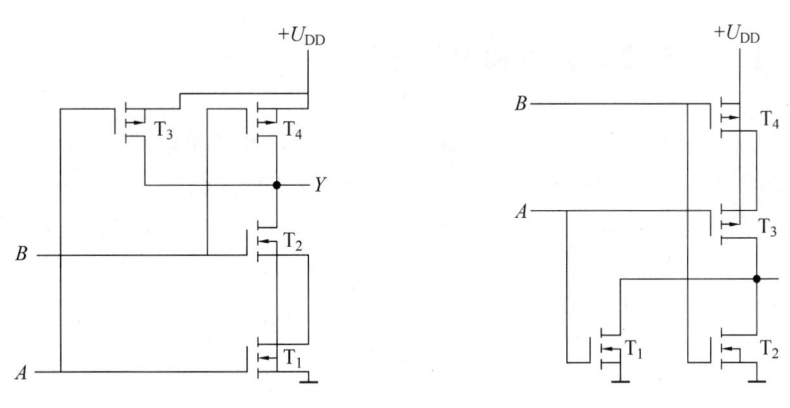

图 6-40　题 6.10 的图

项目 7

组合逻辑电路制作与测试

学习目标

(1) 掌握组合逻辑电路的设计步骤；

(2) 掌握对实际问题的逻辑功能分析；

(3) 掌握根据真值表写出逻辑表达式的方法；

(4) 掌握根据表达式画出逻辑电路图的方法；

(5) 掌握加法器、编码器、译码器、数字显示等常见逻辑电路的使用方法。

在数字系统中，逻辑电路按其功能不同可分为两大类：一类称为组合逻辑电路(简称组合电路)；另一类称为时序逻辑电路(简称时序电路)。在组合逻辑电路中，任一时刻电路的输出信号值，仅由该时刻电路的输入信号组合决定，而与信号输入前电路输出端原状态无关。本项目重点讨论组合逻辑电路的分析方法和设计方法，并从逻辑功能及应用的角度分析加法器、编码器、译码器及数字显示、集成多路器等常用组合逻辑电路及相应的中规模集成电路。

任务 7.1 编/译码及数码显示电路分析、制作与测试

7.1.1 组合逻辑电路的分析和设计方法

组合逻辑电路是具有一组输出和一组输入的非记忆性逻辑电路，其基本特点是在任何时刻，电路的输出信号的状态仅取决于同一时刻各个输入信号状态的组合，而与电路原先的状态无关。图 7-1 是组合逻辑电路的一般框图，可用如下的逻辑函数来描述：

$$Y_i = f(I_0, I_1, \cdots, I_{n-1}) \quad (i = 0, 1, \cdots, m-1)$$

表达式中 $I_0, I_1, \cdots, I_{n-1}$ 为输入变量。

图 7-1 组合逻辑电路结构示意图

组合逻辑电路是由门电路组成的，具有下述特点。

(1) 电路中不包含存储信号的记忆单元；

(2) 输出与输入之间无反馈通路；

(3) 信号是单向传输，且存在传输延迟时间。

组合逻辑电路的功能描述方法有真值表、逻辑函数表达式、逻辑图和波形图等。

1. 组合逻辑电路的分析

分析组合逻辑电路的目的是确定已知电路的逻辑功能。通常，组合逻辑电路的分析步骤如下。

(1) 由给定的逻辑图，写出输出函数的逻辑函数表达式；

(2) 对逻辑函数表达式进行化简；

(3) 根据化简后的表达式列真值表；

(4) 根据真值表中逻辑变量和函数的取值规律来分析电路，最后确定功能。

在实际工作中，还可以用实验的方法测出不同输入逻辑状态时的输出状态值，即输出与输入逻辑状态的对应关系，从而确定电路的逻辑功能。

例 7-1　已知逻辑电路如图 7-2 所示，试分析该电路的逻辑功能。

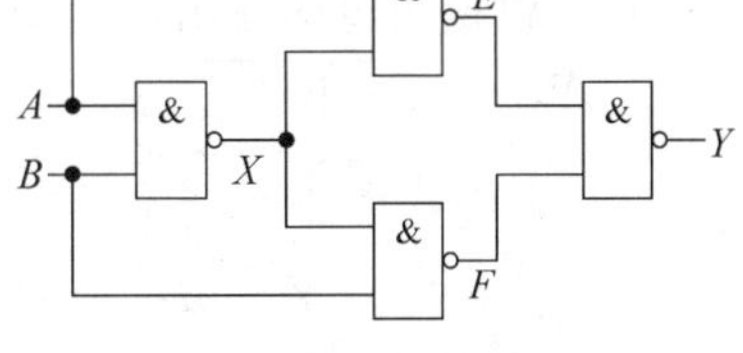

图 7-2　例 7-1 的图

解：

(1) 由逻辑图写出逻辑函数表达式。

从每个器件的输入端到输出端，依次写出各个逻辑门的逻辑函数表达式，最后写出电路输出与各输入量之间的逻辑函数表达式：

$$X = \overline{A \cdot B}$$

$$E = \overline{A \cdot X} = \overline{A \cdot \overline{AB}}$$

$$F = \overline{B \cdot X} = \overline{B \cdot \overline{AB}}$$

$$Y = \overline{E \cdot F} = \overline{\overline{A \cdot \overline{AB}} \cdot \overline{B \cdot \overline{AB}}}$$

(2) 化简逻辑函数表达式。

$$Y = \overline{E \cdot F} = \overline{\overline{A \cdot \overline{AB}} \cdot \overline{B \cdot \overline{AB}}} = A \cdot \overline{AB} + B \cdot \overline{AB}$$
$$= A(\overline{A} + \overline{B}) + B(\overline{A} + \overline{B}) = A\overline{B} + B\overline{A}$$

(3) 由逻辑函数表达式列出真值表，如表 7-1 所示。

表 7-1　例 7-1 的真值表

A	B	Y
0	0	0
0	1	1
1	0	1
1	1	0

(4) 分析逻辑功能。

由逻辑函数表达式和真值表可知,当 A、B 都是 0 时,Y 为 0;当 A、B 都为 1 时,Y 也为 0,只有当 A、B 取不同值时,即只有一个 1 时,Y 为 1。由此可知图 7-2 是一个是由四个与非门组成的异或门,其逻辑式也可以写成

$$Y = A\overline{B} + B\overline{A} = A \oplus B$$

例 7-2 已知逻辑电路如图 7-3 所示,试分析该电路的逻辑功能。

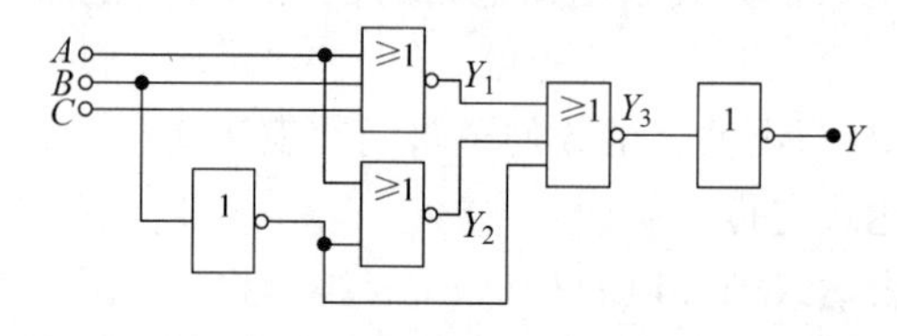

图 7-3 例 7-2 的图

解:

(1) 根据逻辑图写出逻辑函数表达式。

$$\left.\begin{aligned} Y_1 &= \overline{A+B+C} \\ Y_2 &= \overline{A+\overline{B}} \\ Y_3 &= \overline{Y_1+Y_2+\overline{B}} \end{aligned}\right\} \quad Y = \overline{Y_3} = Y_1 + Y_2 + \overline{B} = \overline{A+B+C} + \overline{A+\overline{B}} + \overline{B}$$

(2) 化简逻辑函数表达式。

$$Y = \overline{A}\,\overline{B}\overline{C} + \overline{A}B + \overline{B} = \overline{A}B + \overline{B} = \overline{A} + \overline{B}$$

(3) 由逻辑函数表达式列出真值表,如表 7-2 所示。

表 7-2 例 7-2 的真值表

A	B	C	Y
0	0	0	1
0	0	1	1
0	1	0	1
0	1	1	1
1	0	0	1
1	0	1	1
1	1	0	0
1	1	1	0

(4) 分析电路的逻辑功能。

图 7-3 所示电路的输出 Y 只与输入 A、B 有关,而与输入 C 无关。Y 和 A、B 的逻辑关系为 A、B 中只要有一个为 0,$Y=1$;A、B 全为 1 时,$Y=0$。所以 Y 和 A、B 的逻辑关系为与非运算的关系。

2. 组合逻辑电路的设计

组合逻辑电路设计与组合逻辑电路分析过程相反,电路设计过程是已知逻辑功能的需求,然后设计出能实现该功能的、采用器件数最少的最佳电路。

逻辑电路最佳的标准是：所用逻辑门的个数最少，并且每个门输入端个数也最少。由于设计中普遍采用的中、小规模集成电路一片包含数个门至数十个门，在实际应用时，应尽可能减少所用器件的数目和种类。

组合逻辑电路设计的一般步骤如下。

(1) 分析要求；

根据设计要求中提出的逻辑功能，确定输入变量、输出函数以及它们之间的相互关系，并对输入与输出进行逻辑赋值，即确定什么情况是逻辑“1”，什么情况是逻辑“0”。

(2) 根据实际问题的逻辑关系，列出真值表；

(3) 由真值表写出逻辑函数表达式并化简；

(4) 根据化简后的逻辑函数表达式画出逻辑图。

下面举例说明组合逻辑电路的设计思路。

例 7-3　某实验室有红色和黄色两个故障指示灯，用以表示三台设备的工作情况。当只有一台设备有故障时，黄灯亮；当两台设备同时有故障时，红灯亮；当三台设备同时有故障时，红灯和黄灯都亮。试设计控制灯亮的逻辑电路。

解：

① 分析要求如下。

设输入信号 A、B、C 为三台设备有无故障的信号，1 表示有故障，0 表示无故障。输出信号 X、Y 分别表示黄灯、红灯是否亮的信号，1 表示灯亮，0 表示灯不亮。

② 根据逻辑功能要求列出真值表，见表 7-3。

表 7-3　例 7-3 的真值表

A	B	C	X	Y
0	0	0	0	0
0	0	1	1	0
0	1	0	1	0
0	1	1	0	1
1	0	0	1	0
1	0	1	0	1
1	1	0	0	1
1	1	1	1	1

③ 由真值表写出逻辑函数表达式：

$$X=\overline{A}\overline{B}C+\overline{A}B\overline{C}+A\overline{B}\overline{C}+ABC$$
$$Y=\overline{A}BC+A\overline{B}C+AB\overline{C}+ABC$$

④ 对逻辑函数表达式进行化简，得

$$X=\overline{A}\overline{B}C+\overline{A}B\overline{C}+A\overline{B}\overline{C}+ABC$$

上式已是最简式。

$$\begin{aligned}Y&=\overline{A}BC+A\overline{B}C+AB\overline{C}+ABC=\overline{A}BC+A\overline{B}C+AB(\overline{C}+C)\\&=\overline{A}BC+A\overline{B}C+AB=B(A+\overline{A}C)+A\overline{B}C=AB+BC+A\overline{B}C\\&=AB+C(B+A\overline{B})=AB+BC+AC\end{aligned}$$

⑤ 根据化简后的逻辑函数表达式画出逻辑图,如图 7-4 所示。

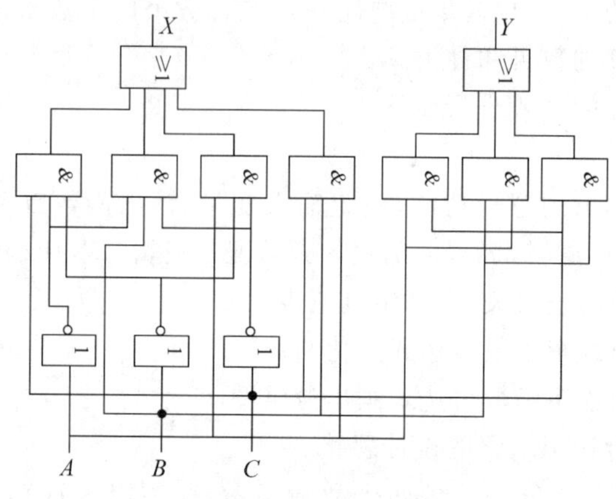

图 7-4 例 7-3 的图

例 7-4 用与非门设计一个举重裁判表决电路。设举重比赛有 3 个裁判,一个主裁判和两个副裁判。杠铃完全举上的裁决由每一个裁判按一下自己面前的按钮来确定。只有当两个或两个以上裁判判别成功,并且其中有一个为主裁判时,表明成功的灯才亮。

解:

① 根据以上实际问题,设主裁判为变量 A,副裁判分别为 B 和 C;表示成功与否的灯为 Y,1 表示灯亮;0 表示不亮,则可列出真值表,如表 7-4 所示。

表 7-4 例 7-4 的真值表

A	B	C	Y	A	B	C	Y
0	0	0	0	1	0	0	0
0	0	1	0	1	0	1	1
0	1	0	0	1	1	0	1
0	1	1	0	1	1	1	1

② 根据真值表写出逻辑函数表达式

$$Y = A\bar{B}C + AB\bar{C} + ABC$$

③ 对逻辑表达式进行化简并转化为与非—与非式

$$Y = AB + AC = \overline{\overline{AB + AC}} = \overline{\overline{AB} \cdot \overline{AC}}$$

④ 由化简后的逻辑函数表达式画出逻辑图,如图 7-5 所示。

该逻辑电路可用一片包含两个 2 输入端的与门电路和另一片一个 2 输入端的或门组成实现 $AB+AC$;也可以用一片内含三个 2 输入端的与非门的集成电路组成实现$\overline{\overline{AB} \cdot \overline{AC}}$。该电路可选取四双输入端与非门 74LS00 构成。

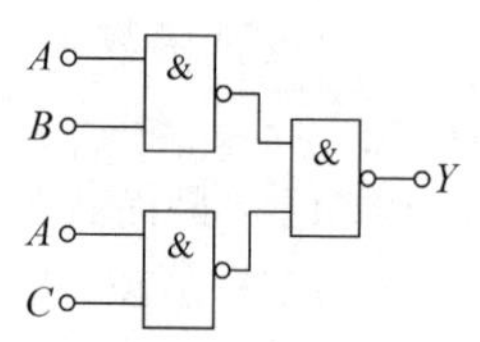

图 7-5 例 7-4 的图

原逻辑表达式 $AB+AC$ 虽然形式简单,但它的器件数和种类都不能节省。由此可见,最近的逻辑表达式用一定规格的集成器件实现时,其电路结构不一定是最简单和最经济的。设计电路时，应以集成器件为基本单元，而不应以单个门。这是工程设计应用与理论分析的差异所在。

7.1.2　加法器

加法器是算术运算电路中的基本运算单元，是产生数的和的装置的。加数和被加数为输入，和数与进位为输出的装置为半加器。若加数、被加数与低位的进位数为输入，而和数与进位为输出则为全加器。在计算机中，加、减、乘、除四则运算都可以按照一定的算法规则转换成加法运算来完成。而任何复杂的加法器中，最基本的又是半加器和全加器。

1. 二进制

数字电路经常遇到计数问题。人们在日常生活中，习惯于用十进制数，而在数字系统，例如数字计算机中，二进制是广泛采用的一种数制，有时也采用八进制数和十六进制数。

1) 二进制数的定义

19 世纪爱尔兰逻辑学家乔治布尔对逻辑命题的思考过程转化为对符号"0"、"1"的某种代数演算。与十进制数的区别在于数码的个数和进位的规律不同，十进制数用十个数码，并且"逢十进一"；而二进制数是用两个数码 0 和 1，并且"逢二进一"，即 1+1=10(读为壹零)。因此，所谓二进制就是以二为基数的计数体制。

0、1 是基本算符。因为它只使用 0、1 两个数字符号，非常简单方便，易于用电子方式实现。

2) 二进制的表达式

一般来说，二进制数可表示为

$$(N)_B = \sum_{-\infty}^{\infty} K_i \times 2^i$$

式中，K_i 为基数"2"的第 i 次幂的系数。这样，可将任意一个二进制数转换为十进制数。

例 7-5　将二进制数$(11011001)_B$转换为十进制数。

解：将每 1 位二进制数乘以位权，然后相加，就可以得到相应的十进制数。即

$$\begin{aligned}(11011001)_B &= 1\times2^7+1\times2^6+0\times2^5+1\times2^4+1\times2^3+0\times2^2+0\times2^1+1\times2^0\\ &= (217)_D\end{aligned}$$

3) 二进制的特点

由于二进制数具有一定的优点，因此它在计算技术中被广泛采用。

(1) 二进制数只有两个数码 0 和 1，很容易与电路状态相对应。

如三极管的饱和与截止；继电器触点的闭合与断开；灯泡的亮与灭。只要规定其中一种状态表示 1，另一个状态表示 0，就可以表示二进制数。

(2) 二进制数的基本运算规则简单，运算操作简便。

但是，采用二进制也有一些缺点。用二进制表示一个数时，位数多，使用不方便，不习惯。如$(217)_D=(11011001)_B$。因此，在运算时，原始数据多用人们习惯的十进制数，

在送入计算机时,将十进制原始数据转换成数字系统能接受的二进制数。而在运算结束后,将二进制数转换成十进制输出。

4) 十-二进制之间的转换

既然同一个数可以用二进制和十进制两种不同形式来表示,那么两者之间就必然有一定的转换关系。

不难推知,将十进制整数每除以一次2,就可以根据余数得到二进制的1位数字。因此,只要连续除以2直到商为0,就可由所有的余数求出二进制数。

例 7-6 将十进制数$(29)_D$转换成二进制数。

解:根据上述原理,可将$(29)_D$按如下的步骤转换为二进制数,由上得$(29)_D=(11101)_B$。

除数	被除数		余数		位
2	29	…	余1	最低位 ↑	b_0
2	14	…	余0		b_1
2	7	…	余1		b_2
2	3	…	余1		b_3
2	1	…	余1	最高位	b_4
	0				

即整数部分采用除基数取余数法,先得到的余数为低位,后得到的余数为高位。

而十进制小数转换为二进制数的方法是:将十进制小数每次除去上次所得积中之个位数连续乘以2,直到满足误差要求进行"四舍五入"为止,就可转换成二进制小数。

例 7-7 将$(0.598)_D$转换为二进制数,要求其误差不大于2^{-8}。

解:根据上述方法,可得b_{-1}、b_{-2}、…、b_{-7}:

$$
\begin{array}{lll}
0.598\times2=1.196 & 1 & b_{-1}\\
0.196\times2=0.392 & 0 & b_{-2}\\
0.392\times2=0.784 & 0 & b_{-3}\\
0.784\times2=1.568 & 1 & b_{-4}\\
0.568\times2=1.136 & 1 & b_{-5}\\
0.136\times2=0.272 & 1 & b_{-6}\\
0.272\times2=0.544 & 1 & b_{-7}
\end{array}
$$

由于最后的小数大于0.5,根据"四舍五入"原则,b_{-7}应为1。所以,$(0.598)_D=(0.1001111)_B$,其误差小于2^{-8}。

可以看出,小数部分采用乘基数取整数法,先得到的整数为高位,后得到的整数为低位。

2. 半加器

(1) 定义

如果不考虑来自低位的进位,对两个1位二进制输入数据位相加,输出包含一个结果位和一个进位数称为半加。实现半加运算的器件成为半加器。

(2) 真值表

根据二进制加法运算规则首先列出半加器的真值表,如表7-5所示。其中数据输入

A_i为被加数、B_i是加数，S_i是相加的和数，C_i是向高位的进位数。

表 7-5　半加器真值表

A_i	B_i	S_i	C_i
0	0	0	0
0	1	1	0
1	0	1	0
1	1	0	1

(3) 逻辑表达式

根据半加器真值表表 7-5 可得出半加器的逻辑表达式：

$$S_i = \overline{A}_i B_i + A_i \overline{B}_i = A_i \oplus B_i$$

$$C_i = A_i B_i$$

(4) 逻辑图及电路符号

根据逻辑表达式画出半加器的逻辑图和符号，如图 7-6 所示。它是由一个异或门和一个与门组成的。

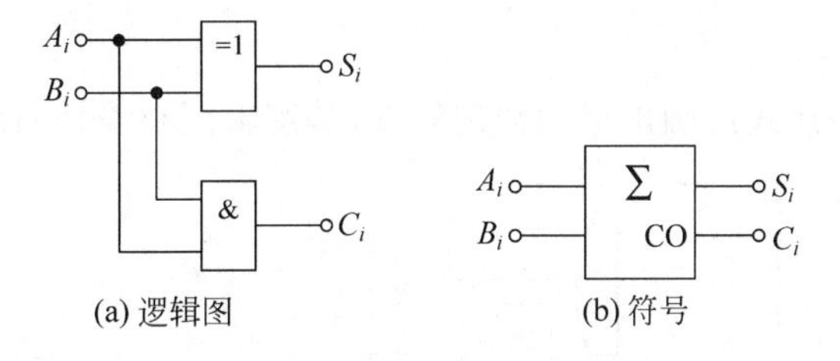

图 7-6　半加器

3. 全加器

半加器是实现两个一位二进制码相加的电路，因此只能用于两个二进制码最低位的相加。因为高位二进制码相加时，有可能出现低位的进位，因此两个加数相加时还要计算低位的进位，需要比半加器多进行一次相加运算。能计算低位进位的两个一位二进制码的相加电路，即为全加器。

(1) 定义

若两个二进制数相加时，在考虑本位的两个加数的同时，还考虑来自低位的进位，即将两个对应位的加数和来自低位的进位 3 个数相加。这种运算称为全加，实现该功能的电路称为全加器。全加器可以处理低位进位，也可以输出本位加法进位。

(2) 全加器真值表

根据二进制加法运算规则可列出 1 位全加器的真值表，如表 7-6 所示。其中数据输入 A_i为被加数、B_i是加数，C_{i-1}是来自低位的进位数，S_i是相加的和数，C_i是向高位的进位数。

表 7-6 全加器真值表

A_i	B_i	C_{i-1}	S_i	C_i
0	0	0	0	0
0	0	1	1	0
0	1	0	1	0
0	1	1	0	1
1	0	0	1	0
1	0	1	0	1
1	1	0	0	1
1	1	1	1	1

(3) 全加器的逻辑表达式

根据真值表可直接写出全加器的逻辑表达式。

$$S_i = \overline{A}_i\overline{B}_iC_{i-1} + \overline{A}_iB_i\overline{C}_{i-1} + A_i\overline{B}_i\overline{C}_{i-1} + A_iB_iC_{i-1}$$

$$= \overline{A}_i(\overline{B}_iC_{i-1} + B_i\overline{C}_{i-1}) + A_i(\overline{B}_i\overline{C}_{i-1} + B_iC_{i-1}) = \overline{A}_i(B_i \oplus C_{i-1}) + A_i\,\overline{(B_i \oplus C_{i-1})}$$

$$C_i = \overline{A}_iB_iC_{i-1} + A_i\overline{B}_iC_{i-1} + A_iB_i\overline{C}_{i-1} + A_iB_iC_{i-1} = (\overline{A}_iB_i + A_i\overline{B}_i)C_{i-1} + A_iB$$

$$= (A_i \oplus B_i)C_{i-1} + A_iB_i$$

(4) 全加器逻辑图

根据以上逻辑表达式可画出全加器逻辑图,其逻辑图和符号如图 7-7 所示。

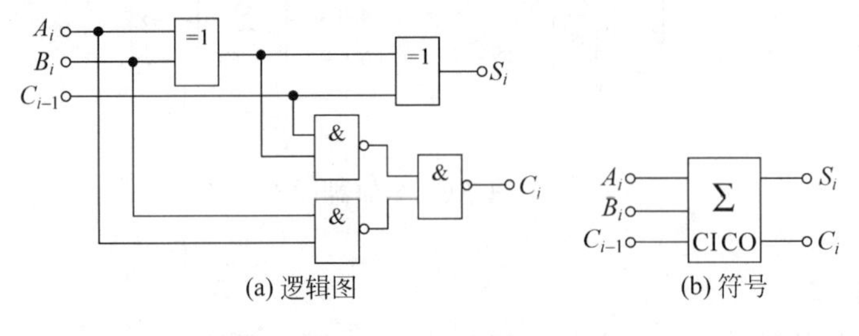

图 7-7 全加器

7.1.3 编码器、译码器及数字显示

1. 编码器

数字系统中,常常需要将某一信息变换成某一特定的代码输出。把二进制码按一定的规律编排,使每组代码具有一特定的含义即为编码过程。所谓编码,就是把各种输入信号(例如十进制数、文字、符号)转换成若干位二进制码。比如电信局给每台电话机编上号码的过程就是编码。实现编码功能的逻辑电路称为编码器。

1) 二进制编码器

用 n 位二进制代码对 2^n 个信号进行编码的电路,称为二进制编码器。因为 n 位二进制代码可以表示 2^n 个信号,则对 N 个信号编码时,应由 $2^n \geqslant N$ 来确定编码位数 n。当

$n=2$ 时，就构成 4 线-2 线编码器；$n=3$ 时就构成 8 线-3 线编码器，以此类推。

图 7-8 是 3 位二进制编码器示意图，有八个输入端，三个输出端，常称为 8 线-3 线编码器。图 7-8 中 I_0、I_1、I_2、…、I_7 是八个编码对象，分别代表十进制数 0、1、2、…、7 八个数字。编码的输出是三位二进制代码，用 Y_2、Y_1、Y_0 表示。

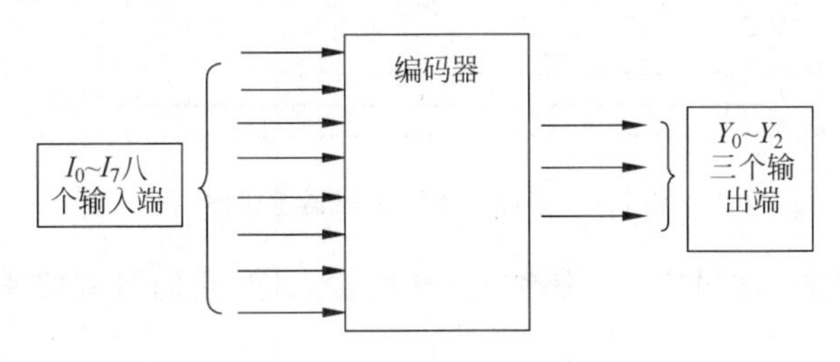

图 7-8　三位二进制编码器示意图

因为在任何时刻，编码器只能对一个输入信号进行编码，即输入的 I_0、I_1、I_2、…、I_7 这八个变量中，要求其中任何一个为 1 时，其余七个均为 0，由此得出编码器的真值表如表 7-7 所示。

表 7-7　二进制编码器真值表

输入								输出		
I_0	I_1	I_2	I_3	I_4	I_5	I_6	I_7	Y_2	Y_1	Y_0
1	0	0	0	0	0	0	0	0	0	0
0	1	0	0	0	0	0	0	0	0	1
0	0	1	0	0	0	0	0	0	1	0
0	0	0	1	0	0	0	0	0	1	1
0	0	0	0	1	0	0	0	1	0	0
0	0	0	0	0	1	0	0	1	0	1
0	0	0	0	0	0	1	0	1	1	0
0	0	0	0	0	0	0	1	1	1	1

从真值表写出各输出的逻辑表达式为

$$Y_2 = I_4 + I_5 + I_6 + I_7$$
$$Y_1 = I_2 + I_3 + I_6 + I_7$$
$$Y_0 = I_1 + I_3 + I_5 + I_7$$

上述表达式已是最简形式，可直接根据表达式画逻辑图，如图 7-9 所示。

可以看出，图 7-9 为 8 线-3 线编码器电路。

2) 二-十进制编码器

将十进制数 0～9 的十个数字编成二进制代码的电路，叫做二-十进制编码器。因为输入有十个数码，至少需要 4 位二进制代码，即 $2^4 \geqslant 10$，所以二-十进制编码器的输出信号为 4 位。二-十进制编码器中最常用的是 8421BCD 码编码器。与计算机数字键盘相

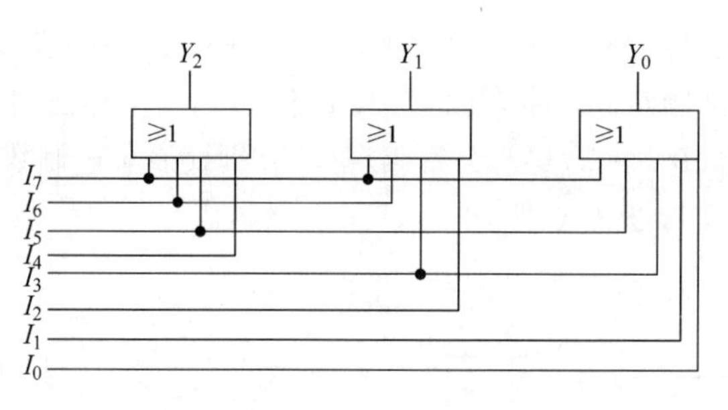

图 7-9　三位二进制编码器逻辑图

似,0～9 代表数字按键,即对应十进制数 0～9 的输入键,它们对应的输出代码需要由编码器完成。

所谓 8421BCD 码,即二进制代码自左至右,各位的权分别为 8、4、2、1。每组代码加权系数之和,就是它代表的十进制数。例如代码 0111,即 0+4+2+1=7。

表 7-8 列出了 8421BCD 码的真值表。

表 7-8　8421BCD 码真值表

输入										输出			
S_9	S_8	S_7	S_6	S_5	S_4	S_3	S_2	S_1	S_0	A	B	C	D
1	1	1	1	1	1	1	1	1	0	0	0	0	0
1	1	1	1	1	1	1	1	0	1	0	0	0	1
1	1	1	1	1	1	1	0	1	1	0	0	1	0
1	1	1	1	1	1	0	1	1	1	0	0	1	1
1	1	1	1	1	0	1	1	1	1	0	1	0	0
1	1	1	1	0	1	1	1	1	1	0	1	0	1
1	1	1	0	1	1	1	1	1	1	0	1	1	0
1	1	0	1	1	1	1	1	1	1	0	1	1	1
1	0	1	1	1	1	1	1	1	1	1	0	0	0
0	1	1	1	1	1	1	1	1	1	1	0	0	1

由真值表写出各输出的逻辑表达式为

$$A = \overline{S}_8 + \overline{S}_9 = \overline{S_8 S_9}$$

$$B = \overline{S}_4 + \overline{S}_5 + \overline{S}_6 + \overline{S}_7 = \overline{S_4 S_5 S_6 S_7}$$

$$C = \overline{S}_2 + \overline{S}_3 + \overline{S}_6 + \overline{S}_7 = \overline{S_2 S_3 S_6 S_7}$$

$$D = \overline{S}_1 + \overline{S}_3 + \overline{S}_5 + \overline{S}_7 + \overline{S}_9 = \overline{S_1 S_3 S_5 S_7 S_9}$$

整理得:

$$A = \overline{S_8 S_9}$$

$$B = \overline{S_4}\,\overline{S_5}\,\overline{S_6}\,\overline{S_7}$$

$$C = \overline{S_2}\,\overline{S_3}\,\overline{S_6}\,\overline{S_7}$$

$$D = \overline{S_1}\,\overline{S_3}\,\overline{S_5}\,\overline{S_7}\,\overline{S_9}$$

根据表达式画出逻辑图如图 7-10 所示。

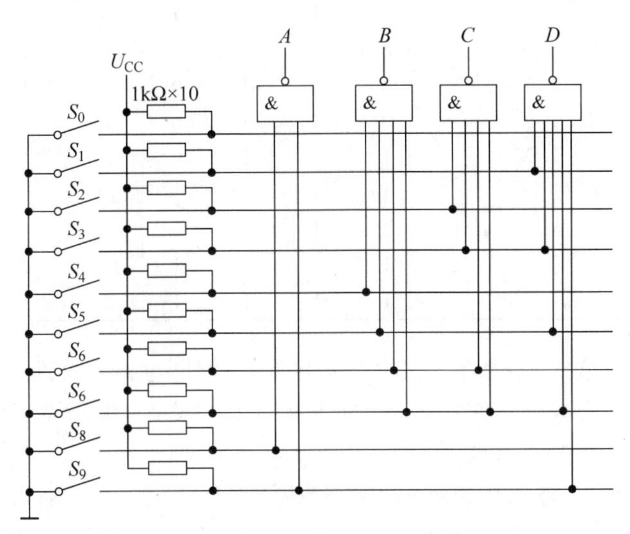

图 7-10　8421BCD 码编码器逻辑图

图 7-10 由与非门组成，有十个输入端，用按钮控制，正常情况下，按键悬空相当于接高电平 1。它由四个输出端 A、B、C、D 输出 8421 码。如果按 S_1 键，与“1”键对应的线被接地，等于输入低电平 0，于是 D 门输出为 1，整个输出为 0001。如果按 S_9 键，则 A 门、D 门输出为 1，整个输出为 1001。

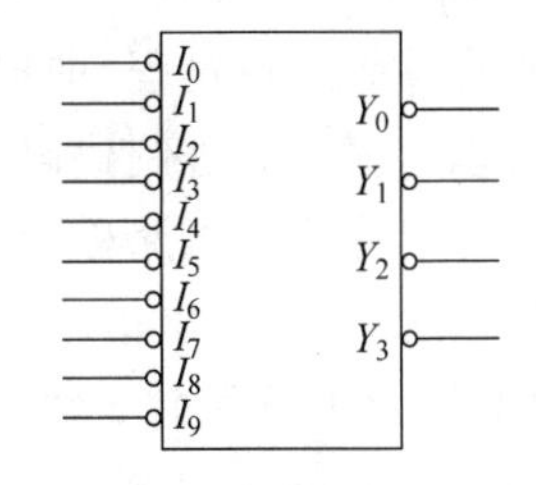

图 7-11　10 线-4 线编码器逻辑符号

把图 7-10 所示电路做在集成电路内，便得到集成化的 10 线-4 线编码器，它的逻辑符号如图 7-11 所示。图 7-11 中左侧有十个输入端，带小圆圈表示要用低电平，右侧有 4 个输出端，从上到下按由低到高排列，使用时可以直接选出。

3）优先编码器

图 7-9 所示编码器当同时按下两个或更多按键时，其输出是混乱的。二进制编码器的缺点是编码器在任何时刻只能对 $I_0 \sim I_7$ 中的一个输入信号进行编码，不允许同时输入两个 1。实际使用的数字系统尤其是计算机系统，常常需要按多个信号的优先级别进行响应，所以在实际中广泛运用的是优先编码器，它允许同时输入两个以上信号，并按优先级输出。当有 n 个信号输入时，它只对其中优先级别最高的一个进行编码，这种电路广泛应用于优先中断系统和键盘编码电路中。

最常见的集成 8 线-3 线优先编码器有 74LS148，其真值表如表 7-9 所示。

表 7-9 74LS148 集成电路真值表

输入										输出			
EI	I_0	I_1	I_2	I_3	I_4	I_5	I_6	I_7	Y_2	Y_1	Y_0	GS	EO
1	X	X	X	X	X	X	X	X	1	1	1	1	1
0	1	1	1	1	1	1	1	1	1	1	1	1	0
0	X	X	X	X	X	X	X	0	0	0	0	0	1
0	X	X	X	X	X	X	0	1	0	0	1	0	1
0	X	X	X	X	X	0	1	1	0	1	0	0	1
0	X	X	X	X	0	1	1	1	0	1	1	0	1
0	X	X	X	0	1	1	1	1	1	0	0	0	1
0	X	X	0	1	1	1	1	1	1	0	1	0	1
0	X	0	1	1	1	1	1	1	1	1	0	0	1
0	0	1	1	1	1	1	1	1	1	1	1	0	1

该编码器有8个输入端,三个二进制码输出端。此外,电路还设置了输入使能端EI,使能输出端EO和优先编码工作状态标志GS。当$EI=0$时,编码器工作;而当$EI=1$时,编码器不工作,即低电平有效。

从真值表可以看出,输入优先级别的次序依次为$I_7,I_6,\cdots,I_0$。输入有效信号为低电平,当某一输入端有低电平输入,且比它优先级别高的输入端无低电平输入时,输出端才输出和输入端相对应的代码。例如,输入I_4为0,且优先级别比它高的I_7、I_6、I_5都为1时,输出代码为011。

2. 译码器

译码是编码的逆过程,即把代码所表示的特定含义"翻译"出来的过程。或者说,译码器是可以将输入二进制代码的状态翻译成输出信号,以表示其原来含义的电路。

实现译码操作的电路称为译码器。假设译码器有n个输入信号和N个输出信号,如果$N=2^n$,就称为全译码器,常见的全译码器有2线-4线译码器、3线-8线译码器、4线-16线译码器等二进制译码器。如果$N<2^n$,称为部分译码器,如二-十进制译码器(也称作4线-10线译码器)等。

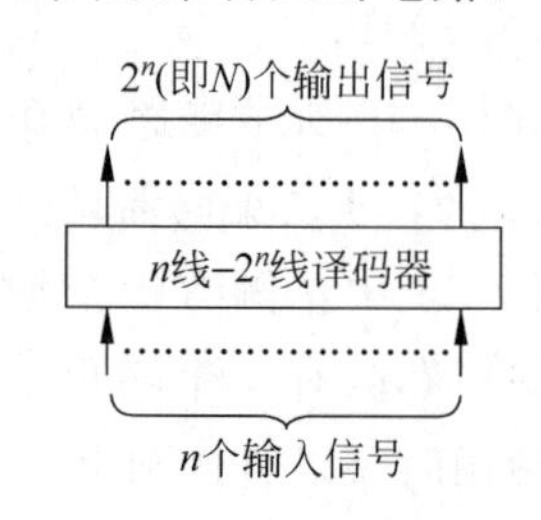

图 7-12 二进制译码器示意图

1) 二进制译码器

将二进制代码的各种状态,按其原意"翻译"成对应的输出信号的电路,叫做二进制译码器。二进制译码器的示意图,如图7-12所示。

输入变量的二进制译码器由于共有A、B共有4种不同的状态组合,因而可译出4个输出信号$Y_0\sim Y_3$,故又称为2线-4线译码器。下面以2线-4线译码器为例说明译码器的工作原理和电路结构。2线-4线译码器的功能如表7-10所示,其中EI为使能输入端子。

表 7-10　2 线-4 线译码器真值表

输　入			输　出			
EI	A	B	Y_0	Y_1	Y_2	Y_3
1	×	×	1	1	1	1
0	0	0	0	1	1	1
0	0	1	1	0	1	1
0	1	0	1	1	0	1
0	1	1	1	1	1	0

由真值表可得

$$\overline{Y_0} = \overline{EI}\,\overline{A}\,\overline{B}$$

$$\overline{Y_1} = \overline{EI}\,\overline{A}B$$

$$\overline{Y_2} = \overline{EI}A\,\overline{B}$$

$$\overline{Y_3} = \overline{EI}AB$$

各输出函数表达式为

$$Y_0 = \overline{\overline{EI}\,\overline{A}\,\overline{B}}$$

$$Y_1 = \overline{\overline{EI}\,\overline{A}B}$$

$$Y_2 = \overline{\overline{EI}A\,\overline{B}}$$

$$Y_3 = \overline{\overline{EI}AB}$$

从真值表可以看出，当 EI 等于 1 时，无论 A、B 为何种状态，输出全为 1，译码器处于非工作状态。当 EI 等于 0 时，对应于 A、B 的不同状态组合，其中只有一个输出量为 0，其余各输出量均为 1。由此可见，译码器是通过输出端的逻辑电平以识别不同代码，表中所示 2 线-4 线译码器为逻辑低电平有效。

用门电路实现 2 线-4 线译码器的逻辑电路如图 7-13 所示。

2）二-十进制译码器

将二-十进制代码翻译成 0～9 十个十进制数字信号的电路，叫做二-十进制译码器。二-十进制译码器的逻辑框图如图 7-14 所示，图中 A_0～A_3 为译码器输入信号端子，Y_0～Y_9 为译码器输出信号端子。

一个二-十进制译码器有 4 个输入端，10 个输出端，通常也叫 4 线-10 线译码器。图 7-15 是 8421BCD 译码器 74LS42 的逻辑图，输出为低电平有效。

根据逻辑图得到

$$Y_0 = \overline{\overline{A_3}\,\overline{A_2}\,\overline{A_1}\,\overline{A_0}},\quad Y_1 = \overline{\overline{A_3}\,\overline{A_2}\,\overline{A_1}A_0}$$

$$Y_2 = \overline{\overline{A_3}\,\overline{A_2}A_1\overline{A_0}},\quad Y_3 = \overline{\overline{A_3}\,\overline{A_2}A_1A_0}$$

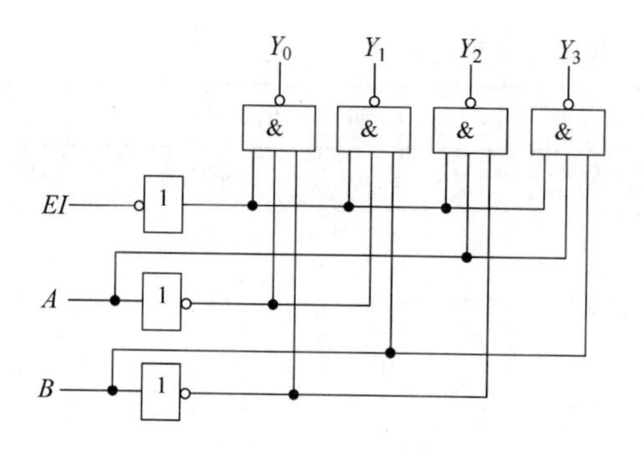

图 7-13 2线-4线译码器逻辑电路

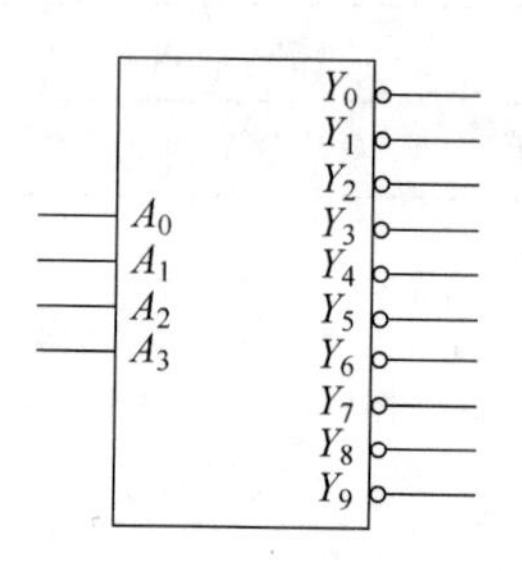

图 7-14 二-十进制译码器的示意图

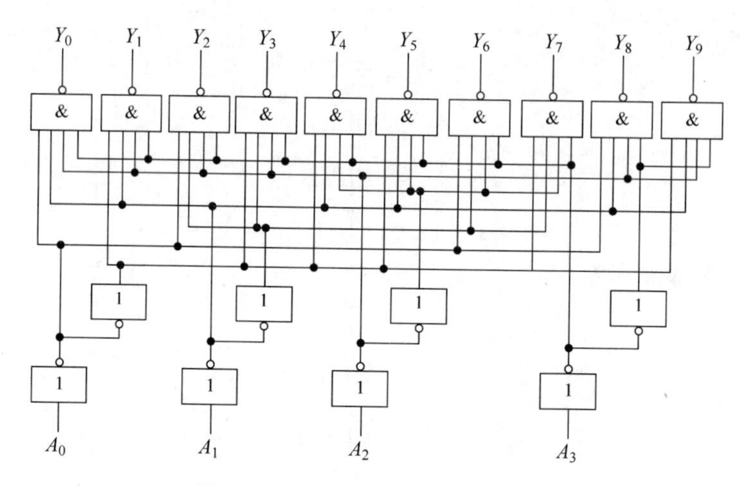

图 7-15 8421BCD 码译码器逻辑图

$$Y_4=\overline{\overline{A}_3 A_2 \overline{A}_1 \overline{A}_0},\quad Y_5=\overline{\overline{A}_3 A_2 \overline{A}_1 A_0}$$
$$Y_6=\overline{\overline{A}_3 A_2 A_1 \overline{A}_0},\quad Y_7=\overline{\overline{A}_3 A_2 A_1 A_0}$$
$$Y_8=\overline{A_3 \overline{A}_2 \overline{A}_1 \overline{A}_0},\quad Y_9=\overline{A_3 \overline{A}_2 \overline{A}_1 A_0}$$

$Y_0 \sim Y_9$就是译码输出逻辑表达式。当$A_3A_2A_1A_0$分别是0000～1001十个8421BCD码时，就可以得到译码器真值表，如表7-11所示。

表 7-11 8421BCD 码译码器真值表

输入				输出									
A_3	A_2	A_1	A_0	Y_0	Y_1	Y_2	Y_3	Y_4	Y_5	Y_6	Y_7	Y_8	Y_9
0	0	0	0	0	1	1	1	1	1	1	1	1	1
0	0	0	1	1	0	1	1	1	1	1	1	1	1
0	0	1	0	1	1	0	1	1	1	1	1	1	1
0	0	1	1	1	1	1	0	1	1	1	1	1	1

续表

输　入				输　出									
A_3	A_2	A_1	A_0	Y_0	Y_1	Y_2	Y_3	Y_4	Y_5	Y_6	Y_7	Y_8	Y_9
0	1	0	0	1	1	1	1	0	1	1	1	1	1
0	1	0	1	1	1	1	1	1	0	1	1	1	1
0	1	1	0	1	1	1	1	1	1	0	1	1	1
0	1	1	1	1	1	1	1	1	1	1	0	1	1
1	0	0	0	1	1	1	1	1	1	1	1	0	1
1	0	0	1	1	1	1	1	1	1	1	1	1	0
1	0	1	0	1	1	1	1	1	1	1	1	1	1
1	0	1	1	1	1	1	1	1	1	1	1	1	1
1	1	0	0	1	1	1	1	1	1	1	1	1	1
1	1	0	1	1	1	1	1	1	1	1	1	1	1
1	1	1	0	1	1	1	1	1	1	1	1	1	1
1	1	1	1	1	1	1	1	1	1	1	1	1	1

可以看出，译码器能把 8421BCD 码译成相应的十进制数码。例如，$A_3A_2A_1A_0=0010$ 时，$Y_2=0$，而 $Y_1=Y_2=\cdots=Y_9=1$，它表示 8421BCD 码 0010 译成的十进制码为 0。

注意，上述译码器还能“拒绝伪码”。所谓“伪码”，是指 1010～1111 这六个码，当输入这六个码中任意一个时，$Y_0\sim Y_9$ 均为 1，即得不到译码输出。这就是拒绝伪码。

国产集成 8421BCD 译码器有 T331、T1042、T4042、C301 和 CC4028 等。

3. 数字显示

在数字系统及电工电子仪表中，常需要将数字、字母、符号等直观地显示出来，供人们读取或监视系统的工作情况。能够显示数字、字母或符号的器件称为数字显示器。

在数字电路中，数字量都是以一定的代码形式出现的，所以这些数字量要先经过译码，才能送到数字显示器去显示。这种能把数字量翻译成数字显示器所能识别的信号的译码器称为数字显示译码器。数字显示电路组成框图如图 7-16 所示。

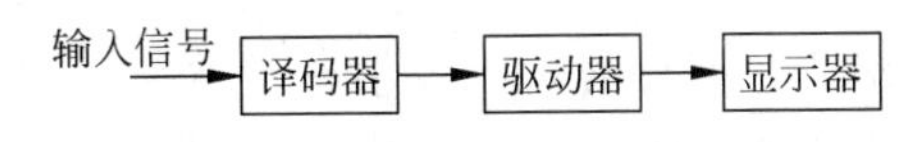

图 7-16　数字显示电路方块图

常用的数字显示器有多种类型。

按显示方式分，有字形重叠式、点阵式、分段式等。

按发光物质分，有半导体显示器，又称发光二极管(LED)显示器、荧光显示器、液晶显示器、气体放电管显示器等。

目前应用最广泛的是由发光二极管构成的七段数字显示器。

1) 七段数字显示器

七段数字显示器就是将七个发光二极管(加小数点为八个)按一定的方式排列起来，七段 a、b、c、d、e、f、g(小数点 DP)各对应一个发光二极管，利用不同发光段的组合，显示不同的阿拉伯数字。图7-17是七段数字显示器的示意图。

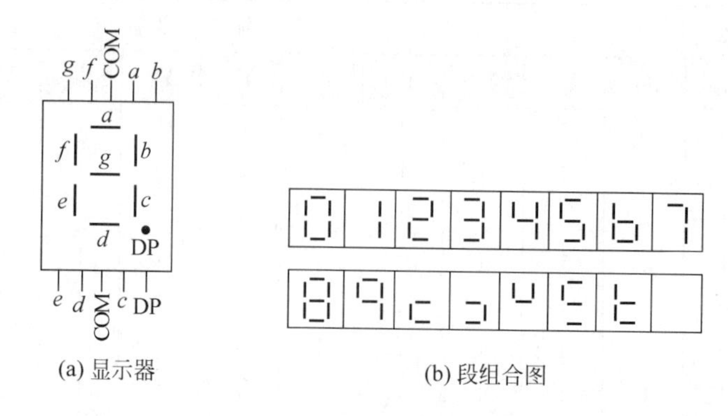

图7-17　七段数字显示器

按内部连接方式不同,七段数字显示器分为共阴极和共阳极两种,如图7-18所示。

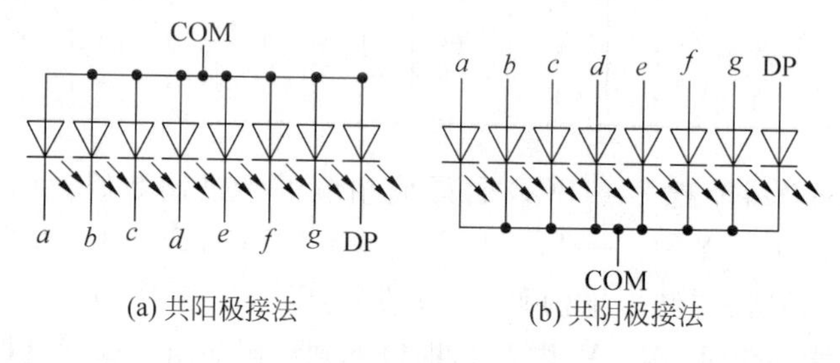

图7-18　半导体数字显示器的内部接法

半导体显示器的优点是工作电压较低(1.5～3V)、体积小、寿命长、亮度高、响应速度快、工作可靠性高。缺点是工作电流大,每个字段的工作电流约为10mA。

为了使数码管能将数码所代表的数显示出来,必须将数码经译码器译出,然后经过驱动器点亮相应的段。例如8421码的1001状态,对应十进制数的9,而数码管显示字段为a、b、c、f、g共5段点亮,故对应某一组数码是,译码器应有确定的几个输出端有信号输出。

2) 七段显示译码器7448

七段显示译码器7448是一种与共阴极数字显示器配合使用的集成译码器,它的功能是将输入的4位二进制代码转换成显示器所需要的七个段信号$a \sim g$,如图7-19所示。

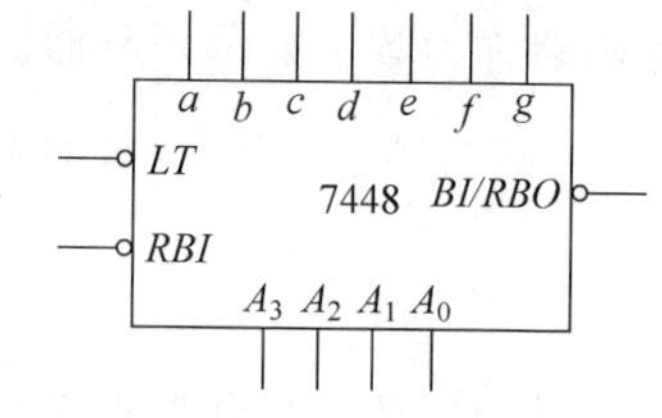

图7-19　七段显示译码器7448

$a \sim g$为译码输出端。另外,它还有3个辅助控制端:试灯输入端LT、灭零输入端RBI、特殊控制端BI/RBO。其功能如下。

(1) 正常译码显示。$LT=1$,$BI/RBO=1$时,对输入为十进制数1～15的二进制码(0001～1111)进行译码,产生对应的七段显示码。

(2) 灭零。当输入$RBI=0$,而输入为0的二进制码0000时,则译码器的$a \sim g$输出全0,使显示器全灭;只有当$RBI=1$时,才产生0的七段显示码。所以RBI称为灭零输入端。利用 $LT=1$ 与 $RBI=0$ 可以实现某一位 0 的消隐。

(3) 试灯。当 $LT=0$ 时，无论其他输入端的状态怎样，$a \sim g$ 输出全 1，数码管七段全亮，显示。由此可以检测 7448 芯片及显示器七个发光段的好坏。LT 称为试灯输入端。

(4) 特殊控制端 BI/RBO。BI/RBO 可以作输入端，也可以作输出端。

作输入使用时，如果 $BI=0$ 时，不管其他输入端为何值，$a \sim g$ 均输出 0，显示器全灭，因此 BI 称为灭灯输入端。

作输出端使用时，受控于 RBI。当 $RBI=0$，输入为 0 的二进制码 0000 时，$RBO=0$，用以指示该片正处于灭零状态。所以，RBO 又称为灭零输出端，该端子主要用于多位数字时，多个译码器之间的互联。

七段显示译码器 7448 的逻辑功能如表 7-12 所示。

表 7-12　七段显示译码器 7448 的逻辑功能表

功能（输入）	输入						输入/输出	输出							显示字形
	$LTRBI$		A_3	A_2	A_1	A_0	BI/RBO	a	b	c	d	e	f	g	
0	1	1	0	0	0	0	1	1	1	1	1	1	1	0	
1	1	×	0	0	0	1	1	0	1	1	0	0	0	0	
2	1	×	0	0	1	0	1	1	1	0	1	1	0	1	
3	1	×	0	0	1	1	1	1	1	1	1	0	0	1	
4	1	×	0	1	0	0	1	0	1	1	0	0	1	1	
5	1	×	0	1	0	1	1	1	0	1	1	0	1	1	
6	1	×	0	1	1	0	1	0	0	1	1	1	1	1	
7	1	×	0	1	1	1	1	1	1	1	0	0	0	0	
8	1	×	1	0	0	0	1	1	1	1	1	1	1	1	
9	1	×	1	0	0	1	1	1	1	1	0	0	1	1	
10	1	×	1	0	1	0	1	0	0	0	1	1	0	1	
11	1	×	1	0	1	1	1	0	0	1	1	0	0	1	
12	1	×	1	1	0	0	1	0	1	0	0	0	1	1	

续表

功能(输入)	输入						输入/输出	输出							显示字形
	LT	*RBI*	A_3	A_2	A_1	A_0	*BI*/*RBO*	*a*	*b*	*c*	*d*	*e*	*f*	*g*	
13	1	×	1	1	0	1	1	1	0	0	1	0	1	1	
14	1	×	1	1	1	0	1	0	0	0	1	1	1	1	
15	1	×	1	1	1	1	1	0	0	0	0	0	0	0	
灭灯	×	×	×	×	×	×	0	0	0	0	0	0	0	0	
灭零	1	0	0	0	0	0	0	0	0	0	0	0	0	0	
试灯	0	×	×	×	×	×	1	1	1	1	1	1	1	1	

3）多位数码显示系统

在多位十进制数码显示时，整数前和小数后的0是无意义的，称为“无效0”。将*BI*/*RBO*和*RBI*配合使用，可以实现多位数显示时的“无效0消隐”功能。在图7-20所示的多位数码显示系统中，就可将无效0灭掉。

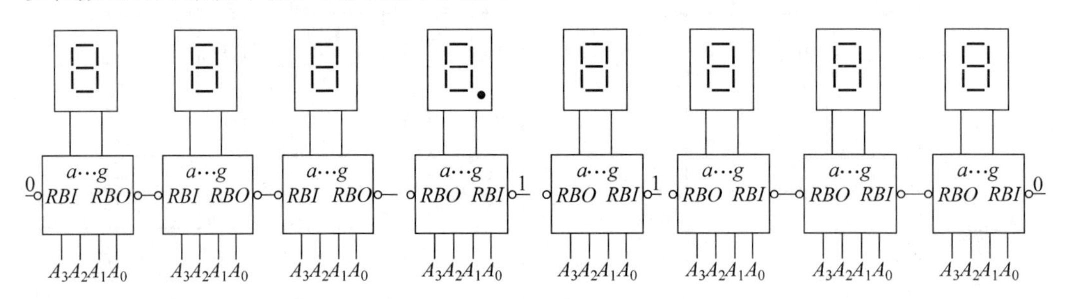

图7-20　多位数码显示系统

从图7-20可见，由于整数部分7448除最高位的*RBI*接0、最低位的*RBI*接1外，其余各位的*RBI*均接受高位的*RBO*输出信号。所以整数部分只有在高位是0，而且被熄灭时，低位才有灭零输入信号。同理，小数部分除最高位的*RBI*接1、最低位的*RBI*接0外，其余各位均接受低位的*RBO*输出信号。所以小数部分只有在低位是0而且被熄灭时，高位才有灭零输入信号，从而实现了多位十进制数码显示器的“无效0消隐”功能。

7.1.4　编/译码及数码显示电路的制作与测试

1. 测试器材

(1) 测试仪器仪表：数字万用表、数字逻辑笔、直流可调稳压电源、数字电路实验箱。

(2) 元器件：二-十进制编码器74LS147×1，六反相器74LS04×1，字符译码器74LS48×1，数码管(共阴极)×1，电阻1kΩ/0.25W×7。

2. 测试电路

测试电路如图7-21所示。74LS147是二-十进制编码器，输入端低电平有效，输出为反码，经六反相器 74LS04 得到原码，再经 74LS48 译码和显示电路，显示 0～9 十个数字。

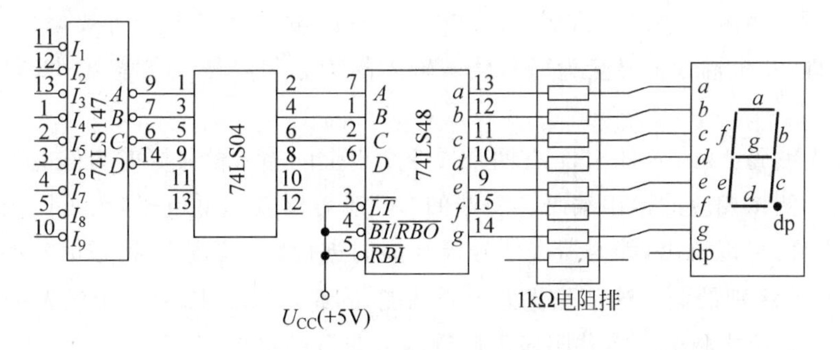

图 7-21　编/译码及数码显示测试电路

3. 测试程序

(1) 电路组装

① 组装之前先检查各元器件的参数是否正确，并对 IC 进行检查。

查集成电路手册，了解 74LS147、74LS48、74LS04 和数码管的功能，确定其管脚排列。

② 按图 7-23 所示安装好测试电路，确认无误后再接电源。

(2) 测试电路功能

① 接通电源，依次使编码器的输入端接低电平，经译码和显示电路，则显示出和 0～9 对应的数码。

② 在 74LS147 的 9 个输入端加上输入信号(按表 7-16 所示，依次给 I_1～I_9 加信号)，用逻辑笔或万用表测试 D、C、B、A 四个输出端的电平，将测试结果填入表 7-13 中。

③ 用同样的方法测试译码器 74LS48 的七个输出端 a～g 的电平并记录于表 7-13 中。观察数码管七个输出端 a～g 的电平。

表 7-13　编/译码及数码显示电路真值表

输入									输出										
I_9	I_8	I_7	I_6	I_5	I_4	I_3	I_2	I_1	D	C	B	A	a	b	c	d	e	f	g
1	1	1	1	1	1	1	1	1											
0	1	1	1	1	1	1	1	1											
1	0	1	1	1	1	1	1	1											
1	1	0	1	1	1	1	1	1											
1	1	1	0	1	1	1	1	1											
1	1	1	1	0	1	1	1	1											
1	1	1	1	1	0	1	1	1											
1	1	1	1	1	1	0	1	1											
1	1	1	1	1	1	1	0	1											
1	1	1	1	1	1	1	1	0											

④ 74LS147 功能试验。

a. 编码功能：给一块 74LS147 接通电源和地，在 74LS147 的 9 个输入端加上输入信号(按表7-13所示,依次给I_1～I_9加信号),用逻辑试电笔或示波器测试D、C、B、A四个输出端的电平,将测试结果填入表7-14中。I_0～I_9输入低电平为有效信号。若无有效信号输入,即10个输入信号全为"1",代表输入的十进制数是0,则输出$DCBA$=1111(0的反码)。

b. 优先编码：如果74LS147有两个或两个以上的输入信号同时为低电平,按表7-14的输入方式,测试相应的输出编码。表中的"X"既可以表示低电平,也可以表示高电平,如果测试准确,可以看出,编码器按信号级别高的进行编码,且I_9状态信号的级别最高,I_1状态信号的级别最低。这就是优先编码功能,因此,74LS147是一个优先编码器。

⑤ 数码管功能测试。将共阴极数码管的公共电极接地,分别给a～g七个输入端分别加上高电平,观察数码管的发亮情况(或用万用表的电阻挡×100Ω),将输入信号与发亮显示段的对应关系记录于表7-14中。最后给7个输入端都加上高电平,观察数码管的发亮情况。

表7-14 74LS147的输出编码测试

输入									输出			
I_9	I_8	I_7	I_6	I_5	I_4	I_3	I_2	I_1	D	C	B	A
1	1	1	1	1	1	1	1	1				
0	×	×	×	×	×	×	×	×				
1	0	×	×	×	×	×	×	×				
1	1	0	×	×	×	×	×	×				
1	1	1	0	×	×	×	×	×				
1	1	1	1	0	×	×	×	×				
1	1	1	1	0	×	×	×	×				
1	1	1	1	1	0	×	×	×				
1	1	1	1	1	1	0	×	×				

⑥ 74LS48功能试验。

a. 译码功能：将BI/RBO端接高电平,输入十进制数0～9的任意一组8421BCD码(原码),则输出端a～g也会得到一组相应的7位二进制代码(74LS48驱动共阴极,输出3FH、06H、5BH；74LS47驱动共阳极,输出C0H、F9H、A4H)。如果将这组代码输入数码管,就可以显示出相应的十进制数。

b. 试灯功能：给试灯输入 加低电平,而BI/RBO端加高电平时,则输出端a～g均为高电平。若将其输入数码管,则所有的显示段都发亮。此功能可以用于检查数码管的好坏。

c. 灭灯功能：将低电平加于灭灯输入时,不管其他输入为什么电平,所有输出端都为低电平。将这样的输出信号加至数码管,数码管将不发亮。

(3) 测试总结和分析

① 画出编/译码及数码显示测试电路,分析电路工作原理。

② 写出测试步骤、整理测试数据并分析结果。

任务 7.2　拓展与训练

在数字系统和计算机中，为了减少传输线，经常采用总线技术，即在同一条线上对多路数据进行接收或传送。用来实现这种逻辑功能的数字电路就是数据选择器和数据分配器。

7.2.1　数据选择器分析

1. 数据选择器

数据选择器是能够根据需要将多路输入数据中的任意一路挑选出来的电路，又称为多路选择器，它相当于一个波段开关，其示意图如图 7-22(a)所示。常见的数据选择器有 4 选 1、8 选 1 和 16 选 1 电路。数据选择器在地址码(或叫选择控制)电位的控制下，从几个数据输入中选择一个并将其送到一个公共的输出端。数据选择器的功能类似一个多掷开关，如图 7-22(b)所示，图 7-22 中有 4 路数据 $D_0 \sim D_3$，通过选择控制信号 A_1、A_0(地址码)从 4 路数据中选中某一路数据送至输出端 Q。

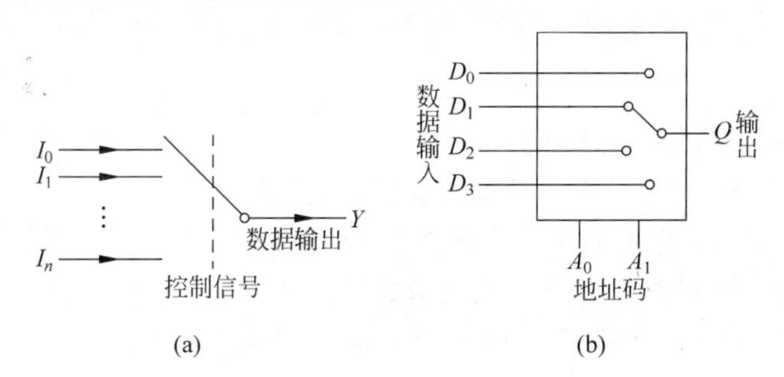

图 7-22　数据选择器示意图

数据选择器可用译码器和门电路构成，其工作原理可用图 7-23 所示电路说明。这是一个 4 选 1 的数据选择器。图中 $D_3 \sim D_0$ 为数据输入端，A_1、A_0 为地址信号输入端，Y 为数据输出端，ST 为使能端，输入低电平有效。

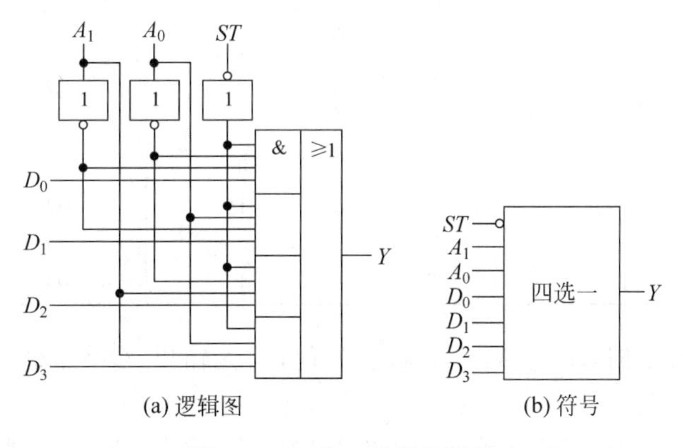

图 7-23　四选一数据选择器

为了对4个数据源进行选择,使用两位地址码 A_1A_0 产生4个地址信号,由 A_1A_0 等于00、01、10、11分别控制四个与门的开闭。显然,任何时候 A_1A_0 只有一种可能的取值,所以只有一个与门打开,使对应的那一路数据通过,送达 Y 端。输入使能端 ST 是低电平有效,当 $ST=1$ 时,所有与门都被封锁,无论地址码是什么,Y 总是等于0;当 $ST=0$ 时,封锁解除,由地址码决定哪一个与门打开。

4选1选择器的真值表如表7-15所示。

表7-15　4选1选择器的真值表

输　入			输　出
ST	A_1	A_0	Y
1	×	×	0
0	0	0	D_0
0	0	1	D_1
0	1	0	D_2
0	1	1	D_3

集成数据选择器除了4选1,还有8选1,双4选1等类型,常用芯片有74LS151、74LS153、74LS253等型号。

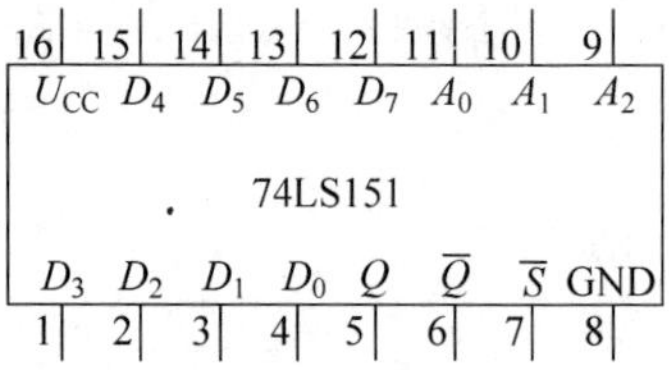

16 15 14 13 12 11 10 9
U_{CC} D_4 D_5 D_6 D_7 A_0 A_1 A_2
74LS151
D_3 D_2 D_1 D_0 Q $\overline{Q}$ $\overline{S}$ GND
1 2 3 4 5 6 7 8

图7-24　74LS151引脚排列

2. 8选1数据选择器74LS151

74LS151为互补输出的8选1数据选择器,引脚排列如图7-24所示,功能见表7-16。选择控制端(地址端)为 $A_2 \sim A_0$,按二进制译码,从8个输入数据 $D_0 \sim D_7$ 中,选择一个需要的数据送到输出端 Q,$\overline{S}$ 为使能端,低电平有效。

表7-16　74LS151真值表

输　入				输　出	
$\overline{S}$	A_2	A_1	A_0	Q	$\overline{Q}$
1	×	×	×	0	1
0	0	0	0	D_0	$\overline{D}_0$
0	0	0	1	D_1	$\overline{D}_1$
0	0	1	0	D_2	$\overline{D}_2$
0	0	1	1	D_3	$\overline{D}_3$
0	1	0	0	D_4	$\overline{D}_4$
0	1	0	1	D_5	$\overline{D}_5$
0	1	1	0	D_6	$\overline{D}_6$
0	1	1	1	D_7	$\overline{D}_7$

(1) 使能端 $\overline{S}=1$ 时,不论 $A_2 \sim A_0$ 状态如何,均无输出($Q=0$,$\overline{Q}=1$),多路开关被禁止。

(2) 使能端 $\overline{S}=0$ 时,多路开关正常工作,根据地址码 A_2、A_1、A_0 的状态选择 $D_0 \sim D_7$

中某一个通道的数据输送到输出端 Q。

如 $A_2A_1A_0=000$，则选择 D_0 数据到输出端，即 $Q=D_0$。

如 $A_2A_1A_0=001$，则选择 D_1 数据到输出端，即 $Q=D_1$，其余类推。

3. 双四选一数据选择器 74LS153

所谓双 4 选 1 数据选择器就是在一块集成芯片上有两个 4 选 1 数据选择器。引脚排列如图 7-25 所示，功能见表 7-17。

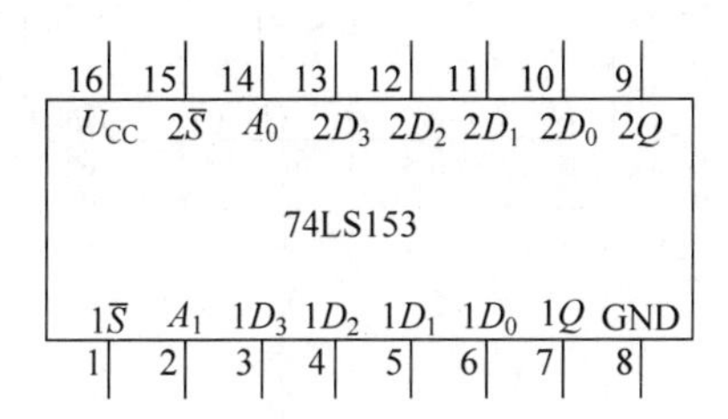

图 7-25　74LS153 引脚功能

表 7-17　74LS153 真值表

输　入			输　出
$\overline{S}$	A_1	A_0	Q
1	×	×	0
0	0	0	D_0
0	0	1	D_1
0	1	0	D_2
0	1	1	D_3

$1\overline{S}$、$2\overline{S}$ 为两个独立的使能端；A_1、A_0 为公用的地址输入端；$1D_0\sim1D_3$ 和 $2D_0\sim2D_3$ 分别为两个 4 选 1 数据选择器的数据输入端；Q_1、Q_2 为两个输出端。

(1) 当使能端 $1\overline{S}(2\overline{S})=1$ 时，多路开关被禁止，无输出，$Q=0$。

(2) 当使能端 $1\overline{S}(2\overline{S})=0$ 时，多路开关正常工作，根据地址码 A_1、A_0 的状态，将相应的数据 $D_0\sim D_3$ 送到输出端 Q。

若 $A_1A_0=00$，则选择 D_0 数据到输出端，即 $Q=D_0$。

若 $A_1A_0=01$，则选择 D_1 数据到输出端，即 $Q=D_1$，其余类推。

数据选择器的用途很多，例如多通道传输，数码比较，并行码变串行码，以及实现逻辑函数等。

7.2.2　数据选择器测试

1. 测试器材

(1) 测试仪器仪表：数字万用表、数字逻辑笔、直流可调稳压电源、数字电路实验箱。

(2) 元器件：8 选 1 数据选择器 74LS151×2，双 4 选 1 数据选择器 74LS153×2。

2. 测试电路

测试电路如图 7-26 所示。

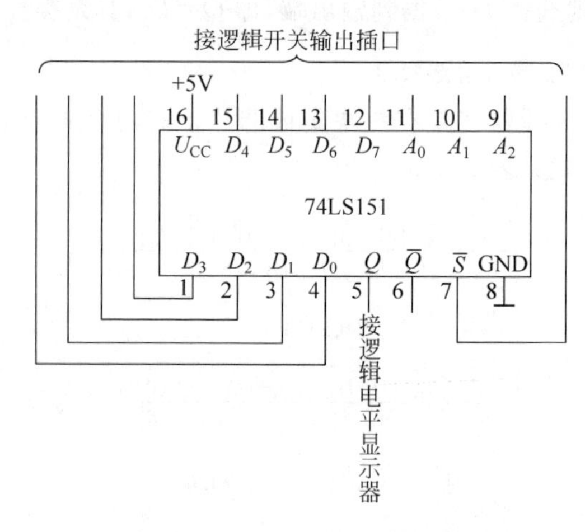

图 7-26 74LS151 逻辑功能测试

3. 测试程序

(1) 测试数据选择器 74LS151 的逻辑功能 $F(AB)=A\overline{B}+\overline{A}B+AB$。

按照接线图 7-26 接线,地址端 A_2、A_1、A_0、数据端 $D_0 \sim D_7$、使能端 $\overline{S}$ 接逻辑开关,输出端 Q 接逻辑电平显示器,按 74LS151 功能表逐项进行测试,将相应数据记录在自行设计的表格上。

(2) 用 8 选 1 数据选择器 74LS151 实现逻辑函数 $F=A\overline{B}+\overline{A}C+B\overline{C}$。

采用 8 选 1 数据选择器 74LS151 可实现任意三输入变量的组合逻辑函数。作出函数 F 的功能表,如表 7-18 所示,将函数 F 功能表与 8 选 1 数据选择器的功能表相比较,可知:①将输入变量 C、B、A 作为 8 选 1 数据选择器的地址码 A_2、A_1、A_0。②使 8 选 1 数据选择器的各数据输入 $D_0 \sim D_7$ 分别与函数 F 的输出值一一相对应。

表 7-18 函数 F 的功能表

输入			输出
C	B	A	F
0	0	0	0
0	0	1	1
0	1	0	1
0	1	1	1
1	0	0	1
1	0	1	1
1	1	0	1
1	1	1	0

$A_2A_1A_0=CBA$

即：$D_0=D_7=0$

$D_1=D_2=D_3=D_4=D_5=D_6=1$

则 8 选 1 数据选择器的输出 Q 便实现了函数 $F=A\overline{B}+\overline{A}C+B\overline{C}$。

接线图如图 7-27 所示。

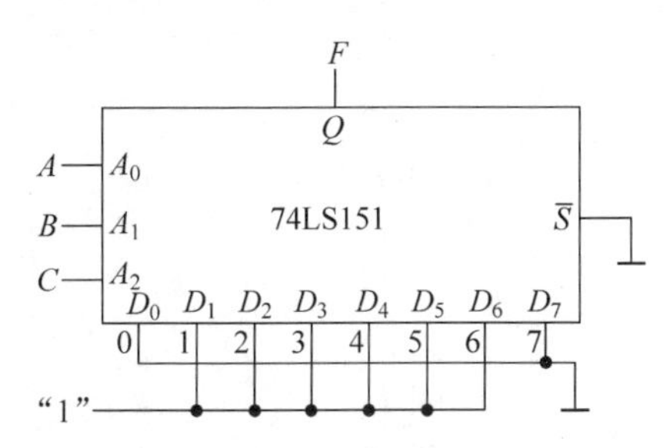

图 7-27 用 8 选 1 数据选择器实现 $F=A\overline{B}+\overline{A}C+B\overline{C}$

显然，采用具有 n 个地址端的数据选择实现 n 变量的逻辑函数时，应将函数的输入变量加到数据选择器的地址端(A)，选择器的数据输入端(D)按次序以函数 F 输出值来赋值。

(3) 用双 4 选 1 数据选择器 74LS153 实现函数 $F=\overline{A}BC+A\overline{B}C+AB\overline{C}+ABC$。

函数 F 的功能如表 7-19 所示。

表 7-19 $F=\overline{A}BC+A\overline{B}C+AB\overline{C}+ABC$ 功能表

输入			输出	中选数据端
A	B	C	F	
0	0	0 1	0 0	$D_0=0$
0	1	0 1	0 1	$D_1=C$
1	0	0 1	0 1	$D_2=C$
1	1	0 1	1 1	$D_3=1$

函数 F 有三个输入变量 A、B、C，而数据选择器有两个地址端 A_1、A_0 少于函数输入变量个数，在设计时可任选 A 接 A_1，B 接 A_0。将函数功能表改画成表 7-20 形式，可见当将输入变量 A、B、C 中 B 接选择器的地址端 A_1、A_0，由表 7-23 能看出。

$D_0=0$，$D_1=D_2=C$，$D_3=1$，则 4 选 1 数据选择器的输出，便实现了函数 $F=\overline{A}BC+A\overline{B}C+AB\overline{C}+ABC$，接线图如图 7-28 所示。

表 7-20 改进后功能表

输入			输出
A	B	C	F
0	0	0	0
0	0	1	0
0	1	0	0
0	1	1	1
1	0	0	0
1	0	1	1
1	1	0	1
1	1	1	1

7.2.3 数据分配器分析

数据分配器的功能是将一个数据源来的数据根据需要分时送到多个输出端输出，也就是一路输入，多路输出。

数据分配器可以用唯一的地址译码器实现。如用3线-8线译码器可以把一个数据信号分配到8个不同的通道上去。用CT74LS138作为数据分配器的逻辑原理图如图7-29所示。图7-29中$A_2 \sim A_0$作为选择通道地址信号输入端，$Y_0 \sim Y_7$为数据输出端，可从使能端ST_A、ST_B、ST_C中选择一个作为数据输入端D。

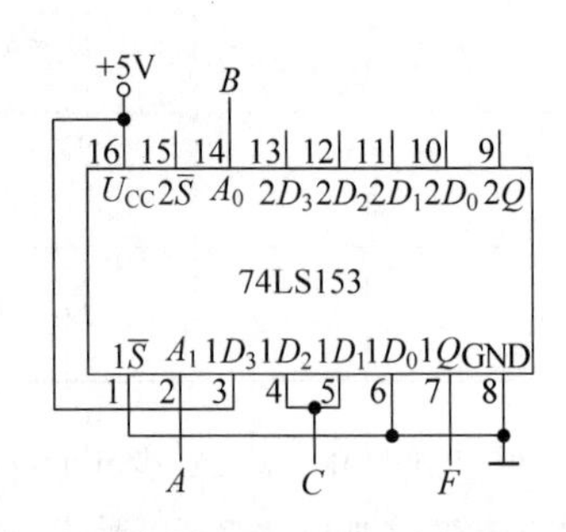

图 7-28 用4选1数据选择器实现
$F=\overline{A}BC+A\overline{B}C+AB\overline{C}+ABC$

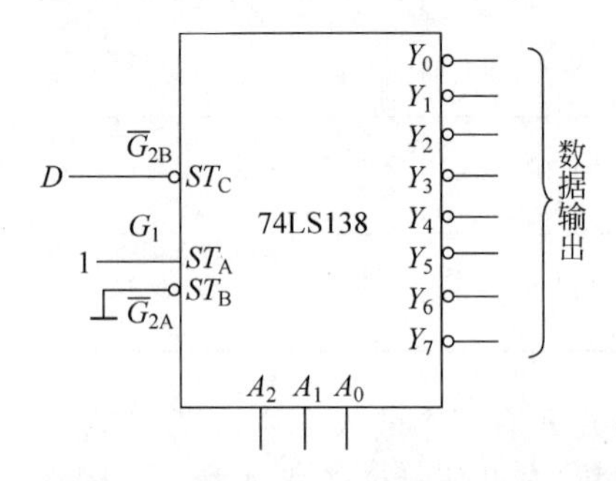

图 7-29 74LS138作为8路数据分配器

74LS138作为数据分配器的真值表如表7-21所示。例如，当$G_1=1$，$A_2A_1A_0=010$时，由表7-21可知，只有输出端Y_2得到与输入相同的数据波形。

表 7-21　74LS138 作为数据分配器时的真值表

输入						输出							
G_1	$\overline{G}_{2A}$	$\overline{G}_{2B}$	A_2	A_1	A_0	Y_0	Y_1	Y_2	Y_3	Y_4	Y_5	Y_6	Y_7
0	0	×	×	×	×	1	1	1	1	1	1	1	1
1	0	D	0	0	0	D	1	1	1	1	1	1	1
1	0	D	0	0	1	1	D	1	1	1	1	1	1
1	0	D	0	1	0	1	1	D	1	1	1	1	1
1	0	D	0	1	1	1	1	1	D	1	1	1	1
1	0	D	1	0	0	1	1	1	1	D	1	1	1
1	0	D	1	0	1	1	1	1	1	1	D	1	1
1	0	D	1	1	0	1	1	1	1	1	1	D	1
1	0	D	1	1	1	1	1	1	1	1	1	1	D

其中 A_2、A_1、A_0 为地址输入端，$\overline{Y}_0 \sim \overline{Y}_7$ 为译码输出端，ST_A、ST_B、ST_C 为使能端，D 表示传输数据。

若利用使能端中的一个输入端输入数据信息，器件就成为一个数据分配器(又称多路分配器)，如图 7-30 所示。若在 S_1 输入端输入数据信息，$\overline{S}_2 = \overline{S}_3 = 0$，地址码所对应的输出是 S_1 数据信息的反码；若从 $\overline{S}_2$ 端输入数据信息，令 $S_1 = 1$、$\overline{S}_3 = 0$，地址码所对应的输出就是 $\overline{S}_2$ 端数据信息的原码。若数据信息是时钟脉冲，则数据分配器便成为时钟脉冲分配器。

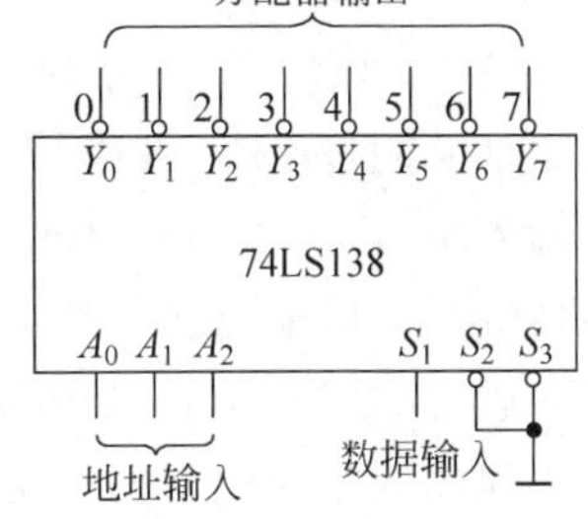

图 7-30　作数据分配器

根据输入地址的不同组合译出唯一地址，故可用作地址译码器。接成多路分配器，可将一个信号源的数据信息传输到不同的地点。

$$Z = \overline{A}B\overline{C} + \overline{A}BC + A\overline{B}\overline{C} + ABC$$

7.2.4　数据分配器测试

1. 测试器材

(1) 测试仪器仪表：数字万用表、数字逻辑笔、逻辑电平显示器、直流稳压电源(+5V)、数字电路实验箱。

(2) 元器件：八路数据分配器 74LS138×1，译码器 CC4511×1，拨码开关组，逻辑电平开关。

2. 测试电路

(1) 显示电路

在本数字电路实验装置上已完成了译码器 CC4511 和数码管 BS202 之间的连接。实验时，只要接通+5V 电源和将十进制数的 BCD 码接至译码器的相应输入端 A、B、C、D 即可显示 0～9 的数字。4 位数码管可接受四组 BCD 码输入。CC4511 与 LED 数码管的连接如图 7-31 所示。

(2) BCD码七段译码驱动器

此类译码器型号有74LS47(共阳),74LS48(共阴),CC4511(共阴)等,本测试采用CC4511 BCD码锁存/七段译码/驱动器。驱动共阴极LED数码管。图7-32为CC4511引脚排列图。

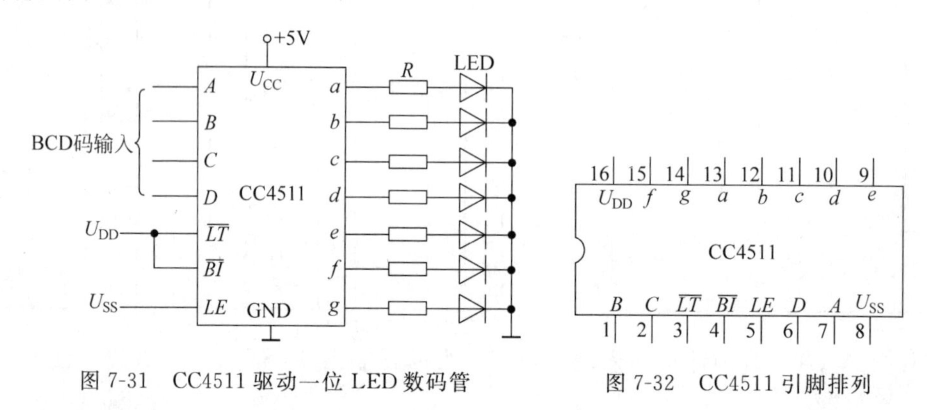

图7-31 CC4511驱动一位LED数码管 图7-32 CC4511引脚排列

其中,A、B、C、D为BCD码输入端;a、b、c、d、e、f、g为译码输出端,输出"1"有效,用来驱动共阴极LED数码管;$\overline{LT}$为测试输入端,$\overline{LT}$="0"时,译码输出全为"1";$\overline{BI}$为消隐输入端,$\overline{BI}$="0"时,译码输出全为"0";LE为锁定端,LE="1"时译码器处于锁定(保持)状态,译码输出保持在$LE=0$时的数值,$LE=0$为正常译码。

表7-22为CC4511功能表。CC4511内接有上拉电阻,故只需在输出端与数码管笔端之间串入限流电阻即可工作。译码器还有拒伪码功能,当输入码超过1001时,输出全为"0",数码管熄灭。

表7-22 CC4511功能表

输入							输出							
LE	$\overline{BI}$	$\overline{LT}$	D	C	B	A	a	b	c	d	e	f	g	显示字形
×	×	0	×	×	×	×	1	1	1	1	1	1	1	8
×	0	1	×	×	×	×	0	0	0	0	0	0	0	消隐
0	1	1	0	0	0	0	1	1	1	1	1	1	0	0
0	1	1	0	0	0	1	0	1	1	0	0	0	0	1
0	1	1	0	0	1	0	1	1	0	1	1	0	1	2
0	1	1	0	0	1	1	1	1	1	1	0	0	1	3
0	1	1	0	1	0	0	0	1	1	0	0	1	1	4
0	1	1	0	1	0	1	1	0	1	1	0	1	1	5
0	1	1	0	1	1	0	0	0	1	1	1	1	1	6

续表

输入							输出							
LE	$\overline{BI}$	$\overline{LT}$	D	C	B	A	a	b	c	d	e	f	g	显示字形
0	1	1	0	1	1	1	1	1	1	0	0	0	0	7
0	1	1	1	0	0	0	1	1	1	1	1	1	1	8
0	1	1	1	0	0	1	1	1	1	0	0	1	1	9
0	1	1	1	0	1	0	0	0	0	0	0	0	0	消隐
0	1	1	1	0	1	1	0	0	0	0	0	0	0	消隐
0	1	1	1	1	0	0	0	0	0	0	0	0	0	消隐
0	1	1	1	1	0	1	0	0	0	0	0	0	0	消隐
0	1	1	1	1	1	0	0	0	0	0	0	0	0	消隐
0	1	1	1	1	1	1	0	0	0	0	0	0	0	消隐
1	1	1	×	×	×	×	锁存							锁存

3. 测试程序

（1）数据拨码开关的测试

将 4 组拨码开关的输出 A_i、B_i、C_i、D_i分别接至 4 组显示译码/驱动器 CC4511 的对应输入口，LE、$\overline{BI}$、$\overline{LT}$接至 3 个逻辑开关的输出插口，接上＋5V 显示器的电源，然后按功能表 7-21 输入的要求揿动 4 个数码的增减键（“＋”与“－”键）和操作与 LE、$\overline{BI}$、$\overline{LT}$对应的 3 个逻辑开关，观测拨码盘上的 4 位数与 LED 数码管显示的对应数字是否一致，及译码显示是否正常，将相应数据记录在自行设计的表格上。

（2）74LS138 数据分配器逻辑功能测试

将译码器使能端 S_1、$\overline{S}_2$、$\overline{S}_3$ 及地址端 A_2、A_1、A_0分别接至逻辑电平开关输出口，8 个输出端$\overline{Y}_7 \cdots \overline{Y}_0$ 依次连接在逻辑电平显示器的 8 个输入口上，拨动逻辑电平开关，按表 7-24 逐项测试 74LS138 的逻辑功能。

（3）测试注意事项

① 接插集成块时，要认清定位标记，不得插反。

② 电源电压使用范围为＋4.5～＋5.5V，实验中要求使用U_{CC}＝＋5V。电源极性绝对不允许接错。

③ 输出端不允许并联使用（集电极开路门（OC）和三态输出门电路（3S）除外）。否则不仅会使电路逻辑功能混乱，并会导致器件损坏。

④ 输出端不允许直接接地或直接接＋5V 电源，否则将损坏器件，有时为了使后级电路获得较高的输出电平，允许输出端通过电阻 R 接至 U_{CC}，一般取 R＝3～5.1kΩ。

习题

7.1 分析下面各题,将正确答案填在横线上。

(1) 组合逻辑电路没有________功能,因此,它由________组成。

(2) 在组合逻辑电路中,________反馈电路构成的环路。

(3) 当________编码器的几个输入端同时出现有效信号时,其输出端给出优先权较高的输入信号代码。

(4) 全加器是实现两个一位二进制数和________三个数相加的电路。

(5) 对于共阳接法的发光二极管数码显示器,应采用________电平驱动的七段显示译码器。

(6) 数据选择器是一种多个________单个________的中等规模器件。

(7) 用________译码器可以把一个数据信号分配到8个不同的通道上去。

7.2 下面各题给出了A、B、C、D四种答案,选择正确的填在横线上。

(1) 组合逻辑电路的特点是电路在任一时刻输出信号的稳态值由________决定。

A. 该电路的输入信号　　B. 信号输入前电路的原状态

C. 输入信号和电路原状态的组合　　D. 输入信号和输出状态的组合

(2) 组合逻辑电路的分析是指________。

A. 已知逻辑图,求解逻辑表达式的过程　B. 已知真值表,求解逻辑功能的过程

C. 已知逻辑图,求解逻辑功能的过程　　D. 已知逻辑功能,画出逻辑图的过程

(3) 组合逻辑电路的设计是指________。

A. 已知逻辑要求,求解逻辑表达式并画逻辑图的过程

B. 已知逻辑要求,列真值表的过程

C. 已知逻辑图,求解逻辑功能的过程

D. 已知逻辑图,求解逻辑表达式的过程

(4) 与数(1101101)相对应的十进制数为________。

A. 109　　B. 118　　C. 191　　D. 256

(5) 在下列逻辑电路中,不是组合逻辑电路的有________。

A. 译码器　　B. 编码器　　C. 全加器　　D. 寄存器

(6) 若在编码器中有50个编码对象,则要求输出二进制代码位数为________位。

A. 5　　B. 6　　C. 7　　D. 50

(7) 一个8选1数据选择器的数据输入端有________个。

A. 1　　B. 2　　C. 4　　D. 8

(8) 数字式万用表一般都采用________显示器。

A. LED数码　　B. 荧光数码　　C. 液晶数码　　D. 气体放电式

7.3 判断下面的说法是否正确。正确的打"√",错误的打"×"。

(1) 半加器不考虑来自低位的进位,它由一个异或门和一个与非门组成。　(　　)

(2) 101 键盘的编码器输出 8 位二进制代码。　(　　)

(3) 液晶显示器可以在完全黑暗的工作环境中使用。　(　　)

(4) 半导体数码显示器的工作电流大,约 10mA,因此,需要考虑电流驱动能力问题。　(　　)

(5) 译码是编码的逆过程,因此可以用编码器加反向器实现译码器的功能。　(　　)

(6) 数据选择器和数据分配器的功能正好相反,互为逆过程。　(　　)

7.4　如何对组合逻辑电路进行分析,写出分析的一般步骤。

7.5　对图 7-33 所示电路,写出逻辑函数 G、E、S 的逻辑表达式。

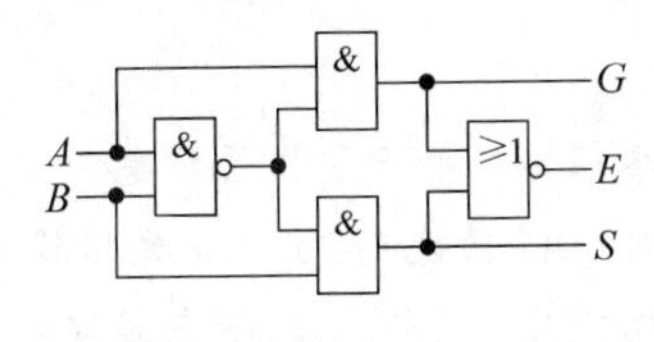

图 7-33　题 7.5 的图

7.6　分析图 7-34 所示电路。要求如下。

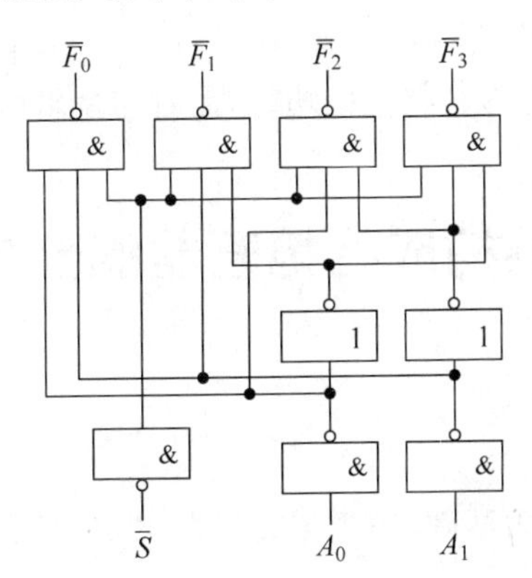

图 7-34　题 7.6 的图

(1) 写出各输出的表达式,列出真值表(见表 7-23)。

表 7-23　题 7.6 的真值表

S	A_1	A_0	$\overline{F}_0$	$\overline{F}_1$	$\overline{F}_2$	$\overline{F}_3$
0	×	×				
1	0	0				
1	0	1				
1	1	0				
1	1	1				

(2) 说明该电路的逻辑功能。

7.7　为什么 74LS138 即可以用做 3 线-8 线译码器,又可以用做 1 线-8 线数据分配器?用数据选择器和译码器设计一个 16 路的数据传输系统,画出逻辑图。

7.8　有哪些常用数码显示器件?分述其中发光二极管和液晶显示原理。

项目 8

触发器和时序逻辑电路制作与测试

学习目标

(1) 了解各种触发器电路的组成、特征方程及逻辑功能特点；

(2) 掌握各种触发器之间的逻辑功能转换方法及转换电路；

(3) 掌握常用寄存器的电路组成、逻辑功能特点及应用电路；

(4) 掌握各种计数器的电路组成、进制转换及应用电路。

触发器是时序逻辑电路中重要的基本逻辑单元，时序逻辑电路与组合逻辑电路的不同点是：时序逻辑电路的输出状态不但与当时的输入信号有关，还与电路原来的状态有关。也就是说，组合逻辑电路不具有记忆功能，而时序逻辑电路具有记忆功能。

任务 8.1 由触发器构成的抢答器的分析、制作与测试

8.1.1 集成触发器

触发器是以双稳态电路为基础，用来记忆电路状态，具有存储功能的电路器件，是构成时序逻辑电路的基本单元。

触发器按工作状态可分为双稳态触发器、单稳态触发器和无稳态触发器。如无特殊说明，通常所说的触发器就是双稳态触发器。双稳态触发器按结构可分为主从型触发器和维持阻塞型触发器等；按逻辑功能可分为 RS 触发器、JK 触发器、D 触发器和 T 触发器等。

1. RS 触发器

1) 基本 RS 触发器

图 8-1(a)所示是用两个与非门交叉连接起来构成的基本 RS 触发器。图 8-1 中 $\bar{R}$、$\bar{S}$ 是信号输入端，低电平有效，即 $\bar{R}$、$\bar{S}$ 端为低电平时表示有信号，为高电平时表示无信号。Q、$\bar{Q}$ 既表示触发器的状态，又是两个互补的信号输出端。$Q=0$、$\bar{Q}=1$ 的状态称为 0 状态，$Q=1$、$\bar{Q}=0$ 的状态称为 1 状态。图 8-1(b)是基本 RS 触发器的逻辑符号，方框下面输入端处的小圆圈表示低电平有效。方框上面的两个输出端，无小圆圈的为 Q 端，有小圆圈的为 $\bar{Q}$ 端。在正常情况下，Q 和 $\bar{Q}$ 的状态是互补的，即一个为高电平时另一个为低电平；反之亦然。

下面分 4 种情况分析基本 RS 触发器输出与输入之间的关系。

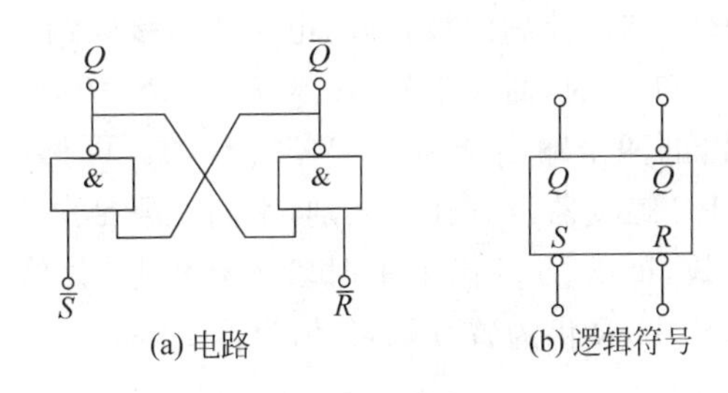

(a) 电路　(b) 逻辑符号

图 8-1　基本 RS 触发器

(1) $\overline{R}=0$、$\overline{S}=1$。由于 $\overline{R}=0$，不论 Q 为 0 还是为 1，都有 $\overline{Q}=1$；再由 $\overline{S}=1$、$\overline{Q}=1$ 可得 $Q=0$。即不论触发器原来处于什么状态都将变成"0"状态，这种情况称为置"0"或复位。由于是在 $\overline{R}$ 端加输入信号(负脉冲)将触发器置"0"，所以把 $\overline{R}$ 端称为触发器的置"0"端或复位端。

(2) $\overline{R}=1$、$\overline{S}=0$。由于 $\overline{S}=0$，不论 $\overline{Q}$ 为 0 还是为 1，都有 $Q=1$；再由 $\overline{R}=1$、$Q=1$ 可得 $\overline{Q}=0$。即不论触发器原来处于什么状态都将变成"1"状态，这种情况称为置"1"或置位。由于是在 $\overline{S}$ 端加输入信号(负脉冲)将触发器置"1"，所以把 $\overline{S}$ 端称为触发器的置"1"端或置位端。

(3) $\overline{R}=1$、$\overline{S}=1$。根据与非门的逻辑功能不难推知，触发器保持原有状态不变，这体现了触发器具有记忆或储存功能。

(4) $\overline{R}=0$、$\overline{S}=0$。显然，这种情况下两个与非门的输出端 Q 和 $\overline{Q}$ 全为 1，不符合触发器的逻辑关系。并且由于与非门延迟时间不可能完全相等，在两输入端的"0"信号同时撤除后，将不能确定触发器是处于"1"状态还是"0"状态。故不允许出现这种情况，这就是基本 RS 触发器的约束条件。

根据以上分析，可列出基本 RS 触发器的功能表，如表 8-1 所示。

表 8-1　基本 RS 触发器的功能表

$\overline{R}$	$\overline{S}$	Q	功　能
0	0	不定	不允许
0	1	0	置 0
1	0	1	置 1
1	1	不变	保持

2) 同步 RS 触发器

基本 RS 触发器直接由输入信号控制输出端 Q 和 $\overline{Q}$ 的状态，这不仅使电路的抗干扰能力下降，而且也不便于多个触发器同步工作。使用同步 RS 触发器可以克服这一缺点。

同步 RS 触发器是在基本 RS 触发器的基础上增加两个控制门 G_3、G_4 和一个输入控制端 CP(或用 C 表示)，如图 8-2(a)所示。CP 端加时钟脉冲，故又称时钟脉冲输入端。输入信号 R、S 通过控制门进行传送，图 8-2(b)是同步 RS 触发器的逻辑符号。

从图 8-2(a)所示电路可知，$CP=0$ 时控制门 G_3、G_4 被封锁，基本 RS 触发器保持原来状态不变。只有当 $CP=1$ 时，控制门被打开，电路才会接收输入信号，且当 $R=0$、$S=1$ 时，触发器置1；当 $R=1$、$S=0$ 时，触发器置0；当 $R=0$、$S=0$ 时，触发器保持原来状态；当 $R=1$、$S=1$ 时，触发器的两个输出全为1，是不允许的。可见当 $CP=1$ 时同步RS触发器的工作情况与基本RS触发器没有什么区别，不同的只是由于增加了两个控制门，输入信号 R、S 为高电平有效，即 R、S 为高电平时表示有信号，为低电平时表示无信号，所以两个输入信号端 R 和 S 中，R 仍为置0端，S 仍为置1端。

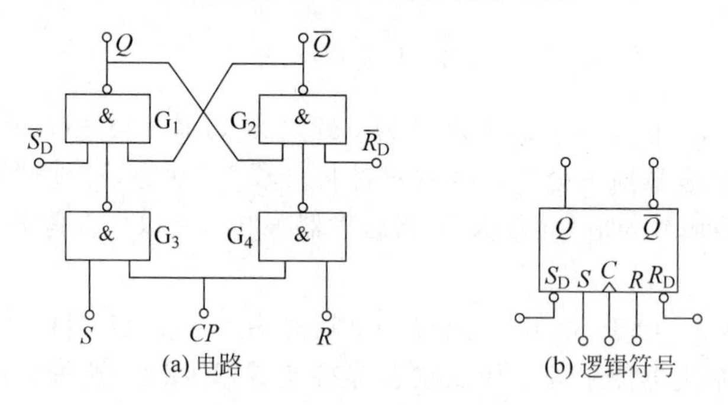

图 8-2 同步RS触发器

图8-2中 R_D 和 S_D 是直接置0端和直接置1端，也就是不经过时钟脉冲 CP 的控制直接将触发器置0或置1，用以实现清零或预置数。

根据以上分析，可列出同步RS触发器的功能表，如表8-2所示。表8-2中，Q_n 表示时钟脉冲 CP 到来之前触发器的状态，称为现态；Q_{n+1} 表示时钟脉冲 CP 到来之后触发器的状态，称为次态。

表 8-2 同步RS触发器的功能表

CP	R	S	Q_n	Q_{n+1}	功能
0	×	×	0	0	保持
0	×	×	1	1	
1	0	0	0	0	保持
1	0	0	1	1	
1	0	1	0	1	置1
1	0	1	1	1	
1	1	0	0	0	置0
1	1	0	1	0	
1	1	1	0	不定	不允许
1	1	1	1		

设同步RS触发器的原始状态为0状态，即 $Q=0$、$\bar{Q}=1$，输入信号 R、S 的波形已知，则根据功能表即可画出触发器的输出端 Q 的波形，如图8-3所示。图中的虚线表示不确定的状态。

2. JK触发器

在同步RS触发器中，虽然对触发器状态的转变增加了时间控制，但 $CP=1$ 期间，输

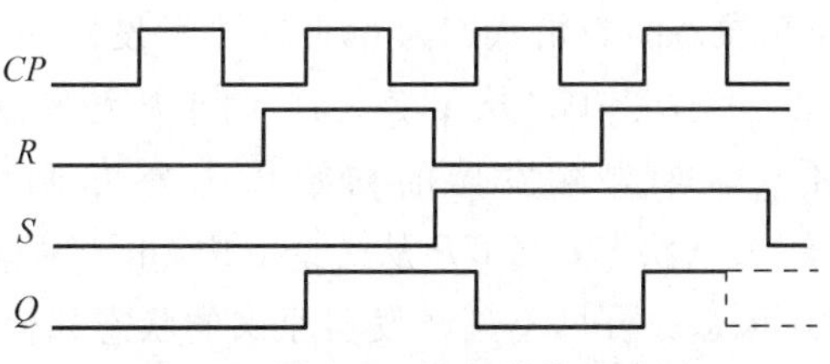

图 8-3 同步 RS 触发器的波形图

入信号仍然直接控制触发器输出的状态，在一个 CP 脉冲作用期间触发器输出状态可能出现多次翻转，即空翻现象；并且不允许输入 R 和 S 同时为 1 的情况出现，给使用带来不便。主从 JK 触发器可从根本上解决这些问题。图 8-4(a)所示为主从 JK 触发器，它是由两个同步 RS 触发器级联构成的，主触发器的控制信号是 CP，从触发器的控制信号是$\overline{CP}$。主从 JK 触发器的逻辑符号如图 8-4(b)所示，图中 C 端的小圆圈表示触发器的状态在 CP 脉冲的下降沿(即 CP 由 1 变 0 时)触发翻转。

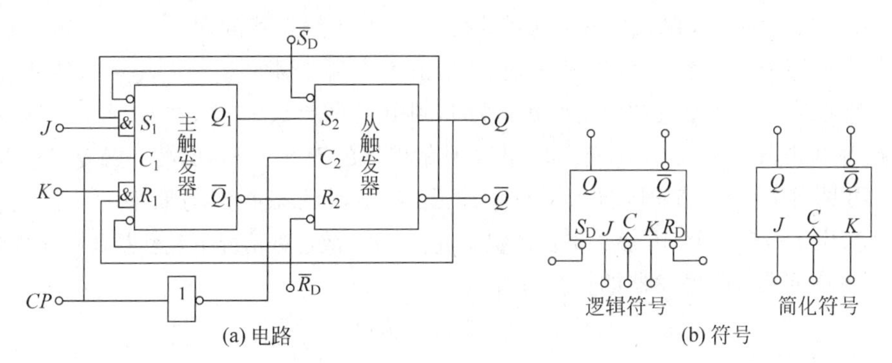

图 8-4 主从 JK 触发器

在主从 JK 触发器中，接收信号和输出信号是分成两步进行的，其工作原理如下。

(1) 接收输入信号的过程。$CP=1$ 时，主触发器被打开，可以接收输入信号 J、K，其输出状态由输入信号的状态决定。但由于$\overline{CP}=0$，从触发器被封锁，无论主触发器的输出状态如何变化，对从触发器均无影响，即触发器的输出状态保持不变。

(2) 输出信号的过程。当 CP 下降沿到来时，即 CP 由 1 变为 0 时，主触发器被封所，无论输入信号如何变化，对主触发器均无影响，即在 $CP=1$ 期间接收的内容被存储起来。同时，由于$\overline{CP}$由 0 变为 1，从触发器被打开，可以接收由主触发器送来的信号，其输出状态由主触发器的输出状态决定。在 $CP=0$ 期间，由于主触发器保持状态不变，因此受其控制的从触发器的状态也即 Q、$\overline{Q}$ 的值当然不可能改变。

综上所述可知，主从 JK 触发器的输出状态取决于 CP 下降沿到来时输入信号 J、K 的状态，避免了空翻现象的发生。下面分析主从 JK 触发器的逻辑功能。

(1) $J=0$、$K=0$。设触发器的初始状态为 0，此时主触发器的 $R_1=K\cdot Q=0$、$S_1=J\cdot\overline{Q}=0$，在 $CP=1$ 时主触发器状态保持 0 状态不变；当 CP 从 1 变 0 时，由于从触发器的 $R_2=1$、$S_2=0$，也保持为 0 状态不变。如果触发器的初始状态为 1，当 CP 从 1 变 0 时，触发器则保持 1 状态不变。可见不论触发器原来的状态如何，当 $J=K=0$ 时，触发器的状态均保持不变，即 $Q_{n+1}=Q_n$。

(2) $J=0$、$K=1$。设触发器的初始状态为0,此时主触发器的 $R_1=0$、$S_1=0$,在 $CP=1$ 时主触发器保持为0状态不变;当 CP 从1变0时,由于从触发器的 $R_2=1$、$S_2=0$,从触发器也保持为0状态不变。如果触发器的初始状态为1,则由于 $R_1=1$、$S_2=0$,在 $CP=1$ 时将主触发器翻转为0状态;当 CP 从1变0时,由于从触发器的 $R_2=1$、$S_2=0$,从触发器状态也翻转为0状态。可见不论触发器原来的状态如何,当 $J=0$、$K=1$ 时输入 CP 脉冲后,触发器的状态均为0状态,即 $Q_{n+1}=0$。

(3) $J=1$、$K=0$。设触发器的初始状态为0,此时主触发器的 $R_1=0$、$S_1=1$,在 $CP=1$ 时主触发器翻转为1状态;当 CP 从1变0时,由于从触发器的 $R_2=0$、$S_2=1$,故从触发器也翻转为1状态。如果触发器的初始状态为1,则由于 $R_1=0$、$S_1=0$,在 $CP=1$ 时主触发器状态保持1状态不变;当 CP 从1变0时,由于从触发器 $R_2=0$、$S_2=1$,从触发器状态也保持1状态不变。可见不论触发器原来的状态如何,当 $J=1$、$K=0$ 时,输入 CP 脉冲后,触发器的状态均为1状态,即 $Q_{n+1}=1$。

(4) $J=1$、$K=1$。设触发器的初始状态为0,此时主触发器的 $R_1=0$、$S_1=1$,在 $CP=1$ 时主触发器翻转为1状态;当 CP 从1变0时,由于从触发器的 $R_2=0$、$S_2=1$,故从触发器也翻转为1状态。如果触发器的初始状态为1,则由于 $R_1=1$、$S_1=0$,在 $CP=1$ 时将主从触发器翻砖为0状态;当 CP 从1变0时,由于从触发器的 $R_2=1$、$S=0$,故从触发器也翻转为0状态。可见当 $J=K=1$ 时,输入 CP 脉冲后,触发器状态必定与原来的状态相反,及 $Q_{n+1}=\overline{Q}_n$。由于每来一个 CP 脉冲触发器状态翻转一次,故这种情况下触发器具有计数功能。

由表8-3可得JK触发器的特征方程:

$$Q_{n+1}=J\overline{Q}_n+\overline{K}Q_n \tag{8.1}$$

表8-3 主从JK触发器的功能表

J	K	Q_n	Q_{n+1}	功能
0	0	0	0	保持
0	0	1	1	$Q_{n+1}=Q_n$
0	1	0	0	置0
0	1	1	0	$Q_{n+1}=0$
1	0	0	1	置1
1	0	1	1	$Q_{n+1}=1$
1	1	0	1	翻转
1	1	1	0	$Q_{n+1}=\overline{Q}_n$

图8-5所示为主从JK触发器的波形图。

3. D触发器和T触发器

在双稳态触发器中,除了RS触发器和JK触发器外,根据电路结构和工作原理的不同,还有D触发器、T触发器、T′触发器。

1) D触发器

图8-6是D触发器的逻辑符号和简化符号。

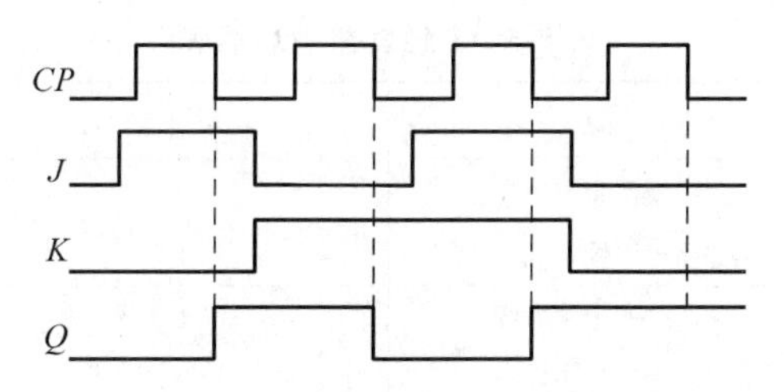

图 8-5　主从 JK 触发器的波形图

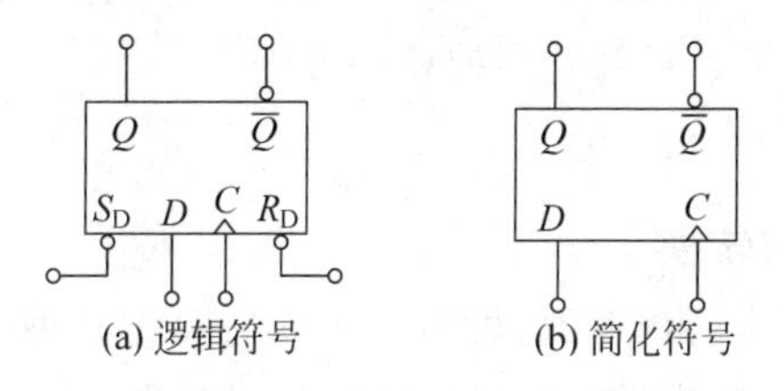

(a) 逻辑符号　(b) 简化符号

图 8-6　D 触发器逻辑符号和简化符号

由表 8-4 可得 D 触发器的特征方程：

$$Q_{n+1} = D_n \tag{8.2}$$

表 8-4　D 触发器的功能表

D	Q_n	Q_{n+1}	功　能
0	0	0	置 0
0	1	0	$Q_{n+1}=0$
1	0	1	置 1
1	1	1	$Q_{n+1}=1$

D 触发器具有置 0、置 1 功能，多用于构建寄存器。

2）T 触发器

图 8-7 是 T 触发器的逻辑符号和简化符号。

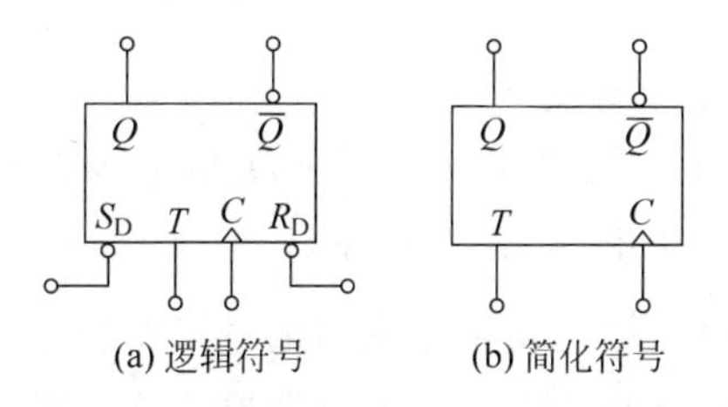

(a) 逻辑符号　(b) 简化符号

图 8-7　T 触发器逻辑符号和简化符号

由表 8-5 可得 T 触发器的特征方程：

$$Q_{n+1} = T\overline{Q}_n + \overline{T}Q_n \tag{8.3}$$

表 8-5 T触发器的功能表

T	Q_n	Q_{n+1}	功　能
0	0	0	保持
0	1	1	$Q_{n+1}=Q_n$
1	0	1	翻转
1	1	0	$Q_{n+1}=\overline{Q}$

T触发器具有保持、翻转功能，多用于构建计数器。将T触发器的输入端T接高电位(T=1)则构成T′触发器。T′触发器的特征方程：

$$Q_{n+1}=\overline{Q}_n \tag{8.4}$$

4. 触发器逻辑功能的转换

众多具有不同逻辑功能的触发器，可根据实际需要将某种逻辑功能的触发器经过改接或附加一些门电路后，转换为另一种逻辑功能的触发器。

1）将JK触发器转换为D触发器

由JK触发器的特征方程 $Q_{n+1}=J\overline{Q}+\overline{K}Q_n$ 和D触发器的特征方程 $Q_{n+1}=D_n$ 可知：只要令 $J=D$、$K=\overline{D}$ 代入特征方程 $Q_{n+1}=J\overline{Q}+\overline{K}Q_n$ 可得特征方程 $Q_{n+1}=D_n$，从而实现用JK触发器完成D触发器的逻辑功能。

图8-8(a)所示为将JK触发器转换成D触发器的接线图，图8-8(b)所示为等效的D触发器的逻辑符号。

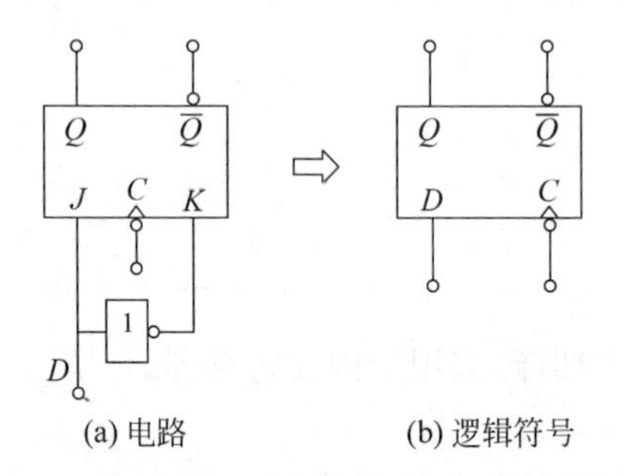

图 8-8 用JK触发器实现D触发器逻辑功能

2）将JK触发器转换为T触发器

同理由JK触发器的特征方程 $Q_{n+1}=J\overline{Q}+\overline{K}Q_n$ 和T触发器的特征方程 $Q_{n+1}=T\overline{Q}+\overline{T}Q_n$ 可知：只要令 $J=K=T$ 代入特征方程 $Q_{n+1}=J\overline{Q}+\overline{K}Q_n$ 可得特征方程 $Q_{n+1}=T\overline{Q}+\overline{T}Q_n$ 从而实现用JK触发器完成T触发器的逻辑功能。

图8-9(a)所示为将JK触发器转换成T触发器的接线图，图8-9(b)所示为等效的T触发器的逻辑符号。

3）将D触发器转换为T′触发器

比较D触发器的特征方程 $Q_{n+1}=D_n$ 和T′触发器的特征方程 $Q_{n+1}=\overline{Q}_n$ 可知，令 $D_n=\overline{Q}$ 代入特征方程 $Q_{n+1}=D_n$，可得特征方程 $Q_{n+1}=\overline{Q}_n$。从而实现用D触发器完成T′

触发器的逻辑功能。

图 8-10 所示为将 D 触发器转换成 T′触发器的接线图。

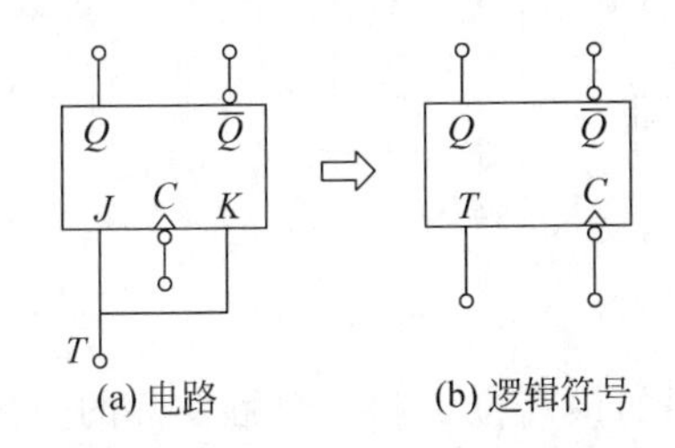

图 8-9　用 JK 触发器实现 T 触发器逻辑功能

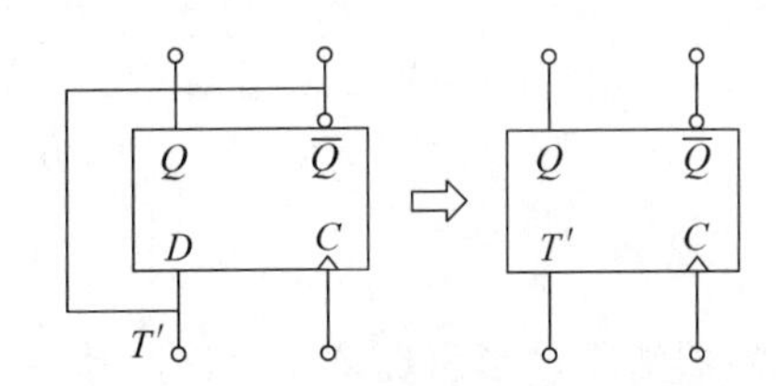

图 8-10　用 D 触发器实现 T′触发器逻辑功能

由 JK 触发器的逻辑功能可知，当 JK 触发器的 J、K 端同时为 1 时，每来一个时钟脉冲，触发器的状态将翻转一次，所以将 JK 触发器的 J、K 端都接高电平 1 时，亦即可实现 T′触发器的逻辑功能。

8.1.2　寄存器

寄存器是暂时存放二进制数据或代码的部件，具有接收和寄存数码的功能。例如 CPU 中的工作寄存器组、累加器 A、B 和用于地址间址的间址寄存器等，各类接口电路中作为命令控制字寄存器、状态字寄存器、数据缓冲寄存器等。

寄存器中的每一个触发器可以存储 1 位二进制代码，存放 n 位二进制代码的寄存器，需用 n 个触发器来构成。

按照功能的不同，寄存器分为数码寄存器和移位寄存器两大类。数码寄存器只能并行输入、并行输出。移位寄存器中的数据可以在移位脉冲作用下依次逐位右移或左移，数据既可以并行输入、并行输出，也可以串行输入、串行输出，还可以并行输入、串行输出，串行输入、并行输出，用途也很广泛。

1. 数码寄存器

图 8-11 所示是由 4 个上升沿触发器的 D 触发器构成的 4 位数码寄存器，4 个触发器的时钟脉冲输入端 CP 接在一起作为送数脉冲控制端。无论寄存器中原来的内容是什么，只要送数控制时钟脉冲 CP 上升沿到来，加在数据输入端的四个数据 D_0～D_3 就立即被送入寄存器中。此后只要不出现 CP 上升沿，寄存器内容将保持不变，即各个触发器输出端 Q、$\overline{Q}$ 的状态与 D 无关，都将保持不变。

2. 移位寄存器

移位寄存器除了具有存储数据的功能外，还可将所存储的数据逐位（由低位向高位或由高位向低位）移动。按照在移位控制时钟脉冲 CP 作用下移位情况不同，移位寄存器又分为单向移位寄存器和双向移位寄存器两大类。

图 8-12 所示是用 4 个 D 触发器构成的 4 位右移移位寄存器，4 位待存的数码（设为 1101）需要用 4 个移位脉冲作用才能全部存入。在存数操作之前。先用 R_D（负脉冲）将各

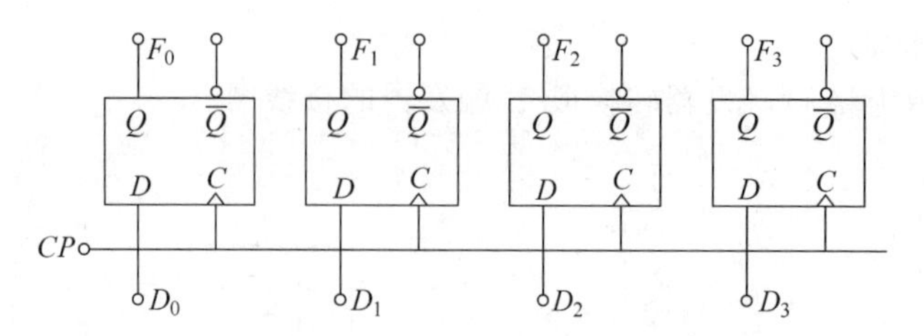

图 8-11　4位数码寄存器

个触发器清零。当出现第1个移位脉冲时,待存数码的最高位1和4个触发器的数码同时右移1位,即待存数码的最高位输入Q_0,而寄存器原来所存数码的最高位从Q_3输出;出现第2个移位脉冲时,待存数码的次高位0和寄存器中的4位数码又同时右移1位;以此类推,在4个移位脉冲作用下,寄存器中的4位数码同时右移4位,待存的4位数码便可存入寄存器。

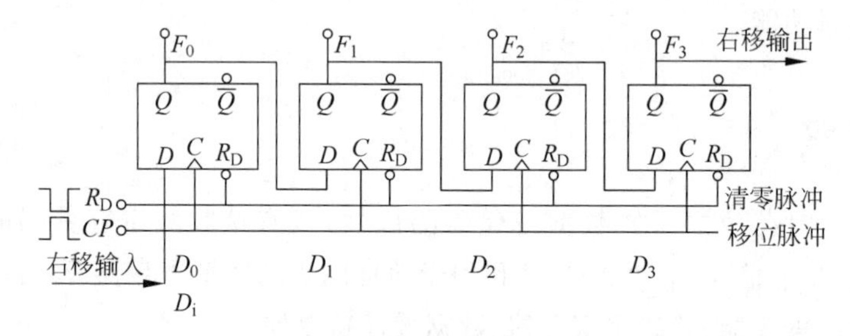

图 8-12　4位右移寄存器

表8-6所示状态表生动具体地描述了右移移位过程。当连续输入4个1时,D_i经F_0在CP上升沿操作下,依次被移入寄存器中,经过4个CP脉冲,寄存器就变成全1状态,即4个1右移输入完毕。再连续输入4个0,4个CP脉冲之后,寄存器变成全0状态。

表 8-6　4位右移移位寄存器的状态表

输入		现态				次态				说明
D_i	CP	Q_{n0}	Q_{n1}	Q_{n2}	Q_{n3}	Q_{0n+1}	Q_{1n+1}	Q_{2n+1}	Q_{3n+1}	
1	↑	0	0	0	0	1	0	0	0	连续输入4个1
1	↑	1	0	0	0	1	1	0	0	
1	↑	1	1	0	0	1	1	1	0	
1	↑	1	1	1	0	1	1	1	1	
0	↑	1	1	1	1	0	1	1	1	连续输入4个0
0	↑	0	1	1	1	0	0	1	1	
0	↑	0	0	1	1	0	0	0	1	
0	↑	0	0	0	1	0	0	0	0	

图8-13所示是4位左移移位寄存器。其工作原理与右移移位寄存器没有本质区别,只是因为连接相反,所以移位方向也就是由自左向右变成由右至左。

集成移位寄存器产品较多。图8-14所示是4位双向移位寄存器74LS194的引脚排

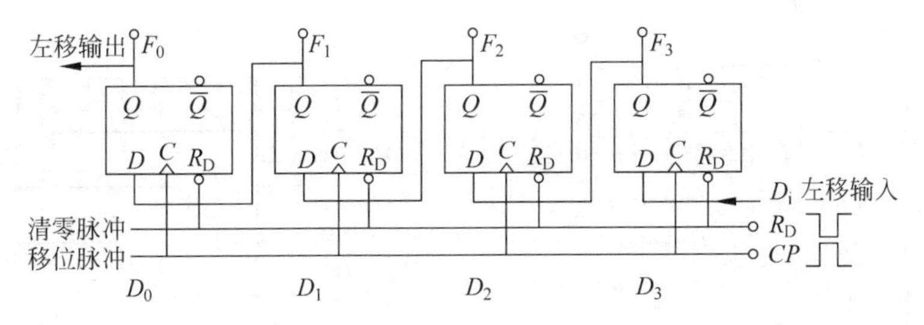

图 8-13　4 位左移寄存器

列图。$\overline{CR}$是清零端；M_0、M_1是工作状态控制端；D_{SR}和D_{SL}分别为右移和左移串行数据输入端；D_0～D_3是并行数据输入端；Q_0～Q_3是并行数据输出端；CP 是移位时钟脉冲。表 8-7 所示是 74LS194 的功能表。

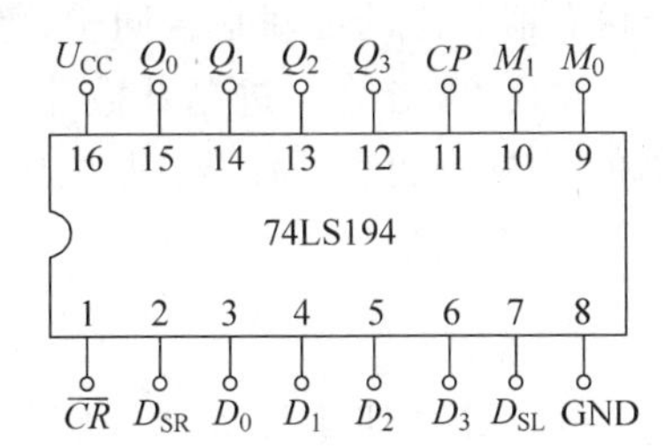

图 8-14　74LS194 的引脚排列图

表 8-7　74LS194 的功能表

$\overline{CR}$	M_1	M_0	CP	功　能
0	×	×	×	清零：$Q_0Q_1Q_2Q_3=0000$
1	0	0	↑	保持
1	0	1	↑	右移：$D_{SR}\rightarrow Q_0\rightarrow Q_1\rightarrow Q_2\rightarrow Q_3$
1	1	0	↑	左移：$Q_0\leftarrow Q_1\leftarrow Q_2\leftarrow Q_3\leftarrow D_{SL}$
1	1	1	↑	并入：$Q_0Q_1Q_2Q_3=D_0D_1D_2D_3$

图 8-15(a)所示是由 74LS194 构成的能自启动的 4 位环行计数器(又称脉冲分配器)。当启动信号输入一低电平时，是 G_2输出为 1，从而 $M_1M_0=11$，寄存器执行并行输入功能，$Q_0Q_1Q_2Q_3=D_0D_1D_2D_3=0111$。启动信号撤销后，由于 $Q_0=0$，使 G_1的输出为 1，G_2输出为 0，$M_1M_0=01$，开始执行右移操作。在移位过程中，G_1的输入端总有一个为 0，因此总能保持 G_1的输出为 1，G_2的输出为 0，维持 $M_1M_0=01$，使移位不断进行下去。波形图如图 8-15(b)所示。

8.1.3　计数器

在数字电路中，能够记忆输入脉冲个数的电路称计数器。计数器是一种应用十分广泛的时序逻辑电路，除用于计数、分频外，还广泛用于数字测量、运算和控制，从小型数字

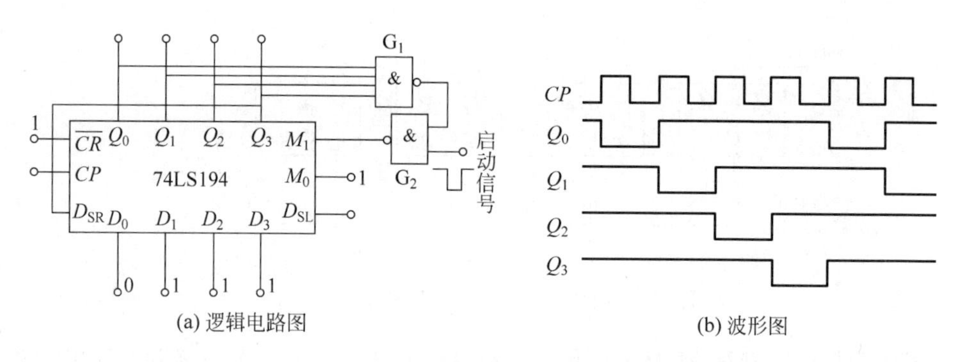

(a) 逻辑电路图　　(b) 波形图

图 8-15　由 74LS194 构成的能自启动的 4 位环行计数器

仪表,到大型数字电子计算机,几乎无所不在,是现代数字系统中不可缺少的组成部分。

计数器按计数过程中各个触发器状态的更新是否同步,可分为同步计数器和异步计数器;按计数过程中数值的进位方式,可分为二进制计数器、十进制计数器和 N 进制计数器;按计数过程中数值的增减,可分为加法计数器、减法计数器和可逆计数器。

1. 二进制计数器

1) 异步二进制计数器

二进制只有 0 和 1 两个数码,二进制加法计数器规则是逢二进一,即当本位是 1,再加 1 时本位便变为 0,同时向高位进 1。由于双稳态触发器只有 0 和 1 两个状态,所以一个触发器只能表示一个一位二进制数。如果要表示 n 位二进制数,就得用 n 个触发器。

图 8-16 所示为用 3 个下降沿触发的 JK 触发器构成的 3 位异步二进制加法计数器,计数器脉冲 CP 加至最低位触发器 F_0 的时钟端,低位触发器的 Q 端依次接到相邻高位的时钟端。

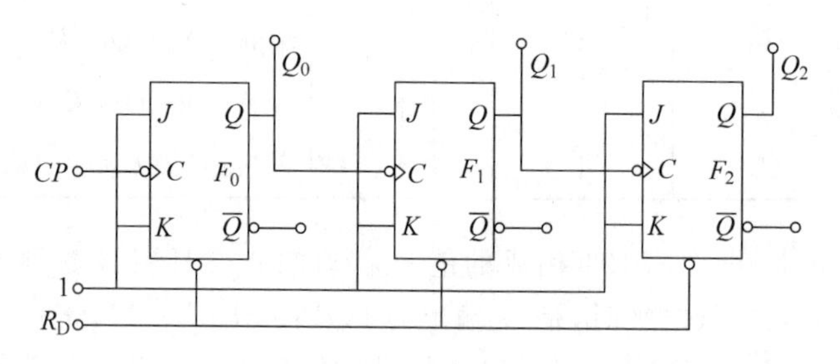

图 8-16　3 位异步二进制加法计数器

由于 3 个触发器都接成 T′触发器,所以最低位触发器 F_0 每来一个时钟脉冲下的下降沿(即 CP 由 1 变 0)时翻转一次,而其他两个触发器都是在其相邻低位触发器的输出端 Q 由 1 变 0 时翻转,即 F_1 在 Q_0 由 1 变 0 时翻转,F_2 在 Q_1 由 1 变 0 时翻转。其状态表和波形图分别如表 8-8 和图 8-17 所示。从状态表或波形图可以看出,从状态 000 开始,每来一个计数脉冲,计数器中的数值便加 1,输入 8 个计数脉冲时,就计满归零,所以作为整体,该电路也可称为八进制计数器。

表 8-8　3 位二进制加法计数器的状态表

计数脉冲	Q_2	Q_1	Q_0
0	0	0	0
1	0	0	1
2	0	1	0
3	0	1	1
4	1	0	0
5	1	0	1
6	1	1	0
7	1	1	1
8	0	0	0

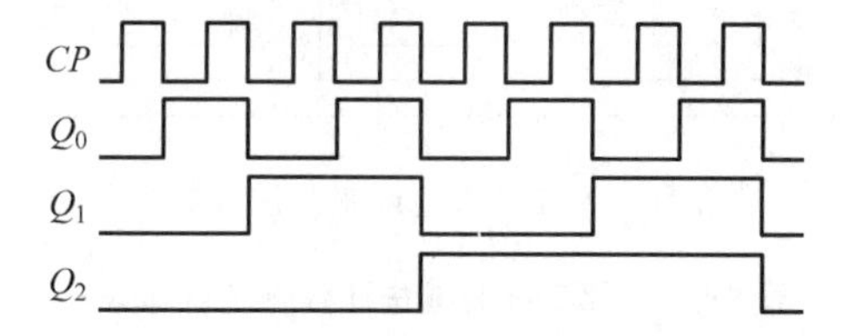

图 8-17　3 位二进制加法计数器波形图

由于这种结构计数器的时钟脉冲不是同时加到各触发器的时钟端，而只加至最低位触发器，其他各位触发器则由相邻低位触发器的输出 Q 来触发翻转，即用低位输出推动相邻高位触发器，3 个触发器的状态只能依次翻转，并不同步，这种结构特点的计数器称为异步计数器。异步计数器结构简单，但计数速度较慢。

仔细观察图 8-17 中 CP、Q_0、Q_1 和 Q_2 波形的频率，不难发现，每出现两个 CP 计数脉冲，Q_0 输出一个脉冲，即频率减半，称为对 CP 计数脉冲二分频。同理，Q_1 为四分频，Q_2 为八分频。因此，在许多场合计数器也可作为分频器使用，以得到不同频率的脉冲。

图 8-18 所示是用上升沿触发的 D 触发器构成的 4 位异步二进制加法计数器。每个触发器的 $\overline{Q}$ 与 D 相连，接成 T′触发器，且低位触发器的 $\overline{Q}$ 端依次接到相邻高位的时钟端。其工作原理与用 JK 触发器构成的 3 位异步二进制加法计数器相同，图 8-19 所示为其波形图。画波形图时注意各触发器是在其相应的时钟脉冲上升沿时翻转。

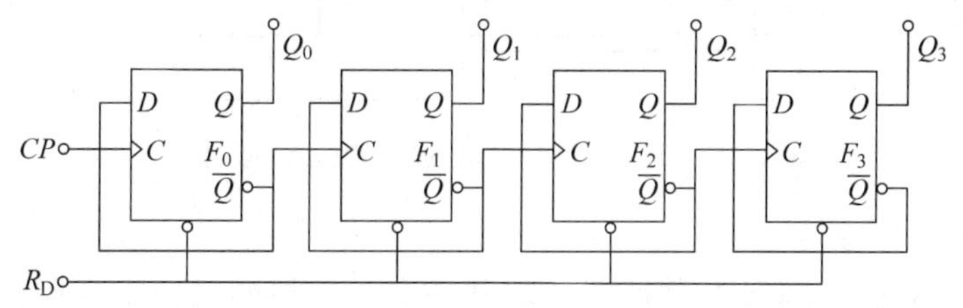

图 8-18　由上升沿触发的 D 触发器构成的 4 位异步二进制加法计数器

将二进制加法计数器稍作改变，便可组成二进制减法计数器。图 8-20 所示为用上升沿触发的 D 触发器构成的 3 位异步二进制减法计数器，D 触发器仍接成 T′触发器，与图 8-18 不同的是低位触发器的 Q 端依次接到相邻高位的时钟端。其状态表和波形图分

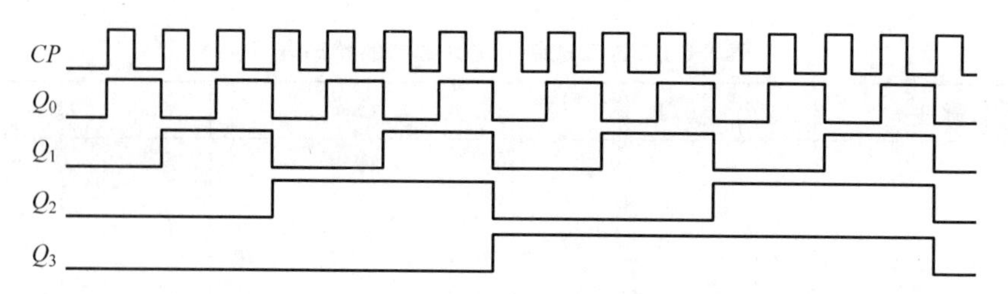

图 8-19 上升沿触发的 4 位异步二进制加法计数器的波形图

别如表 8-9 和图 8-21 所示。

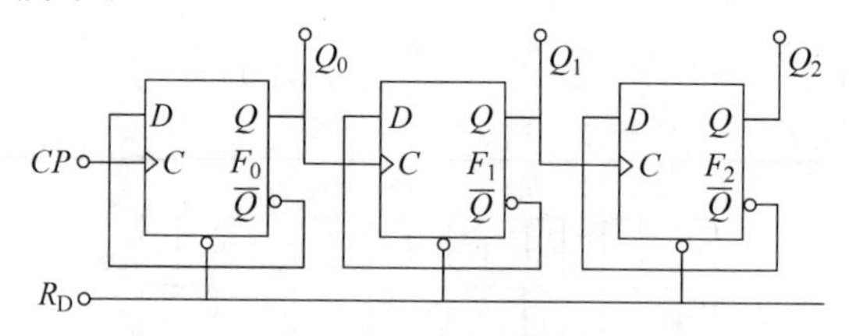

图 8-20 3 位异步二进制减法计数器

表 8-9 3 位二进制减法计数器的状态表

计数脉冲	Q_2	Q_1	Q_0
0	0	0	0
1	1	1	1
2	1	1	0
3	1	0	1
4	1	0	0
5	0	1	1
6	0	1	0
7	0	0	1
8	0	0	0

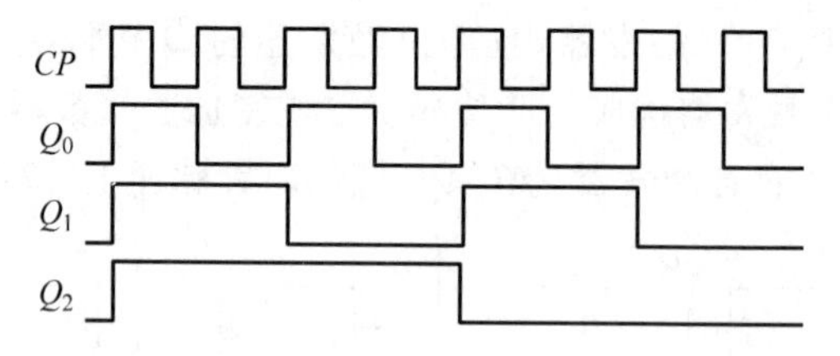

图 8-21 3 位异步二进制减法计数器波形图

2）同步二进制计数器

为了提高计数速度，将计数脉冲同时加到各个触发器的时钟端。在计数脉冲作用下，所有应该翻转的触发器可以同时翻转，这种结构的计数器称为同步计数器。

图 8-22 所示是用 3 个 JK 触发器组成的 3 位同步二进制加法计数器。各个触发器只要满足 $J=K=1$ 的条件，在 CP 计数脉冲的下降沿 Q 即可翻转。一般可从分析状态表找出 $J=K=1$ 的逻辑关系，该逻辑关系又称为驱动方程。

分析表8-8所示3位二进制加法计数器状态表可知：最低位触发器 F_0 每来一个 CP 计数脉冲翻转一次，因而驱动方程为 $J_0=K_0=1$；触发器 F_1 只有在 Q_0 为1时再来一个 CP 计数脉冲才翻转，故其驱动方程为 $J_1=K_1=Q_0$；触发器 F_2 只有在 Q_0 和 Q_1 都为1时再来一个 CP 计数脉冲才翻转，故其驱动方程为 $J_2=K_2=Q_1Q_0$。根据上述驱动方程，便可连成图8-22所示电路，其工作波形图与异步计数器完全相同。

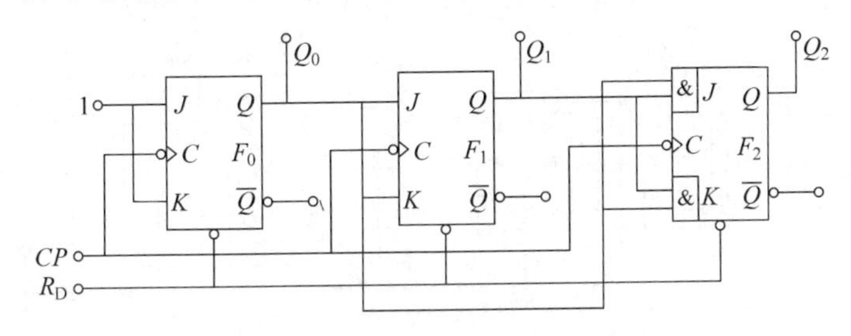

图8-22　3位同步二进制加法计数器

2. 十进制计数器

1）同步十进制计数器

通常人们习惯用十进制计数，这种计数必须用10个状态表示十进制的0～9，所以准确地说十进制计数器应该是1位十进制计数器。使用最多的十进制计数器是按照8421码进行计数的电路，其编码表如表8-10所示。

表8-10　十进制计数器编码表

计数脉冲	8421编码				十进制数
	Q_3	Q_2	Q_1	Q_0	
0	0	0	0	0	0
1	0	0	0	1	1
2	0	0	1	0	2
3	0	0	1	1	3
4	0	1	0	0	4
5	0	1	0	1	5
6	0	1	1	0	6
7	0	1	1	1	7
8	1	0	0	0	8
9	1	0	0	1	9
10	0	0	0	0	0

选用4个时钟脉冲下降沿触发的JK触发器，并用 F_0、F_1、F_2、F_3 表示。分析表8-10所示十进制加法计数器状态表可知：

第1位触发器 F_0 要求每来一个 CP 计数脉冲翻转一次，因而驱动方程为 $J_0=K_0=1$。

第2位触发器 F_1 要求在 Q_0 为1时，再来一个 CP 计数脉冲才翻转，但在 Q_3 为1时不得翻转，故其驱动方程为 $J_1=\bar{Q}_3Q_0$、$K_1=Q_0$。

第3位触发器 F_3 要求在 Q_0 和 Q_1 都为1时，再来一个 CP 计数脉冲才翻转，故其驱动

方程为 $J_2=K_2=Q_1Q_0$。

第4位触发器 F_3 要求在 Q_0、Q_1 和 Q_2 都为1时,再来一个 CP 计数脉冲才翻转,但在第10个脉冲到来时 Q_3 应由1变为0,故其驱动方程为 $J_3=Q_2Q_1Q_0$、$K_3=Q_0$。

根据选用的触发器及所求得的驱动方程,可画出同步十进制加法计数器如图8-23所示。

图8-24所示为十进制加法计数器的波形图。

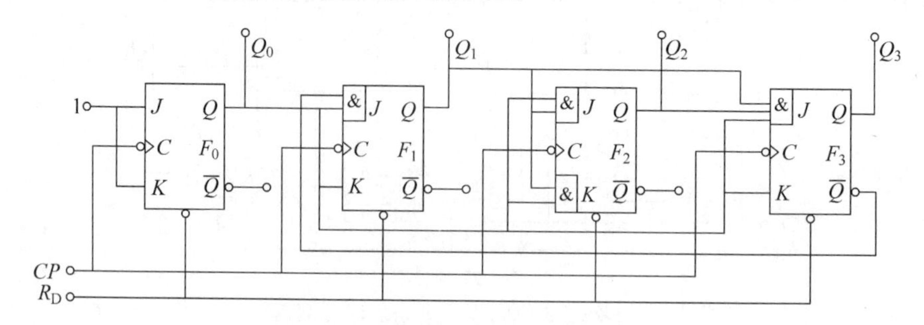

图8-23　同步十进制加法计数器

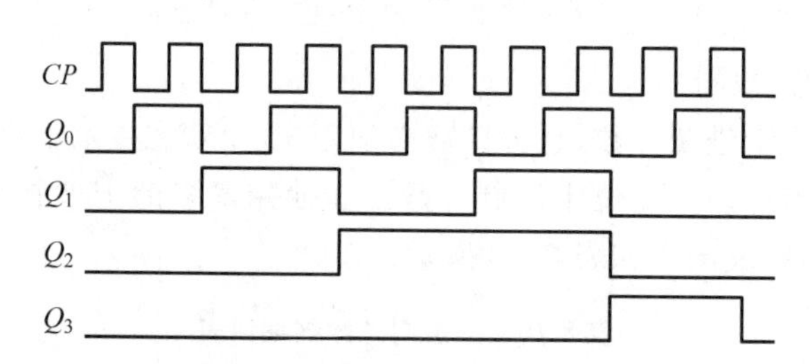

图8-24　同步十进制加法计数器波形图

2) 异步十进制计数器

图8-25所示为异步十进制加法计数器,图8-25中各触发器均为TTL电路,悬空的输入端相当于接高电平1。由图可知触发器 F_0、F_1、F_2 中除 F_1 的 J_1 端与 F_3 的 $\overline{Q}_3$ 端接连外,其他输入端均为高电平。设计数器初始状态为 $Q_3Q_2Q_1Q_0=0000$,在触发器 F_3 翻转之前,即从0000起到0111为止,$\overline{Q}_3=1$,F_0、F_1、F_2 的翻转情况与图8-16所示的3位异步二进制加法计数器相同。当第7个计数脉冲到来后,计数器状态变为0111,$Q_2=Q_1=1$,使 $J_3=Q_2Q_1=1$,而 $K_3=1$,为 F_3 由0变1准备了条件。当第8个计数脉冲到来后,4个触发器全部翻转,计数器状态变为1000。第9个计数脉冲到来后,计数器状态变为1001。这两种情况下 $\overline{Q}_3$ 均为0,使 $J_1=0$,而 $K_1=1$。所以第10个计数脉冲到来后,Q_0 由1变为0,但 F_1 的状态将保持为0不变,而 Q_0 能直接触发 F_3,使 Q_3 由1变为0,从而使计数器回复到初始状态0000。

3. 其他进制计数器及计数器的组合

N 进制计数器是指除二进制计数器和十进制计数器外的其他进制计数器,即每来 N 个计数脉冲,计数器状态重复一次。

由触发器组成的 N 进制计数器的一般分析方法是:对于同步计数器,由于计数脉冲同时接到每个触发器的时钟输入端,因而触发器的状态是否翻转只需由其驱动方程判

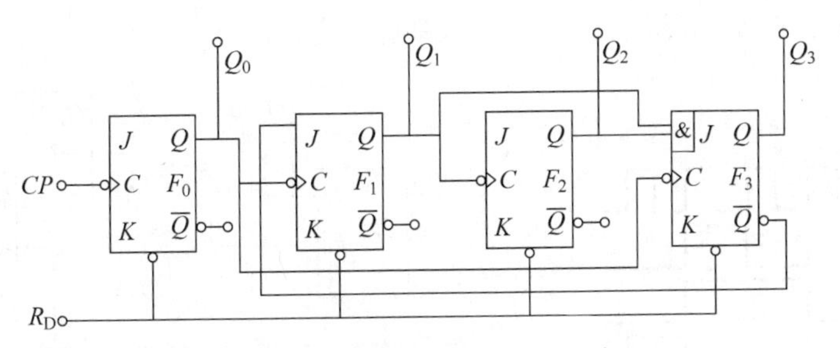

图 8-25 异步十进制加法计数器

断。而异步计数器中各个触发器的触发脉冲不尽相同，所以触发器的状态是否翻转除了考虑其驱动方程外，还必须考虑其时钟输入端的触发脉冲是否出现。

例 8-1 分析图 8-26 所示计数器为几进制计数器。

解：由图可知，由于 CP 计数脉冲同时接到每个触发器的时钟输入端，所以该计数器为同步计数器。3 个触发器的驱动方程分别为：

$$F_0: J_0 = \overline{Q}_2 、K_0 = 1$$

$$F_1: J_1 = K_1 = Q_0$$

$$F_3: J_2 = Q_1 Q_0 、K_2 = 1$$

列状态表的过程如下：首先假设计数器的初始状态，如 $Q_2Q_1Q_0=000$，并依次根据驱动方程确定 J、K 的值，然后根据 J、K 的值确定在 CP 计数脉冲触发下各触发器的状态，如表 8-11 所示。在第 1 个 CP 计数脉冲触发下各触发器的状态为 001，按照上述步骤反复判断，直到第 5 个 CP 计数脉冲时计数器的状态又回到初始状态 000。即每来 5 个计数脉冲计数器状态重复一次，所以该计数器为五进制计数器。其波形图如图 8-27 所示。

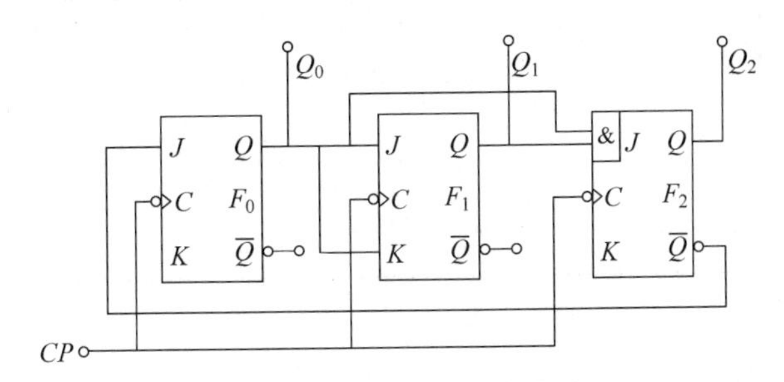

图 8-26 同步五进制计数器

表 8-11 同步五进制计数器的状态表

计数脉冲	Q_2	Q_1	Q_0	J_0	K_0	J_1	K_1	J_2	K_2
0	0	0	0	1	1	0	0	0	1
1	0	0	1	1	1	1	1	0	1
2	0	1	0	1	1	0	0	0	1
3	0	1	1	1	1	1	1	1	1
4	1	0	0	0	1	0	0	0	1
5	0	0	0	1	1	0	0	0	1

例 8-2 分析图 8-28 所示计数器为几进制计数器。

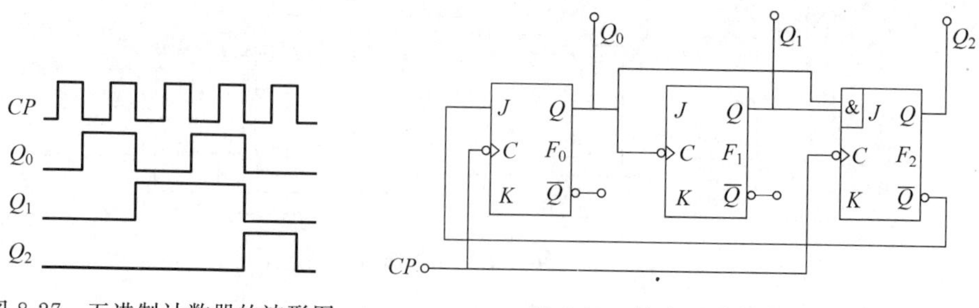

图 8-27 五进制计数器的波形图

图 8-28 异步五进制计数器

解：由图 8-28 可知，触发器 F_0、F_2 由 CP 计数脉冲触发，而 F_1 由 F_0 的输出 Q_0 触发，也就是只有在 Q_0 出现下降沿(由 1 变 0)时 Q_1 才能翻转，各个触发器不是都接 CP 脉冲计数脉冲，所以该计数器为异步计数器。3 个触发器的驱动方程分别为：

F_0： $J_0=\bar{Q}_2$、$K_0=1$ (CP 脉冲触发)

F_1： $J_1=K_1=1$ (Q_0 脉冲触发)

F_2： $J_2=Q_0Q_1$、$K_2=1$ (CP 脉冲触发)

列异步计数器状态表与同步计数器不同之处在于：决定触发器的状态，除了要看其 J、K 的值，还要看其时钟输入端是否出现触发脉冲下降沿。表 8-12 所示为该电路的状态表，可以看出该计数器也是五进制计数器。

表 8-12 异步五进制计数器的状态表

计数脉冲	Q_2	Q_1	Q_0	J_0	K_0	J_1	K_1	J_2	K_2
0	0	0	0	1	1	1	1	0	1
1	0	0	1	1	1	1	1	0	1
2	0	1	0	1	1	1	1	0	1
3	0	1	1	1	1	1	1	1	1
4	1	0	0	0	1	1	1	0	1
5	0	0	0	1	1	1	1	0	1

8.1.4 555 定时器

555 定时器是一种将模拟功能与逻辑功能巧妙地结合在一起的中规模集成电路，电路功能灵活，应用范围广，只要外接少量元件，就可以构成多谐振荡器、单稳态触发器或施密特触发器等电路，因而在定时、检测、控制、报警等方面都有广泛的应用。

1. 555 定时器的结构和功能

555 定时器的内部结构和引脚排列如图 8-29 所示。555 定时器内部含有一个基本 RS 触发器、两个电压比较器 A_1 和 A_2、一个三极管 T 和一个由 3 个 5kΩ 电阻组成的分压器。比较器 A_1 的参考电压为 $\frac{2}{3}U_{CC}$，加在同相输入端；A_2 的参考电压为 $\frac{1}{3}U_{CC}$，加在反相输入端，两者均由分压器上取得。

555 定时器各引线端的用途如下。

1 端 GND 为接地端。

2 端$\overline{TR}$为低电平触发端，也称为触发输入端，由此输入触发脉冲。当 2 端的输入电压高于$\frac{1}{3}U_{CC}$时，A_2的输出为 1；当输入低电压$\frac{1}{3}U_{CC}$时，A_2的输出为 0，使基本 RS 触发器置 1，即 $Q=1$、$\bar{Q}=0$。这时定时器输出 $u_o=1$。

3 端 u_o为输出端，输出电流可达 200mA，因此可直接驱动继电器、发光二极管、扬声器、指示灯等。输出高电压低于电源电压 1～3V。

4 端/R 是复位端，当 $\bar{R}=0$ 时，基本 RS 触发器直接置 0，使 $Q=0$、$\bar{Q}=1$。

5 端 CO 为电压控制端，如果在 CO 端另加控制电压，则可改变 A_1、A_2 的参考电压。工作中不使用 CO 端时，一般都通过一个 0.01μF 的电容接地，以旁路高频干扰。

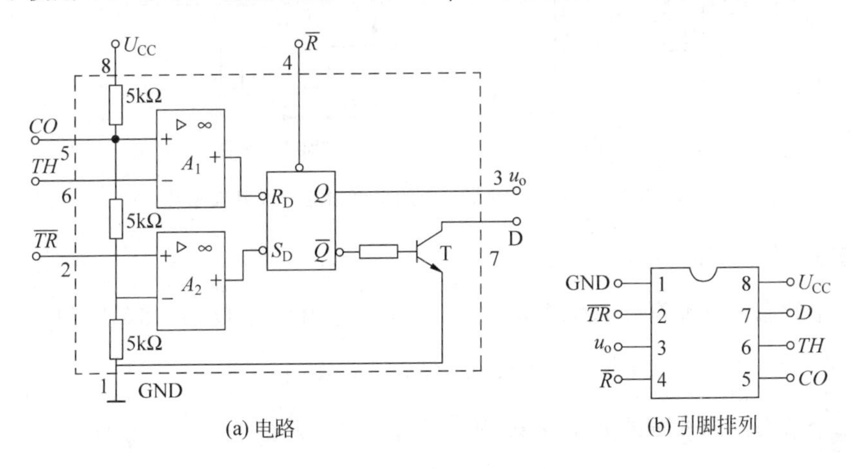

(a) 电路　(b) 引脚排列

图 8-29　555 定时器结构和引脚排列图

6 端 TH 为高电平触发端，又叫做阈值输入端，由此输入触发脉冲。当输入电压低于$\frac{2}{3}U_{CC}$时，A_1的输出为 1；当输入电压高于$\frac{2}{3}U_{CC}$时，A_1的输出为 0，使基本 RS 触发器置 0，即 $Q=0$、$\bar{Q}=1$。这时定时器输出 $u_o=0$。

7 端 D 为放电端。当基本 RS 触发器的 $\bar{Q}=1$ 时，放电晶体管 T 导通，外接电容元件通过 T 放电。555 定时器在使用中大多与电容器的充放电有关，为了是充放电能够反复进行，电路特别设计了一个放电端 D。

8 端 U_{CC}为电源端，可在 4.5～16V 范围内使用，若为 CMOS 电路，则 $U_{DD}=3$～18V。

2. 用 555 定时器组成的多谐振荡器

1）工作原理

多谐振荡器又称为无稳态触发器，是一种自激振荡电路，它没有稳定状态，也不需要外加触发脉冲。当电路接好之后，只要接通电源，在其输出端便可获得矩形脉冲。由于矩形脉冲中除基波外还含有极丰富的高次谐波，故无稳态触发器也称为多谐振荡器。

图 8-30 所示是用 555 定时器构成的无稳态触发器及其工作波形。R_1、R_2、C 是外接定时元件。接通电源 U_{CC} 后，电源 U_{CC} 经电阻 R_1 和 R_2 对电容 C 充电，当 u_C 上升到 $\frac{2}{3}U_{CC}$ 时，比较器 A_1 的输出端为 0，将基本 RS 触发器置 0，定时器输出 $u_o=0$。这时基本 RS 触发器的 $\bar{Q}=1$，使放电管 T 导通，电容 C 通过电阻 R_2 和 T 放电，u_C 下降。当 u_C 下降到 $\frac{1}{3}U_{CC}$ 时，比较器 A_2 的输出为 0，将基本 RS 触发器置 1，u_o 又由 0 变为 1。由于此时基本 RS 触发器的 $\bar{Q}=0$，放电管 T 截止，U_{CC} 又经电阻 R_1 和 R_2 对电容 C 充电。如此重复上述过程，于是在输出端 u_o 产生了连续的矩形脉冲。

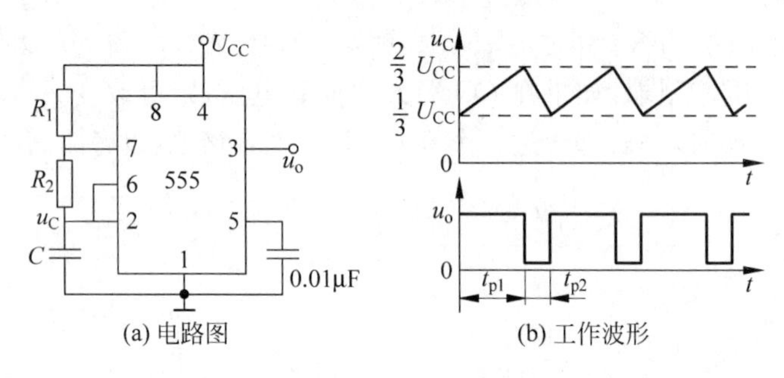

图 8-30　用 555 定时器构成的多谐振荡器及其波形图

2) 脉冲宽度与振荡周期

第一个暂态的脉冲宽度 t_{p1}，即 u_C 从 $\frac{1}{3}U_{CC}$ 充电上升到 $\frac{2}{3}U_{CC}$ 所需的时间：

$$t_{p1}\approx 0.7(R_1+R_2)C$$

第二个暂态的脉冲宽度 t_{p2}，即 u_C 从 $\frac{2}{3}U_{CC}$ 放电下降到 $\frac{1}{3}U_{CC}$ 所需的时间：

$$t_{p2}\approx 0.7R_2C$$

振荡周期：

$$T=t_{p1}+t_{p2}\approx 0.7(R_1+2R_2)C$$

占空比：

$$q=\frac{t_{p1}}{T}=\frac{R_1+R_2}{R_1+2R_2}$$

3. 用 555 定时器组成的单稳态触发器

1) 工作原理

单稳态触发器在数字电路中一般用于定时(产生一定宽度的矩形波)、整形(把不规则的波形转换成宽度、幅度都相等的波形)以及延时(把输入信号延迟一定时间后输出)等。

单稳态触发器具有下列特点。

(1) 电路有一个稳态和一个暂稳态。

(2) 在外来触发脉冲作用下，电路由稳态翻转到暂稳态。

(3) 暂稳态是一个不能长久保持的状态，经过一段时间后，电路会自动返回到稳态。暂稳态的持续时间与触发脉冲无关，仅决定于电路本身的参数。

图 8-31 所示是用 555 定时器构成的单稳态触发器电路及其工作波形。R、C 是外接

定时元件；u_i是输入触发信号，下降沿有效。

接通电源U_{CC}后瞬间，电路有一个稳态的过程，即电源U_{CC}通过电阻R对电容C充电，当u_C上升到$\frac{2}{3}U_{CC}$时，比较器A_1的输出为0，将基本RS触发器置0，电路输出$u_O=0$。这时基本RS触发器的$\overline{Q}=1$，使放电管T通电，电容C通过T放电，电路进入稳定状态。

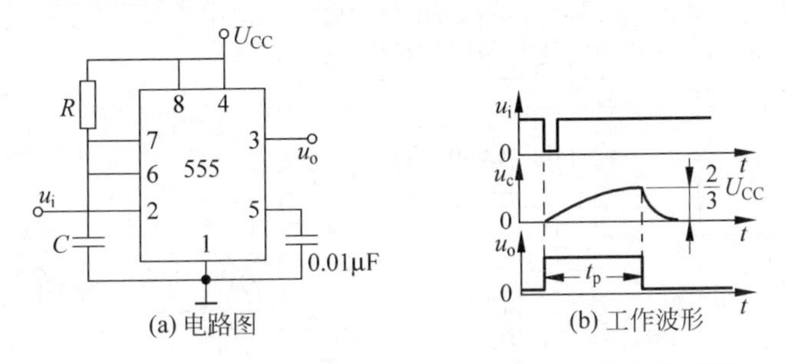

图 8-31　用 555 定时器构成的单稳态触发器及其波形图

当触发信号u_i到来时，因为u_i的幅度低于$\frac{1}{3}U_{CC}$，比较器A_2的输出为0，将基本RS触发器置1，u_o由0变为1。电路进入暂稳态。由于此时基本RS触发器的$\overline{Q}=0$，放电管T截止，U_{CC}经电阻R对电容C充电。虽然此时触发脉冲已消失，比较器A_2的输出变为1，但充电继续进行，直到u_C上升到$\frac{2}{3}U_{CC}$时，比较器A_1的输出为0，将基本RS触发器置0，电路输出$u_o=0$，T导通，电容C放电，电路恢复到稳定状态。

2）脉冲宽度

忽略放电管T的饱和压降，则u_C从0充电上升到$\frac{2}{3}U_{CC}$所需的时间，即为u_o的输出脉冲宽度t_p。

$$t_p \approx 1.1RC$$

8.1.5　由触发器构成的抢答器的制作与测试

1. 测试器材

（1）测试仪器仪表：万用表、直流可调稳压电源、数字电子实验箱。

（2）元器件：集成电路芯片CC4012×1、CC4013×2、CC40192×2、CC4511×2，晶体三极管1只，LED发光二极管3只，LED数码管2只，按钮开关4只，扬声器1只，电阻若干只。

2. 测试电路

测试电路如图8-32所示，为采用两片中规模集成D触发器CC4013组成的三人智力竞赛抢答器，主要由下面几部分组成。

（1）抢答控制电路

抢答控制由开关A、B、C组成，分别由三名参赛者控制。常态时开关接地，比赛时按下开关，使该端为高电平。

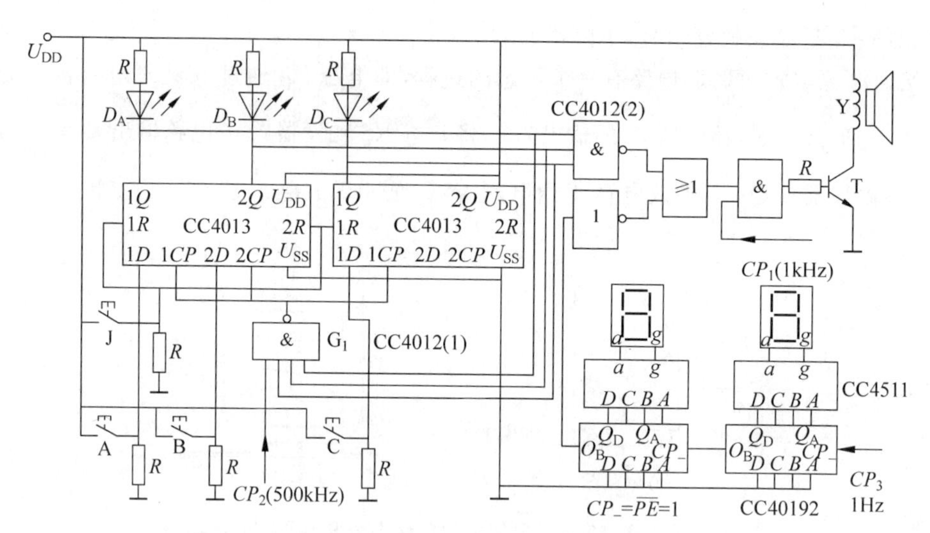

图 8-32　抢答计时器集成逻辑电路图

(2) 清零电路

电路利用D触发器的异步复位端实现清零功能。由图可以看出,各触发器异步复位端 R_D 低电平有效,统一用一开关J控制,正常比赛时,使 R_D、S_D 均处于高电平,用 $R_D=0$ 实现复位功能。

(3) 计时、显示、声响电路

计时电路采用倒计时方法,最大显示为99秒。当裁判员给出“请回答”指令后,开始倒计时,当计时到“00”时,驱动声响电路发出声响。倒计时器选用可预置数二-十进制同步可逆计数器(双时钟型)CC40192。CC40192的功能表和外部引脚排列分别见表8-13和图8-33。

表 8-13　CC40192 的功能表

输入								输出			
CP_+	CP_-	CR	$\overline{PE}$	A	B	C	D	Q_A	Q_B	Q_C	Q_D
×	×	1	×	×	×	×	×	0	0	0	0
×	×	0	0	a	b	c	d	a	b	c	d
↑	1	0	1	×	×	×	×	加法计数			
1	↑	0	1	×	×	×	×	加法计数			
1	1	0	1	×	×	×	×	保持			

由功能表可以看出,要使电路实现倒计时(减法)功能,应使 $CR=0$,$\overline{PE}=1$,$CP_+=1$,$CP_-=CP$。可用 CR 端接电平开关来控制计时器的工作与否。

发光显示电路由发光二极管和电阻串联而成,发光二极管正端通过电阻接电源正极,发光二极管负端接D触发器的 $\overline{Q}$ 端,当该触发器输出端 Q 为高电平时,相应 $\overline{Q}$ 端为低电平,就有电流通过发光二极管使它发亮。

驱动显示电路选用 BCD—7 段锁存译码/驱动器 CC4511 和七段数码管组成。

图 8-34 是用两片 CC40192 组成的一百进制减法计数器电路。

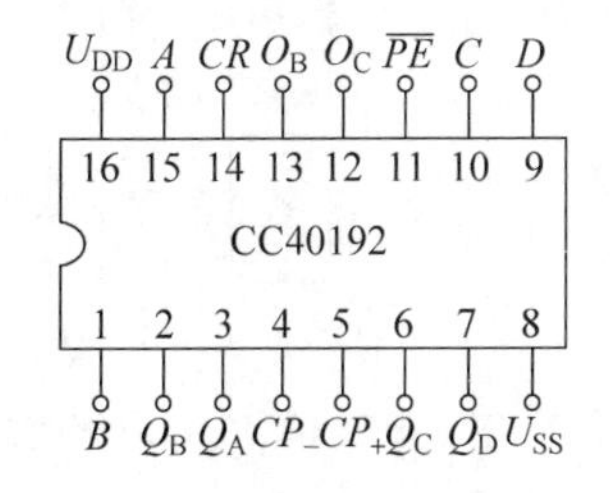

图 8-33　CC40192 外部引脚排列

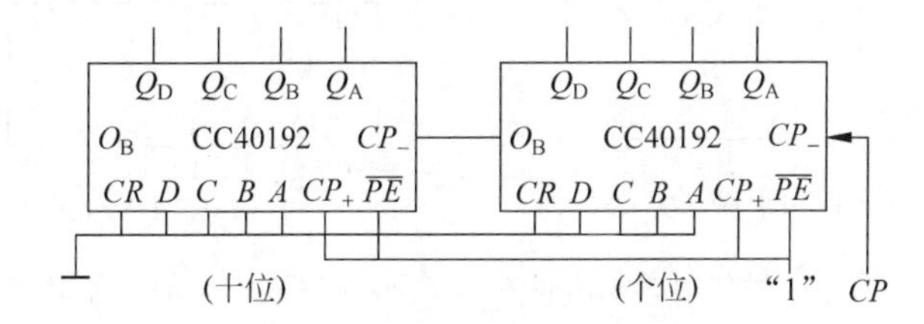

图 8-34　减法计数器电路

声响电路由两部分组成：一是由门电路组成的控制电路，二是三极管驱动电路。门控电路主要由或门组成，它有两个输入，一个来自抢答电路各触发器 $\overline{Q}$ 输出端的与非门；另一个来自计时系统高位计数器的借位信号 O_B。

声响显示电路需要在两种情况下作出反应：一种是当有参赛者首先按下抢答开关时，相应电路的发光二极管亮，指示本次抢答的抢先者，同时推动输出级的蜂鸣器发出声响；第二种是当裁判员给出“请回答”指令后，计时器开始倒计时，由数码管数字显示倒计时的时间，若回答问题时间到达限定的时间，蜂鸣器发出声响。

(4) 振荡电路

本系统需要三种频率的脉冲信号：一是频率为 1kHz 的脉冲信号，用于驱动声响电路；二是频率为 500kHz 的脉冲信号，用作触发器的脉冲信号，此频率较高有利于分辨抢答的先后；三是频率为 1Hz 的信号，用于计时电路。以上信号可用 555 定时器产生，也可用石英晶体组成的振荡器经过分频得到，还可从实验箱上获得。

触发器集成电路 CC4013 的功能表和外部引脚排列分别见表 8-14 和图 8-35 所示。

表 8-14　CC4013 的功能表

输　入				输　出	
CP	D	R	S	Q^{n+1}	$\overline{Q}^{n+1}$
↑	0	0	0	0	1
↑	1	0	0	1	0
↓	×	0	0	Q^n	$\overline{Q}^n$
×	×	1	0	0	1
×	×	0	1	1	0
×	×	1	1	不确定	

与非门集成电路 CC4012 的外部引脚排列如图 8-36 所示，内部逻辑结构如图 8-37 所示。

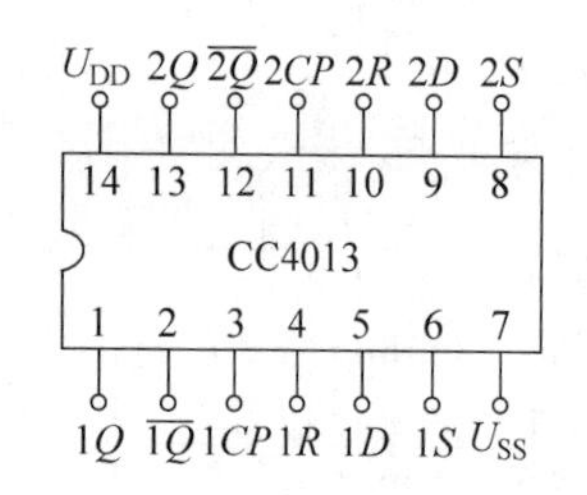

图 8-35 CC4013 外部引脚排列

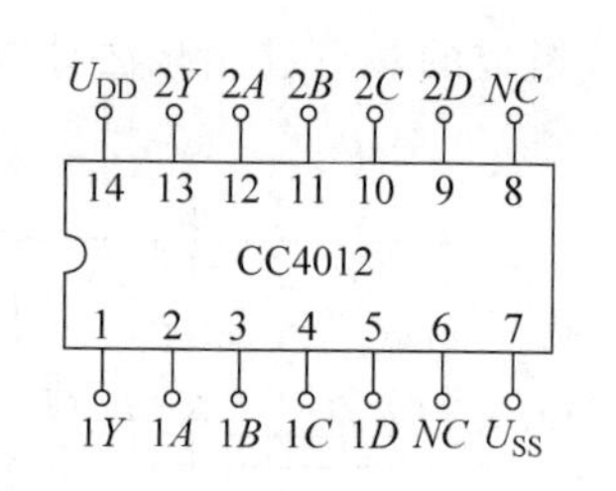

图 8-36 CC4012 的外部引脚排列

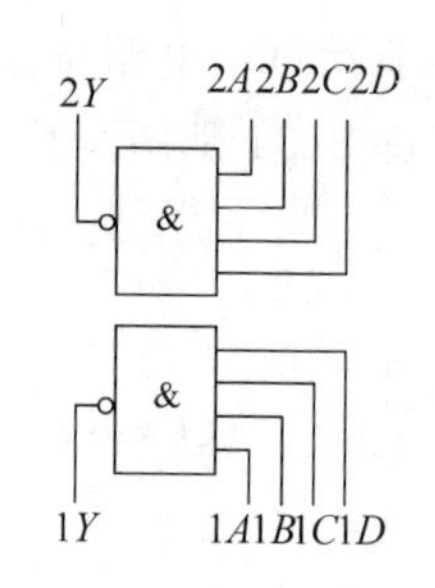

图 8-37 CC4012 内部逻辑图

(5) 电路工作原理

由图 8-32 可见,若参赛者 A 首先按下开关,使该端输入信号为高电平,触发器 F_A 的输入端 D 接收该信号,CP_2(500kHz)脉冲通过与非门 G_1 驱动触发器 F_A 输出端 Q 为高电平,$\overline{Q}$ 为低电平,这个低电平除驱动该位发光二极管外,同时又送到与非门 G_1 的输入端,使与非门 G_1 被封锁,触发器的驱动脉冲 CP_2 被拒之门外。由于触发器 F_B、F_C 得不到 CP 脉冲而不接收滞后按下的开关 B、C 送入的信号,确保最先按下的开关信号达到对抢答的控制目的。

3. 测试程序

(1) 电路组装

① 组装之前先检查各元器件的参数是否正确,检查集成电路块的各个引脚。

② 按图 8-32 在实验箱上搭接电路。组装完毕后,应认真检查元件及连线是否正确、牢固。

(2) 测试电路功能

① 抢答显示功能测试

将开关 A、B、C 全部处于低电平。首先拨动某一开关,该端发光二极管亮,此时再拨动其他开关,其他发光二极管都不亮。

② 清零功能测试

在以上实验的基础上,将 CC4013 的所有 R 端连在一起通过开关 J 控制。由表 8-14 可以看出,CC4013 的异步控制信号高电平有效,可用 $R=1$ 实现复位功能。开关 J 可以利用实验箱上的电平开关,使之常态时处于低电平。拨动开关 J,观察发光二极管是否全灭。

③ 倒计时功能测试

按图 8-32 在实验箱上连线,计数器的输出可接发光二极管,在 CP 脉冲作用下,观察发光二极管显示情况。通过控制 CR 端的状态,再观察发光二极管显示情况。译码显示电路的连接方法可参考“数字钟”的有关内容。

④ 声响电路功能测试

按图 8-32 的有关部分在实验箱上连线,可将与非门和反相器的输入端分别通过实验箱上的电平开关来控制状态,观察蜂鸣器发声情况。

(3) PCB板上的安装与调试

① 在计算机上用电子CAD软件完成PCB板图设计形成的PCB电子文档；

② 向专业厂商定制PCB印制电路板；

③ 采购电子元件套件，配置工作台、万用表、焊接组装工具等；

④ 印制电路板的安装与调试可参考实验箱上各功能电路逐个进行。

任务8.2　拓展与训练

8.2.1　无稳态触发器的应用

图8-38(a)所示是用两个多谐振荡器构成的模拟声响电路。若调节定时元件R_1、R_2、C_1使振荡器Ⅰ的振荡频率$f_1=1\text{Hz}$，调节R_3、R_4、C_2使振荡器Ⅱ的振荡频率$f_2=1\text{Hz}$，则扬声器就会发出呜……呜的间歇声响。因为振荡器Ⅰ的输出电压u_{o1}，接到振荡器Ⅱ中555定时器的复位端$\overline{R}$(4脚)，当u_{o1}为高电平时振荡器Ⅱ振荡，为低电平时555定时器复位，振荡器Ⅱ停止振荡。图8-38(b)所示是电路的工作波形。

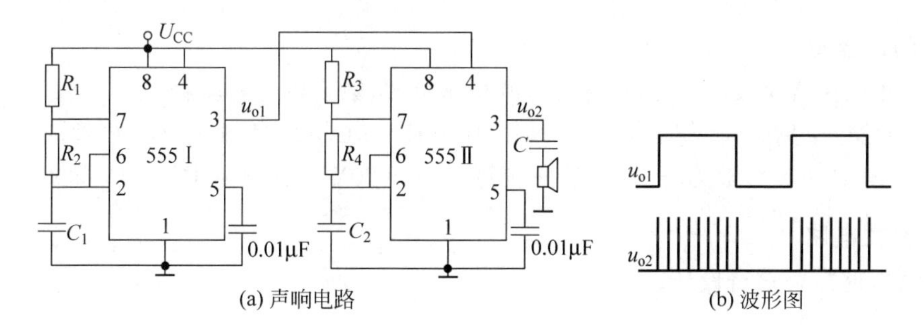

(a) 声响电路　　(b) 波形图

图8-38　模拟声响电路及其波形图

8.2.2　单稳态触发器的应用

单稳态触发器的应用广泛，以下举两个例子说明。

1. 延时与定时

脉冲信号的延时与定时电路如图8-39所示。仔细观察u_o'与u_i的波形，可以发现u_o'的下降沿比u_i的下降沿滞后了t_p，也即延迟了t_p。这个t_p反映了单稳态触发器的延时作用。

单稳态触发器的输出u_o'送入与门作为定时控制信号，当$u_o'=1$时与门打开，$u_o=u_A$；$u_o'=1$时与门关闭，$u_o=0$。显然，与门打开的时间是恒定不变的，就是单稳态触发器输出脉冲u_o'的宽度t_p。

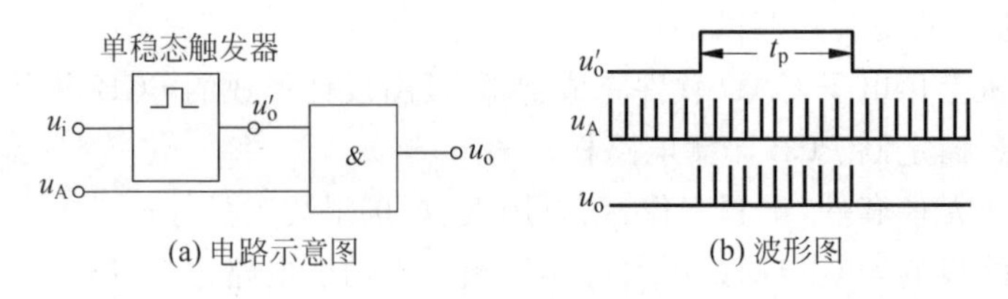

(a) 电路示意图 (b) 波形图

图 8-39 脉冲信号的延时与定时控制

2. 波形整形

输入脉冲的波形往往是不规则的,边沿不陡,幅度不齐,不能直接输入数字电路。因为单稳态触发器的输出 u_o的幅度不仅决定于输入的高、低电平,宽度 t_p只与定时元件 R、C 有关,所以利用单稳态触发器能够把不规则的输入信号 u_i整形成为幅度、宽度都相同的矩形脉冲 u_o。图 8-40 所示就是单稳态触发器整形的一个例子。

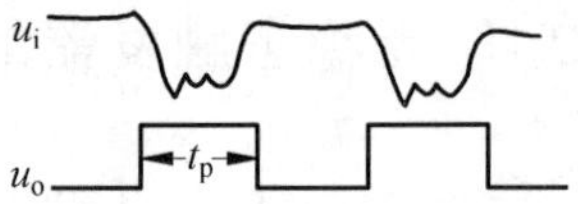

图 8-40 波形的整形

8.2.3 流水灯的设计、制作与测试

1. 测试器材

(1) 测试仪器仪表:万用表、直流可调稳压电源、数字电子实验箱。

(2) 元器件:集成电路芯片 CC4012×1、74LS194×1、CC40192×1,晶体三极管 9013×4,双向晶闸管 BCR8A×4,双刀开关 1 只,彩色灯泡 10~20W×4,电阻 RJ-1/4W×8。

2. 测试电路

测试电路需要自行设计。

(1) 设计要求

① 设计一个由集成计数器组成的流水灯控制电路;

② 当电路接通电源后,能看出彩灯如流水般被依次点亮;

③ 电路具有依次点亮的速度可调、点亮或间隔时间可调功能;

④ 元器件的选用与参数选择要适当。

(2) 设计提示

① 参考电路

电路可采用的形式较多,可参考图 8-41 所示电路。启动计数后,计数器输出端的高电平使三极管饱和,低电平使三极管截止。三极管由集电极反相输出,控制双向可控硅 T_5~T_8的通、断,从而实现对彩灯的控制。

② 元器件选择

图 8-41 中,计数器选用 74LS194 移位寄存器构成四位扭环计数器,驱动电路 T_1~T_4选用 9013 或 3DG12 NPN 型三极管,R_1~R_4选用 10kΩ,R_5~R_8选用 410Ω,T_5~T_8选用 BCR8A 型双向可控硅(电流容量可视彩灯的多少而定);C_1选用 470μF,C_3选用 100μF,均为 CD11-16 电解电容器,C_2、C_4选用 0.1μF 瓷片电容器;BR 选用 QD1A50V 硅桥;

HL_1～HL_4选用 10～20W 灯泡；电源变压器选用 220V 输入、18V 输出、8W。

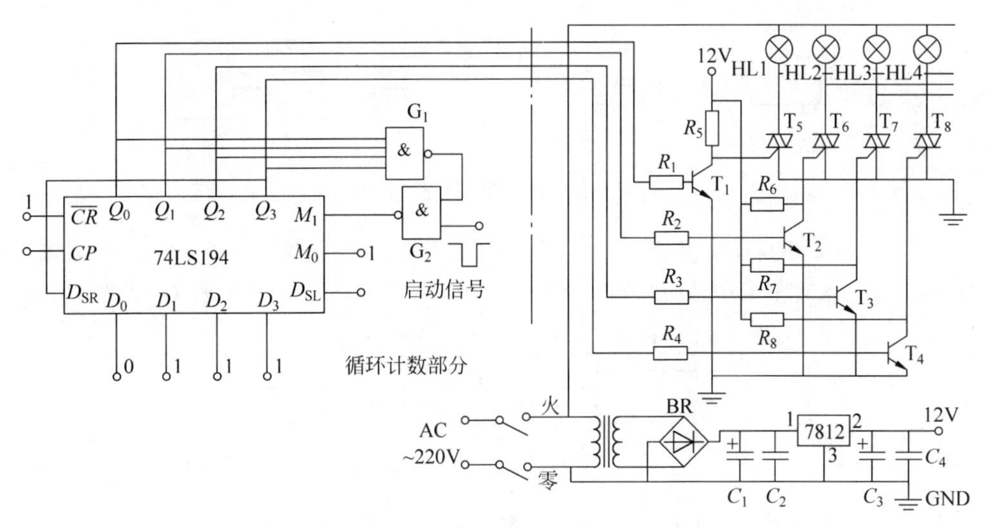

图 8-41　数字流水灯控制电路

3. 测试程序

（1）电路组装

① 组装之前先检查各元器件的参数是否正确，检查集成电路块的各个引脚。

② 按图 8-41 在实验箱上搭接电路，应特别注意电路板上的 GND 必须与市电的零线对应连接，以保证安全。组装完毕后，应认真检查连线是否正确、牢固。

（2）测试电路功能

① 确认电路组装无误后，方可接通直流稳压电源。

② 调节输入计数器的时钟脉冲频率在 2～20Hz，观察彩灯的闪烁情况。注意，频率太高看不出灯光闪烁。

③ 调节三极管基极电阻，改变饱和深度和截止状态。

④ 如果一只彩灯计算总电流接近晶闸管容量时，则必须安装散热器。

习题

8.1　基本 RS 触发器的特点是什么？若 R 和 S 的波形如图 8-42 所示，设触发器 Q 端的初始状态为 0，试对应画出 Q 和 $\overline{Q}$ 的波形。

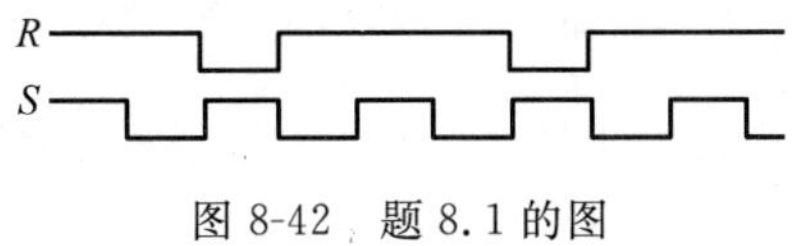

图 8-42　题 8.1 的图

8.2　由或非门构成的基本 RS 触发器及其逻辑符号如图 8-43 所示，试分析其逻辑功能,并根据 R 和 S 的波形对应画出 Q 和 $\overline{Q}$ 的波形,设触发器 Q 端的初始状态为 0。

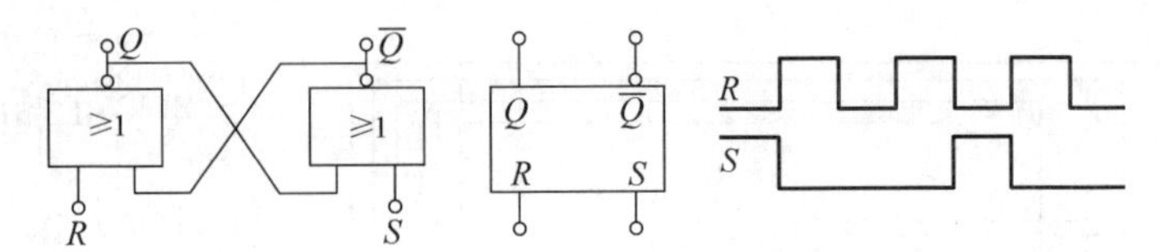

图 8-43 题 8.2 的图

8.3 与基本 RS 触发器相比,同步 RS 触发器的特点是什么?设 CP、R、S 的波形如图 8-44 所示,触发器 Q 端的初始状态为 0,试对应画出同步 RS 触发器 Q、$\overline{Q}$ 的波形。

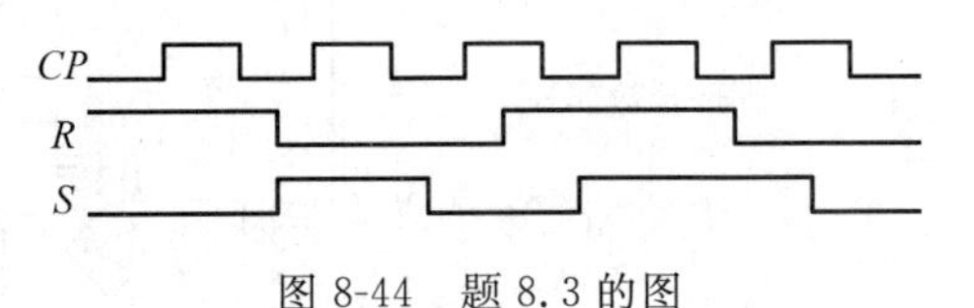

图 8-44 题 8.3 的图

8.4 图 8-45 所示为 CP 脉冲上升沿触发器的主从 JK 触发器的逻辑符号及 CP、J、K 的波形,设触发器 Q 端的初始状态为 0,试对应画出 Q、$\overline{Q}$ 的波形。

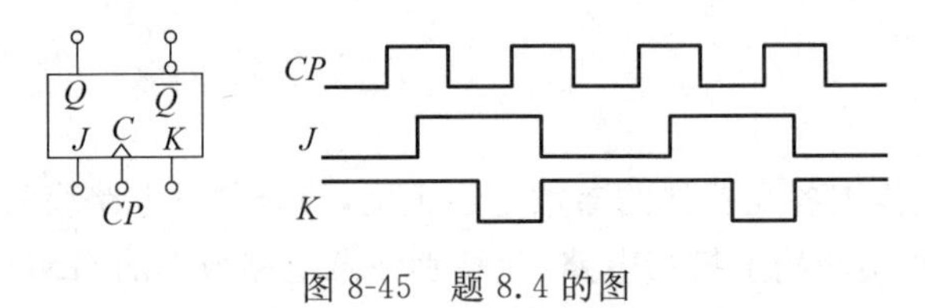

图 8-45 题 8.4 的图

8.5 图 8-46 所示为 CP 脉冲上升沿触发的 D 触发器的逻辑符号及 CP、D 的波形,设触发器 Q 端的初始状态为 0,试对应画出 Q、$\overline{Q}$ 的波形。

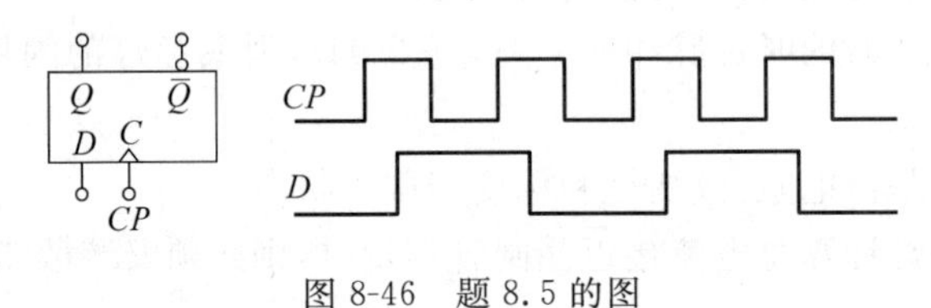

图 8-46 题 8.5 的图

8.6 电路及 CP 和 D 的波形如图 8-47 所示,设电路的初始状态为 $Q_0Q_1=00$,试画出 Q_0、Q_1 的波形。

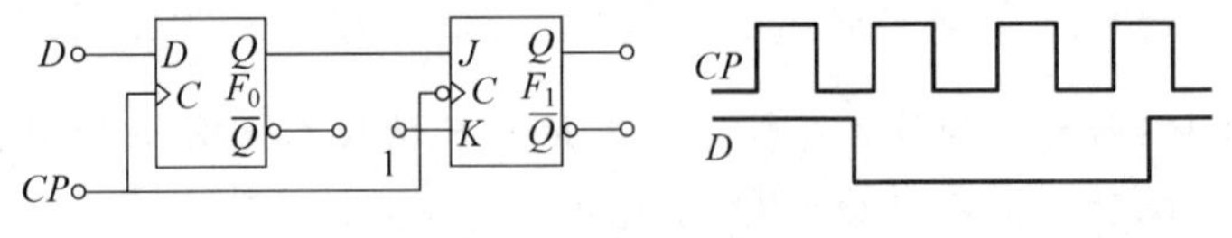

图 8-47 题 8.6 的图

8.7 试画出在 CP 脉冲作用下图 8-48 所示电路 Q_0、Q_1 的波形,设触发器 F_0、F_1 的初始状态均为 0。

8.8 在图 8-49 所示电路中,设触发器 F_0、F_1 的初始状态均为 0,试画出在图中所示 CP 和 X 的作用下 Q_0、Q_1 和 Y 的波形。

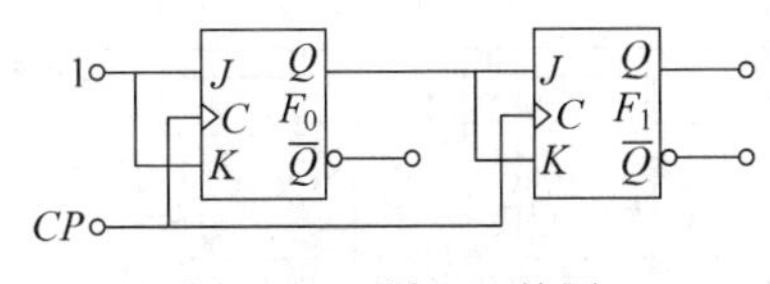

图 8-48　题 8.7 的图

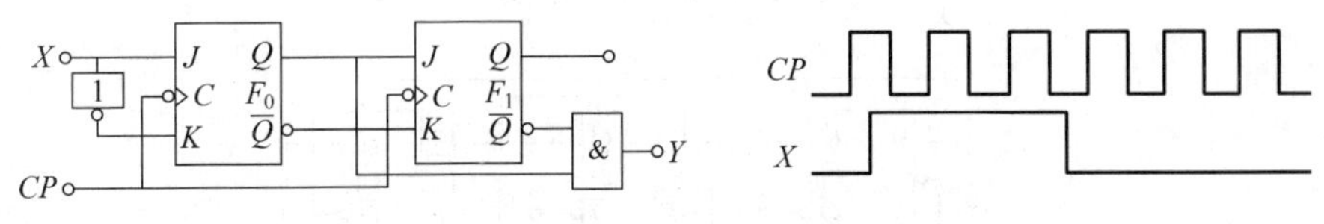

图 8-49　题 8.8 的图

8.9　图 8-50 所示电路为循环移位寄存器，设电路的初始状态为 $Q_0Q_1Q_2=001$。列出该电路的状态表，并画出前 7 个 CP 脉冲作用期间 Q_0、Q_1 和 Q_2 的波形图。

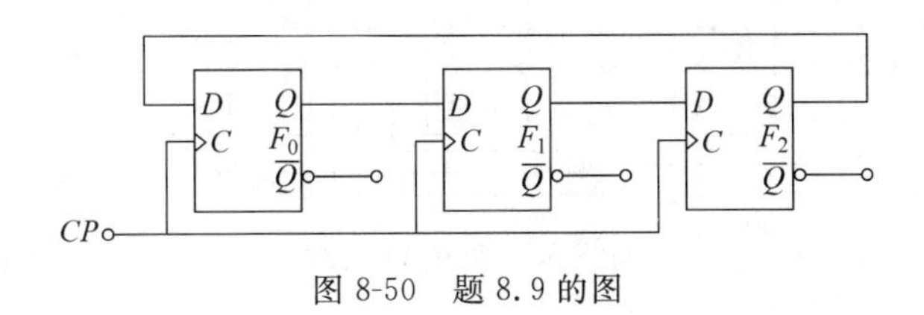

图 8-50　题 8.9 的图

8.10　图 8-51 所示电路为由 JK 触发器组成的移位寄存器，设电路的初始状态为 $Q_0Q_1Q_2Q_3=0000$。列出该电路输入数码 1001 的状态表，并画出各 Q 的波形图。

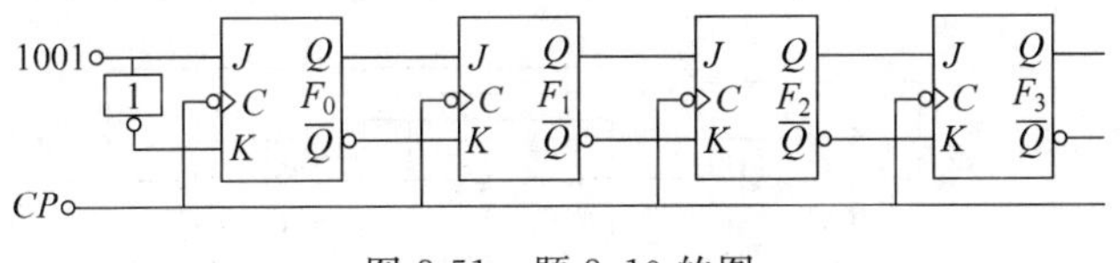

图 8-51　题 8.10 的图

8.11　设图 8-52 所示电路的初始状态为 $Q_0Q_1Q_2=000$。列出该电路的状态表，并画出其波形图。

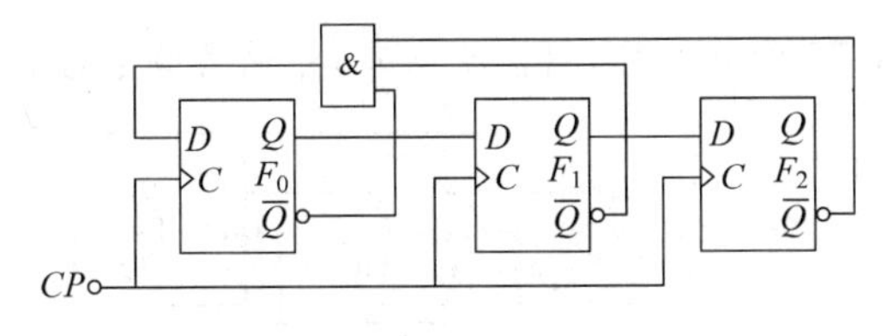

图 8-52　题 8.11 的图

8.12　试分析图 8-53 所示电路，列出状态表，并说明该电路的逻辑功能。图中 X 为输入控制信号，Y 为输出信号，可分为 $X=0$ 和 $X=1$ 两种情况。

8.13　设图 8-54 所示电路的初始状态为 $Q_0Q_1Q_2=000$。列出该电路的状态表，画出 CP 和各输出端的波形图，说明是几进制计数器，是同步计数器还是异步计数器。

8.14　设图 8-55 所示电路的初始状态为 $Q_0Q_1Q_2=000$。列出该电路的状态表，画

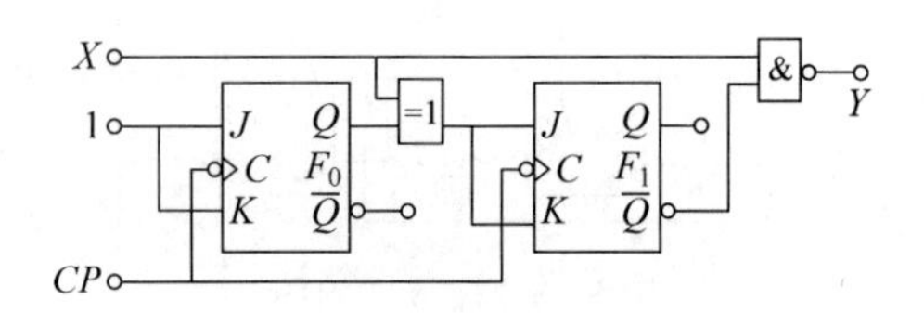

图 8-53　题 8.12 的图

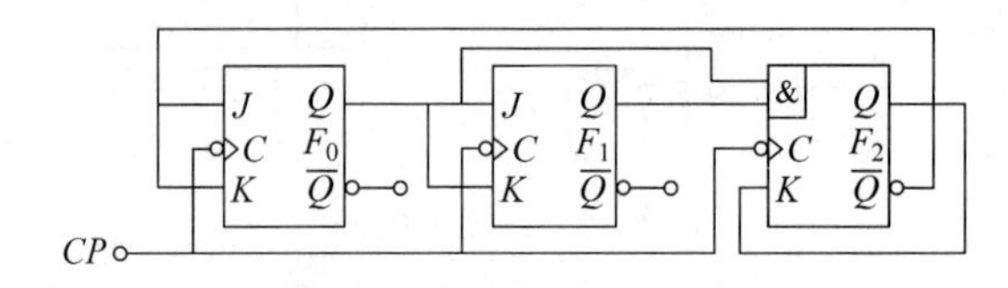

图 8-54　题 8.13 的图

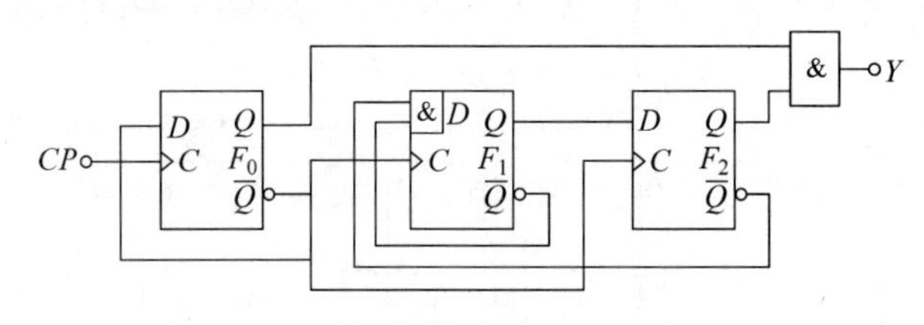

图 8-55　题 8.14 的图

出 CP 和各输出端的波形图,说明是几进制计数器,是同步计数器还是异步计数器。图中 Y 为进位输出信号。

8.15　试分析图 8-56 所示电路,列出状态表,并说明该电路的逻辑功能。

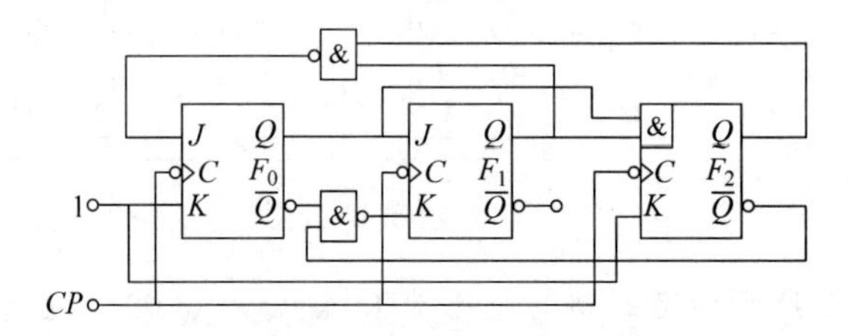

图 8-56　题 8.15 的图

8.16　试分析图 8-57 所示电路,列出状态表,并说明该电路的逻辑功能。

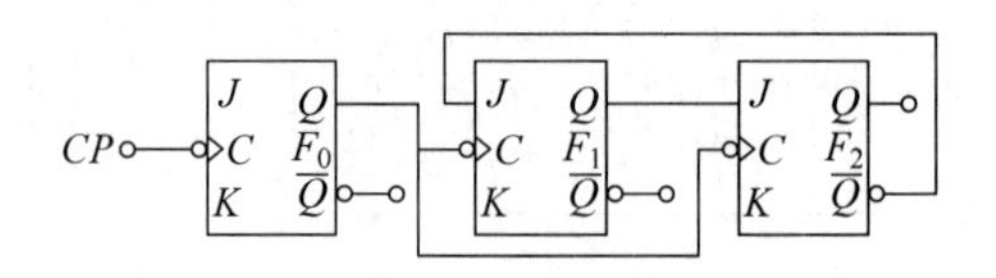

图 8-57　题 8.16 的图

8.17　图 8-58 所示电路是一个照明灯自动亮灭装置,白天让照明灯自动熄灭,夜晚自动点亮。图中 R 是一个光敏电阻,当受光照射时电阻变小,当无光照射或光照微弱时电阻增大。试说明其工作原理。

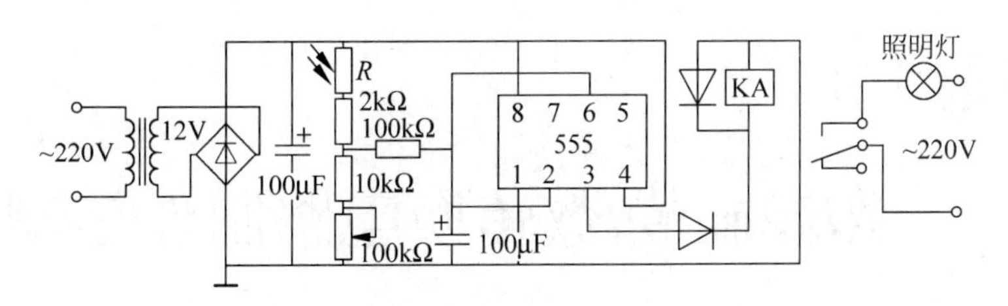

图 8-58 题 8.17 的图

8.18 图 8-59 所示电路是一个防盗报警装置，a、b 两端用一细铜丝接通，将此铜丝置于盗窃者必经之处。当盗窃者闯入室内将铜丝碰掉后，扬声器即发出报警声。试说明电路的工作原理。

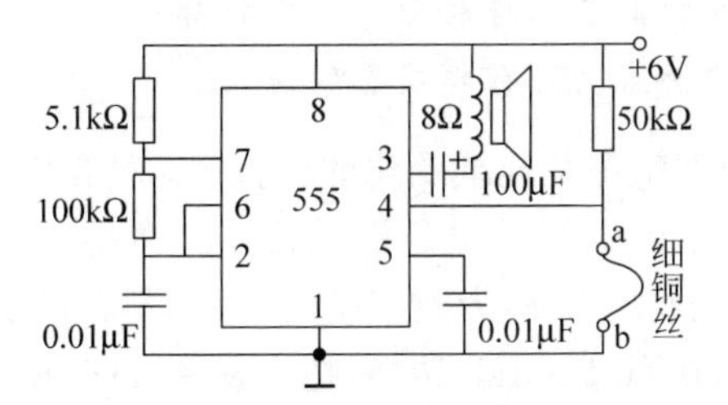

图 8-59 题 8.18 的图

8.19 图 8-60 所示电路是一简易触摸开关电路，当手摸金属片时，发光二极管亮，经过一定时间，发光二极管熄灭。试说明电路的工作原理，并问发光二极管能亮多长时间？

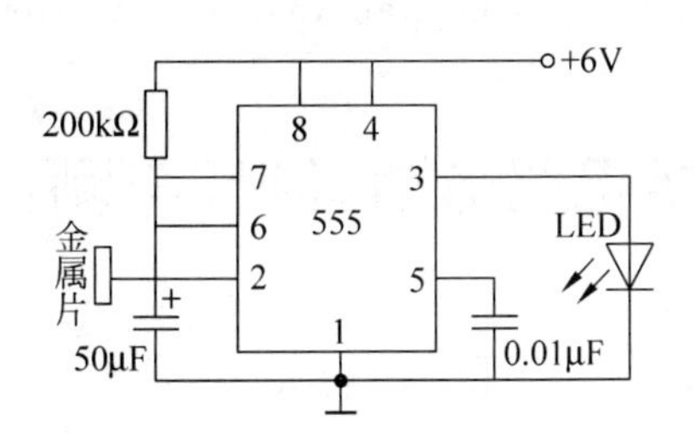

图 8-60 题 8.19 的图

8.20 图 8-61 所示电路是用施密特触发器构成的单稳态触发器，试分析电路的工作原理，并画出 u_i，u_a，u_o 的波形。

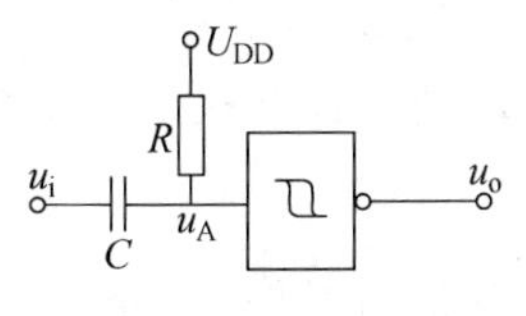

图 8-61 题 8.20 的图

项目9

数/模和模/数转换电路制作与测试

学习目标

(1) 掌握数/模转换器的基本工作原理及技术指标;

(2) 掌握模/数转换器的基本工作原理及技术指标;

(3) 掌握集成数/模转换器、模/数转换器的应用。

自然界中绝大多数物理量都是连续变化的模拟量,例如温度、速度、压力等。这些模拟量经传感器转换后所产生的电信号也是模拟信号。在用数字装置或数字计算机对这些信号进行处理时,必须先将其转换为数字信号。将模拟量转换成数字量的过程称为模/数转换,或A/D(Analog To Digital)转换,把实现A/D转换的电路称为A/D转换器,简记为ADC(Analog-Digital Converter)。

数字信号经计算机处理,其输出仍为数字信号。然而过程控制装置往往需要模拟信号去控制,所以经计算机处理后得到的数字信号必须转换成模拟信号。把数字量转换成模拟量的过程叫做数/模转换,或D/A(Digital To Analog)转换。而把实现D/A转换的电路称为D/A转换器,简记为DAC(Digital-Analog Converter)。

任务9.1 D/A转换电路分析、制作与测试

9.1.1 D/A转换器分析

构成数字量代码的每一位都有一定的权,为了把数字量转换成相应的模拟量,必须将每位代码按其权的大小转换成相应的模拟量,然后将代表各位的模拟量相加,其和就是与该数字量成正比的模拟量,从而实现了数字/模拟的转换。这就是构成D/A转换器的基本思想。根据这一基本思想,实现D/A转换的电路形式很多,常见的有倒T型电阻网络D/A转换器,权电阻网络D/A转换器和权电流型D/A转换器三种。

1. T型网络D/A转换器

4位T型网络D/A转换器的电路如图9-1所示。该电路由4部分组成:①作为基准的参考电压源U_{REF};②电子模拟开关S_0、S_1、S_2、S_3;③R—$2R$电阻网络(倒T型电阻网络);④求和运算放大器。当数字信号$d_0 \sim d_3$的任何一位为1时,对应的电子开关便将电阻接到求和放大器的输入端;而当它为0时,则对应的开关将电阻接地。

电阻网络的主要特点是:无论哪一位数字量d_k为0或为1,每节电路的输入电阻都

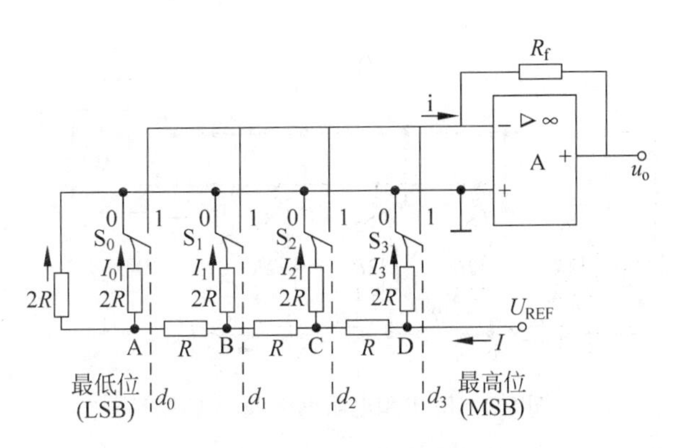

图 9-1 4 位 D/A 转换器电路

等于 R，即图 9-1 中 A、B、C、D 点从右往左看进去的等效电阻均为 R，所以电路中的输入电压都等于各节点电位逐位减半，$U_D=U_{REF}$，$U_C=\frac{U_D}{2}$，$U_B=\frac{U_C}{2}$，$U_A=\frac{U_B}{2}$。因此，每节 $2R$ 支路中的电流也是逐位减半的，$I_3=\frac{U_{REF}}{2R}$，$I_2=\frac{I_3}{2}$，$I_1=\frac{I_2}{2}$，$I_0=\frac{I_1}{2}$。由此可见，流入求和放大器输入端的总电流为

$$\begin{aligned} i &= I_3+I_2+I_1+I_0 \\ &= \frac{U_{REF}}{2R}d_3+\frac{U_{REF}}{4R}d_2+\frac{U_{REF}}{8R}d_1+\frac{U_{REF}}{16R}d_0 \\ &= \frac{U_{REF}}{2^4R}(d_3\times 2^3+d_2\times 2^2+d_1\times 2^1+d_0\times 2^0) \end{aligned} \tag{9.1}$$

将上式推广到 n 位，则有

$$i=\frac{U_{REF}}{2^nR}\sum_{k=0}^{n-1}d_k\times 2^k \tag{9.2}$$

相应的求和放大器的输出电压为

$$\begin{aligned} u_o &= -R_f i \\ &= -\frac{U_{REF}R_f}{2^nR}\sum_{k=0}^{n-1}d_k\times 2^k \end{aligned} \tag{9.3}$$

上式表明，输出模拟电压与输入数字量间存在一定的比例关系，其比例系数为 $\frac{U_{REF}R_f}{2^nR}$。当反馈电阻 $R_f=R$ 时，则比例系数为 $\frac{U_{REF}}{2^n}$。

T 型电阻网络由于只用了 R 和 $2R$ 两种阻值的电阻，其精度易于提高，也便于制造集成电路。但也存在以下缺点：在工作过程中，T 型网络相当于一根传输线，从电阻开始到运放输入端建立起稳定的电流电压为止需要一定的传输时间，当输入数字信号位数较多时，将会影响 D/A 转换器的工作速度。另外，电阻网络作为转换器参考电压 U_{REF} 的负载电阻，将会随二进制数 D 的不同有所波动，参考电压的稳定性可能因此受到影响。所以实际应用中，常用下面的倒 T 型 D/A 转换器。

2. 倒 T 型网络 D/A 转换器

倒 T 型电阻网络 D/A 转换器电路如图 9-2 所示。

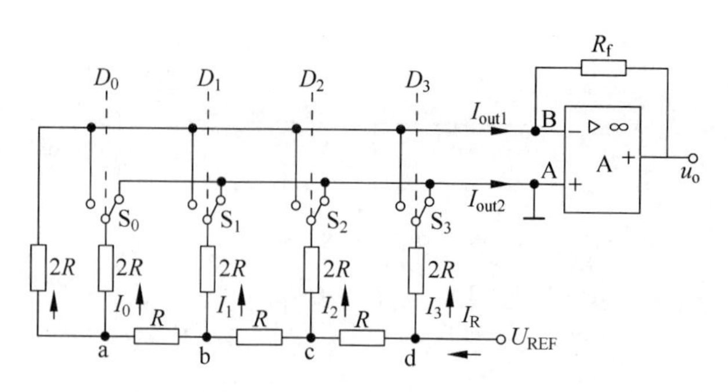

图 9-2 倒 T 型电阻网络 D/A 转换器

由于 A 点接地、B 点虚地,所以不论数码 D_0、D_1、D_2、D_3 是 0 还是 1,电子开关 S_0、S_1、S_2、S_3 都相当于接地,因此,图 9-2 中各支路电流 I_0、I_1、I_2、I_3 和 I_R 大小不会因二进制数的不同而改变。并且,从任一节点 a、b、c、d 向左上看的等效电阻都等于 R,所以流出 U_{REF} 的总电流为

$$I_R = \frac{U_{REF}}{R}$$

而流入各 2R 支路的电流依次为

$$I_3 = \frac{I_R}{2}$$

$$I_2 = \frac{I_3}{2} = \frac{I_R}{4}$$

$$I_1 = \frac{I_2}{2} = \frac{I_R}{8}$$

$$I_0 = \frac{I_1}{2} = \frac{I_R}{16}$$

流入运算放大器反相端的电流为

$$\begin{aligned} I_{out1} &= D_0 \times 2^0 + D_1 \times 2^1 + D_2 \times 2^2 + D_3 \times 2^3 \\ &= \frac{(D_0 \times 2^0 + D_1 \times 2^1 + D_2 \times 2^2 + D_3 \times 2^3) I_R}{16} \end{aligned}$$

运算放大器的输出电压为

$$u_o = -I_{out1} R_f = -\frac{(D_0 \times 2^0 + D_1 \times 2^1 + D_2 \times 2^2 + D_3 \times 2^3) I_R}{16} R_f \quad (9.4)$$

若 $R_f = R$,并将 $I_R = U_{REF}/R$ 代入上式,则有

$$u_o = -\frac{U_{REF}}{2^4}(D_0 \times 2^0 + D_1 \times 2^1 + D_2 \times 2^2 + D_3 \times 2^3) \quad (9.5)$$

可见,输出模拟电压正比于数字量的输入。推广到 n 位,D/A 转换器的输出为

$$u_o = -\frac{U_{REF}}{2^n}(D_0 \times 2^0 + D_1 \times 2^1 + \cdots + D_{n-1} \times 2^{n-1}) \quad (9.6)$$

倒 T 型电阻网络也只用了 R 和 $2R$ 两种阻值的电阻,但和 T 型电阻网络相比较,由于各支路电流始终存在且恒定不变,所以各支路电流到运放的反相输入端不存在传输时间,因此具有较高的转换速度。目前,D/A 转换器广泛采用 T 型和倒 T 型电阻网络 D/A

转换器。

3. 权电流型 D/A 转换器

在上面的倒 T 形电阻网络 DAC 的分析过程中，把电子模拟开关视为理想的开关，忽略了它们的导通电阻和导通压降。而实际电路中都存在一定的导通电阻和导通压降，产生转换误差，影响转换精度。为了克服这一缺点，我们可以用恒流源取代图 9-1 中的 R—$2R$ 倒 T 型电阻网络，这就是如图 9-3 所示的权电流型 D/A 转换器。

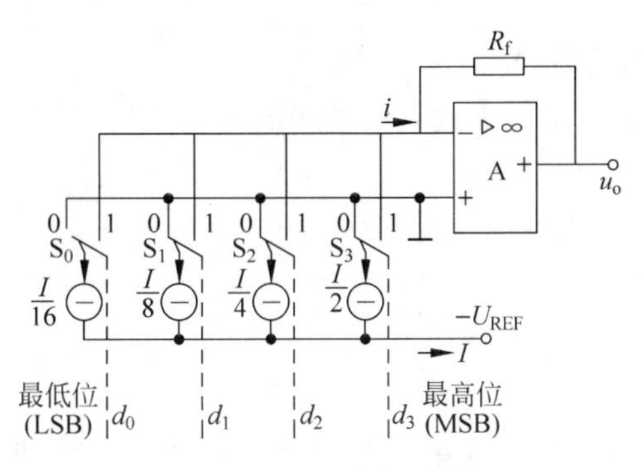

图 9-3 权电流 D/A 转换器电路

在权电流型 D/A 转换器，每个恒流源的电流均为相邻高位恒流源电流的一半，和二进制输入代码对应的位权成正比。采用恒流源的好处在于：各支路电流大小不再受模拟开关导通内阻和导通压降的影响，从而降低了对模拟开关的要求。

当输入数字量某一位代码 d_k 为 1 时，对应的模拟开关将恒流源接至求和放大器的输入端；当 d_k 为 0 时，对应的开关接地，求和放大器的输入电流 i 为

$$
\begin{aligned}
i &= -\left(\frac{I}{2}d_3 + \frac{I}{4}d_2 + \frac{I}{8}d_1 + \frac{I}{16}d_0\right) \\
&= -\frac{I}{2^4}(d_3 \times 2^3 + d_2 \times 2^2 + d_1 \times 2^1 + d_0 \times 2^0)
\end{aligned} \tag{9.7}
$$

其输出模拟电压为

$$
u_o = -iR = -\frac{I}{2^4}R(d_3 \times 2^3 + d_2 \times 2^2 + d_1 \times 2^1 + d_0 \times 2^0) \tag{9.8}
$$

可见 u_o 正比于输入数字量，实现了数字—模拟转换。

4. 集成 D/A 转换器

集成 D/A 转换器的品种较多，从位数上看，目前应用最多的有 8 位、10 位、12 位和 16 位。从输出形式上看有电流输出型（如 DAC0832、AD7502 等）和电压输出型（如 AD558、AD3860 等）。电流输出型其建立时间快，通常为几十纳秒到几百纳秒。而电压输出型则需要几百纳秒到几微秒。

此外，还有许多特殊的 D/A 转换器，如为了与电动单元组合仪表配套，专门生产一种输出为 4～20mA 的 D/A 转换器(DAC1420/1422)，其输出可以直接带动执行机构。为了满足多回路调节系统的需要，还生产出多信道 D/A 转换器，如 AD7528(2 信道)，AD7226(4 信道)。下面我们以 DAC0832 芯片和 AD7541A 芯片为例介绍集成 D/A 转换器。

1) DAC0832 芯片

DAC0832 是常用的集成 DAC,它是 CMOS 工艺制成的双列直插式单片 8 位 DAC,能完成数字量输入到模拟量输出,DAC0832 采用的是倒 T 型 $R—2R$ 电阻网络,是电流输出,若要输出模拟电压,需外接运算放大器,若运算放大器增益不够,还需外接反馈电阻。

(1) DAC0832 的特性

主要特性如下。

① 分辨率为 8 位;

② 电流输出,稳定时间为 $1\mu s$;

③ 可双缓冲输入、单缓冲输入或直接数字输入;

④ 单一电源供电(+5~+15V);

⑤ 只需在满量程下调整其线性度;

⑥ 低功耗,200mW。

(2) 逻辑结构

DAC0832 的内部结构如图 9-4 所示,芯片内有一个 8 位输入寄存器和一个 8 位 DAC 寄存器,形成两级缓冲结构,这样可使 DAC 转换输出前一个数据的同时,将下一个数据传送到 8 位输入寄存器,以提高 D/A 转换的速度。更重要的是,能够在多个 D/A 转换器分时输入数据之后,同时输出模拟电压。

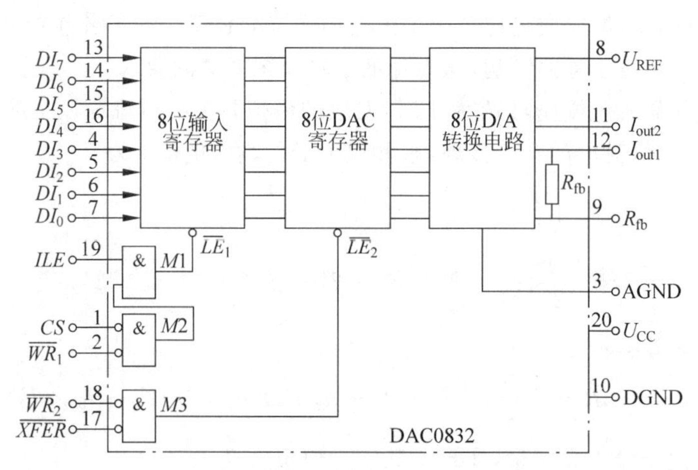

图 9-4 DAC0832 的内部结构框

(3) DAC0832 的引脚功能

DAC0832 的引脚如图 9-5 所示,各引脚功能说明如下。

$DI_0 \sim DI_7$: 8 位数据输入线,TTL 电平;

ILE: 数据锁存允许控制信号输入线,高电平有效;

$\overline{CS}$: 片选信号输入线,低电平有效。CS 与 ILE 信号相结合,可控制 WR_1 是否起作用;

$\overline{WR_1}$: 数据锁存器写选通输入线,低电平有效。由 ILE、CS、WR_1 的逻辑组合产生 LE_1,当 LE_1 为高电平时,数据锁存器状态随输入数据线变换,LE_1 的下降沿将输入数据

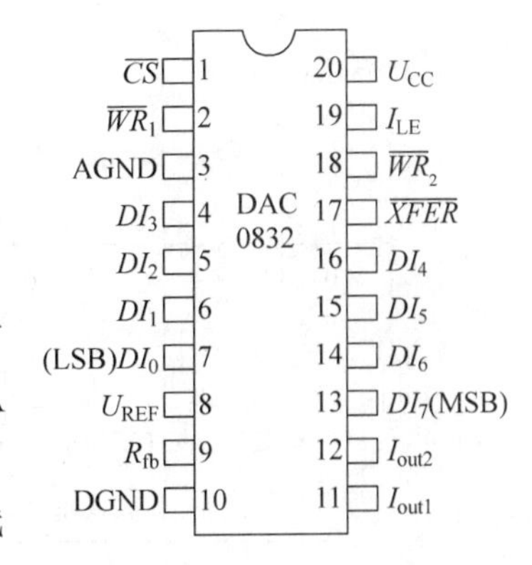

图 9-5 DAC0832 的引脚配置

锁存；

$\overline{XFER}$：数据传输控制信号输入线，低电平有效。用来控制 WR_2，选通 DAC 寄存器。

$\overline{WR_2}$：DAC 寄存器选通输入线，低电平有效。由 WR_1、$XFER$ 的逻辑组合产生 LE_2，当 LE_2 为高电平时，DAC 寄存器的输出随寄存器的输入而变化，LE_2 的下降沿将数据锁存器的内容输入 DAC 寄存器并开始 D/A 转换。

I_{out1}：电流输出端 1，其值随 DAC 寄存器的内容线性变化；

I_{out2}：电流输出端 2，其值与 I_{out1} 值之和为一常数；

R_{fb}：反馈信号输入线，改变 R_{fb} 端外接电阻值可调整转换满量程精度；

U_{CC}：电源输入端，U_{CC} 的范围为 $+5\sim+15$V；

U_{REF}：基准电压输入线，U_{REF} 可在 $-10\sim+10$V 范围内选择；

AGND：模拟信号地；

DGND：数字信号地。

(4) DAC0832 的工作方式

根据对 DAC0832 的数据锁存器和 DAC 寄存器的不同的控制方式，DAC0832 有三种工作方式：直通方式、单缓冲方式和双缓冲方式。

直通方式：当 ILE 接高电平，CS，WR_1，WR_2，$XFER$ 接地时，DAC 处于直通方式，8 位数字量一旦到达 $DI_7\sim DI_0$ 输入端，就立即加到 8 位 D/A 转换器，被转换成模拟量。

单缓冲方式：把 2 个寄存器中的任何一个接成直通方式，用另一个锁存器数据，DAC 就可处于单缓冲工作方式。

双缓冲方式：主要在 2 种情况下需要用双缓冲方式的 D/A 转换。

① 需在程序控制下，先把转换的数据输入缓存器，再在某个时刻启动 D/A 转换。

② 在需要同步进行 D/A 转换的多路 DAC 系统中，采用双缓冲方式。

2) AD7541A 芯片

AD7541A 是 12 位 CMOS 与 TTL 兼容的集成 DAC，其结构简单，通用性好。AD7541A 芯片内部仅含倒 T 型电阻网络、电子开关和反馈电阻($R_f=10\text{k}\Omega$)，该集成 D/A 转换器在应用时必须外接参考电压源和运算放大器。其内部电路如图 9-6 所示，图 9-6 中虚线框内部分为 AD7541A 的内部电路。AD7541A 芯片引脚排列图如图 9-7 所示。其应用举例参见 9.1.6 小节。

5. DAC 的主要技术指标

转换精度(主要用分辨率和转换误差来描述)、转换速度及可靠性是衡量 D/A 转换器的主要标志，现将有关主要参数介绍如下。

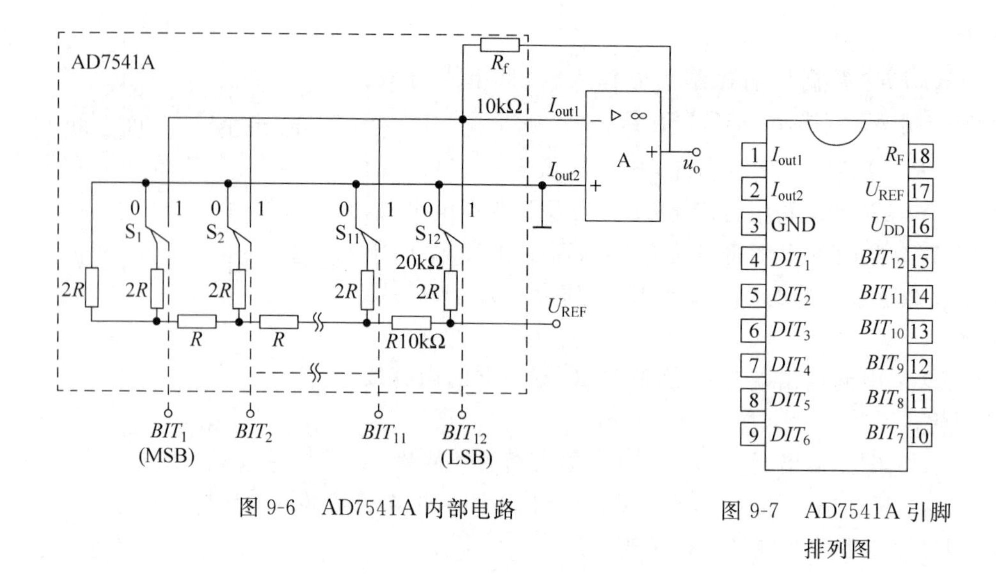

图 9-6 AD7541A 内部电路

图 9-7 AD7541A 引脚排列图

1) 分辨率

在 n 位 DAC 中,输入代码从 n 位全是 0 到 n 位全为 1,共有 2^n 个不同状态,其输出模拟电压应能区分开这 2^n 个不同状态,这就是 DAC 的分辨率,即分辨出最小电压的能力。n 位 DAC 的分辨率等于

$$\frac{1}{2^n-1} \tag{9.9}$$

D/A 转换器位数越多,其分辨输出最小电压的能力越强,所以有时就用输入信号的有效位数来表示分辨率,如 8 位(bit)、10 位等。

2) 转换精度

转换精度是实际输出值与理论计算值之差。这种差值越小,转换精度越高。

转换过程中存在各种误差,包括静态误差和温度误差。静态误差主要由以下几种误差构成。

(1) 非线性误差。D/A 转换器每相邻数码对应的模拟量之差应该都是相同的,即理想转换特性应为直线。如图 9-8 实线所示,实际转换时特性可能如图 9-8(a)中虚线所示,我们把在满量程范围内偏离转换特性的最大误差叫非线性误差,它与最大量程的比值称为非线性度。

(2) 漂移误差,又叫零位误差。它是由运算放大器零点漂移产生的误差。当输入数字量为 0 时,由于运算放大器的零点漂移,输出模拟电压并不为 0。这使输出电压特性与理想电压特性产生一个相对位移,如图 9-8(b)中的虚线所示。零位误差将以相同的偏移量影响所有的码。

(3) 比例系数误差,又叫增益误差。它是转换特性的斜率误差。一般的,由于 U_{REF} 是 D/A 转换器的比例系数,所以,比例系数误差一般是由参考电压 U_{REF} 的偏离而引起的。比例系数误差如图 9-8(c)中的虚线所示,它将以相同的百分数影响所有的码。

温度误差通常是指上述各静态误差随温度的变化。

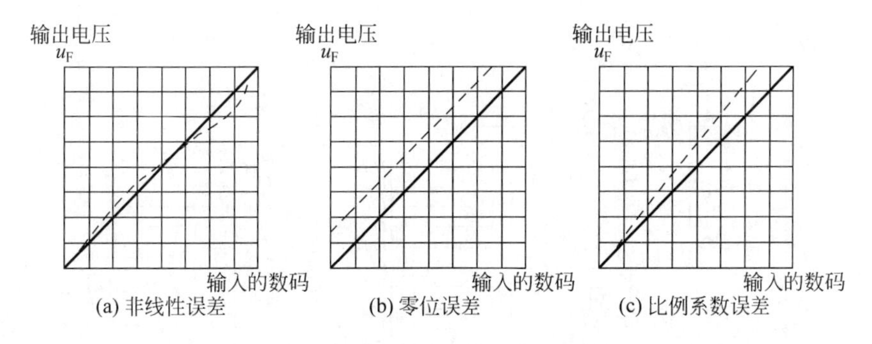

图 9-8 D/A 转换器的各种静态误差

3）转换速度

当 D/A 转换器输入的数字量发生变化时，输出的模拟量并不能立即达到所对应的量值，它需要一段时间。通常用建立时间和转换速率两个参数来描述 D/A 转换器的转换速度。

除上述各参数外，在使用 D/A 转换器时还应注意它的输出电压特性。由于输出电压事实上是一串离散的瞬时信号，要恢复信号原来的时域连续波形，还必须采用保持电路对离散输出进行波形复原。

此外还应注意 D/A 的工作电压、输出方式、输出范围和逻辑电平等。

9.1.2 D/A 转换波形发生器电路的制作与测试

1. 测试器材

（1）测试仪器仪表：万用表、直流可调稳压电源、函数信号发生器、数字示波器、数字电子实验箱。

（2）元器件：ADC0832 芯片×1，74LS161 芯片×2，运算放大器 LM358×1。

2. 测试电路

测试电路如图 9-9 所示，它由 D/A 转换器 DAC0832 和两片 74LS161 构成。

3. 测试程序

（1）按图 9-9 在实验箱或面包板上搭接电路，其中 CLK 接函数信号发生器的方波信号输出端，认真检查连线是否正确、牢固。

（2）操作步骤及方法。

① 将直流稳压电源调到 5V，接通电源。调整函数信号发生器的方波信号为 100kHz，用示波器观察输出信号 u_o 的波形。

② 调节信号发生器的输出，使计数器的脉冲时钟 CLK 的频率逐渐减小，用示波器观察输出信号 u_o 的波形，并将输出波形的频率填入表 9-1 中。

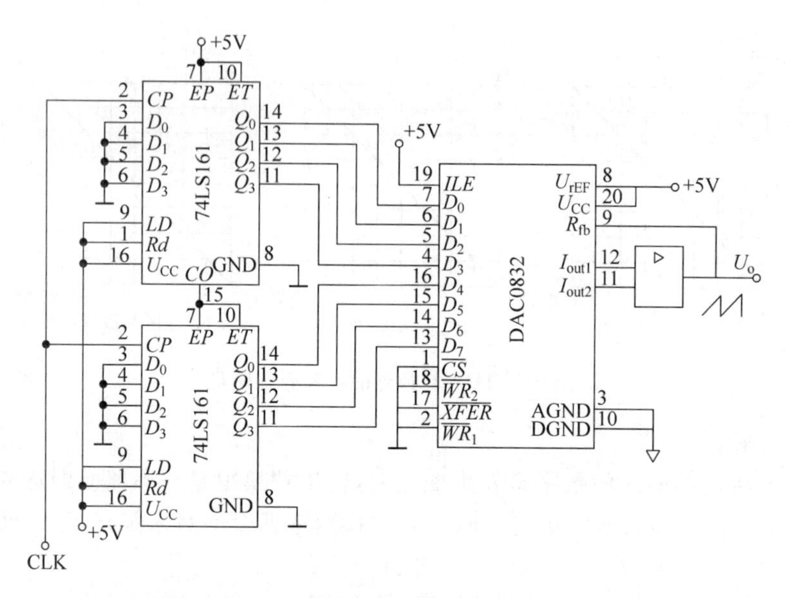

图 9-9　8位二进制计数器组成的波形产生电路

表 9-1　输出波形频率的测量

计数器时钟脉冲频率/kHz	100	50	10	1	0.5	0.1
输出波形频率/kHz						

任务 9.2　A/D 转换电路分析、制作与测试

9.2.1　A/D 转换器分析

A/D 转换器的作用是将在时间和幅度上均连续的模拟量转换为时间和幅度上均离散的数字量，其转换过程一般要经过取样、保持、量化及编码 4 个过程。在实际电路中，这些过程有的是合并进行的，例如取样和保持，量化和编码都是在转换过程中同时实现。

A/D 转换器的种类很多，按其工作原理不同分为直接 A/D 转换器和间接 A/D 转换器两类。直接 A/D 转换器可将模拟信号直接转换为数字信号，它具有较快的转换速度，其典型电路有并行比较型 A/D 转换器、逐次逼近型 A/D 转换器。而间接 A/D 转换器则是先将模拟信号转换成某一中间电量(时间或频率)，再将中间电量转换为数字量输出。此类转换器的速度较慢，典型电路是双积分型 A/D 转换器、电压频率转换型 A/D 转换器。本书将介绍并行比较型 A/D 转换器、逐次逼近型 A/D 转换器和双积分型 A/D 转换器。

1. 几个基本概念

1) 采样与保持

按一定的时间间隔取模拟电压值的过程称为采样，通过采样将时间上连续的模拟量转换成时间上离散的模拟量。由于 A/D 转换需要一定的时间，为了给后续的量化编码过程提供一个稳定值以便正确实现转换，每次将在采样时间内采样到的模拟电压值存储保持一定的时间，这一过程称为保持。采样和保持功能常用同一电路——采样保持电路来实现。

图 9-10 表明了采样和保持过程。开关 S 受采样控制信号 $u_S(t)$控制，在每个采样周期 T_S内，T_C 期间 S 闭合，T_H期间 S 断开。u_i是被采样的模拟电压，u_o为采样输出电压，C_H为保持电容。

在 T_C期间，S 闭合，$u_i(t)$对 C_H 充电。理想情况下，设 $t=t_i$时 S 断开，则 $u_o(t_i)=u_i(t_i)$；在 T_H期间，C_H上的电压保持 t_i时刻的值 $u_i(t_i)$。这样，在一个采样周期内，采样后只保持一个模拟电压值。$u_i(t)$、$u_S(t)$、$u_o(t)$的波形见图 9-10(b)。

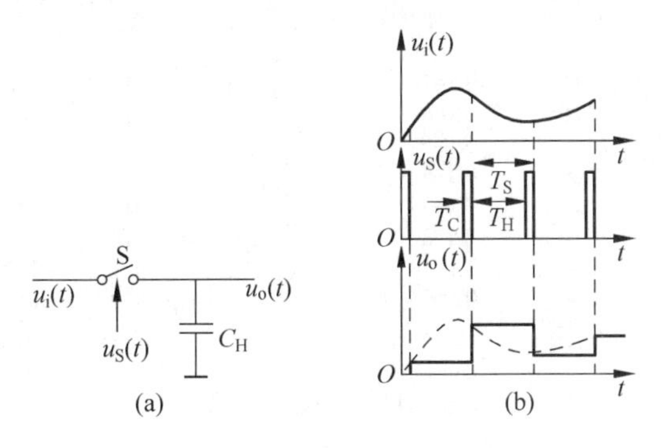

图 9-10　采样和保持过程

需要指出的是：要能正确地用 $u_o(t)$表示 $u_i(t)$的特征，以便保证能从 $u_o(t)$恢复被采样的 $u_i(t)$，采样周期不能任意延长。设 $u_i(t)$的高频分量的最大值为 f_{max}，则采样周期 T_S必须满足

$$T_S \leqslant \frac{1}{2f_{max}}$$

上式即采样定理。若设采样频率为 f_S，则采样定理又可写成

$$f_S \geqslant 2f_{max}$$

上式指出，采样频率必须大于输入信号频谱中最高频率 f_{max}的两倍。

2）量化与编码

采样保持电路输出 $u_o(t)$波形呈梯形，随着 $u_i(t)$的变化，阶梯的高度仍可任意取值。数字信号在时间上、数值上都是离散的，任何一个数字量的大小只能是某个规定的最小数量单位的整数倍。要实现 A/D 转换，就必须把 $u_o(t)$转化为这个最小单位的整数倍，这就要采用近似的方法将 $u_o(t)$取整，取整的过程称为量化，其中所取最小数量单位称为量化单位，用 Δ 表示。显然，数字信号最低有效位的 1 代表的数量就是量化单位 Δ。

在量化过程中，由于采样电压不一定能被 Δ 整除，所以量化前后不可避免地存在误差，此误差称为量化误差，用 ε 表示。量化误差属原理误差，它是无法消除的。A/D 转换器的位数越多，各离散电平之间的差值越小，量化误差越小。

把量化的结果用二进制代码表示出来，称为编码。这些代码就是 A/D 转换的结果。

量化单位取决于模拟电压的变化范围和编码的位数。量化的一种方法是截尾取整法,又称只舍不入法。设模拟电压范围为 U_m,编码位数为 n,则量化单位 $\Delta U_m/2^n$。设 K 为整数,若模拟电压 u_A 在两个相邻量化值之间,即 $(K-1)\Delta \leqslant u_A < K\Delta$,这种量化方法是只取 u_A 中构成 Δ 的最大整数部分,即 $(K-1)\Delta$,舍去不足 Δ 部分。例如,将 0～8V 范围内的模拟电压转换成 3 位二进制数字量,即模拟电压范围 U_m 为 8V,编码位数 n 为 3,采用截尾取整法,则量化单位 $\Delta=U_m/2^n=8/2^3=1(\text{V})$,对于 $0\leqslant u_A<1\text{V}$ 的 u_A 模拟电压,均当作 0Δ 处理,用二进制 000 表示;对于 $1\leqslant u_A<2\text{V}$ 的 u_A 模拟电压,视作 1Δ,用二进制 001 表示,…,对 $7\text{V}\leqslant u_A<8\text{V}$ 的 u_A 视为 7Δ,用 111 表示。如图 9-11(a)所示。这种量化方法可能出现的最大量化误差为 Δ(本例为 1V)或称最大量化误差为 LSB。

(a)

输入信号(V)	二进制编码	代表的量化电平(V)
8		
7～8	111	7Δ=7
6～7	110	6Δ=6
5～6	101	5Δ=5
4～5	100	4Δ=4
3～4	011	3Δ=3
2～3	010	2Δ=2
1～2	001	1Δ=1
0～1	000	0Δ=0

(b)

输入信号(V)	二进制编码	代表的量化电平(V)
8		
104/15～8	111	7Δ=112/15
88/15～104/15	110	6Δ=96/15
72/15～88/15	101	5Δ=80/15
56/15～72/15	100	4Δ=64/15
40/15～56/15	011	3Δ=48/15
24/15～40/15	010	2Δ=32/15
8/15～24/15	001	1Δ=16/15
0～8/15	000	0Δ=0

图 9-11 量化与编码

为了减少量化误差,可采用另一种量化方法——有舍有入法,又称四舍五入法。当模拟电压 $(K-1)\Delta\leqslant u_A<K\Delta$ 时,若 $K\Delta-u_A>\Delta/2$,则将 u_A 视为 $(K-1)\Delta$,即舍去了不足 $\Delta/2$ 的部分;而若 $K\Delta-u_A\leqslant\Delta/2$,则视为 $K\Delta$,即将等于、大于 $\Delta/2$ 的部分取整为 Δ。应用这种方法把 0～8V 的电压转换为 3 位二进制代码,量化单位

$$\Delta=\frac{2U_m}{2^{n+1}-1}=\frac{2\times 8}{2^4-1}=\frac{16}{15}(\text{V}) \tag{9.10}$$

当 $0\leqslant u_A<(8/15)\text{V}$ 时,作为 0Δ,用 000 表示;当 $(8/15)\text{V}\leqslant u_A<(24/15)\text{V}$ 时,视为 1Δ,用 001 表示;其余类推,如图 9-11(b)所示。这种量化方法可使最大量化误差减小到 $\Delta/2$[本例为(8/15)],或为 $\frac{1}{2}$LSB。

2. 并行比较型 A/D 转换器

并行 A/D 转换器是一种直接型 A/D 转换器。

1) 电路组成

图 9-12 所示为三位的并行比较型 A/D 转换器的原理图。它由电压比较器,寄存器和编码器三部分构成。

2) 工作原理

图 9-12 中电阻分压器把参考电压 U_{REF} 分压,得到七个量化电平 $\left(\frac{1}{16}U_{REF}\sim\frac{13}{16}U_{REF}\right)$,这七个量化电平分别作为七个电压比较器 $C_7\sim C_1$ 的比较基准。模拟量输入 U_i 同时接到七个电压比较器的同相输入端,与这七个量化电平同时进行比较。若 U_i 大于比较器

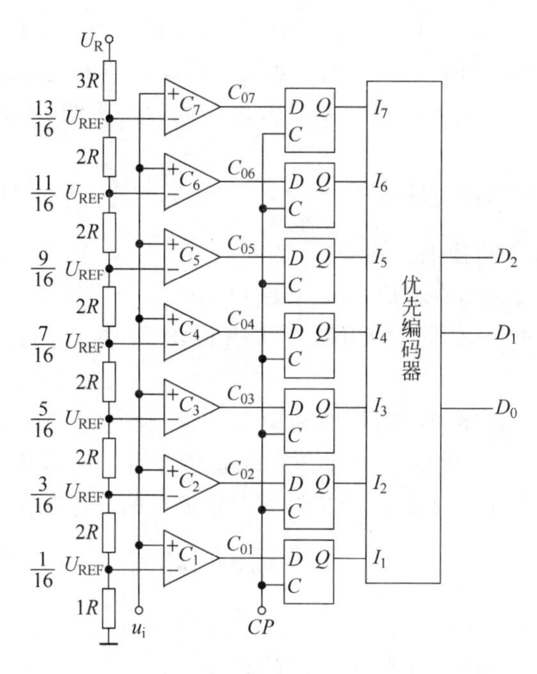

图 9-12　三位并行比较型 A/D 转换器的原理图

的比较基准，则比较器的输出 $CO_i=1$，否则 $CO_i=0$。比较器的输出结果由七个 D 触发器暂时寄存(在时钟脉冲 CP 的作用下)以供编码用。最后由编码器输出数字量。模拟量输入与比较器的状态及输出数字量的关系如表 9-2 所示。

表 9-2　并行比较型 A/D 转换器的输入与输出关系

模拟量输入	比较器的输出状态							数字量输出		
	C_{09}	C_{06}	C_{05}	C_{04}	C_{03}	C_{02}	C_{01}	D_2	D_1	D_0
$0\leqslant u_i\leqslant\frac{1}{16}U_{REF}$	0	0	0	0	0	0	0	0	0	0
$\frac{1}{16}U_{REF}\leqslant u_i\leqslant\frac{3}{16}U_{REF}$	0	0	0	0	0	0	1	0	0	1
$\frac{3}{16}U_{REF}\leqslant u_i\leqslant\frac{5}{16}U_{REF}$	0	0	0	0	0	1	1	0	1	0
$\frac{5}{16}U_{REF}\leqslant u_i\leqslant\frac{7}{16}U_{REF}$	0	0	0	0	1	1	1	0	1	1
$\frac{7}{16}U_{REF}\leqslant u_i\leqslant\frac{9}{16}U_{REF}$	0	0	0	1	1	1	1	1	0	0
$\frac{9}{16}U_{REF}\leqslant u_i\leqslant\frac{11}{16}U_{REF}$	0	0	1	1	1	1	1	1	0	1
$\frac{11}{16}U_{REF}\leqslant u_i\leqslant\frac{13}{16}U_{REF}$	0	1	1	1	1	1	1	1	1	0
$\frac{13}{16}U_{REF}\leqslant u_i\leqslant U_{REF}$	1	1	1	1	1	1	1	1	1	1

在上述A/D转换中,输入模拟量同时加到所有比较器的同相输入端,从模拟量输入数字量稳定输出的经历的时间为比较器、D触发器和编码器的延迟时间之和。在不考虑各器件延迟时间的误差,可认为三位数字量输出是同时获得的,因此,称上述A/D转换器为并行A/D转换器。

并行A/D转换器的转换时间仅取决于各器件的延迟时间和时钟脉冲宽度。

3. 逐次逼近型A/D转换器

逐次逼近型A/D转换器在集成A/D转换单元电路中用得最多,其基本思想是将大小不同的参考电压与取样保持后的电压逐步进行比较,其结果以相应的二进制代码表示。

逐次逼近型A/D转换器的电路框图如图9-13所示,它包含有比较器C、D/A转换器、寄存器、时钟信号和控制逻辑五个部分。该电路是用一系列基准电压u_{OR}与经过采样-保持的模拟电压u_i进行比较,并由比较结果确定输出的二进制代码。

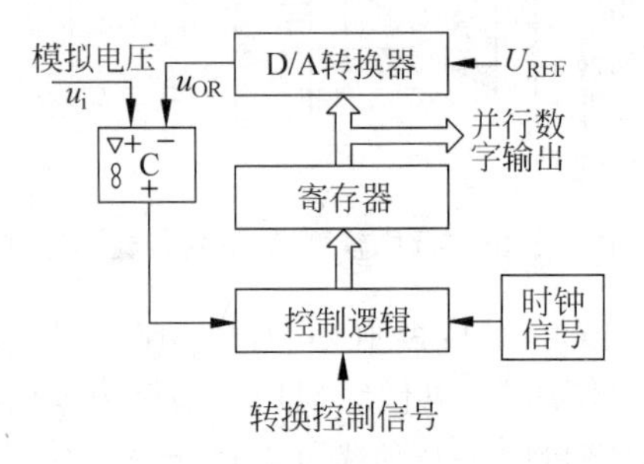

图9-13 逐次逼近型A/D转换器框图

转换开始前,寄存器清零,使D/A转换器输入量为0。当发出转换控制信号后,时钟信号将寄存器最高位置成1,使其输出为100…00。D/A转换器将该数字量转换成作为基准的模拟电压u_{OR},送比较器与采样-保持电路输出的模拟电压u_i进行比较。若$u_i > u_{OR}$说明u_{OR}不够大,则寄存器最高位1保留;若$u_i < u_{OR}$,则说明u_{OR}过大,寄存器最高位的1应变为0。再用同样的方法将寄存器次高位置为1,并通过u_{OR}、u_i的比较,确定该位的1是保留不是变为0。其余步骤类推,直到确定了数字量的最低位,此时,寄存器所存数码就是所求的输出数字量。

表9-3给出了8位逐次逼近型A/D转换器工作过程的实例。设待变换电压u_i=220LSB,表中的基准电压分别为128、64、32、16、8、4、2、1(LSB),表中"保留"指保留新加的一位"1","撤除"是将新加的一位1变为0。

表9-3 被转换电压u_i=220LSB时的转换过程

步骤	寄存器内容								DAC输出 u_{OR}(LSB)	$u_{OR} \leqslant u_i$	比较器判别
	128	64	32	16	8	4	2	1			
1	1	0	0	0	0	0	0	0	128	是	保留
2	1	1	0	0	0	0	0	0	192	是	保留
3	1	1	1	0	0	0	0	0	224	否	撤除

续表

步骤	寄存器内容								DAC 输出 u_{OR}(LSB)	$u_{OR} \leqslant u_i$	比较器判别
	128	64	32	16	8	4	2	1			
4	1	1	0	1	0	0	0	0	208	是	保留
5	1	1	0	1	1	0	0	0	216	是	保留
6	1	1	0	1	1	1	0	0	220	是	保留
7	1	1	0	1	1	1	1	0	222	否	撤除
8	1	1	0	1	1	1	0	1	221	否	撤除
结果	1	1	0	1	1	1	0	0	220		

为了说明工作过程，在图 9-14 中给出了 D/A 转换器输出电压 u_{OR} 的波形示意图，由图 9-14 可见，u_{OR} 是逐次逼近被转换电压 u_i 的。

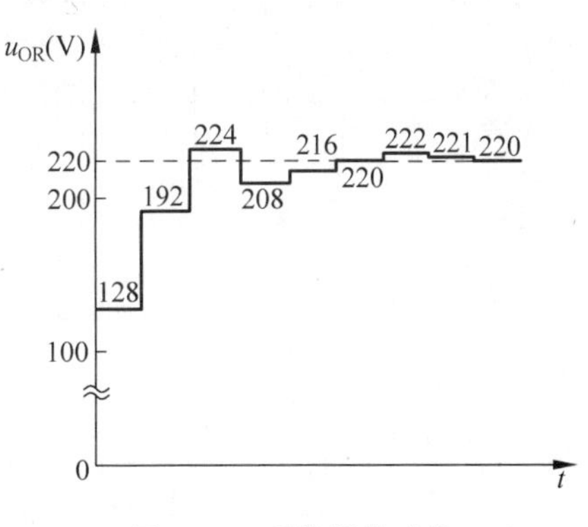

图 9-14　采样保持过程

从以上逐次逼近型 A/D 转换器的工作原理可知，它在转换时要求输入模拟量不能有任何变化，否则就会使转换结果错误，因此它就存在着抗干扰能力差的固有缺点。

4. 双积分型 A/D 转换器

双积分 A/D 转换器是一种精度高而转换速度较低的 ADC，在数字式电压表中应用极为广泛。

1) 电路组成

图 9-15 是这种转换器的原理电路，它由积分器(图中由集成运放 A 组成)、过零比较器 C、时钟脉冲控制门 G、定时/计数器($FF_0 \sim FF_n$)和控制电路(在图 9-15 中未画出)等几部分组成。

2) 工作原理

双积分 A/D 转换器的基本原理是，对输入模拟电压和参考电压分别进行两次积分，将输入电压平均值变换成与之成正比的时间间隔，然后利用时钟脉冲和计数器测出此时间间隔，进而得到相应的数字量输出。下面以输入正极性的直流电压 U_I 为例，说明电路将模拟电压转换为数字量的基本原理。电路工作过程分为以下几个阶段进行，图 9-15 中各处的工作波形如图 9-16 所示。

(1) 准备阶段

首先控制电路提供 CR 信号使计数器清零，同时使开关 S_2 闭合，待积分电容放电完毕后，再使 S_2 断开。

(2) 第一次积分阶段

在转换过程开始时($t=0$)，开 S_1 与 A 端接通，正的输入电压 U_I 加到积分器的输入端。积分器从 0V 开始对 U_I 积分，其波形如图 9-16(c)斜线 OU_P 段所示。根据积分器的原理可得

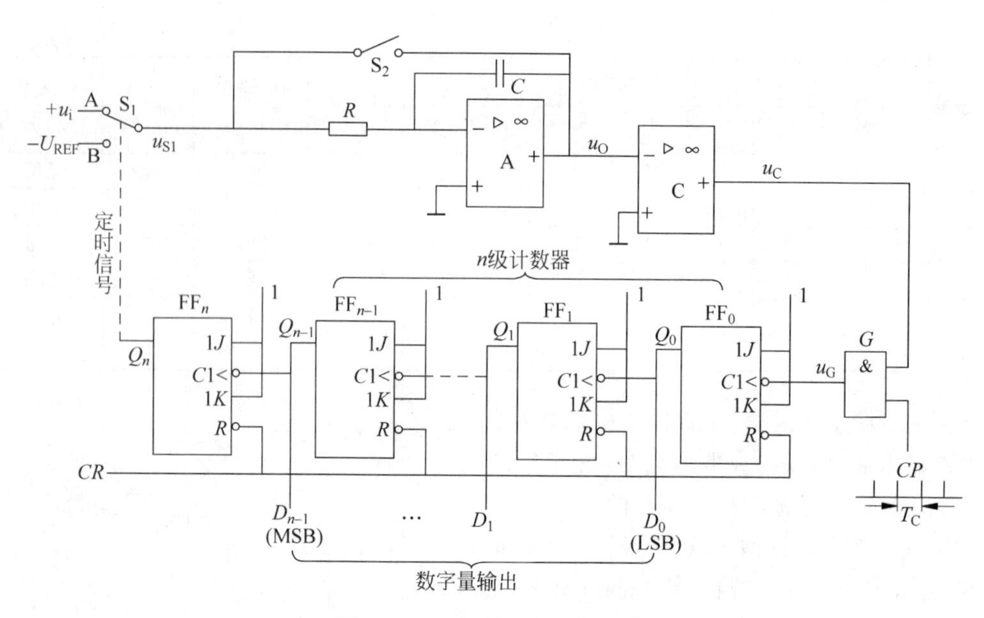

图 9-15 双积分型 A/D 转换器

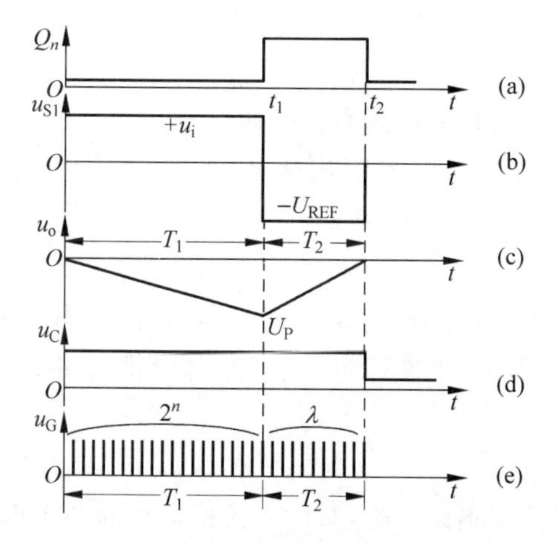

图 9-16 双积分 A/D 转换器各处工作波波形

$$u_o = -\frac{1}{\tau}\int_0^t u_i dt \tag{9.11}$$

由于 $u_o<0$,过零比较器输出为高电平,时钟控制门 G 被打开。于是,计数器在 CP 作用下从 0 开始记数。经 2^n个时钟脉后,触发 $FF_0 \sim FF_{n-1}$都翻转到 0 态,而 $Q_n=1$,开关 S_1由 A 点转接到 B 点,第一次积分结束。第一次积分时间为

$$t = T_1 = 2^n T_C \tag{9.12}$$

令 U_I为输入电压在 T_1时间间隔内的平均值,则由式(9.11)可得第一次积分结束时积分器的输出电压为 U_P为

$$U_P = -\frac{T_1}{\tau}U_I = -\frac{2^n T_C}{\tau}U_I \tag{9.13}$$

(3) 第二次积分阶段

当 $t=t_1$ 时，S_1 转接到B点，具有与 u_I 相反极性的基准电压 $-U_{REF}$ 加到积分器的输入端，积分器开始向相反方向进行第二次积分。当 $t=t_2$ 时，积分器输出电压 $u_o \geqslant 0$，比较器输出 $u_C=0$，时钟脉冲控制门G被关闭，计数停止。在此阶段结束时 u_o 的表达式可写为

$$u_o(t_2)=U_P-\frac{1}{\tau}\int_{t_1}^{t_2}(-U_{REF})\mathrm{d}t=0 \tag{9.14}$$

设 $T_2=t_2-t_1$，于是有

$$\frac{U_{REF}T_2}{\tau}=\frac{2^nT_C}{\tau}u_I$$

设在此期间计数器所累计的时钟脉冲个数为 λ，则

$$T_2=\lambda T_C \tag{9.15}$$

$$T_2=\frac{2^nT_C}{u_{REF}}U_I \tag{9.16}$$

可见，T_2 与 u_I 成正比，T_2 就是双积分A/D转换过程中的中间变量。

$$\lambda=\frac{T_2}{T_C}=\frac{2^n}{U_{REF}}u_I \tag{9.17}$$

式(式9.17)表明，在计数器中所计得的数 $\lambda(\lambda=Q_{n-1}\cdots Q_1\ Q_0)$，与在取样时间 T_1 内输入电压的平均值 U_I 成正比。只要 $U_I<U_{REF}$，转换器就能正常地将输入模拟电压转换为数字量，并能从计数器读取转换的结果。如果取 $U_{REF}=2^n$V，则 $\lambda=U_I$，计数器所计的数在数值上就等于被测电压。

由于双积分A/D转换器在 T_1 时间内采样的是输入电压的平均值，因此具有很强的抗工频干扰的能力。尤其对周期等于 T_1 或几分之一 T_1 的对称干扰(所谓对称干扰，就是指整个周期内平均值为零的干扰)，从理论上来讲，有无穷大的抑制能力。

值得指出的是，在第二次积分阶段结束后，控制电路又使开关 S_2 闭合，电容 C 放电，积分器回零。电路再次进入准备阶段，等待下一次转换开始。

单片集成双积分A/D转换器有ADC—EK10B(10位，二进制码)、ADC—EK8B(8位、二进制码)等。

5. 集成A/D转换器

集成ADC产品型号繁多，性能各异。在单片集成A/D转换器中，逐次比较型使用较多，下面我们以ADC0809为例介绍集成A/D转换器及其应用。

ADC0809是美国国家半导体公司生产的CMOS工艺8通道，8位逐次逼近式A/D模数转换器。其内部有一个8通道多路开关，它可以根据地址码锁存译码后的信号，只选通8路模拟输入信号中的一个进行A/D转换。

1) 主要特性

(1) 8路输入通道，8位A/D转换器，即分辨率为8位。

(2) 具有转换起停控制端。

(3) 转换时间为100μs(时钟为640kHz时)，130μs(时钟为500kHz时)。

(4) 单一+5V电源供电。

(5) 模拟输入电压范围 0～+5V,不需零点和满刻度校准。

(6) 工作温度范围为－40～+85℃。

(7) 低功耗,约 15mW。

2) 内部结构

ADC0809 是 CMOS 单片型逐次逼近式 A/D 转换器,其结构原理框图如图 9-17 所示,由 8 路模拟开关、模拟开关的地址锁存与译码器、8 位开关树型 A/D 转换器和三态输出锁存器组成。

3) 引脚功能

ADC0809 芯片有 28 条引脚,采用双列直插式封装,如图 9-18 所示,主要信号引脚的功能说明如下。

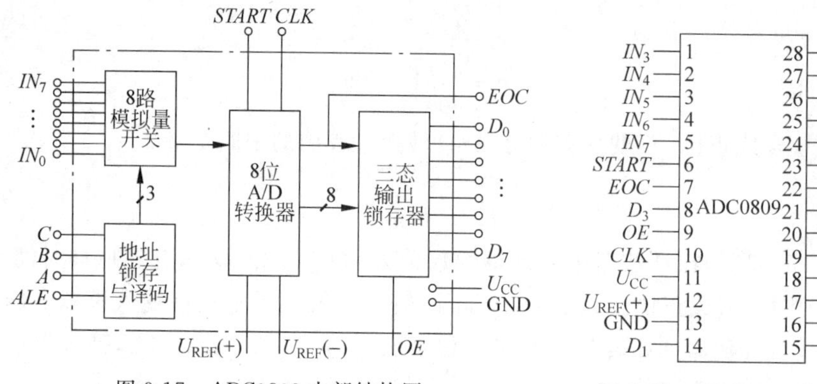

图 9-17 ADC0809 内部结构图

图 9-18 ADC0809 引脚配置

$IN_7 \sim IN_0$:8 路模拟量输入端。

ALE:地址锁存允许信号。对应 ALE 上升沿,A、B、C 地址状态送入地址锁存器中。

$START$:转换启动信号。$START$ 上升沿时,复位 ADC0809;$START$ 下降沿时启动芯片,开始进行 A/D 转换;在 A/D 转换期间,$START$ 应保持低电平。

ADD_A、ADD_B、ADD_C:3 位地址输入线,用于选通 8 路模拟输入中的一路,其地址状态与通道对应关系如表 9-4 所示。

表 9-4 模拟输入通道与地址状态的对应关系

模拟通道地址			对应通道
ADD_C	ADD_B	ADD_A	
0	0	0	IN_0
0	0	1	IN_1
0	1	0	IN_2
0	1	1	IN_3
1	0	0	IN_4
1	0	1	IN_5
1	1	0	IN_6
1	1	1	IN_7

CLK：时钟信号。ADC0809 的内部没有时钟电路，所需时钟信号由外界提供，通常使用频率为 500kHz 的时钟信号。

EOC：转换结束信号。*EOC*=0，正在进行转换；*EOC*=1，转换结束。使用中该状态信号既可作为查询的状态标志，又可作为中断请求信号使用。

OE：数据输出允许信号，输入端，高电平有效。当 A/D 转换结束时，此端输入一个高电平，才能打开输出三态门，输出数字量。

$D_7 \sim D_0$：数据输出线。为三态缓冲输出形式，可以和单片机的数据线直接相连。D_0 为最低位，D_7 为最高。

U_{REF}：参考电源参考电压用来与输入的模拟信号进行比较，作为逐次逼近的基准。其典型值为 $+5V(U_{REF}(+)=+5V, U_{REF}(-)=-5V)$。

U_{CC}：+5V 电源。

GND：地。

4）工作过程

首先输入 3 位地址，并使 *ALE*=1，将地址存入地址锁存器中。此地址经译码选通 8 路模拟输入之一到 A/D 转换器。*START* 下降沿启动 A/D 转换，之后 *EOC* 输出信号变低，指示转换正在进行。直到 A/D 转换完成，*EOC* 变为高电平，指示 A/D 转换结束，结果数据已存入锁存器，这个信号可用作中断申请。当 *OE* 输入高电平时，输出三态门打开，转换结果的数字量输出到数据总线上。

5）接地

模/数、数/模转换电路中要特别注意地线的正确连接，否则干扰很严重，以致影响转换结果的准确性。A/D、D/A 及取样—保持芯片上都提供了独立的模拟地（AGND）和数字地（DGND）的引脚。在线路的设计时，必须将所有器件的模拟地和数字地分别相连，然后将模拟地与数字地仅在一点相连接。地线的正确连接方法如图 9-19 所示。

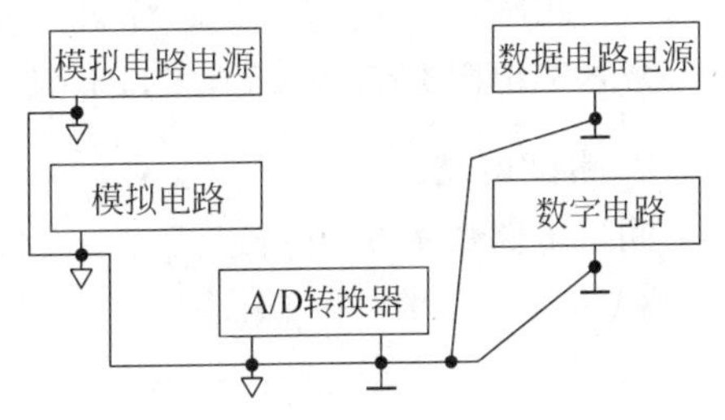

图 9-19　正确的地线接线图

6. ADC 的主要技术指标

衡量 A/D 转换器性能的主要指标是转换精度（分辨率和转换误差）和转换速度。

1）分辨率

分辨率又称分解度，常用 A/D 转换器输出二进制代码的位数表示，它反映了 ADC 能对转换结果产生影响的最小输入量。例如，输入模拟电压满量程为 5V，对 8 位 A/D 转换器，可以分辨的最小模拟电压值为 $(5/2^8)V=(5/256)\approx 19.53mV$；而 10 位 A/D 转换器，则可分辨的最小电压为 $(5/2^{10})V=(5/1024)\approx 4.88mV$。可见，A/D 转换器的位数越多，分辨率就越好。

2）转换误差

转换误差通常以相对误差的形式给出，它表示 A/D 转换器实际输出的数字量与理想输出数字量之间的差别,用最低有效位的倍数表示。例如,给出相对误差≤±LSB,则表明实际输出的数字量与理论上应得到输出的数字量之间的误差不大于最低有效位1;若相对误差≤±$\frac{1}{2}$ LSB,则表明其误差不大于最低有效位的一半。转换误差是一种综合性误差,它是量化误差、电源波动、元器件、单元电路等所造成的各种误差的总和。

A/D转换器的输出是二进制代码,它的位数越多,量化单位越小,量化误差就小,分辨率越高,转换精度越高。

3) 转换速度

转换速度用完成一次A/D转换所用的时间表示。它是指从接收到转换控制信号起,到输出端得到稳定的数字量输出止所经历的时间。转换时间越短,说明A/D转换器的工作速度就越高。典型的高速A/D转换器的转换时间在50ns之内,而中速A/D转换器的转换时间在50μs左右。

9.2.2 A/D转换显示电路的制作与测试

1. 测试器材

(1) 测试仪器仪表:万用表、直流可调稳压电源、函数信号发生器、数字电子实验箱、小螺丝刀。

(2) 元器件:ADC0809芯片×1,可调电阻4.7kΩ×1、按键开关×1,电阻500Ω/0.25W×8,电阻2kΩ/0.25W×1,电阻1kΩ/0.25W×1,发光二极管×8。

2. 测试电路

测试电路如图9-20所示。

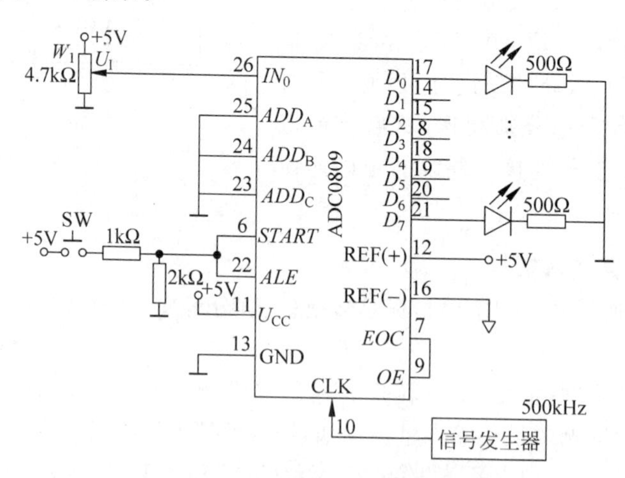

图9-20 ADC0809接线图

3. 测试程序

(1) 按图9-20在实验箱或面包板上搭接电路,认真检查连线是否正确、牢固。

(2) 操作步骤及方法如下。

① 按下按键开关 SW 启动 ADC0809，观察发光二极管 $LED_0 \sim LED_7$ 的发光情况，再调整电位器 W_1，使其全亮（表示输出为 FFH）或者只有 LED_0 不亮（表示输出为 FEH）。此时即是将输入为 0～5V 范围下的满度调整好了。

② 调整 W_1 取得 ADC0809 不同的输入电压，可以看到其数据输出端所接的发光二极管指示的输出数据会发生变化。

(3) 对不同的输入电压进行转换，并观察发光二极管的发光情况填入表 9-5 中。

表 9-5　ADC0809 输出数字量测量值

U_I(V)	LED_7	LED_6	LED_5	LED_4	LED_3	LED_2	LED_1	LED_0	输出数字量	备注
0										每次操作后对应 LED 亮的填 1，不亮的填 0
1										
2										
3										
4										
5										

任务 9.3　拓展与训练

9.3.1　D/A 转换应用电路分析

D/A 转换器应用很广，不仅常作为接口电路用于微机系统，而且还可以利用其电路结构特征和输入、输出电量之间的关系构成数控电流源、电压源，数字式可编程增益控制电路和波形发生电路等。下面以数字式可编程增益控制电路和波形发生器电路为例说明它的应用。

数字式可编程增益控制电路如图 9-21 所示。电路中运算放大器接成普通的反相比例放大形式，AD7541A 内部的反馈电阻 R_f 为运算放大器的输入电阻，而由数字量控制的倒 T 型电阻网络为其反馈电阻。当输入数字量变化时，倒 T 型电阻网络的等效电阻便随之改变。这样，反相比例放大器在其输入电阻一定的情况便可得到不同的增益。

根据运算放大器虚地原理，可以得到

$$\frac{U_I}{R} = \frac{-U_O}{2^{12}R}(D_0 2^0 + D_1 2^1 + \cdots + D_{11} 2^{11})$$

所以

$$A_V = \frac{U_O}{U_I} = \frac{-2^{12}}{D_0 2^0 + D_1 2^1 + \cdots + D_{11} 2^{11}} \tag{9.18}$$

如将 AD7541A 芯片中的反馈电阻 R_f 作为反相运算放大器的反馈电阻，数控 AD7541A 的倒 T 型电阻网络连接成运算放大器的输入电阻，读者不难推断出电路为数字式可编程衰减器。

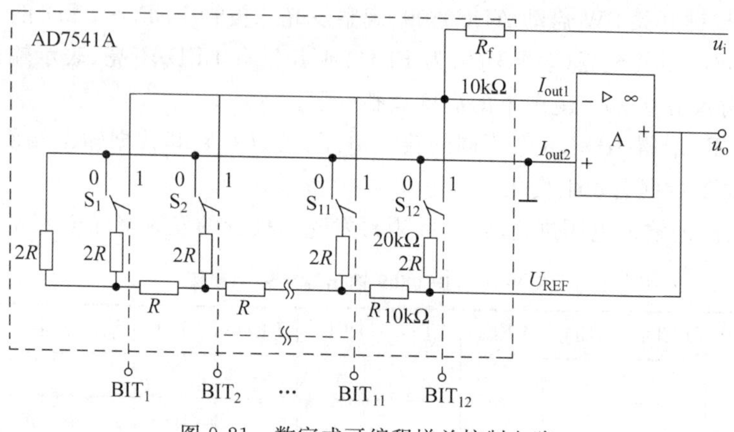

图 9-21　数字式可编程增益控制电路

9.3.2　A/D 转换应用电路分析

在现代生产过程控制及各种智能仪表中，经常需要对被控(被测)对象的数据进行采集，然后由计算机进行实时控制、实时测量。为了完成上述功能，常用 CPU(Central Processing Unit)和 A/D 转换器组成数据采集系统。如图 9-22 所示为 ADC0809 与 AT89S51 单片机组成的八路数据采集系统的示意图。

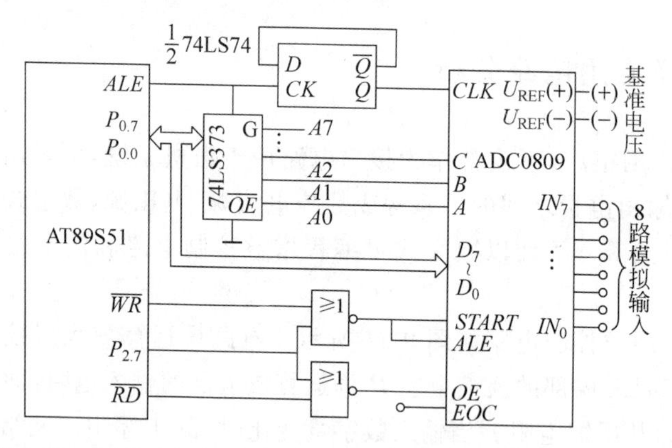

图 9-22　ADC0809 与 AT89S51 单片机组成的数据采集系统电路

ADC0809 具有输出三态锁存器，8 位数据输出引脚直接与单片机数据总线 P_0 口相接；*ALE* 信号经 D 触发器二分频作为时钟信号，如时钟频率为 6MHz，则 *ALE* 脚的输出频率为 1MHz，二分频后为 500kHz，符合 ADC0809 对时钟频率的要求；地址译码引脚 C、B、A 分别与地址总线 A_2、A_1、A_0 相连，以选通 $IN_0 \sim IN_7$ 中的一个；$P_{2.7}$(A15)作为片选信号，在启动 A/D 转换时，由 *WR* 和 $P_{2.7}$ 控制 ADC 的地址锁存和转换启动，由于 *ALE* 和 *START* 连在一起，因此 ADC0809 在锁存通道地址的同时，启动并进行转换；在读取转换结果时，用低电平的读信号和 $P_{2.7}$ 脚经 1 级或非门后，产生的正脉冲作为 *OE* 信号，用以打开三态输出锁存器。

A/D转换后得到的数据应及时传送给单片机进行处理。数据传送的关键问题是如何确认A/D转换的完成，只有确认完成后，才能进行传送。A/D转换器在数据采集系统中的工作方式以下三种。

(1) 定时传送方式。

ADC0809时钟为500kHz时，转换时间为130μs，相当于晶振频率6MHz的51单片机共65个机器周期。可据此设计一个延时子程序，A/D转换启动后即调用此子程序，延迟时间一到，转换肯定已经完成了，接着就可进行数据传送。

(2) 查询方式。

首先由单片机执行一条数据传送指令，在该指令执行过程中，同时产生$P_{2.7}$、WR为低电平有效信号，启动A/D转换器，使ADC0809经130μs后将输入的模拟电压转换为数字信号存于输出锁存器，并在EOC端输出高电平表示转换结束，通知单片机来取数(即转换后的输出数字量)。当单片机查询到EOC为高电平时，立即执行输入指令，将数据取出通过数据总线传入单片机存储器内。

(3) 中断方式。

将转换完成的状态信号(EOC)作为中断请求信号，转换结束时，EOC发出一个脉冲向单片机提出中断请求，单片机响应中断请求，在中断服务程序中读取A/D结果，并启动ADC0809的下一次转换。

习题

9.1 判断下面的说法是否正确。正确的打"√"，错误的打"×"。

(1) 权电阻网络D/A转换器的电路简单且便于集成工艺制造，因此被广泛使用。 ( )

(2) D/A转换器的最大输出电压的绝对值可达到基准电压U_{REF}。 ( )

(3) D/A转换器的位数越多，能够分辨的最小输出电压变化量就越小。 ( )

(4) D/A转换器的位数越多，转换精度越高。 ( )

(5) A/D转换器的二进制数的位数越多，量化单位Δ越小。 ( )

(6) A/D转换过程中，必然会出现量化误差。 ( )

(7) A/D转换器的二进制数的位数越多，量化级分得越多，量化误差就可以减小到0。 ( )

(8) 一个N位逐次逼近型A/D转换器完成一次转换要进行N次比较，需要$N+2$个时钟脉冲。 ( )

(9) 双积分型A/D转换器的转换精度高、抗干扰能力强，因此常用于数字式仪表中。 ( )

(10) 采样定理的规定，是为了能不失真地恢复原模拟信号，而又不使电路过于复杂。 ( )

9.2 下面各题给出了A、B、C、D四种答案，选择正确地填在横线上。

(1) 一个无符号8位数字量输入的DAC,其分辨率为________位。

A. 1　　B. 3　　C. 4　　D. 8

(2) 一个无符号10位数字输入的DAC,其输出电平的级数为________。

A. 4　　B. 10　　C. 1024　　D. 210

(3) 4位倒T型电阻网络DAC的电阻网络的电阻取值有________种。

A. 1　　B. 2　　C. 4　　D. 8

(4) 为使采样输出信号不失真地代表输入模拟信号,采样频率f_s和输入模拟信号的最高频率f_{imax}的关系是________。

A. $f_s \geqslant f_{imax}$　　B. $f_s \leqslant f_{imax}$　　C. $f_s \geqslant 2f_{imax}$　　D. $f_s \leqslant 2f_{imax}$

(5) 将一个时间上连续变化的模拟量转换为时间上断续(离散)的模拟量的过程称为________。

A. 采样　　B. 量化　　C. 保持　　D. 编码

(6) 用二进制码表示指定离散电平的过程称为________。

A. 采样　　B. 量化　　C. 保持　　D. 编码

(7) 将幅值上、时间上离散的阶梯电平统一归并到最邻近的指定电平的过程称为________。

A. 采样　　B. 量化　　C. 保持　　D. 编码

(8) 若某ADC取量化单位$\Delta = \frac{1}{8}U_{REF}$,并规定对于输入电压$u_i$,在$0 \leqslant u_i < \frac{1}{8}U_{REF}$时,认为输入的模拟电压为0V,输出的二进制数为000,则$\frac{5}{8}U_{REF} \leqslant u_i < \frac{6}{8}U_{REF}$时,输出的二进制数为________。

A. 001　　B. 101　　C. 110　　D. 111

9.3　有一8位T型电阻网络DAC,设其$U_{REF} = +5V$,$R_f = 2R$,试求$D_7 \sim D_0 =$ 11111111,10001000,00000001时的输出电压U_o。

9.4　有一8位T型电阻网络DAC,$R_f = 2R$,若$D_7 \sim D_0 = 00000001$时,$U_o = -0.04V$,那么00110000和11111111时的U_o各为多少伏?

9.5　某DAC要求十位二进制数能代表0～20V,试问此二进制数的最低位代表几伏?

9.6　在图9-1中,当$D_3 \sim D_0 = 0110$时,试计算输出电压U_o。设$U_{REF} = 10V$,$R_f = R$。

9.7　在4位逐次逼近型ADC中,设$U_{REF} = 10V$,模拟输入电压$U_i = 8.2V$,试说明逐次比较的过程和转换结果。

附录A

国产半导体器件型号及命名方法

第一部分		第二部分		第三部分		第四部分	第五部分
用数字表示器件的电极数目		用汉语拼音字母表示器件的材料和极性		用汉语拼音字母表示器件类型		用数字表示器件序号	用汉语拼音字母表示规格号
符号	意义	符号	意义	符号	意义	意义	意义
2	二极管	A	N型锗材料	P	普通管	如一、二、三部分相同，仅此部分不同，则表示同类型管在某些性能上有差别	
3	三极管	B	P型锗材料	V	微波管		
		C	N型硅材料	Z	稳压管		
		D	P型硅材料	C	参量管		
		A	PNP型锗材料	Z	整流管		
		B	NPN型锗材料	L	整流堆		
		C	PNP型硅材料	S	隧道管		
		D	NPN型硅材料	N	阻尼管		
		E	化合物材料	U	光电器件		
				K	开关管		
				X	低频小功率管($f_{\mathrm{a}}<3\mathrm{MHz}$，$P_{\mathrm{C}}<1\mathrm{W}$)		
				G	高频小功率管($f_{\mathrm{a}}\geqslant 3\mathrm{MHz}$，$P_{\mathrm{C}}<1\mathrm{W}$)		
				D	低频大功率管($f_{\mathrm{a}}<3\mathrm{MHz}$，$P_{\mathrm{C}}>1\mathrm{W}$)		
				A	高频大功率管($f_{\mathrm{a}}\geqslant 3\mathrm{MHz}$，$P_{\mathrm{C}}\geqslant 1\mathrm{W}$)		
				T	可控整流器		
				Y	体效应器件		
				B	雪崩管		
				J	阶跃恢复管		
				CS	场效应器件		
				BT	半导体特殊器件		
				FH	复合管		
				PIN	PIN型管		
				JG	激光器件		

例 A-1 锗 PNP 型高频小功率三极管

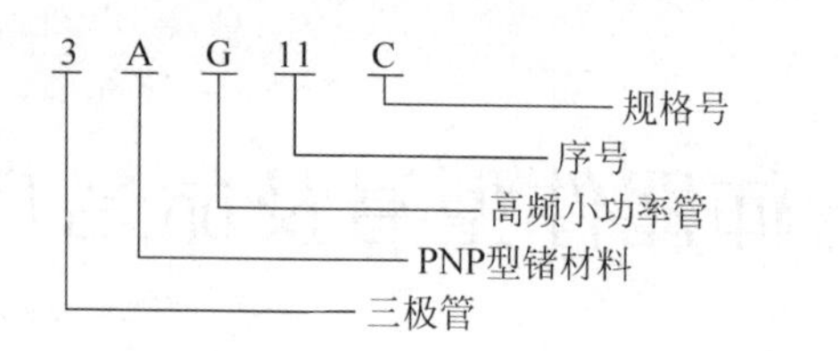

例 A-2 场效应器件

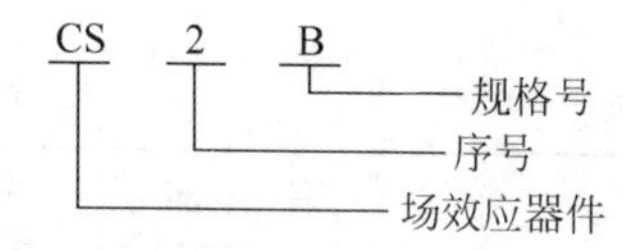

附录B

常用半导体器件参数

1. 半导体二极管

(1) 检波与整流二极管

参数 型号	最大整流电流	最大整流电流时的正向压降	反向工作峰值电压	反向击穿电压	最高工作频率
	mA	V	V	V	MHz
2AP1	16	≤1.2	20	40	150
2AP2	16		30	45	
2AP3	25		30	45	
2AP4	16		50	75	
2AP5	16		75	110	
2AP6	12		100	50	
2AP7	12		100	150	
2AP9	5		15	20	100
2AP10	5		30	40	
2CP1	500	≤1	100		0.003
2CP2			200		
2CP3			300		
2CP4			400		
2CP10	100	≤1.5	25		0.05
2CP11			50		
2CP12			100		
2CP13			150		
2CP14			200		
2CP15			250		
2CP16			300		
2CP17			350		
2CP18			400		
2CP19			500		
2CP20			600		
2CP21	300	≤1.2	100		
2CP25			500		
2CP28			800		
2CZ11A	1000	≤1	100		
2CZ11B			200		
2CZ11C			300		
2CZ11D			400		
2CZ11E			500		
2CZ11F			600		
2CZ11G			700		
2CZ11H			800		

续表

型号＼参数	最大整流电流	最大整流电流时的正向压降	反向工作峰值电压	反向击穿电压	最高工作频率
	mA	V	V	V	MHz
2CZ12A	3000	≤1	100		
2CZ12B			200		
2CZ12C			300		
2CZ12D			400		
2CZ12E			500		
2CZ12F			600		
2CZ12G			700		
2CZ13E	5000	≤0.8	400		
2CZ13F			500		
2CZ13G			600		
2CZ14D	10000	≤0.8	400		
2CZ14E			500		
2CZ14F			600		

(2) 稳压二极管

参　　数		稳定电压	稳定电流	最大稳定电流	动态电阻	耗散功率
		V	mA	mA	Ω	W
测试条件		工作电流等于稳定电流	工作电压等于稳定电压	−60～+50℃	工作电流等于稳定电流	−60～+50℃
型号	2CW1	7～8.5	5	29	≤9	0.25
	2CW2	8～9.5		26	≤10	
	2CW3	9～10.5		23	≤12	
	2CW4	10～12		20	≤15	
	2CW5	11.5～14		17	≤18	
	2CW11	3～4.5	10	55	≤70	0.25
	2CW12	4～5.5	10	45	≤50	
	2CW13	5～6.5	10	38	≤30	
	2CW14	6～7.5	10	33	≤10	
	2CW15	7～8.5	10	29	≤10	
	2CW16	8～9.5	10	26	≤10	
	2CW17	9～10.5	5	23	≤20	
	2CW18	10～12	5	20	≤25	
	2CW19	11.5～14	5	17	≤35	
	2CW20	13.5～17	5	14	≤45	
	2CW23A	17～22	4	9	≤80	0.2
	2CW23B	20～27	4	7.5	≤100	
	2CW23C	25～34	3	6	≤130	
	2CW23D	31～40	3	5	≤150	
	2CW23E	37～49	3	4	≤180	
	2CW21	3～4.5	30	220	≤40	1
	2CW21A	4～5.5		180	≤30	
	2CW21B	5～6.5		150	≤15	
	2CW21C	6～7.5		130	≤7	
	2CW21D	7～8.5		115	≤5	
	2DW7A	5.8～6.6	10	30	≤25	0.2
	2DW7B	5.8～6.6			≤15	
	2DW7C	6.1～6.5			≤10	

2. 晶体三极管

(1) 高频小功率硅管部分型号和主要参数

参数 型号	集电极最大耗散功率	集电极最大允许电流	反向击穿电压			集-基反向饱和电流	共发射极电流放大系数	特征频率
			集-基	集-射	射-基			
	P_{CM}	I_{CM}	$U_{(BR)CBO}$	$U_{(BR)CEO}$	$U_{(BR)EBO}$	I_{CBO}	β	f_T
	mW	mA	V	V	V	μA		MHz
3DG4A	300	30	≥40	≥30		≤1	20～180	≥200
3DG4B	300	30	≥20	≥15		≤1	20～180	≥200
3DG4C	300	30	≥40	≥30		≤1	20～180	≥200
3DG4D	300	30	≥20	≥15		≤1	20～180	≥300
3DG4E	300	30	≥40	≥30	≥4	≤1	20～180	≥300
3DG4F	300	30	≥20	≥15		≤1	20～250	≥150
3DG6A	100	20	≥30	≥15		≤0.1	10～200	≥100
3DG6B	100	20	≥45	≥25		≤0.01	20～200	≥150
3DG6C	100	20	≥45	≥20		≤0.01	20～200	≥250
3DG6D	100	20	≥45	≥30		≤0.01	20～200	≥150
3DG8A			≥15	≥15	≥3	≤1	≥10	≥100
3DG8B	200	20	≥40	≥25	≥4	≤0.1	≥20	≥150
3DG8C			≥40	≥25	≥4	≤0.1	≥20	≥250
3DG8D			≥60	≥60	≥4	≤0.1	≥20	≥150
3DG12			20	≥15		≤10		100
3DG12A	700	300	40	≥30	4	≤1	20～200	100
3DG12B			60	≥45		≤1		200
3DG12C			40	≥30		≤1		300

(2) 低频小功率锗管部分型号和主要参数

参数 型号	集电极最大耗散功率	集电极最大允许电流	反向击穿电压			反向饱和电流		共发射极电流放大系数	最高允许结温
			集-基	集-射	射-基	集-基	集-射		
	P_{CM}	I_{CM}	$U_{(BR)CBO}$	$U_{(BR)CEO}$	$U_{(BR)EBO}$	I_{CBO}	I_{CEO}	β	T_{JM}
	mW	mA	V	V	V	μA	μA		℃
3AX21	100	30		≥12	≥12		≤325	30～85	
3AX22	125	100		≥18	≥18		≤300	40～150	
3AX23	100	30	≥3	≥12	≥12	≤12	≤550	30～150	75
3AX24	100	30		≥12	≥12		≤550	65～150	
3AX31A	125	125	≥20	≥12	≥10	≤20	≤1000	30～200	
3AX31B	125	125	≥30	≥18	≥10	≤10	≤750	50～150	
3AX31C	125	125	≥40	≥25	≥20	≤6	≤500	50～150	75
3AX31D	100	30	≥30	≥12	≥10	≤12	≤750	30～150	
3AX31E	100	30	≥30	≥12	≥10	≤12	≤500	20～80	

续表

参数 型号	集电极最大耗散功率	集电极最大允许电流	反向击穿电压			反向饱和电流		共发射极电流放大系数	最高允许结温
			集-基	集-射	射-基	集-基	集-射		
	P_{CM}	I_{CM}	$U_{(BR)CBO}$	$U_{(BR)CEO}$	$U_{(BR)EBO}$	I_{CBO}	I_{CEO}	β	T_{JM}
	mW	mA	V	V	V	μA	μA		℃
3AX45A (3AX81A)			20	10	7	≤30	≤1000	20～250	
3AX45B (3AX81B)	200	200	30	15	10	≤15	≤750	40～200	75
3AX45C (3AX81C)			20	10	7	≤30	≤1000	30～250	

3. 绝缘栅场效应管

参数 型号	饱和漏极电流	栅源夹断电压	开启电压	栅源绝缘电阻	共源小信号低频跨导	最高振荡频率	最高漏源电压	最高栅源电压	最大耗散功率
	I_{DSS}	$U_{GS(off)}$	$U_{GS(th)}$	R_{GS}	g_m	f_M	$U_{DS(BR)}$	$U_{GS(BR)}$	P_{DM}
	μA	V	V	Ω	μA/V	MHz	V	V	mW
3CO1	≤1		−2～−8	≥10^9	≥500			≥20	1000
3DO2				≥10^9	≥4000	≥1000	12	≥20	1000
3DO4	0.5×10^3～15×10^3	≤|−9|		≥10^9	≥2000	≥300	20	≥20	1000
3DO6	≤1		≤5	≥10^9	≥2000		20	≥20	1000

注：3CO1为P沟道增强型，其他为N沟道管(增强型：$U_{GS(th)}$为正值；耗尽型$U_{GS(off)}$为负值)。

4. 单结晶体管

参数	基极电阻	分压比	峰点电流	谷点电流	谷点电压	饱和压降	反向电流	E-B1间反向电压	耗散功率
	R_{BB}	η	I_P	I_V	U_V	U_{ES}	I_{EO}	U_{EB10}	P_{BM}
	kΩ		μA	mA	V	V	mA	V	mW
测试条件	$U_{BB}=3V$ $I_E=0V$	$U_{BB}=$ 20V	$U_{BB}=$ 20V	$U_{BB}=$ 20V	$U_{BB}=$ 20V	$U_{BB}=$ 20V $I_E=$ 50mA	$U_{EBO}=$ 60V	$I_{EO}=$ 1μA	
BT33A	2～4.5	0.45～0.9	<4	>1.5	<3.5	<4	<2	≥30	300
BT33B	2～4.5	0.45～0.9	<4	>1.5	<3.5	<4	<2	≥60	300
BT33C	>4.5～12	0.3～0.9	<4	>1.5	<4	<4.5	<2	≥30	300
BT33D	>4.5～12	0.3～0.9	<4	>1.5	<4	<4.5	<2	≥60	300

附录C

国产晶闸管型号命名法及电参数

1. 国产晶闸管型号命名法

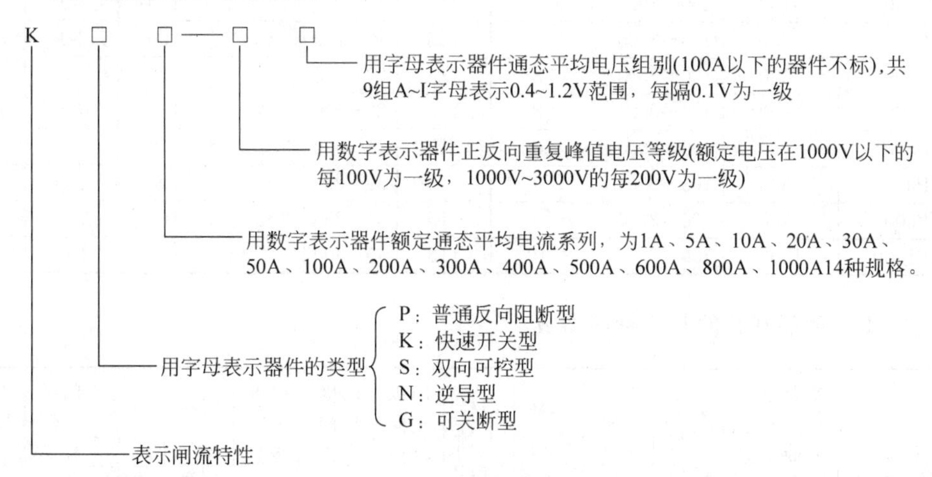

例如 KP100-12G 型晶闸管为普通反向阻断型，额定电流为 100A，额定电压为1200V，通态平均电压降在 $0.9<U_T\leqslant1.0$ 范围内。

2. KP 型晶闸管的电参数

(1) KP 型晶闸管的主要额定值

参数 系列	额定正向平均电流	正向阻断峰值电压、反向阻断峰值电压	断态不重复平均电流、反向不重复平均电流	额定结温	门极触发电流	门极触发电压	断态电压临界上升率	通态电流临界上升率	浪涌电流
	I_F	U_{DRM} U_{RRM}	$I_{DS(AV)}$ $I_{RS(AV)}$	θ_{JM}	I_{GT}	U_{GT}	du/dt	di/dt	I_{TSM}
	A	V	mA	℃	mA	V	V/μs	A/μs	A
KP1	1	100～3000	≤1	100	3～30	≤2.5	3		20
KP5	5	100～3000	≤1	100	5～70	≤3.5	3		90
KP10	10	100～3000	≤1	100	5～100	≤3.5	3		190
KP20	20	100～3000	≤1	100	5～100	≤3.5	3		380
KP30	30	100～3000	≤2	100	8～150	≤3.5	3		560
KP50	50	100～3000	≤2	100	8～150	≤3.5	3	30	940

续表

系列＼参数	额定正向平均电流	正向阻断峰值电压、反向阻断峰值电压	断态不重复平均电流、反向不重复平均电流	额定结温	门极触发电流	门极触发电压	断态电压临界上升率	通态电流临界上升率	浪涌电流
	I_F	U_{DRM} U_{RRM}	$I_{DS(AV)}$ $I_{RS(AV)}$	θ_{JM}	I_{GT}	U_{GT}	du/dt	di/dt	I_{TSM}
	A	V	mA	℃	mA	V	V/μs	A/μs	A
KP100	100	100～3000	≤4	115	10～250	≤4	100	50	1880
KP200	200	100～3000	≤4	115	10～250	≤4	100	80	3770
KP300	300	100～3000	≤8	115	20～300	≤5	100	80	5650
KP400	400	100～3000	≤8	115	20～300	≤5	100	80	7540
KP500	500	100～3000	≤8	115	20～300	≤5	100	80	9420
KP600	600	100～3000	≤9	115	30～350	≤5	100	100	11160
KP800	800	100～3000	≤9	115	30～350	≤5	100	100	14920
KP1000	1000	100～3000	≤10	115	40～400	≤5	100	100	18600

(2) KP 型晶闸管的其他特性参数

系列＼参数	断态重复平均电流、反向重复平均电流	通态平均电压	维持电流	门极不触发电流	门极不触发电压	门极正向峰值电流	门极反向峰值电压	门极正向峰值电压	门极平均功率	门极峰值功率	门极控制开通时间	电路换向关断时间
	$I_{DR(AV)}$、$I_{RR(AV)}$	$U_{T(AV)}$	I_H	I_{GD}	U_{GD}	I_{GFM}	U_{GRM}	U_{GFM}	$P_{G(AV)}$	P_{GM}	t_{gt}	t_q
	mA	V	mA	mA	V	A	V	V	W	W		
KP1	<1	①	实测值	0.4	0.3		5	10	0.5		②典型值	②典型值
KP5	<1			0.4	0.3				0.5			
KP10	<1			1	0.25				1			
KP20	<1			1	0.25				1			
KP30	<2			1	0.15				1			
KP50	<2			1	0.15				1			
KP100	<4	①	实测值	1	0.15		5	10	2		②典型值	②典型值
KP200	<4			1	0.15				2			
KP300	<8			1	0.15	4			4	15		
KP400	<8			1	0.15	4			4	15		
KP500	<8			1	0.15	4			4	15		
KP600	<9					4			4	15		
KP800	<9					4			4	15		
KP1000	<10					4			4	15		

注：

① U_T出厂上限值由各厂根据合格的产品试验自定。

② 同类产品中最有代表的数值。

3. 双向晶闸管主要参数

参数＼型号			KS1	KS10	KS20	KS50	KS100	KS200	KS400	KS500
额定正向平均电流	I_T或I_F	A	1	10	20	50	100	200	400	500
断态重复峰值电压	U_{DRM}	V	100～2000	100～2000	100～2000	100～2000	100～2000	100～2000	100～2000	100～2000
断态平均漏电流	I_D	mA	＜1	＜10	＜10	＜15	＜20	＜20	＜25	＜25
维持电流	I_H	mA	实测值		＜60	＜60		＜120	实测值	
门极触发电流	I_g	mA	3～100	5～100	5～200	8～200	10～300	10～400	20～400	20～400
门极触发电压	U_g	V	≤2	≤3	≤3	≤4	≤4	≤4	≤4	≤4
门极不触发电压	U_{gN}	V	≥0.2	≥0.2	≥0.2	≥0.3	≥0.3	≥0.3	≥0.3	≥0.3
门极峰值电压	U_{gM}	V	10	10	10	10	12	12	12	12
门极平均功率	P_g	W	0.3	0.5	0.5	3	3	3	4	4
门极峰值功率	P_{gM}	W	3	5	5	15	16	16	20	20
断态电压临界上升率	du/dt	V/μs	≥20	≥20	≥20	≥20	≥50	≥50	≥50	≥50
通态电流临界上升率	di/dt	A/μs				10	10	15	30	30
换向电流临界下降率	(di/dt)	A/μs	≥0.2%I_F							
浪涌电流	I_{FM}	A	8.4	84	170	420	840	1700	3400	4200
额定结温	T_j	℃	115							

4. 可关断晶闸管主要参数

参数＼型号	新		KG3	KG5	KG8	KG10
	旧		3CTG3	3CTG5	3CTG8	3CTG10
额定正向峰值电流	I_F	A	3	5	8	10
正向阻断峰值电压	U_{PF}	V	30～1400			
反向峰值电压	U_{PR}	V	30～1400			
正向平均漏电流	I_{fl}	mA	≤5			
反向平均漏电流	I_{rL}	mA	≤10			
最大正向压降	U_F	V	≤3			
门极触发电压	U_G	V	≤3.5			
门极触发电流	I_G	mA	≤200			
维持电流	I_H	mA	≤200			
门极可关断电压	U_{Gto}	V	≤20			

续表

参数＼型号	新		KG3	KG5	KG8	KG10
	旧		3CTG3	3CTG5	3CTG8	3CTG10
门极可关断电流	I_{Gto}	A	≤1.5	≤2.5	≤4	≤5
门极最大正向电压	U_{Gm}	V	≤10			
门极反向击穿电压	U_{Gib}	V	≤6～20			
开通时间	t_{on}	μs	≤5			
关断时间	t_{off}	μs	2～20			
电压上升率	du/dt	V/μs	≥50			
工作频率	f	kHz	≤30			

附录D

常用模拟集成组件

参数名称		符号	单位	型号					
				CF741 通用	F253 低功耗	5G28 高输入阻抗	FC72 低漂移	F715 高速	BG315 高压
静态特性	输入失调电压	U_{IO}	mV	＜2～10	1	10	≤1～5	2	≤10
	输入失调电流	I_{IO}	nA	≤100～300	4		≤5～20	70	≤200
	输入偏置电流	I_{IB}	nA	80				400	
	输入失调电压温漂	$\frac{dU_{IO}}{dT}$	μV/℃	20	3				10
	输入失调电流温漂	$\frac{dI_{IO}}{dT}$	nA/℃	1					0.5
差模特性	开环差模电压增益	A_{u0}	dB	＞86～94	90～110	86	＞110～120	90	≥90
	输入电阻	r_{id}	MΩ	1	6	10^4		1	0.5
	输出电阻	r_o	Ω	200				75	500
	开环带宽	f_{BW}	Hz	7					
	最大差模输入电压	U_{idmax}	V	±30	±30	±15			
共模特性	共模抑制比	K_{CMRR}	dB	＞70～80	100	80	≥120	92	≥80
	最大共模输入电压	U_{icmax}	V	±12	±15	±10	±10	±12	≥40～64
转换速率		S_R	V/μs			20		70	2
电源电压		$+U_{CC}$ $-U_{EE}$	V	±9～±18	±3～±18	±16		±15	48～72
静态功耗		P_C	mW	≤120	≤0.6	100	＜120	165	

习 题 答 案

项目 1

1.1 图 1-33(a)：$U_o=4.5V$,极性上负下正；

图 1-33(b)：$U_o=0V$。

1.2 (1) $U_o=0V$；(2) $U_o=\frac{6R_L}{R+R_L}$；(3) $U_o=\frac{12R_L}{R+2R_L}$。

1.3 略。

1.4 15V；6.7V；9.7V；1.4V。

1.5 不能。

1.6 B 三极管。

1.7 图 1-37(a)对应三极管的 I_{CEO} 大；图 1-37(b)对应三极管的 β 值大。

1.8 $I_E=5.252mA$；$\bar{\beta}=100$。

1.9 $\beta=70$。

1.10 (1) 正常；(2) 略；(3) 略。

1.11 $U_{GS}=0V, R_{DS}=0.25k\Omega$；$U_{GS}=-1V, R_{DS}=0.5k\Omega$；$U_{GS}=-2V, R_{DS}=1.25k\Omega$。

1.12 (1) PMOS 耗尽型场效应管；

(2) $U_{GS(off)}=+3V$；

(3) $I_{DSS}=-8mA$。

1.13 略。

项目 2

2.1 (1)、(2) 略；(3) $I_{BQ}=50\mu A, I_{CQ}=2.5mA, U_{CEQ}=4.5V$。

2.2 (1) $I_{BQ}=48\mu A, I_{CQ}=2.88mA, U_{CEQ}=9.6V$；

(2) $I_{BQ}=48\mu A, I_{CQ}=2.4mA, U_{CEQ}=0V$；

(3) $R_B=86k\Omega$；

(4) $R_B=137.5k\Omega$。

2.3 (a) $I_{BQ}=75\mu A, I_{CQ}=4.5mA, U_{CEQ}=6V$；

(b) $I_{BQ}=300\mu A, I_{CQ}=10mA, U_{CEQ}=0V$；

(c) $I_{BQ}=0, I_{CQ}=0, U_{CEQ}=15V$；

(d) $I_{BQ}=70\mu A, I_{CQ}=4.2mA, U_{CEQ}=13.2V$。

2.4 (1) $I_{BQ}=80\mu A, I_{CQ}=4mA, U_{CEQ}=6V$；

(2) $I_{BQ}=90\mu A, I_{CQ}=4.5mA, U_{CEQ}=12V$；

(3) $R_{B1}=14.3k\Omega$。

2.5 略。

2.6 (1) 略；(2) $A_u=-53.3$；(3) $r_i=1k\Omega, r_o=2k\Omega$。

2.7 (1) $I_{BQ}=40\mu A, I_{CQ}=3.2mA, U_{CEQ}=5.6V$；

(2) $A_u=-168.4$；

(3) $A_u=-56.1$；

(4) $r_i=950\Omega, r_o=2k\Omega$。

2.8 略。

2.9 (1) 略；(2) $I_{CQ}=I_{EQ}=2.3mA, I_{BQ}=38\mu A$, $U_{CEQ}=6.3V$。

2.10 (1) 略；

(2) $A_u=-90$；

(3) $A_u=-36$；

(4) $r_i=880\Omega, r_o=1.5k\Omega$。

2.11 (1) $r_i=0.8k\Omega, r_o=2k\Omega$；

(2) $A_u=-100$；

(3) $A_{uS}=-44.4$。

2.12 略。

2.13 (1) $I_{BQ}=22\mu A, I_{CQ}=0.89mA, U_{CEQ}=7.5V$；

(2) $A_u=0.98$；

(3) $r_i=50.3k\Omega, r_o=48\Omega$。

2.14 略。

2.15 (1) $r_{i1}=1.13k\Omega, r_{o1}=15k\Omega, A_{u1}=-78$；$r_{i2}=1k\Omega, r_{o2}=7.5k\Omega, A_{u2}=-200$；

(2) $r_i=1.13k\Omega$，$r_o=7.5k\Omega, A_u=15600$。

2.16 略。

2.17 (1) $P_{omax}=10.1W$；

(2) $P_E=12.9W$；

(3) 78.5%。

项目3

3.1 (1) 开环电压放大倍数 $A_{ud}\rightarrow\infty$；

(2) 差模输入电阻 $r_{id}\rightarrow\infty$；

(3) 开环输出电阻 $r_o\rightarrow 0$；

(4) 共模抑制比 $K_{CMMR}\rightarrow\infty$。

3.2 (1) 集成运放同相输入端与反相输入端两点的电压近似相等，如同将该两点虚假短路，称为“虚短”；

(2) 理想运放的两个输入端几乎不索取电流，但又不是真正断开，称为“虚断”。

3.3 (1) $u_o=\pm 8V$；(2) $u_o=\pm 10V$；(3) $u_o=\pm 10V$。

3.4 图 3-34(a)：(1) 导线；(2) 负反馈；

图 3-34(b)：(1) 电阻 R_E；(2) 负反馈；

图 3-34(c)：(1) 电阻 R_3；(2) 正反馈。

3.5 图 3-35(a)：(1) R_{E1} 为第一级的本级交直流负反馈；(2) R_{E2} 为第二级的本级

交直流负反馈;(3) R_1 为第二级的本级直流负反馈;(4) R_2 为第二级的本级直流负反馈;(5) R_{f1} 为第一级与第二级的级间交直流负反馈;(6) R_{f2} 为第一级与第二级的级间交直流正反馈。

图 3-35(b):(1) R_V 为第二级的本级交流负反馈;(2) R_E 为第二级的本级直流负反馈。

3.6 图 3-36(a):R_E 为电压串联负反馈;

图 3-36(b):R_f 为级间正反馈,R_{E2} 为本级直流负反馈;

图 3-36(c):R_f 为级间电流串联负反馈,R_{E2} 为本级直流负反馈;

图 3-36(d):R_f 为级间电流串联负反馈,R_5 为本级电流串联负反馈,R_6 为本级直流负反馈,R_7 为本级电流串联负反馈;

图 3-36(e):R_4 为本级电流串联负反馈,R_9 为级间电压串联负反馈,R_8 为本级直流负反馈;

图 3-36(f):R_3 为本级电流串联负反馈,R_4 为级间正反馈,R_6 为本级电压串联负反馈。

3.7 (1) R_3 为电压串联负反馈;(2) R_7 为电压串联负反馈;(3) R_{10} 为电压并联负反馈;(4) R_4 为电压串联负反馈;(5) R_{11} 为电压并联负反馈。

3.8 (1) 电压负反馈;(2) 串联负反馈;(3) 并联负反馈。

3.9 $A_{uf}=11$。

3.10 图 3-39(a):(1)电压串联负反馈;(2) $A_{uf}=1+\frac{R_6}{R_4}$。

图 3-39(b):(1) 电压串联负反馈;(2) $A_{uf}=\frac{R_3+R_4}{R_4}\cdot\frac{R_5}{R_5+R_6}\cdot\frac{R_7+R_8}{R_8}$。

3.11 $U_o\approx1.67V$。

3.12 图 3-40(a):$U_A=-5V$;$U_o=10V$。

图 3-40(b):$U_A=-2V$;$U_o=4V$。

3.13 (1) $U_o=2V$;(2) $U_o=-2V$;(3) $U_o=-1V$;(4) $U_o=-2V$;(5) $U_o=0V$。

项目 4

4.1 幅值平衡条件 $|AF|=1$,相位平衡条件 $\phi_a+\phi_f=2n\pi$。

4.2 放大电路、反馈网络、选频网络、稳幅环节。

4.3 一看电路组成是否正确,二看是否满足相位平衡条件。

4.4 $4.6\times10^4\sim5.5\times10^5$ Hz。

4.5 $R_1=4.1\times10^7\Omega$;$R_2=4.1\times10^6\Omega$;$R_3=4.1\times10^5\Omega$;$R_4=4.1\times10^4\Omega$。

4.6 (1) R_t 为正温度系数;(2) $R_t=11k\Omega$;(3) 2654~1327Hz。

4.7 (a)不满足;(b)不满足;(c)满足、C_1。

4.8 略。

4.9 $f_{min}=1549.5kHz$;$f_{max}=6574.6kHz$。

4.10 石英晶体振荡电路的频率稳定度最高,因为石英晶体具有很高的 Q 值。

4.11 等效 Q 值高。

4.12

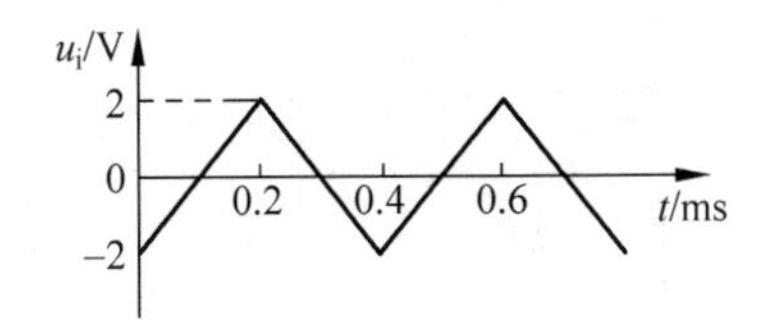

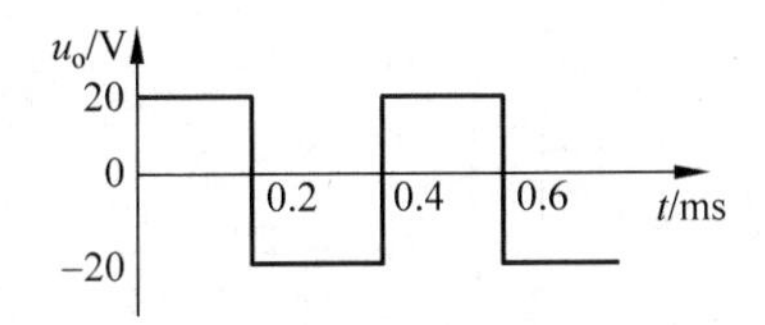

4.13 $\Delta R=0$ 时,$U_o=0$V；$\Delta R=0.1\text{k}\Omega$ 时,$U_o=491.8$mV。

项目5

5.1 $U_o=49.5$V；$I_o=49.5$mA；2CP16。

5.2 (1) $U_2=111$V；(2) 2CZ11C。

5.3 2CP11；200μF 20V。

5.4 $I=50$mA；$P_R=0.25$W。

5.5 W7812。

5.6 (1) 不亮；(2) 亮；(3) 亮。

5.7 略。

5.8 $U_o=33.75$V；$I_o=3.375$A。

5.9 $\theta=102.24°$；晶闸管承受最大正向电压311V；最大反向电压311V。

5.10 略。

5.11 $U=150$V；晶闸管承受最大正向电压212V,最大反向电压212V；二极管承受最大反向电压212V；$I_T=I_D=7$A。

5.12 $\alpha=139.25°\sim35.1°$。

5.13 略。

5.14 略。

项目6

6.1 (1) $\overline{A}\,\overline{B}+BC+AB$ 或 $\overline{A}\,\overline{B}+\overline{A}C+AB$；(2) $\overline{A}C+B$；(3) $\overline{A}+\overline{B}+C$；(4) $B+CD$。

6.2 略。

6.3 (a) $F=(A\cdot B)\oplus(C+D)$；(b) $F=A\overline{B}+BC$。

6.4 (1)

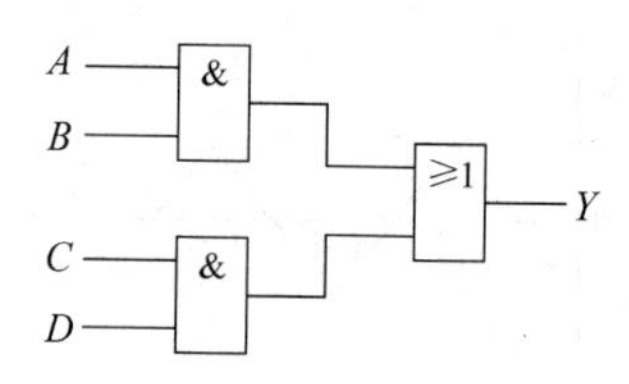

(2)

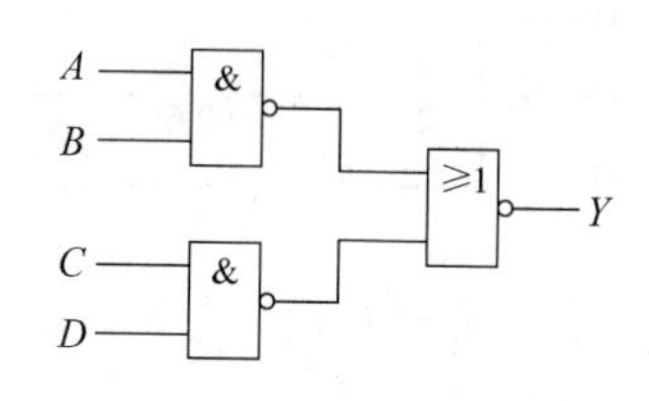

(3)

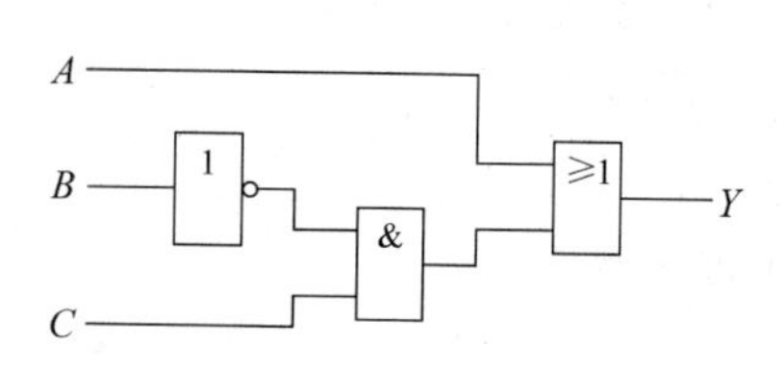

(4)

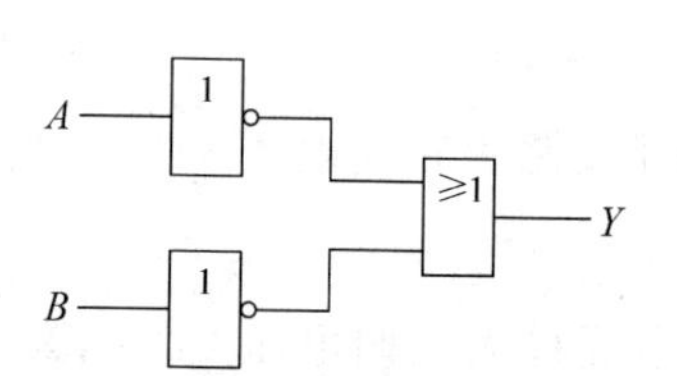

6.5

(1) $Y=\overline{\overline{A}\,\overline{B}\cdot\overline{C}\,\overline{D}}$

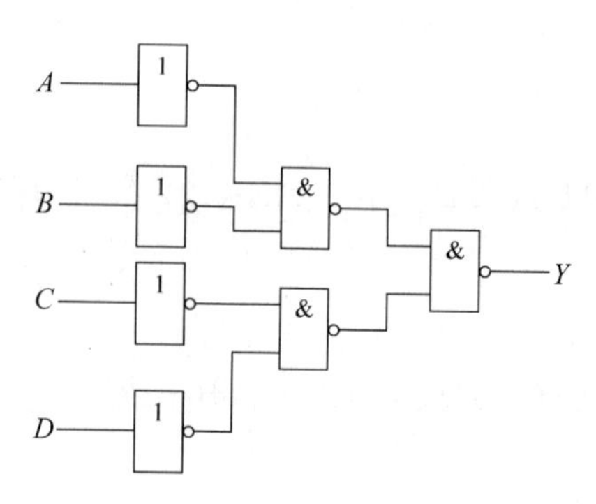

(2) $Y=\overline{\overline{\bar{B}D}\cdot\overline{B\bar{D}}}\cdot\overline{\bar{A}\bar{C}}$

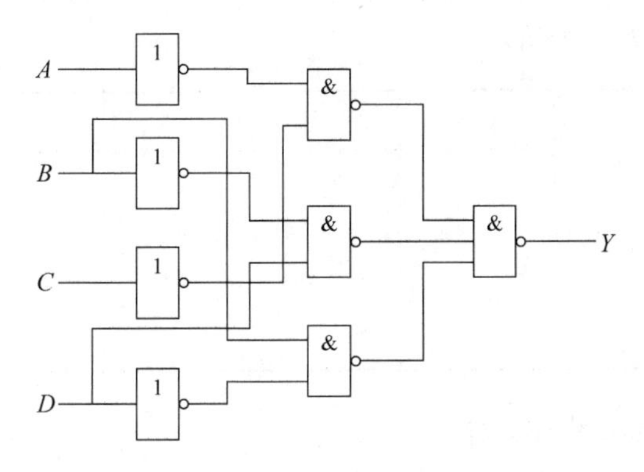

6.6 (1)

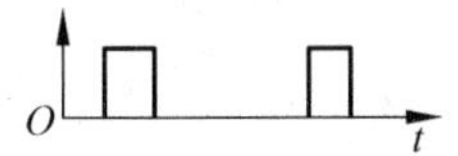

(2)

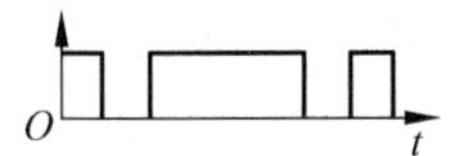

(3)

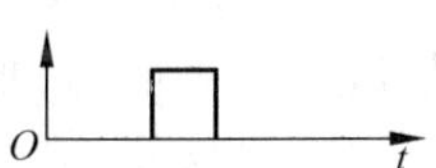

(4)

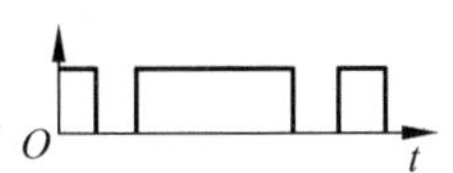

6.7 (a)、(c)、(e)正确；(b)、(d)、(f)错误。

6.8 $Y_1=\bar{A}B+A\bar{B}$；$Y_2=\bar{A}B+A\bar{B}$；$Y_1=Y_2$。

6.9 略。

6.10 略。

项目 7

7.1 (1) 记忆、门电路；(2) 不存在；(3) 优先；(4) 来自低位的进位；(5) 低；(6) 输入、输出；(7) 3 线-8 线。

7.2 (1) A；(2) C；(3) A；(4) A；(5) D；(6) B；(7) D；(8) C。

7.3 (1) ×；(2) ×；(3) ×；(4) √；(5) ×；(6) √。

7.4 分析步骤：逻辑图→写出逻辑表达式→逻辑表达式化简→列出真值表→逻辑功能描述。

7.5 $G=A\overline{AB}=A\overline{B}$；$S=B\overline{AB}=B\overline{A}$；$E=\overline{B\overline{AB}+A\overline{AB}}=\overline{A\overline{B}+\overline{A}B}$

7.6 (1) 真值表如下表所示。

S	A_1	A_0	$\overline{F}_0$	$\overline{F}_1$	$\overline{F}_2$	$\overline{F}_3$
0	×	×	1	1	1	1
1	0	0	0	1	1	1
1	0	1	1	0	1	1
1	1	0	1	1	0	1
1	1	1	1	1	1	0

(2) 该电路为2线-4线译码器。

7.7 当一个选通端(G_1)为高电平,另两个选通端($\overline{G}_{2A}$)和($\overline{G}_{2B}$)为低电平时,可将地址端(A、B、C)的二进制编码在一个对应的输出端以低电平译出,此时74LS138是用做3线-8线译码器。若将选通端中的一个作为数据输入端时,74LS138还可作数据分配器。

7.8 常用的数字显示器有多种类型。按显示方式分,有字形重叠式、点阵式、分段式等。按发光物质分,有半导体显示器,又称发光二极管(LED)显示器、荧光显示器、液晶显示器、气体放电管显示器等。

发光二极管LED组成的显示屏,每个点都是一个或多个发光二极管,通过控制电路控制二极管的亮与灭来控制点的发光,从而使整个大屏幕显示图案。

液晶显示器LCD最常见的就是TFT类型的,它是由光源,液晶光栅,和控制芯片组成,他的光源是常亮的白色强光,当光线通过液晶光栅(液晶屏)的时候,通过电压改变液晶颗粒滤光方向,从而改变每个点的颜色和强度来显示图案。

项目8

8.1

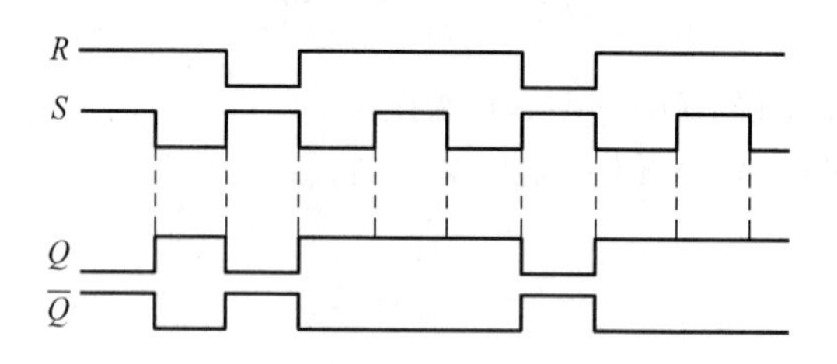

8.2

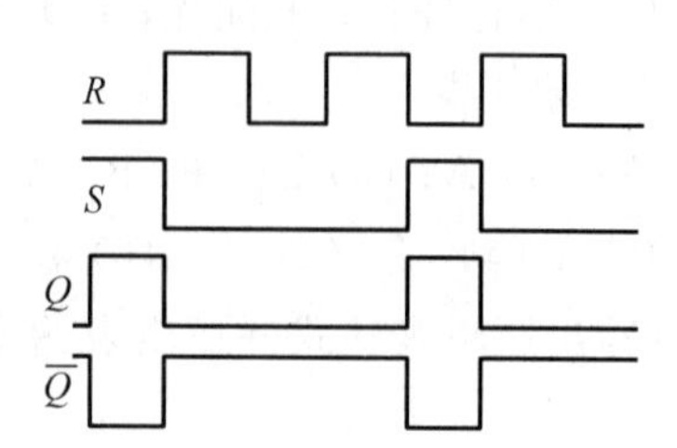

8.3

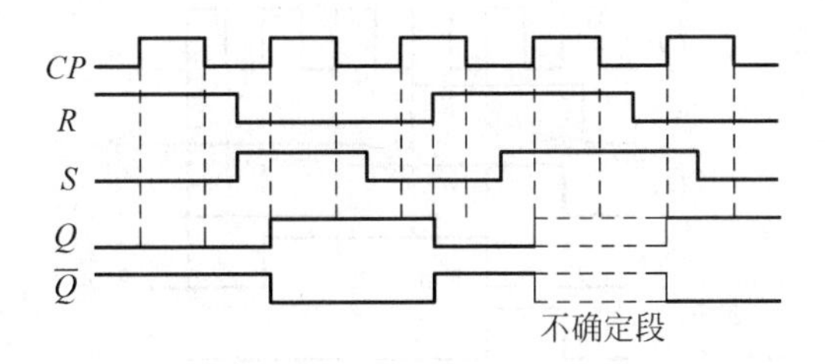
CP
R
S
Q
$\overline{Q}$
不确定段

8.4

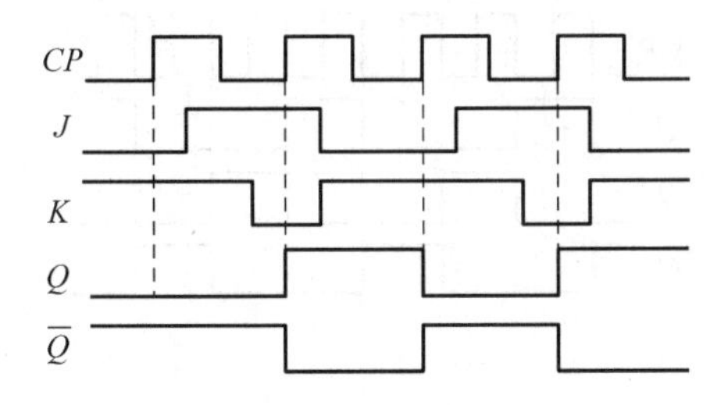
CP
J
K
Q
$\overline{Q}$

8.5

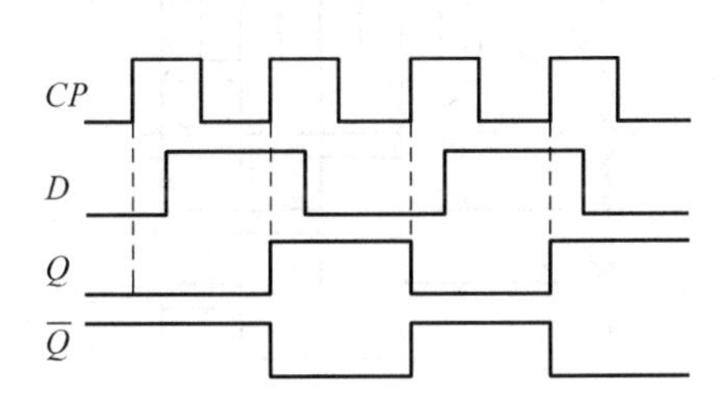
CP
D
Q
$\overline{Q}$

8.6

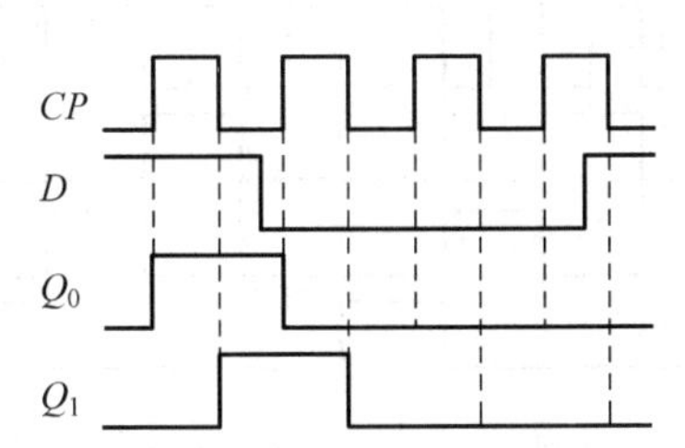
CP
D
Q_0
Q_1

8.7

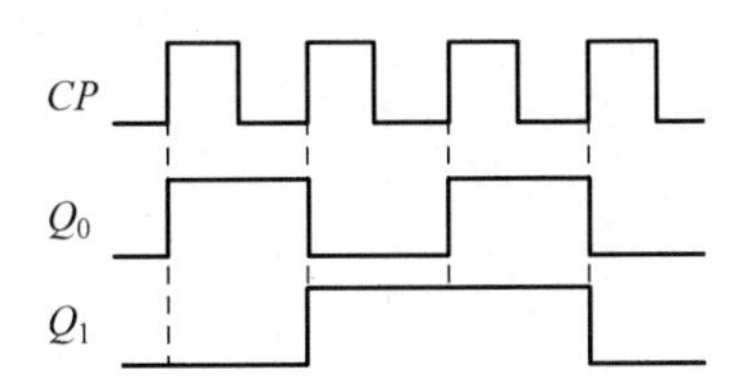
CP
Q_0
Q_1

8.8

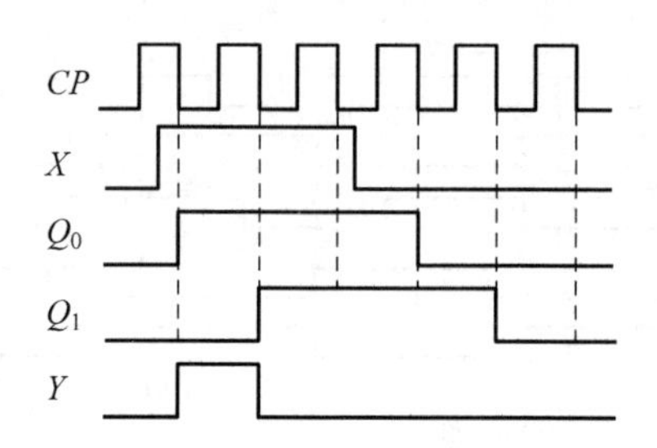

8.9

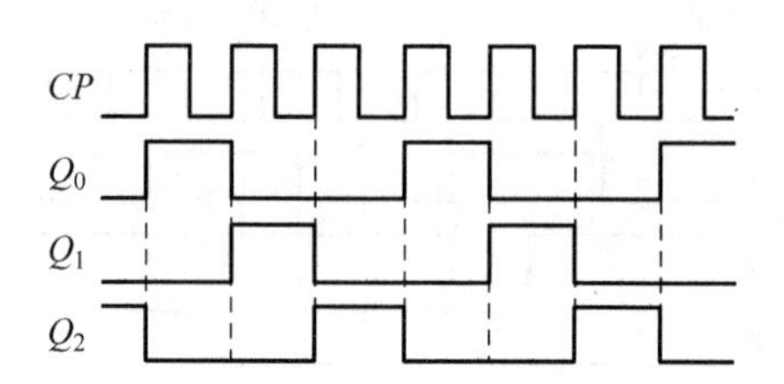

8.10

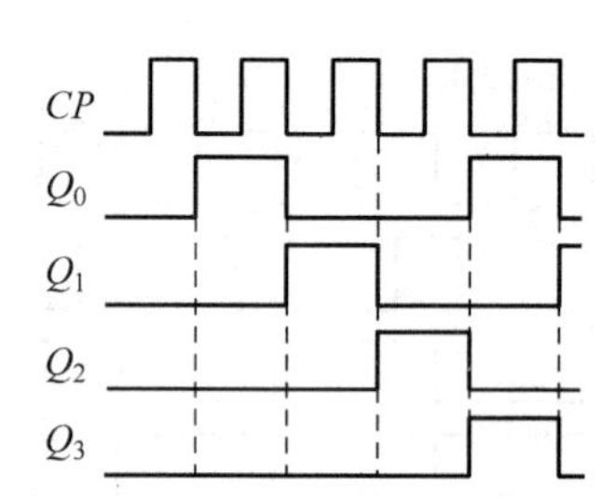

8.11

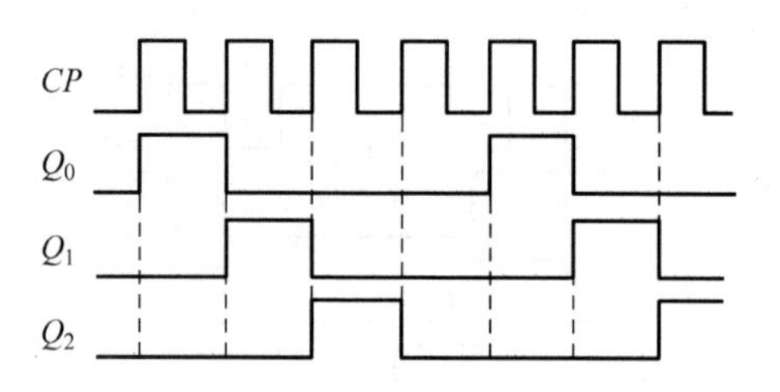

8.12 2位二进制同步可逆计数器($X=0$ 时作加法,$X=1$ 时作减法)

	Q_0	Q_1	Y
$X=0$	0	0	1
	1	0	1
	0	1	1
	1	1	1
	0	0	1

	Q_0	Q_1	Y
$X=1$	0	0	0
	1	1	1
	0	1	1
	1	0	0
	0	0	0

8.13　五进制同步计数器(CP 下降沿触发)

CP	Q_0	Q_1	Q_2
	0	0	0
↓	1	0	0
↓	0	1	0
↓	1	1	0
↓	0	0	1
↓	0	0	0

8.14　六进制异步计数器

CP	Q_0	$\overline{Q}_0$	Q_1	Q_2	Y
	0		0	0	0
↑	1		0	0	0
↑	0	↑	1	0	0
↑	1		1	0	0
↑	0	↑	0	1	0
↑	1		0	1	1
↑	0	↑	0	0	0

8.15　从 1 ～ 4 的四进制同步计数器

CP	Q_0	Q_1	Q_2
	0	0	0
↓	1	0	0
↓	0	1	0
↓	1	1	0
↓	0	0	1
↓	1	0	0

8.16　六进制异步计数器

CP	Q_0	$\overline{Q}_0$	Q_1	Q_2
	0		0	0
↓	1		0	0
↓	0	↓	1	0
↓	1		1	0
↓	0	↓	0	1
↓	1		0	1
↓	0	↓	0	0

8.17　白天光照强，光敏电阻的阻值小，555的2、6脚获得电位高，内部比较器使基本RS触发器的R_d为低电位，使触发器清“0”，3脚输出低电位，继电器线圈KA失电，使触点断开，照明供电被切断，灯泡不亮；反之则略。

8.18　这是一个多谐振荡电路，细铜丝未断时，555的4脚复位端为低电位，使基本RS触发器复位，振荡电路不工作；一旦细铜丝断开，则多谐振荡电路起振，其振荡频率为音频，由3脚经电容器输出至扬声器发出报警声。

8.19　这是一个由555构成的单稳态触发电路，当手摸金属片触发单稳态电路后，发光二极管能亮11s。

项目9

9.1　(1) ×；(2) ×；(3) √；(4) √；(5) √；(6) √；(7) ×；(8) √；(9) √；(10) √。

9.2　(1) D；(2) C；(3) B；(4) C；(5) A；(6) D；(7) B；(8) B。

9.3　$U_{o1}=-\dfrac{U_{REF}R_f}{Z^{n-1}R}\sum_{k-1}^{n-1}D_k\times 2^k=-9.96V$；$U_{o2}=-5.31V$；$U_{o3}=-0.04V$。

9.4　$U_{o1}=-1.92V$；$U_{o2}=-10.24V$。

9.5　$U_o=-0.02V$。

9.6　$U_o=-3.75V$。

9.7　1100。

参考文献

[1] 秦曾煌. 电工学(下册)[M]. 北京：高等教育出版社，2007.
[2] 高吉祥. 模拟电子技术[M]. 北京：电子工业出版社，2004.
[3] 康华光. 电子技术基础[M]. 北京：高等教育出版社，2000.
[4] 阎石. 数字电子技术基础(第四版)[M]. 北京：高等教育出版社，1999.
[5] 童诗白. 模拟电子技术[M]. 北京：高等教育出版社，2000.
[6] 姜献忠，崔玫. 电工电子技术[M]. 北京：清华大学出版社，2013.
[7] 刘庆刚，晏建新. 电工电子产品制作与调试[M]. 北京：北京师范大学出版社，2010.
[8] 徐长根，张建超. 模拟电子技术实践教程[M]. 北京：清华大学出版社，2013.
[9] 吉跃仁. 实用电工电子[M]. 北京：清华大学出版社，2011.
[10] 李源生. 电工电子技术[M]. 北京：清华大学出版社，2004.
[11] 杨凌. 电工电子技术[M]. 北京：化学工业出版社，2002.
[12] 叶淬. 电工电子技术[M]. 北京：化学工业出版社，2000.
[13] 叶树江. 模拟电子技术[M]. 北京：机械工业出版社，2004.
[14] 胡宴如. 模拟电子技术[M]. 北京：高等教育出版社，2000.
[15] 李燕民. 电路和电子技术[M]. 北京：北京理工大学出版社，2004.
[16] 周雪. 模拟电子技术[M]. 西安：西安电子科技大学出版社，2002.
[17] 付植桐. 电子技术(第 2 版)[M]. 北京：高等教育出版社，2004.
[18] 刘全盛. 数字电子技术[M]. 北京：机械工业出版社，2001.
[19] 杨志忠. 数字电子技术[M]. 北京：高等教育出版社，2000.
[20] 李守成. 电子技术(电工学Ⅱ)[M]. 北京：高等教育出版社，2000.
[21] 金如麟. 电力电子技术基础[M]. 北京：机械工业出版社，1995.
[22] 邵丙衡. 电力电子技术[M]. 北京：中国铁道出版社，1997.
[23] 皇甫正贤. 数字集成电路基础[M]. 南京：南京大学出版社，1995.
[24] 李士雄，丁康源. 数字集成电子技术教程[M]. 北京：高等教育出版社，1994.
[25] 江晓安. 计算机电子电路技术[M]. 西安：西安电子科技大学出版社，1999.